Géographie et cultures

n° 93-94, printemps-été 2015.

GÉOGRAPHIE ET CULTURES À CERISY

Actes du colloque anniversaire
« Du tournant au "tourment" culturel »,
22-27 septembre 2014
à Cerisy-la-Salle

L'HARMATTAN

La revue *Géographie et cultures* est publiée quatre fois par an par l'Association Géographie et cultures et les Éditions L'Harmattan, avec le concours du CNRS. Elle est indexée dans les banques de données Pascal-Francis, GeoAbstract et Sociological Abstract. Les trente derniers numéros et le premier sont consultables en ligne : **http://gc.revues.org/**

Cartographie : Véronique Lahaye

Maquette de la couverture : Emmanuelle Dedenon

Image de la couverture : Emmanuelle Dedenon

Mosaïque de la couverture : Gabriela Nascimento

Toutes les photographies non légendées sont d'Emmanuelle Dedenon.

Remerciements chaleureux à Serge Weber pour sa participation active à l'édition de ce numéro.

Laboratoire Espaces, Nature et Culture (ENeC) – Paris IV Sorbonne CNRS UMR 8185 – 28 rue Serpente, 75006 Paris – Courriel : gc@openedition.org

Abonnement et achat au numéro : Éditions L'Harmattan, 5-7 rue de l'École polytechnique 75005 Paris France – www.editions-**harmattan**.fr/

ISSN : 1165-0354

5-7, rue de l'École-Polytechnique ; 75005 Paris
http://www.harmattan.fr
diffusion.harmattan@wanadoo.fr
harmattan1@wanadoo.fr
ISBN : 978-2-343-09186-0
EAN : 9782343091860

SOMMAIRE

PARTIE I

UN COLLOQUE, LA CÉLÉBRATION D'UN ANNIVERSAIRE : AUTOUR DE LA REVUE

LE TOURMENT CULTUREL EN GÉOGRAPHIE

POURQUOI ?

The cultural tourment in geography: why?

Paul CLAVAL [1]
Université Paris-Sorbonne

INTRODUCTION

Cette conférence dresse le bilan du tournant culturel que la géographie traverse depuis une génération et souligne un de ses aspects singuliers (Claval, 2007 ; 2012a) : la mutation fait naître chez les chercheurs des sentiments de doute au lieu du climat de certitude qu'entraîne une rupture épistémologique ou une révolution scientifique. Les géographes découvrent les faiblesses des approches qu'on leur a enseignées, s'interrogent sur des orientations qui leur paraissaient acquises, apprennent à se défier de leurs intuitions, se penchent sur leurs motivations profondes et inventorient les intérêts qu'ils servent consciemment ou inconsciemment. Le plaisir d'explorer de nouvelles pistes se double d'inquiétude. Voici les réflexions que suggère ce changement de perspective.

MENER DES RECHERCHES DANS UN CLIMAT D'INCERTITUDE

Le nouveau climat d'incertitude de la recherche

Cela fait trente ans que pour caractériser les problèmes que connaissent aujourd'hui les sciences de l'homme et de la société, on parle de tournant : tournant linguistique en histoire, tournant spatial en sociologie, tournant culturel en géographie. Que souligne-t-on ainsi ?

Qu'adopter l'approche culturelle, c'est accepter une démarche modeste, dans laquelle il n'est d'autre certitude que celle que l'on bâtit peu à peu et de manière toujours provisoire, à travers la confrontation des points de vue et des interprétations – la démarche de l'érudition plus que celle de la preuve expérimentale, comme le rappelle Jean-Marc Besse s'appuyant sur Dardel :

> « La géographie est un savoir qui doit, selon Dardel, mobiliser de manière préférentielle les techniques du déchiffrement et de la lecture, de la compréhension et de

[1] Courriel : p.claval@wanadoo.fr

> l'interprétation, plutôt qu'une science de la nature soucieuse du régime de l'explication et de la déduction » (Jean-Marc Besse, 1990, p. 158-159).

Un nécessaire décentrement

La géographie classique comme la nouvelle géographie concevaient la description et l'étude de notre planète d'un point de vue naturaliste. Les réalités terrestres étaient assimilées à un ensemble d'objets qui pouvaient et devaient être étudiés de l'extérieur, à partir de concepts et de catégories définies par le chercheur.

Ce que dit l'approche culturelle, c'est que les objets dont traite la géographie sont créés par des hommes dont nous ne pouvons saisir de l'extérieur les motivations, la logique et les perspectives. L'approche culturelle impose un décentrement : le chercheur doit se défaire de ses idées pour s'imprégner de celles mises en œuvre par ceux qu'il étudie.

Premier exemple : le paysage. Celui qui intéresse l'approche culturelle est construit, lu et interprété par ceux qui l'ont façonné, qui l'entretiennent et qui le vivent ; c'est le paysage des autres ; ce n'est plus celui que le spécialiste décryptait grâce à sa démarche « scientifique » (Claval, 2012b).

Deuxième exemple : l'espace. À l'époque classique les géographes y distinguaient des régions en fonction de l'uniformité des ensembles qu'ils repéraient ou des relations qui se tissaient en leur sein. L'approche culturelle étudie la manière dont les individus et les groupes occupent l'espace, s'y déplacent, y vivent et le transforment. Ils le lestent de valeurs symboliques, s'identifient à lui ou s'y sentent étrangers. Ils cherchent à se l'approprier. L'approche culturelle s'intéresse au pays et au territoire, et se détourne de la région au sens classique du terme (Claval, 2006). L'espace qu'elle aborde n'est jamais une étendue neutre.

Un bouleversement complet de la démarche est donc en cours : c'est pour cela qu'il vaut mieux parler d'approche culturelle que de géographie culturelle.

Refuser les simplifications jusque-là pratiquées par les sciences de l'homme et de la société.

La tâche des sciences de l'homme et de la société est écrasante : elles étudient à la fois (i) l'individu, ses besoins, ses préférences, ses goûts, ses habitudes et ses représentations, et (ii) la société, ses bases et son fonctionnement. Les chercheurs ont eu longtemps recours à des hypothèses qui leur permettaient de simplifier ce travail.

1- Parfois, on supposait que, placés dans les mêmes conditions, les individus étaient amenés à faire les mêmes choix parce qu'ils étaient soumis aux mêmes conditionnements : pour certains géographes de la fin du XIXe siècle ou du début du XXe, ceux-ci étaient environnementaux : c'était l'hypothèse déterministe. Pour d'autres, les influences dominantes étaient sociales : ceux qui appartenaient à la même caste, à la même classe ou au même groupe ethnique pensaient et agissaient de la même façon.

2- Autre hypothèse simplificatrice : certaines disciplines supposaient que les décisions humaines étaient rationnelles, si bien que pour les connaître, il suffisait au chercheur de se mettre, par l'esprit, à la place de ceux qu'il analysait : pas besoin de mener d'enquêtes ! L'économie s'était construite de cette façon ; la Nouvelle Géographie des années 1950-1960 en fait autant.

3- Pour beaucoup d'historiens, de sociologues ou de politologues, les choix éclairés étaient le fait des élites responsables de l'expansion économique et du processus de civilisation. Les géographes soulignaient, à l'inverse, que les décisions prises par les agriculteurs, les éleveurs, les mineurs ou les artisans permettaient aux sociétés de tirer de l'environnement ce qui était indispensable à leur entretien et au développement de leurs activités. Avant que le thème ne soit repris, trente ans plus tard, par l'École des *Annales*, la géographie était la seule discipline à considérer comme rationnel le comportement des strates inférieures des populations étudiées.

L'approche culturelle condamne les simplifications qui avaient cours jusque-là : plus prudente, elle attache plus de soin à définir les bases sur lesquelles repose sa démarche.

APPRÉHENDER GÉOGRAPHIQUEMENT LA CULTURE

Comment appréhender géographiquement la culture, désormais au centre des préoccupations ?

La géographie culturelle traditionnelle : préciser le rôle des outils et des autres artefacts dans la vie des individus et des groupes

La géographie culturelle de la première moitié du XXe siècle s'attachait à tous les éléments matériels que les hommes mettaient en œuvre dans leurs relations à l'environnement : plantes et animaux domestiqués, outils, constructions.

On considère volontiers ces approches comme dépassées. C'est oublier leur apport essentiel : comprendre les sociétés humaines implique la prise en compte de ce que les hommes ont inventé pour prolonger leurs gestes et les rendre plus efficaces (Leroi-Gourhan, 1943-1945 ; 1955 ; 1964-1965) ; les hommes ne peuvent être géographiquement saisis qu'à travers les instruments qu'ils inventent et les éléments de nature qu'ils mettent à leur service (Haudricourt, 1987). En tant qu'acteurs, ils ne peuvent être séparés de ce dont ils s'entourent et qui les aide à agir – en cela, la géographie culturelle classique annonce les réflexions de Bruno Latour (1989) sur l'acteur réseau.

La géographie culturelle aujourd'hui : l'attention portée aux signes, aux symboles, aux discours

Le tournant que la géographie vient de traverser implique une mutation profonde dans l'image que l'on se fait de la culture. Celle-ci n'est plus uniquement composée d'artefacts : elle est aussi et surtout faite de signes, de discours, de symboles (Clifford, 1988 ; Kuper, 1999) ; elle inclut tout le versant *idéel* de l'existence (Godelier, 1984) : il convient donc de mettre l'accent sur les représentations et les imaginaires.

Ce changement de perspective était indispensable. Il souligne le rôle des réseaux dans lesquels évoluent les êtres humains – mais il s'agit ici des réseaux d'information.

Prendre en compte la matérialité du corps et leurs représentations

La géographie traditionnelle était dans une large mesure une science du regard. Le corps n'était impliqué qu'à travers la vue.

On sait aujourd'hui que le géographe est également motivé par le désir qu'il éprouve d'entrer physiquement en contact avec les choses et les êtres : il désire les embrasser par tous ses sens (Lefort, 2012). La discipline s'en trouve modifiée : elle n'est plus le fait de purs esprits. Elle a des assises corporelles, trop longtemps négligées (Volvey, 2000). Il faut réparer cet oubli : la géographie que vit un enfant n'est pas celle dont les adultes font l'expérience ; celle des femmes diffère de celle des hommes. Une géographie du « genre » se développe, qui souligne que les caractères sexuels des hommes et des femmes sont culturellement construits.

APPRÉHENDER LE TEMPS

Le passé, le présent et le futur dans la géographie classique et dans la Nouvelle Géographie

La géographie classique ignore le futur ; elle s'intéresse fondamentalement au présent, mais ne peut être coupée d'un passé qui conditionne les distributions observables dans le monde d'aujourd'hui : la géographie historique apparaît comme un complément nécessaire des travaux que les chercheurs consacrent au monde actuel.

La position de la Nouvelle Géographie des années 1960 est différente. L'objectif premier des géographes est toujours d'expliquer le présent, mais la durée où s'inscrivent les processus sur lesquels elle se penche n'est pas le temps irréversible de l'histoire, mais celui, reproductible à l'infini, de l'explication scientifique.

La Nouvelle Géographie s'intéresse au futur – mais ce futur ne diffère du présent que par l'intensité plus ou moins grande des flux, la densité plus ou moins élevée des populations, l'occupation plus ou moins continue du sol – un futur prévisible parce que déjà en germe dans le présent. La prospective n'offre qu'une connaissance limitée de l'avenir.

Le passé, le présent et le futur selon l'approche culturelle

Ce qui paraît aujourd'hui intéressant, ce n'est plus le temps historique des systèmes sociaux ou la durée abstraite des processus. C'est l'expérience des jours qui coulent et le sens qui lui est donné – c'est la mémoire plus que l'histoire.

L'approche culturelle s'attache au passé pour deux grandes raisons : (i) dans une large mesure héritée, la culture d'aujourd'hui dépend de celle d'hier (ce qui ne veut pas dire qu'elle la reproduit automatiquement et en tout point) ; (ii) chacun est porteur d'une mémoire individuelle et collective, qu'il accepte ou rejette, valorise ou dévalorise.

La géographie d'aujourd'hui s'intéresse également au futur : ce qui sera diffère évidemment de ce qui est et de ce qui a été : les réalités qui le caractériseront n'existent encore que dans l'esprit des gens.

L'approche culturelle saisit la culture à travers les valeurs embrassées par les hommes d'hier, d'aujourd'hui et de demain, à travers les images qu'ils se font des mondes révolus et actuels, et à travers celles qu'ils projettent dans le monde de demain ; elle ne dit pas seulement ce qui a été, ce qui est et ce qui sera sans doute ; elle dit ce qui a été reçu du passé, ce pour quoi on l'apprécie, ce pour quoi il apparaît comme une richesse – d'où l'intérêt qu'elle manifeste pour le *patrimoine.* Le futur que laisse entrevoir l'approche culturelle est nourri d'*imaginaire* et fait une large place à l'*utopie* (Claval, 2015). Alors que l'avenir de la prospective s'inscrivait dans la grisaille du déjà vu, celui dont parlent les nouvelles orientations se pare des couleurs du rêve.

PENSER L'INDIVIDU ET LA SOCIÉTÉ

La géographie s'attache aux réalités sociales et spatiales, et analyse les liens qui existent entre elles : l'individu, la société, le lieu, l'espace. Choisir l'approche culturelle, c'est repenser ces catégories.

L'individu

Les chercheurs doivent à la fois explorer les conditionnements que subit l'individu, mesurer la part d'initiative qui lui revient et les circonstances où il la met en œuvre.

L'individu n'est plus une réalité sans âge et sans sexe. Comme le souligne la *time geography* à la manière de Hägerstrand, les leçons que chacun reçoit au cours de son existence, les lieux où il les vit et le contexte dans lequel elles sont enseignées, ne sont jamais exactement les mêmes. Ces idées sont à l'origine du *spatial turn* qu'a connu la sociologie dans les années 1980 : elles ont conduit la génération d'Anthony Giddens à opter pour un *structurationnisme* qui ignore les déterminations massives qui caractérisaient le *structuralisme* et redonne à l'individu une relative autonomie[2] (Claval, 2007).

Le géographe étudie des femmes ou des hommes. Il les saisit à différents moments de leur vie ; la part qu'ils doivent à ce qu'on leur a transmis et celle qui résulte de leur expérience personnelle varie avec l'âge.

La géographie d'hier ignorait les problèmes d'identité. Ils sont pourtant universels parce qu'ils naissent de l'alternative où se trouve tout individu d'accepter les normes du groupe où il vit et de s'identifier à lui, ou de les refuser – et de risquer d'en être exclu.

Les situations qui mettent en jeu les identités se renouvellent chaque fois que des groupes entrent en contact. Cela conduit à réévaluer les situations coloniales : les groupes dominés ne s'effacent pas sans résister, mais la confrontation les transforme ; elle affecte aussi les groupes dominants. L'interprétation des faits de colonisation s'en trouve bouleversée. C'est le domaine des *colonial studies,* et comme la confrontation ne cesse pas le jour de l'Indépendance, des *postcolonial studies.*

La société

La société n'est pas une construction supranaturelle qui s'imposerait à tous. C'est une création humaine, sans cesse reprise, toujours imparfaite et qui comporte des zones d'ombre, des marges, des périphéries, des aires de non-droit, des anti-mondes. Elle varie d'un lieu à l'autre et d'un moment à l'autre, ce qui donne parfois naissance aux *hétérotopies* dont parle Michel Foucault (1985-1986). Modelée par l'éducation que reçoivent les gens et les valeurs auxquelles ils croient, la société n'existe, comme unité, que dans leur conscience.

---

[2] La distinction entre structuralisme et structurationnisme, familière à nos collègues anglophones, reste largement ignorée en France. C'est dommage, car elle est essentielle pour comprendre le tournant contemporain des sciences sociales.

La sociologie a longtemps posé comme principe que tous les groupes secrétaient du lien social et constituaient des sociétés, et que celles-ci présentaient les mêmes caractères sur tout l'espace où elles étaient installées. Elle donnait ainsi deux sens au terme : (i) le premier était descriptif : une société regroupait tous ceux qui vivaient dans un même espace ; (ii) le second était prescriptif : une société imposait des usages identiques – langue, droit, monnaie, etc. – de son centre à ses frontières.

On ne croit plus que tous les groupes secrètent du lien social et constituent des sociétés : ils diffèrent profondément par leur nature et par leur ressort, et sont rarement homogènes (Dubet, 2006 ; Dubet et Martuccelli, 1998).

Dans le courant du XIXe siècle, l'habitude s'était prise d'analyser la différenciation des sociétés en termes de classes. Les classes laborieuses étaient pauvres parce qu'exploitées, mais elles faisaient partie de la société – ce qui justifiait les politiques sociales qui visaient à améliorer leur sort. Le monde actuel voit les inégalités, un temps réduites, se creuser à nouveau. Le chômage se généralise, les jeunes ont mille difficultés à trouver un emploi, les immigrés ne peuvent pas (ou ne veulent pas) sortir de leur communauté. Une partie de la population se trouve ainsi placée hors de la société : le monde social se caractérise davantage par l'exclusion que par la division en classes.

Pas plus que l'individu, la société ne constitue une donnée stable. Au géographe de qualifier l'organisation, la cohésion et la différenciation spatiale des groupes qu'il étudie. Cela suppose qu'il définisse la nature des lieux, des milieux et de des espaces où ils évoluent.

APPRÉHENDER LE LIEU, L'ESPACE ET LE MILIEU

Les géographes ont longtemps parlé de lieux, de contrées, de pays, de régions, de milieux sans s'interroger vraiment sur le sens de ces mots. Ils n'employaient guère le terme d'espace qui, pour eux, appartenait davantage au vocabulaire de la géométrie, de l'astronomie et de la géodésie qu'à celui de leur discipline.

Le lieu dans la géographie classique

La géographie classique se définissait comme une science des lieux parce qu'elle mettait l'accent sur le caractère concret, directement accessible de son objet.

Pour Vidal de la Blache, qui mettait au cœur de la démarche géographique la dialectique des échelles, l'attention accordée aux lieux ne signifiait pas que le local soit privilégié. Ses disciples eurent, en revanche, tendance à isoler les localités ou aires qu'ils étudiaient et à ignorer ce qui les liait à des environnements extérieurs : d'où leur prédilection pour les monographies régionales.

L'espace dans la Nouvelle Géographie

La nouvelle géographie est une science de la vie sociale telle qu'elle se déploie dans l'espace. Elle met l'accent sur l'*étendue* dans la mesure où celle-ci supporte les pyramides écologiques dont les groupes humains tirent leur subsistance, et voit s'inscrire les activités productives et l'habitat. Elle souligne le rôle de la *distance*, puisque celle-ci fait obstacle aux relations humaines.

L'approche culturelle et l'espace

La première phase du tournant culturel, dans les années 1970, se marque par un retour spectaculaire au lieu parce qu'on ne veut plus d'une théorie desséchante, d'une discipline sans couleur locale.

En dessous de la pellicule des couleurs et des formes, le local n'est plus conçu comme isolé : c'est une scène où des forces lointaines entrent en jeu. Le lieu est le point de rencontre d'influences variées, d'idées venues d'ailleurs et d'intérêts d'une autre échelle. Il reflète désormais ce qui se passe à l'échelle globale : à la suite de Swyngedouw (1997), on dit qu'il y a *glocalisation.*

Le lieu apparaît nécessaire à l'approche culturelle non plus parce qu'isolé, il est le théâtre de phénomènes plus purs et plus authentiques, mais parce que c'est là que se croisent nécessairement les idées, les imaginaires, les relations institutionnalisées, les forces économiques et les jeux de pouvoir.

Le retour au lieu n'implique pas un abandon de l'espace. Il témoigne seulement d'un fait capital : les courants, les entraînements, les forces qui structurent celui-ci ne se mêlent et ne composent pas dans l'abstrait. C'est dans des lieux qu'ils se rencontrent, dans des lieux qu'ils s'affrontent. Ils le font en particulier dans les espaces publics, dont les groupes essaient souvent de s'assurer le contrôle symbolique, ce qui est une façon pour eux d'affirmer leur existence.

L'approche culturelle et le milieu

Le milieu et l'environnement jouent un rôle plus important encore que le lieu dans la géographie classique, qui est conçue comme une écologie de l'espèce humaine à un moment où l'écologie est encore balbutiante.

La Nouvelle Géographie n'apporte guère d'avancées en ce domaine, quoique l'écologie ait fait de grands progrès et sache désormais analyser les écosystèmes : c'est que la discipline n'accorde alors qu'une attention discrète aux rapports hommes/milieux : elle s'intéresse surtout aux relations que les hommes tissent entre eux.

Comme le montre Augustin Berque (2000 ; 2014), le tournant culturel rétablit l'équilibre : il fait de l'analyse des rapports de l'homme et de l'environnement un de ses thèmes majeurs, mais au lieu d'emprunter à l'écologie son cadre naturaliste d'analyse, il aborde la question en partant des hommes. C'est le sens de la *mésologie.*

L'approche culturelle renouvelle ainsi les conceptions de l'espace, du lieu et du milieu sur lesquelles s'appuie la géographie.

LE MONDE DES VALEURS ET L'ESPACE

La géographie classique comme la Nouvelle Géographie avaient en commun de ne pas s'attacher aux valeurs, car celles-ci appartenaient à la sphère de la subjectivité. L'approche culturelle récuse les présupposés positivistes ou néo-positivistes des démarches scientifiques d'hier. Les individus et les groupes auxquels elle s'intéresse partagent des croyances, pratiquent des religions, souscrivent à des idéologies. Comment les aborder dans une perspective géographique ?

Les formes revêtues par les croyances

Les individus et les groupes auxquels s'attache l'approche culturelle partagent des croyances. D'un groupe à l'autre, d'une époque à l'autre, celles-ci revêtent des formes différentes (Claval, 2008).

Le sens que beaucoup de groupes attachent au cosmos, à la nature, à l'humanité et à l'existence de chacun, s'exprime à travers des récits colorés qui mettent en scène des plantes, des animaux, des hommes et des êtres imaginaires. Ces *mythes* parlent d'un autre temps, d'une autre durée – celle de l'immémorial. Les réalités n'y sont pas les mêmes : la transparence y règne et les hommes dialoguent aussi bien avec des plantes qu'avec des animaux ou avec des êtres surnaturels. Les croyances s'expriment à travers ces *mythes.* Comme l'a montré Lévi-Strauss, leur signification tient à leur structure, aux couples d'êtres qui y sont en contact, aux séquences où ils interviennent. Il suffit d'inverser celles-ci pour tirer de récits voisins des conclusions différentes.

Aux croyances dont le mythe est porteur s'opposent celles des religions de la *révélation.* Le récit qui les fonde cesse de se situer dans la durée vague de l'immémorial. L'ère des cultures de l'écrit s'est ouverte. Le discours où sont consignées les croyances naît d'une révélation qui s'inscrit dans l'histoire : Dieu a fait connaître aux hommes ses commandements par l'entremise d'un prophète auquel il les a confiés, ou d'un texte qu'il a lui-même tracé de son doigt dans la pierre de la Loi.

Platon raconte l'expérience de prisonniers enchaînés dans une caverne et qui ne connaissent du monde que les ombres projetées sur ses parois par un feu allumé à l'extérieur. Ce que nous révèle ce mythe, c'est l'existence du monde des Idées : il s'agit de l'espace transcendant des essences qui gouvernent le monde – l'univers de la métaphysique.

Les croyances des sociétés modernes revêtent souvent une autre forme. Ce sont des *idéologies*. À une époque où la pensée scientifique s'affirme, plus question d'aller chercher la Vérité dans l'immémorial du mythe, dans la parole d'un Dieu transcendant ou dans l'au-delà abstrait de la métaphysique. La vérité n'est valable que si elle s'inscrit ici-bas. C'est ce qui caractérise les récits situés dans une préhistoire imaginaire qu'élaborent les fondateurs des philosophies politiques – et accessoirement des sciences sociales – du monde moderne : Hobbes, Locke ou Rousseau (Claval, 1980).

Pour respecter les nouvelles exigences de rigueur qu'exige la science, le récit qui fonde les idéologies change de forme dans la seconde moitié du XIXe siècle. C'est désormais dans la mise à jour d'un inconscient collectif ou individuel, humain ou naturel, que le trouvent Marx, Freud, certaines formes de la linguistique ou l'écologisme.

L'origine des valeurs : la prise de conscience d'un autre monde

L'approche culturelle souligne ainsi la diversité des croyances qui circulent dans les groupes humains et met également en évidence ce qu'elles ont en commun : elles se présentent sous la forme de récits. Ceux-ci tirent leur force de ce qu'ils émanent d'espaces hors d'atteinte de ceux auxquels ils s'adressent.

Le mythe nous ramène aux origines ; la révélation vient d'un ailleurs divin ; l'idéologie s'accroche au passé révolu de l'Âge d'Or, au présent inaccessible de la Terre sans Mal, au futur indéfini de l'Utopie, ou à l'en-deçà caché des inconscients (Claval, 2008).

Que le passage du réel au surnaturel soit une expérience commune, Jean-Marc Besse le rappelle lorsqu'il réfléchit à ce que signifie l'horizon :

> « ... l'horizon exprime [...] beaucoup plus que l'existence de mondes lointains. Ce terme a une portée ontologique tout autant qu'épistémologique. Il renvoie à la part d'invisible qui réside dans tout visible, à ce pli incessant du monde qui fait du réel, définitivement, un espace inachevable, un milieu ouvert et qui ne peut être totalement thématisé. L'horizon est le nom donné à cette *puissance de débordement* de l'être qui se présente dans le paysage » (Besse, 2009, p. 53).

C'est cette puissance de débordement de l'être qui donne accès à d'autres mondes qui apparaissent tellement plus vrais et plus authentiques que le nôtre que nous ne pouvons que les imiter. Jean-Marc Besse le rappelle :

> « Car si le paysage est porteur d'un potentiel critique vis-à-vis de l'état du monde, c'est sans doute parce qu'au fond de tout paysage réside quelque chose comme une géographie utopique et un principe d'espérance [...]. Mais c'est surtout que l'idée même de la fin du monde, tout comme celle de la fin des paysages, est une idée contradictoire. Un monde dont je peux me représenter le commencement et la fin n'est plus pour moi qu'un objet, dont certes je peux faire le tour par le regard ou la pensée [...], mais que je n'habite plus » (Besse, 2009, p. 68-69).

La voie chinoise et les valeurs selon François Julien

Les essais que François Jullien multiplie depuis vingt ans soulignent les spécificités de la pensée chinoise : elle préfère le jeu de translations latérales au mouvement de la transcendance (Jullien, 2009). Est-ce à dire que les Chinois se privent de toute référence puisée dans des ailleurs ? Non, mais ils les situent moins loin et ne leur attribuent pas une altérité aussi totale que celle qui fonde les manières occidentales de concevoir le monde et la société.

Il y a là tout un domaine à explorer et préciser.

DES PERSPECTIVES ÉPISTÉMOLOGIQUES NOUVELLES

D'une épistémologie de l'explication à une épistémologie de la compréhension : des approches herméneutiques

La géographie est depuis toujours une description du monde – le mot le dit. Elle s'était transformée dans le courant du XIXe siècle, en une description explicative. Le souci d'explication devient plus explicite avec la Nouvelle Géographie.

La première mutation qu'entraîne la rupture du début des années 1970, c'est la volonté nouvelle de comprendre plutôt que d'expliquer. La logique du monde que les géographes observent leur est a priori inconnue : le paysage a été façonné par des acteurs dont il faut comprendre les besoins, les aspirations et les projets ; ils sont vécus par des individus et des groupes qui y investissent leur sensibilité. Pour pénétrer ainsi des logiques que nous ignorons et qui ne sont pas forcément rationnelles, il convient d'adopter une démarche herméneutique (Besse, 1990).

La revalorisation des interprétations élaborées par les personnes étudiées, la relativisation de celles des chercheurs

Cette première mutation a une signification capitale : le chercheur ne se situe pas dans une sphère qui dominerait celle du commun des mortels – celle de la raison scientifique. Il ne peut récuser les attitudes et les décisions que prennent ceux qu'il étudie : celles-ci se trouvent revalorisées.

Les savoirs vernaculaires comme ceux des élites traditionnelles cessent donc d'être systématiquement dépréciés. Les connaissances rationnelles que permettaient de construire les approches « scientifiques » perdent du même coup une partie de leur *aura*. Les géographes apprennent à se montrer critiques vis-à-vis des savoirs qu'ils produisent.

D'une épistémologie du regard à une épistémologie du désir. Anne Volvey, Yann Calbérac, Isabelle Lefort

Dans un numéro récent des *Annales de Géographie,* Anne Volvey, Yann Calbérac et Isabelle Lefort (2012) soulignent la troisième dimension des mutations en cours. Comme je le rappelais plus haut, « la géographie traditionnelle est dans une large mesure une science du regard. Le corps n'est impliqué dans la construction de la vérité qu'à travers la vue ». La perception que le chercheur se fait du monde ignore les autres sens et l'expérience corporelle.

En parlant de géographies du désir, Isabelle Lefort (2012) souligne l'originalité profonde des approches développées pour explorer ces domaines.

Causalité utopienne et rôle de l'imaginaire

La géographie classique explorait des jeux de causalité linéaire. La Nouvelle Géographie insistait sur la causalité systémique qui naît des boucles de rétroaction : ce sont elles qui permettent la régulation d'ensembles complexes.

Pour expliquer comment les hommes aménagent l'espace, l'approche culturelle prend en compte les images que ceux-ci construisent du futur : c'est une causalité utopienne (Claval, 2015), comme le suggère Henri Lefebvre (1973/2000) lorsqu'il se penche sur les mouvements sociaux des années 1960 et 1970. Pour Castoriadis (1975), la société naît de l'imaginaire collectif, un imaginaire présent au tréfonds de chaque être et qui témoigne de son pouvoir de création.

On retrouve là une interprétation du social présente dès l'entre-deux-guerres chez Marcel Griaule ou Michel Leiris (Clifford, 1988) : elle n'était pas fonctionnelle et trouvait sa source dans la dimension symbolique de la nature humaine.

APPROCHE CULTURELLE ET GÉOGRAPHIE SOCIALE

Des accusations ne cessent de viser l'approche culturelle : glorifiant l'autonomie de l'individu, ignorant des déterminations économiques, refusant de prendre en compte le poids des structures sociales, elle souffrirait d'un biais idéaliste.

Ces accusations ne sont pas recevables. L'approche culturelle est sensible, c'est vrai, au rôle de l'initiative individuelle, mais elle est l'également au poids de la société et met l'accent sur les liens que les hommes tissent entre eux : c'est par les chenaux qu'ils créent ainsi que transitent les notions qui modèlent leur connaissance du monde et les valeurs qui donnent un sens à leur existence personnelle et collective.

À côté des faits de stratification – et des conditionnements dont ils sont responsables –, elle prend en compte tout ce qui résulte de la transmission des habitudes, des représentations, des imaginaires et des pratiques – et qui constitue la strate la plus fondamentale de l'existence sociale.

L'approche culturelle ne se contente pas d'étudier la vie des adultes ; elle se penche sur les jeunes et suit, de leur naissance à l'âge adulte, la manière dont la société les initie à leur environnement matériel et social, leur apprend à le juger et les prépare à agir.

La géographie culturelle ferait fi des instances dominantes, qu'elles soient économiques ou sociales ? C'est oublier que l'économique et le social n'existent que comme catégories culturellement définies.

La discipline que fait naître l'approche culturelle est une géographie sociale et culturelle – où culturelle et sociale, peu importe l'ordre des termes.

APPROCHE CULTURELLE ET DÉRIVES IDÉOLOGIQUES

Tout système de pensée est susceptible d'interprétations diverses. C'est le cas de l'approche culturelle : pour les chercheurs, l'idée de culture est d'abord descriptive, mais prend parfois une dimension prescriptive.

Les interprétations idéologiques du XIXe siècle

1- Pour Tylor, la culture rassemble tout ce qui chez l'homme n'est pas inné : définition qui met l'accent sur la transmission des savoirs et la formation des hommes.

2- Ferdinand Tönnies confère à la communauté une forte charge émotive : ce qui rend ce type de groupement attachant, ce sont les valeurs qui le caractérisent et le structurent : une profonde solidarité entre ses membres, le sens de l'entraide, des croyances partagées ; la communauté est une entité morale ; elle repose sur des pratiques et des convictions qui lui confèrent une grande authenticité. La société, que la modernité fait triompher, est individualiste.

Ses membres n'ont d'autre souci que leur bonheur égoïste. Ils ne sont unis que par les échanges qu'ils pratiquent. À l'idée de communauté est donc associée celle d'une culture qui repose sur de solides vertus. La société est bien moins attachante.

3- Certains rendent compte de la diversité des mœurs, des institutions et des outillages en termes de races. Celles-ci sont inégalement douées. Lorsqu'elles se mélangent, ce sont leurs faiblesses et leurs défauts qui s'additionnent. Rien ne vaut les races pures !

Les interprétations idéologiques de la première moitié du XXe siècle

Au début du XXe siècle, le progrès des recherches sur la culture doit beaucoup à l'anthropologie culturelle américaine que Franz Boas marque profondément. L'étude de toute culture n'est pour lui scientifiquement possible et valable que si le chercheur s'abstient de la juger d'un point de vue moral et de la classer selon une échelle de valeurs.

Le point de vue moral, qu'on a voulu chasser, reparaît cependant. On apprend avec Ruth Benedict à analyser les configurations de culture : comment ne pas les apprécier en artiste, pour la subtilité, la cohérence ou la puissance de leurs traits ? Margaret Mead fait rêver des générations de jeunes Américains qui découvrent grâce à elle la liberté sexuelle dont jouissent les adolescents samoans.

Ces exemples le montrent : la volonté de mettre toutes les cultures sur le même plan revient en fin de compte à ne pas leur appliquer les catégories morales de l'Occident chrétien.

Aborder l'étude des cultures en faisant abstraction de leur contenu moral paraît donc difficile. On ne peut ignorer les pratiques qu'elles mettent en œuvre et les principes sur lesquelles elles reposent. Refuser de les juger, c'est leur accorder une valeur équivalente. Toute culture représente un absolu. Elles doivent donc toutes être protégées. C'est la base du multiculturalisme.

Les tendances récentes

Le terme de race est désormais proscrit. Celui d'ethnie le remplace. Beaucoup d'anthropologues affirment leur neutralité morale en soulignant la fécondité des cultures métisses : on reprochait à celles-ci d'additionner les défauts de leurs composantes ; on vante désormais leur souplesse et leur inventivité. L'idée de créolité à la manière d'Édouard Glissant est à la mode : la pureté culturelle mettait au premier plan l'enracinement. L'hybridité des groupes métis est féconde parce que les rapports dont ils résultent s'inscrivent dans l'horizontalité ; on est là dans l'univers rhizomatique de Deleuze et Guattari.

Derrière ces querelles, et la critique sous-jacente de la civilisation occidentale dont elles témoignent, on voit combien il est difficile de traiter des cultures sans toucher aux principes sur lesquels elles reposent – et sans prendre parti pour, ou contre, eux.

L'approche culturelle ne vaccine pas contre ces dangers. Elle peut être périlleuse : ceux qui la pratiquent doivent être prudents et se montrer conscients des dérives idéologiques possibles des idées qu'ils manient.

CONCLUSION

L'approche culturelle revêt nécessairement une dimension critique. Elle met à nu les présupposés implicites de la géographie classique ou de la Nouvelle Géographie. Elle souligne les flirts que la discipline nouait avec le pouvoir et l'impérialisme, et insiste sur la dimension inquisitive et disciplinaire que pouvait revêtir le regard. Les approches d'hier passaient sous silence un certain nombre d'éléments essentiels de la vie humaine : la diversité des individus, le rôle du corps, la construction du genre, la part des loisirs, du jeu ou de la fête dans la vie collective, la signification des marges et des contre-cultures. La discipline, enfin, ne prenait guère en compte les croyances, les religions et les idéologies dans le fonctionnement des institutions et dans le sens donné à la nature, aux lieux et à l'existence de chacun et de tous.

La dimension critique de l'approche est donc essentielle. Est-ce à dire que celle-ci est et restera automatiquement critique ? Je ne le pense pas : à sa naissance, toute interprétation nouvelle de la société est subversive car elle met en évidence les zones d'obscurité et les points noirs de celles qui l'ont précédée ; dans la mesure cependant où le nouveau courant réussit à influencer les politiques mises en œuvre et les pratiques de la vie de tous, il finit par perdre sa charge révolutionnaire. Être associé à un mouvement de remise en cause ne signifie pas que l'on restera nécessairement révolutionnaire : pour y parvenir, il faut, garder l'esprit libre et remettre sans cesse en cause les fondements de ses attitudes et de ses engagements.

Peut-on, au total, parler de « tourment » culturel ? Oui, dans la mesure où le « tournant » conduit à la déconstruction de la géographie qui nous avait été enseignée, et à sa reconstruction sur des bases nouvelles. Non, car cette reconstruction ne se fait pas que dans l'inquiétude : elle est enthousiasmante ! Est-elle le résultat d'une révolution au sens kuhnien ? Non, parce qu'elle ne s'est pas accompagnée de la dévalorisation de tout ce qui l'a précédée. À côté des perspectives déjà connues, elle en a ouvert une autre – c'est le sens profond du terme « tournant ».

RÉFÉRENCES

BERQUE Augustin, 2014, *La mésologie, pourquoi et pour quoi faire ?*, Paris, Presses Universitaires de Paris-Ouest.

BERQUE Augustin, 2000, *Écoumène. Introduction à l'étude des milieux humains*, Paris, Belin.

BESSE Jean-Marc, 1990, « *Géographie et existence, d'après l'œuvre d'Éric Dardel* », in *L'Homme et la terre*, Édition du Comité des Travaux historiques et scientifiques, p. 135-175.

BESSE Jean-Marc, 2009, *Le goût du monde. Exercices de paysage*, Arles/Versailles, Actes Sud/ENSP.

CASTORIADIS Cornélius, 1975, *L'institution imaginaire de la société*, Paris, Seuil.

CLAVAL Paul, 1980, *Les mythes fondateurs des sciences sociales*, Paris, PUF.

CLAVAL Paul, 2006, *Géographie régionale. De la région au territoire*, Paris, A. Colin.

CLAVAL Paul, 2007, *Épistémologie de la géographie,* Paris, A. Colin, 2e éd.

CLAVAL Paul, 2008, *Religions et idéologies. Perspectives géographiques,* Paris, PUPS [Publications de l'Université de Paris-Sorbonne].

CLAVAL Paul, 2012a, *La géographie culturelle,* Paris, A. Colin, 3e éd.

CLAVAL Paul, 2012b, *De la Terre aux Hommes. La géographie comme vision du monde*, Paris, A. Colin.

CLAVAL Paul, 2015 (sous presse), *Étudier la ville à travers son fonctionnement ou à travers l'art de l'habiter*, colloque Pagode.

CLIFFORD James, 1988, *The predicament of culture. Twentieth Century ethnography, literature and art*, Cambridge (Mass.), Harvard University Press.

DUBET François, 2006, « Société », in Sylvie Mesure et Patrick Savidan (eds.), *Le dictionnaire des Sciences humaines*, Paris, PUF, p. 1094-1097.

DUBET François et Danilo MARTUCCELLI, 1998, *Dans quelle société vivons-nous ?*, Paris, Seuil.

FOUCAULT Michel, 1985-1986, « Other spaces. The principle of heterotopia », *Lotus International*, n° 48-49.

GODELIER Maurice, 1984, *L'idéel et le matériel. Pensée, économies, sociétés*, Paris, Fayard.

HAUDRICOURT André-Georges, 1987, *La technologie, science humaine*, Paris, Maison des Sciences de l'Homme.

JULLIEN François, 2009, *L'invention de l'idéal et le destin de l'Europe*, Paris, le Seuil.

KUPER Adam, 1999, *Culture. The anthropologists' account,* Cambridge (Mass.), Harvard University Press.

LATOUR Bruno, 1989, *La science en action,* Paris, La Découverte, trad. de *Science in action. How to follow scientists and engineers through society*, Cambridge, Harvard University Press, 1987.

LEFEBVRE Henri, 1973, *Espace et politique*, Paris, Anthropos ; 2e éd., 2000.

LEFORT Isabelle, 2012, « Le terrain : l'Arlésienne des géographes », *Annales de géographies,* vol. 120, n° 687-688, p. 468-486.

LEROI-GOURHAN André, 1943-1945, *Évolution et techniques,* t. 1, *L'Homme et la matière,* t. 2, *Milieu et techniques,* Paris, Albin Michel.

LEROI-GOURHAN André, 1955, *Cours de géographie humaine 1951-1952,* d'après les notes de J. Balfet et de J. Hurault, Paris, Institut d'Ethnologie.

LEROI-GOURHAN André, 1964-1965, *Le geste et la parole,* Paris, A. Michel, 2 vol.

SWYNGEDOUW Erik, 1997, « Neither global nor local: "glocalization" and the politics of scale », in K. Cox (ed.), *Spaces of globalization. Reasserting the power of the local*, London, Bellhaven Press, p. 137-166.

VOLVEY Anne, 2000, « L'espace vu du corps », in J. Lévy et M. Lussault (dir.), *Logiques de l'espace et esprit des lieux. Géographies à Cerisy*, Paris, Belin, p. 319-332.

VOLVEY Anne, CALBÉRAC Yann, HOUSSAY-HOLSCHUCH Myriam, 2012, « Introduction générale », *Annales de géographies,* vol. 120, n° 687-688 « Terrains de Je », p. 441-461.

GÉOGRAPHIE ET CULTURES : UNE REVUE DU TOURNANT CULTUREL ?

ENTRE MURMURES ET PAROLES, LES PAGES DE LA REVUE RÉPONDENT

Is Géographie et cultures *a cultural-turn journal?*
Its pages and issues give an answer

Louis DUPONT [1 2]
ENeC UMR 8185 CNRS,
Université Paris Sorbonne

Résumé : *Géographie et cultures* est-elle une revue du tournant culturel ? Pour répondre à cette question il convenait d'interroger les pages de la revue, en lien avec son histoire et par rapport à ceux et celles qui ont produit ses numéros depuis plus de vingt ans. Cet article est divisé en deux parties. Dans la première, je retrace les transformations de la revue depuis 1992 dans sa dimension formelle : ses directeurs et directrice, la composition de ses comités, ses artisans, ses liens institutionnels et ses maquettes. La seconde porte sur son contenu, plus particulièrement les thèmes des numéros et les articles publiés, soit 84 numéros et 586 textes. L'analyse montre que *Géographie et cultures* est graduellement devenue une revue du tournant culturel et qu'elle est aujourd'hui davantage une revue d'analyse culturelle et sociale, qui conserve néanmoins un ancrage dans la géographie culturelle, quelle que soit la définition qu'on lui donne par ailleurs.

Mots-clés : revue « Géographie et cultures », tournant culturel, géographie culturelle, analyse culturelle et sociale en géographie

Abstract: *This article tries to answer the simple question asked to* Géographie et cultures *before the conference held at Cerisy (France) in 2014 on the cultural turn in geography. In order to answer it, we first looked at the formal dimension of the journal: its institutional links, its directors, the composition of the editorial and scientific committees, its artisans, etc. In short, all that makes it possible to publish four numbers a year since 1992. In the second part, we analyse the 586 articles written from n° 1 to 84. The conclusion is that* Géographie et cultures *gradually became a cultural-turn journal, and that it has become in recent years a journal of*

---

[1] Courriel : duponlouis@aol.com

[2] Professeur des universités à l'université Paris-Sorbonne, directeur du laboratoire ENeC. L'auteur a été directeur de la revue de 2002 à 2009 ; il est membre du comité de rédaction depuis 15 ans (2000).

"cultural and social geography", one that has however kept significant links to cultural geography, whatever it means.

Keywords: *cultural turn, cultural geography, cultural and social analysis in geography*

À l'approche du dixième anniversaire de la revue *Géographie et Cultures*, Paul Claval proposa au comité éditorial de diriger un numéro spécial sur : Champs et perspectives en géographie culturelle (n° 40, mars 2002). Il reprenait de fait le titre du premier article qu'il signa dans le n° 1 de la revue (1992) : « Champ et perspectives de la géographie culturelle ». L'ajout du « S. » à champ et le changement de préposition n'étaient pas anodins. Entre le n° 1 et le n° 40, la « géographie culturelle » serait passée, semble-t-il, du stade de projet ou de projection, à celui de domaine constitué de la géographie avec ses champs et ses perspectives. Était-ce le cas ? L'objectif de ce numéro spécial était de faire le point sur les concepts, débats et méthodes de ce qu'on appelait également « l'approche culturelle » en géographie.[3] Seuls deux textes y répondront vraiment, le texte de Claval déjà cité et un second, « Cultures et civilisations. Un essai d'interprétation géographique », également signé par ce dernier.

Vingt et quelques années plus tard... Francine Barthe, alors directrice de *Géographie et cultures*, pensa qu'il s'agissait d'un bon moment pour faire le point sur la revue et, par le fait même, sur l'analyse culturelle et sociale en géographie. Aucun appel à textes cette fois-ci, mais un colloque sur le « tournant / tourment culturel en géographie dans le cadre enchanteur de la Normandie et l'ambiance austère de Cerisy (2014). En toile de fond, une question particulière pour la *star* du colloque : *Géographie et cultures* est-elle une revue du tournant culturel ? Une revue en phase avec la transformation des sciences sociales américaines au début des années 1980, sous l'égide du retour du sujet et de la subjectivité, de l'imagination et de l'imaginaire, des « *cultural studies* » et de l'interdisciplinarité, enfin, du féminisme et de la critique du positivisme et surtout du structuralisme. En avant-scène, une question pour tous : ce tournant ne fut-il pas à l'origine de

---

[3] « Approche culturelle » est un calque de l'anglais, *cultural approaches*. Le mot « problématique » n'existant pas en anglais dans le sens qu'on lui donne dans le monde académique francophone, « *approach* » signifie à la fois l'orientation et la problématique de recherche. « Approche culturelle » est en comparaison plus faible, il conviendrait plutôt de dire analyse culturelle (et sociale) ». Paul Claval a été très actif dans la création de la commission « cultural approaches / approches culturelles » de l'Union Géographique Internationale (UGI), qui est aujourd'hui présidée par Benno Werlen (Iéna), un ancien membre du comité scientifique de *Géographie et cultures*, et qui a dirigé le n° 47, *Vu d'Allemagne* (2004).

tourments pour la géographie ? Quels tourments aussi pour la géographie culturelle, « institutionnalisée », ne serait-ce que par l'existence de *Géographie et cultures* et du laboratoire CNRS *Espace et Culture*, devenu en 2007 *Espaces, Nature et Culture* ? Le colloque organisé par *Géographie et cultures* et sa directrice avait comme objectif de poser ces questions et de tenter d'y répondre. Aussi convenait-il d'entrée de jeu d'interroger les pages de la revue.

Vidant ses caves encombrées quelque part en 2009, le vénérable Institut de géographie ne fit pas dans la dentelle : *dehors... tout et tout de suite* ! Au cours de la journée, on signala au directeur de la revue que des caisses contenant des numéros de *Géographie et cultures* s'y trouvaient, des caisses de n° 1, 2, 3... 15, 16, puis des caisses d'autres numéros pêle-mêle. *On jette ? NON* ! Je pus à cette occasion étendre ma collection des numéros de la revue et surtout me plonger avec curiosité dans ses premières pages. J'étais familier des pages de la revue depuis le n° 40, qui fut proposé lors de ma première réunion au comité de rédaction. Aussi, pour préparer ma communication à Cerisy, il ne me restait donc plus qu'à parcourir les pages des n° 20 à 39. Revu et augmenté, le texte qui suit en découle. Il est divisé en deux parties. La première porte sur la dimension formelle de la revue : ses liens institutionnels, sa direction et ses comités, ses artisans et ses maquettes. L'objectif est de dégager des informations sur le contexte de production de la revue, sur ce qui peut avoir une influence sur ce qui s'est écrit, sur qui écrit, pourquoi et comment. La seconde partie se penche sur le contenu de la revue à l'aide de différents indicateurs qui, avec certains points d'information dégagés dans la première partie, me permettront de dégager trois périodes qui correspondent à autant de variations dans l'identité de la revue.[4] *Géographie et cultures* est-elle une revue du tournant culturel ? Réponse : à sa manière, elle l'est devenue !

GÉOGRAPHIE ET CULTURES SOUS TOUTES SES FORMES

Une revue existe et se maintient grâce à des personnes et des institutions. Certain.e.s écrivent, d'autres contribuent plus directement à sa production, en font un produit, toutes activités qui prennent place dans un contexte institutionnel qui n'est pas sans avoir un impact sur la forme comme sur le contenu.

[4] L'analyse de contenu s'arrête au n° 84, celle sur la dimension formelle tient compte des derniers numéros publiés ou annoncés, soit jusqu'au n° 93 et 94 où apparaissent justement les textes des présentations de Cerisy, dont celui-ci.

Les laboratoires « Espace et Culture » et « Espaces, Nature et Culture »

Une revue n'existe pas sans support institutionnel, du moins en général et avant l'ère des revues en ligne. *Géographie et cultures* a été fondée en 1992 par Paul Claval en même temps qu'il mettait sur pied le *Laboratoire de géographie Espace et Culture.* D'abord comme Groupe d'Accueil (GA) à l'intérieur de l'UFR de géographie de l'université Paris-Sorbonne (Paris 4), il devient en 1997 Unité de Recherche Associée (URS), ancêtre des UMR, statut qu'il a conservé sous l'appellation *Laboratoire Espace et Culture.* Il occupait alors une salle de l'Institut de géographie (103), avant qu'on ne lui attribue un bureau supplémentaire pour la gestion de la revue (001).

Les liens entre l'UFR de géographie et le laboratoire *Espace et Culture* n'ont jamais été faciles. Je parle bien évidemment des personnes. Au-delà des conflits de personnalités, les raisons de ce difficile arrimage tiennent pour beaucoup à la culture de l'UFR de l'époque, où la recherche était conçue comme une entreprise personnelle, mais aussi à l'arrivée de cette « géographie culturelle », difforme, perçue comme étant avant tout la « chose » de Paul Claval. Le « tournant culturel » en géographie ? Le tournant… ? Dans ce contexte, l'on comprend que ce soit davantage les contacts et les invité.e.s de Paul Claval, puis ses étudiant.e.s DEA et de doctorat, qui animeront à l'origine le laboratoire et la revue.

Quoi qu'il en soit, le statut d'UMR du laboratoire obligeait l'institution universitaire à s'investir. L'Université Paris-Sorbonne attribue toujours à l'UMR ENeC un budget de fonctionnement, aujourd'hui plus élevé que celui du CNRS, l'autre tutelle. Elle fournit toujours des locaux au laboratoire, dont un est réservé au secrétariat de la rédaction de la revue.[5] La contribution directe de l'UFR se résume à la prise en charge d'une partie du temps de travail des cartographes, dont les services sont utilisés par la revue et la collection. Le laboratoire couvre également une partie des frais de déplacement des membres non parisiens du comité éditorial, une initiative qui a permis de diversifier le comité de rédaction et d'étendre le rayonnement de la revue sur le territoire français. Le CNRS assure la présence d'un.e salarié.e qui travaille à l'édition de la revue et de la collection.

Les liens qui unissent la revue à ses deux tutelles sont donc importants, ils lui permettent d'avoir pignon sur rue, de compter sur du personnel compétent, et d'obtenir une aide financière minimale qui contribue à son fonctionnement.

---

[5] Le laboratoire a officiellement quitté l'Institut de géographie et les parages de l'UFR fin 2009. Ses bureaux sont aujourd'hui situés à la Maison de la recherche de Paris-Sorbonne, 28 rue Serpente, Paris 6e.

Les directeurs et directrice de la revue

De 1992 à 2015, la revue a connu 5 directeurs et une directrice.[6] Le tableau 1 fait état de la durée de leur mandature sur le plan du nombre de numéros et d'articles publiés (les notes, humeurs, débats, etc., et les comptes rendus de lecture n'ont pas été pris compte).

Directeurs / Directrice	Numéros	Quantité	Articles
Paul Claval	1-20	20	149
Jean-Robert Pitte	21-30	10	65
Thierry San Juan	31-36	6	40
André-Louis Sanguin	37-40	4	22
Louis Dupont	41-68	28	189
Francine Barthe	69-94	26	192
Total (articles)			**657**
Auteur.e.s différent.e.s (seul ou en commun)			471
Auteur.e.s avec 2 entrées ou + (seul ou en commun)			68

Tableau 1 – **La direction de la revue, 1992-2015**
Réalisation : Louis Dupont, 2015

En s'attardant aux seuls chiffres, qui disent ce qu'ils peuvent, on pourrait dégager trois périodes à peu près équivalentes : 1- Claval / Pitte (30 numéros et 214 articles), 2- Dupont (28 numéros et 189 articles), 3- Barthe (26 numéros et 192 articles). L'on peut aussi cerner une période trouble, 21 à 43, avec quatre directeurs (Pitte / Sanguin / San Juan / Dupont – à partir du n° 41). Enfin, une autre périodisation placerait d'un côté une période confuse en termes d'identité, du n° 1 à 41, à une seconde où est manifeste une continuité, dans l'esprit comme dans les pratiques, de 44 à 94. Mais cette dernière proposition va déjà au-delà des chiffres, il faudra y revenir avec cette fois l'éclairage de l'analyse du contenu.

Cela dit, quelle influence le directeur peut-il avoir sur une revue et son contenu ? La direction d'une revue doit principalement s'assurer de la qualité scientifique des textes qui y sont publiés. Elle est aussi garante de l'intégrité de la politique éditoriale ainsi que de l'orientation de la revue dans le paysage de l'édition en géographie. Est-ce une revue de géographie culturelle ? Une revue de l'analyse culturelle (et sociale) en géographie ?

[6] Au moment d'écrire ces lignes, Francine Barthe était directrice de la revue. Elle a été remplacée officiellement par Yann Calbérac à l'été 2015. Elle a assuré cependant la direction et l'édition des numéros dévolus au colloque de Cerisy (2015), d'où le fait que soient comptabilisés à son crédit les n° 93 et n° 94.

Une géographie culturelle et politique ? L'influence du directeur et de la directrice dépend en réalité de plusieurs facteurs, le plus important étant son statut dans l'unité de recherche et son positionnement par rapport au comité de rédaction.

Au laboratoire *Espace et Culture*, le fait que le directeur du laboratoire devienne *ipso facto* directeur de la revue (et de la collection) conférait un pouvoir important à la personne en place, et donc une influence certaine sur ce qui se publie. De Paul Claval à André-Louis Sanguin, les directeurs aux deux casquettes présidaient, sans consultation ou presque, à la nomination des membres des comités scientifiques et de rédaction. Par contre, Sanguin fut le premier directeur du laboratoire *Espace et Culture* à nommer un directeur de revue : Thierry Sanjuan (en 2000). L'expérience ne fut pas des plus heureuses car des désaccords vont subvenir entre eux sur l'orientation de la revue, si bien qu'André-Louis Sanguin (re)prit la direction de la revue un an et demi plus tard. En 2002, je suis devenu directeur de la revue… ainsi que directeur du laboratoire à la demande de Jean-Robert Pitte. Une période tendue. D'abord au comité de rédaction, qui voyait arriver un 4e directeur en 4 ans, puis au Conseil du laboratoire *Espace et Culture*, pressé par les deux tutelles de se fusionner avec un laboratoire de « Biogéo, le *Centre de Biogéographie et Écologie*. Après la fusion, il était entendu que Jean-Paul Amat prenait la direction du nouveau laboratoire ENeC et que je conservais la direction de la revue.

L'événement a son importance. Pour la première fois, les directions du laboratoire et de la revue étaient distinctes, ce qui fut par la suite institutionnalisée. La revue était de même dissociée du laboratoire qui l'avait créée et soutenue jusque-là. Dans cette nouvelle configuration, le comité de rédaction va être graduellement confirmé dans son rôle de garant de la qualité scientifique, de la politique éditoriale et de l'orientation de la revue. Le Comité se prononce également sur l'entrée de nouveaux membres et élit le directeur ou la directrice (décision qu'entérine ou non le Conseil du laboratoire). Francine Barthe sera la première directrice élue de la revue en 2009, Yann Calbérac fut le deuxième en 2015.

Le Comité scientifique

Le Comité scientifique a officiellement quatre fonctions principales : 1- validation de la politique scientifique et éditoriale arrêtée par le comité de rédaction, 2- caution scientifique, 3- force de proposition thématique, 4- promotion de la revue. Le tableau 2 permet de comparer les comités scientifiques du n° 1 et du n° 94. Qu'y voit-on ?

N° 1, 1992	**N° 94, 2015**
Luc Bureau (Québec, Canada)	Giuliana Andreotti (Italie)
Ann Buttimer (Irlande)	Augustin Berque (EHESS)
Michel Chevalier (Paris)	Christine Chivallon (CNRS)
P.-H. Chombart de Lauwe (Paris)	Paul Claval (Paris 4)
G. Corna-Pellegrini (Italie)	B. Collignon (Bordeaux)
Denis Cosgrove (UK)	J.-Christophe Gay (Nice)
Pierre Flatrès (Paris)	M. H.-Holzschuch (Grenoble)
X. de Planhol (Paris)	J.-Robert Pitte (Paris 4)
Joe Powell (Australie)	Angelo Serpa (Brésil)
François Sigaut (Paris)	J.-François Staszak (Genève)
Takeuchi Keiichi (Japon)	Martine Tabeaud (Paris 1)
J. Vilà-Valenti (Barcelone)	François Taglioni (Réunion)
Eric Waddell (Fidji)	
Eugen Writh (Allemagne)	

Tableau 2 – **Les comités scientifiques, 1992 et 2015**
Réalisation : Louis Dupont, 2015

L'on constate d'abord que le comité de 2015 compte 12 membres, celui de 1992 en compte 14, ce qui correspond à la norme au cours des 23 ans de la revue. On remarque ensuite que le comité de 1992 ne compte qu'une femme sur 14, alors que le ratio est de 5/12 en 2015. Enfin, et plus important, 9 pays sont représentés en plus de la France dans le comité 1992, il n'y en a plus que 2 en 2015 : Giuliana Andreotti (Italie) nommée par Claval en 1995 et Angelo Serpa (Brésil) nommé par Barthe en 2010. Comment l'expliquer ?

Cela tient au rayonnement personnel et scientifique de Paul Claval, celui-ci a pu de cette façon donner des assises importantes et un rayonnement international à la revue en y attirant des géographes de plusieurs pays. Ces derniers séjournaient à la revue le temps de produire quelques articles ou de diriger un n° spécial (voir plus loin). Claval suppléait du coup au manque d'intérêt relatif de l'UFR et de ses membres, même si quatre de ses collègues furent présents dès le début. Le comité scientifique ne changera pratiquement pas en termes de nouvelles entrées. Il y eut cependant plusieurs navettes, des géographes comme G. Andreotti, A. Berque et D. Cosgrove qui sont passés d'un comité à l'autre, le temps d'un séjour à Paris ou d'un départ à l'étranger. Cette façon de faire permettait à Claval de maintenir en alerte une trentaine de géographes, qui donnaient une légitimité à la géographie culturelle.[7]

[7] La revue était-elle plus internationale ? L'est-elle moins aujourd'hui ? Il y a matière à débat, à commencer par le rôle effectif des comités scientifiques. Quoi qu'il en soit, en 2003 le

En réalité, les navettes entre le comité de rédaction et le comité scientifique se sont poursuivies après Claval, mais elles n'iront plus que dans un sens : du comité de rédaction au comité scientifique. Pour des raisons diverses, des collègues moins présents aux réunions du comité de rédaction furent diplomatiquement déplacés. Ce qui explique pour beaucoup la composition actuelle du comité scientifique : 9 des 12 membres actuels du comité scientifique viennent du comité de rédaction. Au total, 42 personnes auront été membres du comité scientifique, ce qui comprend les 28 des comités de 1992 et de 2015.

Le comité de rédaction (« éditorial » ou « de lecture »)

Le tableau 3 montre la composition du comité éditorial de 1992 et celui de 2015. Qu'y voit-on ? Tout d'abord que le comité de 1992 ne compte que 2 femmes sur les 17 membres, alors que l'égalité homme / femme est une réalité en 2015. Enfin, l'on constate qu'en plus de l'équilibre homme / femme, on compte 9 « régionaux » pour 11 Parisiens et, sans entrer plus avant dans les détails, il y a un apparent équilibre générationnel. Pourquoi et comment ?

À sa deuxième année, et on le constate dans le n° 25, Pitte a cherché à impulser un nouvel élan à la revue en y faisant entrer pas moins de 15 membres, des plus jeunes, des régionaux, ainsi que différentes tendances de la géographie.[8] Le comité de rédaction comprend alors 32 membres ! Une manière d'impulser du changement ou de la nouveauté dans ce qui s'écrit dans la revue. Une manière aussi de se démarquer des visions et pratiques de son prédécesseur. Un tourment pour *Géographie et cultures* ? À la suite de Pitte, les changements se feront lentement et graduellement, le comité de rédaction se stabilisant autour de 15 à 18 membres. Au départ Sanguin, il comptera 21 membres : 14 hommes et 7 femmes, alors qu'au moment de passer la main comme directeur de la revue, j'ai laissé un comité de rédaction de 15 membres : 8 femmes et 7 hommes. Francine Barthe institue ensuite le principe de parité pour le remplacement des membres sortants, elle aura aussi renouvelé le comité de rédaction en y ajoutant de jeunes collègues et en cherchant, malgré les difficultés, à avoir un équilibre régional.

géographe belge Schmitz conclut que « *Géographie et cultures* est la revue française de géographie qui publie (et traduit) le plus de textes de collègues étrangers (40,3 %, dont 14,6 % de non francophones). En termes d'ouverture vers le monde, une seule revue française approche les moyennes des grands périodiques du SSCI : la revue *Géographie et cultures* ».

[8] S'y ajouteront en 1998 : Luc Cambrezi, Jean-Christophe Gay, Dominique Guillaud, Claire Hancock, Christian Jacob, Patrick Pigeon, Yann Richard, André-Louis Sanguin, Christine Chivallon, Christian Huetz de Lemp, A.L. Lévy-Pietry, Jean-Luc Piveteau, Bernard Debardieux, Thierry San Juan, J. Gomes Mendoza. Le ratio homme / femme n'était cependant pas une préoccupation.

Finalement, entre 1992 et 2016, 78 collègues auront pour des périodes de temps variées, siégé au comité de rédaction (en comptant les 20 actuellement en poste). La seule personne qui traverse toutes ces années est Cynthia Ghorra-Gobin.

Comité éditorial, 1992 (17 membres)	**Comité de rédaction, 2015** (20 membres)
Joël Bonnemaison (ORSTOM) Paul Claval (Paris 4) Isabelle Géneau de Lamarlière (IFU) Cynthia Ghorra-Gobin (Espace et Culture) Christian Jacob (CNRS) Louis Marrou (Paris 4) Jérôme Monnet (Espace et Culture) Françoise Péron (Caen) Jean-Robert Pitte (Paris 4) Roland Pourtier (Paris 1) Georges Prévélakis (Paris 4) Jean Rieucau (Montpellier) Olivier Sevin (Paris 4) Augustin Berque (EHESS) Christian Taillard (CNRS) Jean-René Trochet (Musée Trad. pop.) Jean-François Staszak (Paris 4)	Francine Barthe (Amiens) Marianne Blidon (Paris 1) Rachele Borghi (Paris-Sorbonne) Yann Calbérac (Reims) Amandine Chapuis (Paris Est Créteil) Emmanuelle Dedenon (CNRS) Martine Drozdz (Paris-Sorbonne) Hadrien Dubucs (Paris-Sorbonne) Louis Dupont (Paris-Sorbonne) Jean Estebanez (Paris-Est Créteil) Cynthia Ghorra-Gobin (CNRS) Sylvie Guichard-Anguis (CNRS) Claire Guiu (Nantes) Thierry Joliveau (Saint-Étienne) Olivier Labussière (Grenoble) Jean-Baptiste Maudet (Pau) Bertrand Pleven (Paris-Sorbonne) Jérôme Tadié (IRD) Anne Volvey (Artois) Serge Weber (Paris Est Marne-la-Vallée)

Tableau 3 – **Les comités de rédaction (éditorial / lecture), 1992 et 2015**
Réalisation : Louis Dupont, 2015

Les artisans

En support de la direction et des comités, plusieurs personnes ont occupé des fonctions essentielles à la réalisation des numéros de la revue (voir tableau 4). La rédaction de la revue fut d'abord assurée par un collectif varié, généralement des étudiant.e.s de l'UFR de géographie de Paris 4 (dont Colette Fontanel qui assure les fonctions de secrétaire éditoriale et de rédaction). À partir de la 3e année, Guy Chemla et Myriam Gautron vont assurer le travail d'édition, avant que Myriam Gautron n'obtienne un poste de « secrétaire de rédaction » du CNRS au moment de l'accréditation du Laboratoire en 1997. Mis à part une éclipse de presque trois ans, de 2010 à 2013, après le départ à la retraite de Madame Gautron, le CNRS a toujours assuré la présence d'une secrétaire de rédaction. Le poste est depuis occupé par Emmanuelle Dedenon depuis 2011. En plus de l'édition des numéros de la revue et de la collection, elle assure la gestion du site Internet.

L'absence d'une secrétaire de rédaction a été compensée par l'énergie et le dévouement de Francine Barthe, mais grâce aussi à l'implication du laboratoire. Sa directrice d'alors, Martine Tabeaud, a consenti à payer des vacations pour que soient réalisées à la fois les relectures et l'édition. Des tâches furent aussi réparties à des collègues, notamment Claire Guiu, puis surtout Yann Calbérac (2011), qui vont prendre en charge pour l'occasion le « secrétariat du comité de rédaction », qui assurait le suivi des évaluations et des versions des textes.

Les secrétaires de rédaction / édition
Myriam Gautron, CNRS, n° 1-68 Laurent Vermeesch, Vacataire (édition et relecture), n° 69-79 Emmanuelle Dedenon, n° 79-
Les cartographes (à partir du n° 30)
Florence Bonneau / Véronique Lahaye
Les comptes rendus
Yann Richard, n° 24-33 Sylvie Guichard-Anguis, n° 34-75 Hadrien Duducs, n° 76-
Secrétariat / coordination du comité de lecture
Guy Chemla, n° 20-31 Claire Guiu, n° 69-72 Yann Calbérac, n° 73-92
Autres fonctions (relecture, promotion, traduction, maquette)
Madeleine Rouvillois Myriam Houssay-Holszchun Claire Hancock Francine Barthe

Tableau 4 – **Fonctions et principaux titulaires**
Réalisation : Louis Dupont, 2015

Les maquettes

Pour terminer cette première partie, un mot sur les maquettes. La revue a connu 5 maquettes, comme on peut le constater dans les figures 1 à 4. Le premier grand changement apparaît avec le n° 17, avec l'introduction d'une bande couleur et d'une photographie, fournie par les membres du comité de rédaction ou du directeur.trice du n° spécial. La graphie originale du nom de la revue fut réintroduite à partir n° 21, après une éclipse d'une année (figure 1). La décision de changer la maquette vient du comité éditorial suite à une demande de l'Harmattan de rendre la revue plus attractive pour la vente en kiosque. Par ailleurs, dès 1992, le nombre de pages des numéros de la revue a été fixé par l'éditeur à 143 pages, ni plus ni moins non plus. Une standardisation s'est lentement imposée : 7 articles par numéro, alors que les premières années le nombre d'articles a oscillé entre 5 à 8.

Figure 1 – **Les trois premières maquettes : n° 1-16 ; n° 17-20 ; n° 21-36**
Couvertures : Yves-Marie Perron

La maquette change de nouveau à partir du n° 37 et l'arrivée d'une maquettiste officielle avec Francine Barthe. La bande passe de droite à gauche et la photo avec un effet miroir cassé (figure 2). Cela dure trois ans, jusqu'au n° 48, avec une interruption pour les n° 45 et 46 !

Figure 2 – **Du miroir cassé à la bande gauche complète : n° 37-48 ; n° 49-70 ; n° 71-84**
Couvertures : F. Barthe, 2001

Un changement important survient à partir du n° 49 alors que l'éditeur impose de mettre en évidence les thèmes et titres de la revue, et de réduire l'identification de la revue au bas de la bande couleur (les numéros sont mis uniquement sur la tranche). L'objectif de l'éditeur était de vendre les numéros de la revue comme des ouvrages. La bande couleur pleine apparaît à partir du n° 71 jusqu'au n° 84 (figure 2). Cette volonté de l'éditeur de faire apparaître les numéros spéciaux comme des livres trouve son aboutissement dans la 5e maquette, celle proposée par Emmanuelle Dedenon pour le n° 85 et les suivants (figure 3).

Figure 3 – **La maquette actuelle (85-)**
Réalisation maquette : E. Dedenon, 2013

LES PAGES DE GÉOGRAPHIE ET CULTURES

L'objectif de cette seconde partie est de tenter de savoir, à partir du contenu des numéros de la revue et en tenant compte d'éléments formels, si la revue est une revue du tournant culturel. D'évidence il ne s'agit pas de répondre par un oui ou un non, mais plutôt de montrer comment et pourquoi elle l'est finalement devenue, à sa façon. Pour ce faire, j'ai d'abord effectué un découpage en trois périodes, en tenant compte d'éléments formels identifiés dans la première partie.

Regard sur les numéros

Une première analyse a été effectuée à l'échelle des numéros. J'ai pris en compte ici les 94 numéros de la revue éditée ou annoncée au moment d'écrire ces lignes (tableau 5).

Ensemble des numéros (94)	
Numéros spéciaux	77 (518 articles)
Varia	17 (139 articles)
Numéros spéciaux (77)	
Numéros thématisés	66 (415 articles)
Numéros thème + régions / aires culturelles	12 (77 articles)
Numéros « régions / aires culturelles » (uniquement)	6 (32 articles)
Numéros thématisés (66)	
Numéros thème unique	59 (348 articles)
Numéros « Vu de... »	3 (29 articles)
Numéros théoriques	2 (20 articles)
Numéros Cerisy, « tourments culturels »	2 (14 articles)

Tableau 5 – ***Géographie et cultures*, types de numéros**
Réalisation : L. Dupont, 2015

Une première remarque porte sur le nombre de numéros dits spéciaux par rapport aux numéros *varia*, soit des numéros sans titre qui rassemblent de 6 à 8 articles au contenu divers. Sur un total de 17 varia, 12 d'entre eux ont été publiés entre les n° 1 et 25 (lui-même un varia), une période qui couvrent le directorat de Claval et une partie de celui de Jean-Robert Pitte. Entre les numéros 26 et 43, il n'y en aura que deux (36 et 43), puis trois entre les n° 44 et 94 (52, 68 et 80).[9] Notons par ailleurs que les 13 numéros « spéciaux » de cette période se limitent souvent à ce que l'on appelle des « cahiers » de 4 ou 5 articles. De plus, sur les 6 numéros « aires culturelles non thématisés », 5 furent publiés entre le 1er et le 25e numéro. L'impression qui s'en dégage est celle d'un regroupement de textes sous un thème ou un titre, plutôt qu'un véritable thème porteur de textes. L'absence d'une introduction ou de la présence d'un état de l'art sur le thème en question, comme c'est souvent le cas des numéros thématiques après le n° 25, renforce cette impression.

Il y a donc un changement important dans le fonctionnement et le contenu de la revue entre les 25 premiers numéros, et la suite. La raison est simple, il s'agit d'une demande de l'éditeur qui souhaite commercialiser chaque numéro au même titre qu'un ouvrage. Ainsi, au moment de l'entrée en

[9] Les numéros 52 et 68 furent des numéros « varia thématisé », au sens où des textes variés furent rassemblés autour d'un thème suffisamment commun ou rassembleur.

fonction de Jean-Robert Pitte au moins 3 numéros sur 4 deviendront des numéros spéciaux portant sur des aires géographiques ou élaborés à partir de thèmes. On parlera dès lors de numéros thématiques. Cela constitue un changement radical : on ne cherche plus des auteur.e.s et des articles comme sous Claval, mais davantage des idées pour des numéros, qui deviennent alors les moteurs de la revue. Au-delà des différences entre deux visions de la géographie culturelle que cela peut induire, l'on comprend mieux l'ajout par Jean-Robert Pitte de 15 nouveaux membres au comité de rédaction (voir note 7).

Régions géographiques	Thèmes	Numéros	Articles
Asie	marges culturelle, territoires culturels, alimentation, régions et territoires	6	40
Afrique	espaces publics, patrimoine	4	25
Les Amériques	frontières, espaces publics, américanité	5	32
Europe	minorités, conflits	2	14
France (région Pyrénées / Landes)		1	4
Total		**18**	**109**

Tableau 6 – **Les numéros portant sur des aires culturelles (18)**
Réalisation : L. Dupont, 2015

Les numéros « régions / aires culturelles thématisés » fournissent des informations supplémentaires qui permettent de délimiter deux autres périodes : 6 sur 12 apparaissent au cours de la période qui suit immédiatement l'exigence de thématisation, soit entre les n° 26 et 43 (Tableau 6). Les thèmes principaux sont : le territoire, les frontières, la région. Les 6 autres numéros aires culturelles thématisés apparaissent entre les n° 44 et 94, avec des thèmes qui diffèrent considérablement des numéros précédents : le patrimoine, l'alimentation, l'américanité, les territoires culturels, l'espace public (2). Au cours de cette période, sont introduits les numéros « Vu de » qui, dans un esprit post-colonial, ne cherche pas à rendre compte d'une aire culturelle, mais ouvrent les pages de la revue à des géographes des régions ou pays concernés (Allemagne, Italie, Brésil). En somme, après le varia du n° 43, l'exigence de thématisation prend tout son sens et l'approche par les aires culturelles devient secondaire, voire inexistante.

Ces informations ne justifient pas complètement le regroupement d'une période qui s'étend des n° 26 à 43, il faut pour s'en convaincre prendre en considération la dimension formelle, soit le fait qu'il s'agit d'une période trouble qui connaît 4 directeurs en 4 ans. En contraste, au cours des treize années qui suivent la revue ne connaîtra que deux directeurs (Dupont et Barthe). Penchons-nous maintenant sur chacune de ces périodes en cherchant à les qualifier sur la base de l'analyse de contenu, qui s'arrête au n° 84 (586 articles).

Numéros 1 à 25 (25 numéros) **Les prémices d'un tournant** (179 articles)	Numéros spéciaux : 13, pour 98 articles dont 5 « aires culturelles » Numéros *varia* : 12, pour 81 articles
Numéros 26 à 43 (18 numéros) **Tournant et tourments** (121 articles)	Numéros thématisés : 16, pour 108 articles dont 6 « aires culturelles thématisés » Numéros *varia* : 2, pour 13 articles
Numéros 44 à 84 (41 numéros) **Une revue du tournant culturel ?** (286 articles)	Numéros thématisés : 35, pour 244 articles Numéro *varia* : 1, pour 7 articles *Varia* thématisés : 2, pour 14 articles Numéros « Vu de… » : 3, 21 articles

Tableau 7 – **Caractéristiques des numéros (84) par période**
Réalisation : Louis Dupont, 2015

Analyse du contenu par périodes

Affirmation de la géographie culturelle et prémices du tournant culturel (n° 1 à 25)

Paul Claval lance la revue *Géographie et cultures* et met sur pied le laboratoire Espace et Culture avec l'objectif de faire prendre le tournant culturel à la géographie française, du moins de mener le débat sur ce tournant culturel des sciences sociales, impulsé par les bouleversements des sciences sociales américaines. Comme il le soulignera à plusieurs reprises, dont dans le premier texte de la revue, la géographie culturelle n'existait pas réellement en France, bien que plusieurs géographes se sont penchés sur la dimension culturelle des phénomènes spatiaux, à l'intérieur de la grande boîte que constituait la géographie humaine. Aux États-Unis, avant le tournant culturel, existait déjà avec Carl Sauer une géographie culturelle, qu'il institue sur la base du concept de *landscape*, qui permet d'indentifier des paysages culturels et naturels. Le paysage se libérait ainsi du rapport à la nature, et dégageait une analyse de l'espace, notamment des lieux (*places*) et des régions ou aires culturelles. Le tournant culturel des sciences sociales provoqua une remise en question de cette géographie culturelle, si bien que l'on parla alors de *new cultural geography* : émergence d'une géographie culturelle en France et amorce d'une nouvelle géographie culturelle aux États-Unis, la différence est de taille. C'est donc sans surprise que le premier texte de Claval qui lance la revue n'aborde pas de front le tournant culturel, il fait plutôt état des textes précurseurs de l'analyse culturelle en géographie Il énumère ensuite un programme pour la géographie culturelle : *le rapport nature / culture ; le sens de la vie ; l'environnement ; la vie matérielle (techniques) ; les cultures populaires / élitaires / traditionnelles, la question de l'identité et des appartenances, le paysage, les aires culturelles ; la religion ; l'ethnogéographie.* Des sujets, thèmes et processus classiques eu égard au tournant culturel, qui se caractérisent par un ancrage des géographes dans les sciences sociales, avec l'adoption d'une posture critique (postmoderne, puis post-coloniale).

Globalement les 179 textes publiés au cours de cette période entrent en résonance avec ce programme. D'une façon, ils donnent à la géographie culturelle un sens même si l'ensemble peut paraître disparate. Du reste, les critiques de cette géographie émergente ne manqueront pas de le remarquer en la qualifiant « de tout et n'importe quoi », une expression qui permet le dénigrement facile. Si on se rapporte aux mots-clés et au résumé des textes, on n'en remarque pas moins que les grands concepts de la géographie demeurent à l'honneur : la région est au centre de pas moins de 26 textes, suivent le territoire avec 15 et le paysage avec 14. Le monde rural / paysan, couplé au paysage (8 textes) et la ville (7 textes) sont les objets géographiques privilégiés. La religion et les rapports du sacré et de la religion à la culture l'emportent sur tout autre sujet avec 23 textes et deux numéros spéciaux. L'étude des représentations occupe toujours une bonne place (12 textes). L'Asie (13 textes) domine comme aire culturelle, le continent est étudié dans une approche régionale ou ethnographique, et la religion est le sujet principal. Exotisme ? Orientalisme ? J'en ai parfois eu l'impression mais je ne peux m'aventurer à l'affirmer.

Cette période n'est pourtant pas exempte de débats qui poussent les limites de la pratique et de la pensée géographiques. Augustin Berque remet en question le concept de paysage : « Des erreurs de fond en matière de paysage », dans un numéro spécial sur le paysage où d'autres textes sont aussi critiques. Dans le n° 14, Jean-Robert Pitte relance le débat sur la région et les régions culturelles : « Cultures régionales, culture universelle, éloge de la culture ». Mais aussi et surtout dans le dernier numéro publié par Claval (n° 20) où un débat intéressant s'engage cette fois sur le territoire avec en vedette un texte de Claval : « Le territoire dans la transition à la postmodernité » et un d'Yves Lacoste : « Encore et toujours des territoires ». En tout, 8 % des textes sont de nature théorique, ils concernent entre autres le postmodernisme (Claval, n° 4 et n° 8 ; Strohmaher, n° 6), la phénoménologie (Copeta, n° 9), le déterminisme (Staszak, n° 17), la géographie humaniste (Lévy, n° 21), l'épistémologie de la géographie humaine (Trochet, n° 25). Apparaissent également de nouveaux thèmes : la rue (Gélézeau, n° 5), le rêve (Mancia, n° 7), la question du sentir (Nys, n° 9), le cimetière (Schmitz, n° 16), la nuit (Bureau, n° 16), la chanson (Lechaume, 21), le surf (Augustin, n° 21), les territoires de la prostitution (R. Botelho de Mattos et M.A. Campos Ribeiro, n° 24). Enfin deux numéros spéciaux se démarquent. Le numéro 15 sur Jules Verne, qui a certes toujours fasciné les géographes, n'en annonce pas moins l'exploration des liens entre géographie et littérature. L'autre est le numéro 17, « Spécial Québec », qui ouvre les pages de *Géographie et cultures* aux géographes québécois. Numéro post-colonial sans le dire et qui inspirera les numéros « Vu de » qui seront publiés plus tard.

En somme, cette période, aussi classique et disparate puisse-t-elle paraître, contient des articles qui s'inscrivent dans la perspective du tournant culturel (14 % des textes), par leur dimension critique et théorique, par l'exploration de nouveaux thèmes et sujets et, plus globalement, par une volonté de reconfigurer la discipline géographique plus près des sciences sociales et des débats de société.

Un tournant et des tourments (n° 26 à 43)

La deuxième période se caractérise par quelques moments forts qui accentuent l'orientation de la revue par rapport au tournant culturel. Le texte de Paul Claval sur « Qu'apporte l'approche culturelle à la géographie » en ouverture du n° 31 sur « La postmodernité » est un marqueur de ce point tournant. Dans ce qui est vraiment un premier numéro de nature théorique, l'on discute de façon explicite les fondements de l'analyse culturelle en géographie (deux anglophones, Cosgrove et Hoefle, y contribuent). Le programme souhaité par Claval dans le premier numéro de la revue est pour beaucoup dépassé : il ne s'agit pas de donner une légitimité à la géographie culturelle mais de donner corps à une approche culturelle alignée sur le tournant culturel. Le texte de Paul Claval dans le n° 40 (2002) sur *Champs et perspectives en géographie culturelle* le confirme.

Toutefois, les pages de *Géographie et cultures* au cours de cette période ne le reflètent pas encore tout à fait. L'approche par les aires culturelles, même thématisées, demeurent présentent (Afrique du Sud, Amérique du Sud,

Afrique). En revanche, les sujets traités dans ces numéros sont des plus variés et l'espace public, avec sa consonance culturelle et sociale, est la préoccupation principale. La religion et les croyances, thème du n° 42 fera une dernière apparition dans les pages de la revue ; la ville et les représentions occupent une place importante. De plus, l'influence des directeurs Sanjuan et Sanguin se fait sentir. Sous la direction du premier, la revue publie deux numéros sur l'Asie, un sur la Chine, spécialité de Sanjuan, et un sur l'Inde. Une inclinaison plus sociale se fait sentir. Sanguin quant à lui publie deux numéros sur l'Europe de l'Est (Les Balkans ; L'Europe post-communiste) dans la perspective d'une analyse culturelle et politique. Par contre, la forme des textes change, les études de cas s'arriment à des thématiques et des cadres conceptuels qui montrent une géographie et des géographes plus en maîtrise d'un arrimage aux sciences sociales : image et imaginaire, les chorégraphies urbaines, l'expérience des lieux, la communication interculturelle, les cultures populaires ; la littérature et la peinture.

En somme, il s'agit d'une période contrastée, où s'affirme le tournant culturel dans les textes critiques et conceptuels, mais qui trouve aussi une résonance dans l'ouverture à de nouveaux thèmes et sujets. En cela, l'on dira qu'il y a un tournant vers le tournant culturel. Par contre, l'élan n'est pas continu, des tourments viennent hanter la géographie culturelle. Ils ne résultent pas uniquement de conflits de personnalité ou des orientations des directeurs, car chacun pose à sa façon des défis scientifiques à l'analyse culturelle en géographie et à sa légitimité. Doit-elle être plus sociale ? Ou comment s'arrime-t-elle à la géographie sociale très prégnante dans la géographie française ? Un débat qui renvoie à la supposée primauté du social, elle-même bien ancrée dans la primauté de l'économie qui est au cœur de la géographie sociale dont les inégalités sont le thème central. La géographie culturelle doit-elle de même être plus politique ? Doit-elle prendre en compte plus frontalement les rapports de pouvoir ?

Une revue du tournant culturel ? (n° 44 à 84...)

À partir du n° 44, comme je l'ai mentionné plus haut, la recherche de thèmes nouveaux et inexplorés sera le moteur de la revue. Dans bien des cas, *Géographie et cultures* innove et attire même des géographes qui par ailleurs ne s'identifient pas à la mouvance de la géographie culturelle. De fait, la prise en compte de la dimension culturelle dans l'analyse géographique est acquise, l'on discute plutôt de ses limites et de sa pertinence. Le tableau 8 montre à la fois le dépassement des thèmes et sujets des numéros publiés au cours de cette période, mais aussi l'ancrage dans l'analyse géographique.

Les concepts géographiques (16)	Territoires / le territoire (7) ; l'espace / les espaces... (4) ; la région (2) ; lieu / les lieux (2) ; paysage (2)
Les « objets géographiques » (11)	Ville et... / la ville / les métropoles (7) ; régions / aires culturelles (3) ; la rue (1)
Autres lieux, espaces et territoire (23)	Territoires littéraires (3) ; musiques (2) ; saveurs / alimentation (2) ; images (2) ; le genre (2) ; espaces ludiques / plage (2), commerce / économie et cultures (2) ; patrimoine (2) média / Internet (2) ; antimondes, les multiplexes, l'autre campagne, corps et mobilité, désastre et catastrophe (1)
Les processus (17)	Interface nature /environnement /société (5) ; la religion (2) ; Géographicité / médiance ; territorialité ; régionalisation ; globalisation / métropolisation / mondialisation ; l'intentionnalité ; l'imaginaire ; l'expérience de... ; la mise en scène, éthique

Tableau 8 – **Concepts, lieux et processus des n° 44 à 84**
Réalisation : L. Dupont, 2015

S'agit-il pour autant d'une géographie du tournant culturel ? Le tableau 9 ne permet pas de répondre par l'affirmative par rapport à ce que la géographie anglo-américaine a pu produire. Là n'est d'ailleurs pas l'important.

L'analyse des textes des n° 44 à 84 m'apparaît plus révélatrice de l'identité de la revue. Mon analyse a porté principalement sur les mots-clés et les résumés des textes que j'ai interprétés à la lecture d'une majorité des textes de la revue (ce qui donne une indication de l'orientation choisie par l'auteur.e). L'objectif de départ était de répondre à la question suivante : *Géographie et cultures* est-elle une revue du tournant culturel ? J'ai montré jusqu'ici qu'elle l'est graduellement devenue… mais pas complètement. J'ai aussi mis en évidence des questionnements qui concernent la géographie culturelle, en soi, ses liens avec la géographie sociale, son rapport avec le politique et les rapports de pouvoir. J'ai donc réparti les mots-clés en les associant à quatre « orientations » : 1- la géographie culturelle, 2- la géographie culturelle du tournant culturel, 3- l'analyse culturelle et sociale, 4- une géographie culturelle et politique. Certains mots-clés pourraient se retrouver dans plus d'une orientation, mais je me suis basé sur ma connaissance des textes pour les classer dans l'une plutôt que l'autre. L'on pourra bien sûr discuter de mes choix, j'en conviens aisément, mais je pense que le tableau n'en reflète pas moins les orientations des textes de la revue et donc, de son identité.

Associés à la « géographie culturelle » 30 %	Identité (culturelle, religieuse, régionale) Patrimoine (mémoire, terroir, culture matérielle) Représentations / symboles, appartenance Culture (sous toutes ses formes, populaires…)
Associés au tournant culturel 28 %	Modernité/Post modernité Discours / Idéologies / Récits Construction/déconstruction/structuration Rêve/sentiments (2) ; Expérience (2) ; chorégraphie/Mise en scène (4) ; sentir / désir
Associés à la « géographie sociale / culturelle » 23 %	Marginalité / exclusion / discrimination Gouvernance (institutions, organismes sociaux) Territorialité (social et politique) Norme / système normatif Environnement / nature Idéologies, discours (sociales)
Associés à une géographie culturelle et politique 19 %	Identité (ethnique, minorité, politique) Nation / État/ pays / frontières Gouvernance (politique : État) Idéologie (nationales)

Tableau 9 – **Thèmes, sujets et concepts (n° 44 à 84)**
Réalisation : L. Dupont, 2015

Géographie et cultures est-elle une revue du tournant culturel ? Oui elle l'est, dans une majorité relative si on additionne les textes du tournant culturel et ceux associés à la géographie culturelle et sociale (51 %), voire ceux associés à la géographie culturelle et politique (70 %), mais c'est aussi une revue de géographie culturelle, où la culture est le sujet principal d'analyse (30 %). L'analyse des n° 84 à 94 pourrait modifier légèrement ces pourcentages. Néanmoins je pense que *Géographie et cultures* s'affiche aujourd'hui davantage comme une revue d'analyse culturelle et sociale.

Le « tournant culturel », qui pour l'approche culturelle concerne la géographie et non seulement la géographie culturelle, vise la reconsidération des frontières entre les disciplines et leurs champs d'études, la remise en cause des fondements épistémologiques des disciplines des sciences sociales et, en conséquence, un renouvellement de ses outils conceptuels et méthodologiques. Un tel projet n'a laissé personne indifférent en géographie. La frontière entre la géographie sociale et la géographie culturelle a longtemps été étanche, pour diverses raisons. Elle l'est de moins en moins, ne serait-ce qu'à cause des changements sociétaux. Les convergences existent, ce qui ne veut pas dire qu'elles sont devenues solubles. Elles conservent leur socle respectif et leurs références théoriques, bien qu'ici aussi les convergences sont manifestes. En cela, si *Géographie et cultures* n'est pas totalement une revue du tournant culturel, elle est certainement un produit du tournant culturel.

LA COLLECTION « GÉOGRAPHIE ET CULTURES » À L'HARMATTAN

QUELLES GÉOGRAPHIES CULTURELLES ?

The scientific books collection « Géographies et cultures », L'Harmattan Publishers: what kinds of cultural geographies?

Catherine FOURNET-GUÉRIN [1] [2]
Université de Reims Champagne-Ardenne,
Directrice de la collection Géographie et cultures

Résumé : Le colloque de Cerisy organisé par le laboratoire ENeC en 2014 est l'occasion de réaliser une analyse rétrospective de l'ensemble des titres parus dans la collection *Géographie et cultures*, fondée à l'Harmattan en 1992 par Paul Claval. Rédigé par sa directrice actuelle, le texte est tout d'abord consacré à une présentation des titres et des auteurs : qui, quels statuts, quelles origines (disciplines, établissements), quelles langues d'écriture ? Ensuite, les différents types de géographie sont examinés. La collection est-elle vraiment au centre de la géographie culturelle, comme l'indique son nom ? Si un nombre conséquent de titres accrédite cette hypothèse de congruence entre le nom et le contenu, avec des approches épistémologiques, en géographie historique et, plus rarement, post-modernes, force est de constater que nombre de livres signalent des incursions dans les périphéries très lointaines de la géographie culturelle, voire en dehors de la sphère des études culturelles (approches économiques, politiques notamment). Le plus petit dénominateur commun de la collection serait-il alors la place que les auteurs accordent au travail de terrain ? Finalement, l'orientation thématique de la collection dépend principalement des modalités de décision de publication, qui sont examinées à la fin. Les orientations actuelles tendent à promouvoir le recentrement vers les seules approches culturelles en géographie.

Mots-clés : collection « Géographie et cultures », épistémologie de la géographie, géographie culturelle, auteur, ligne éditoriale

Abstract: *The 2014 Cerisy congress devoted to the journal* Géographie et Culture's *anniversary was the occasion to make a point about the scientific books collection of the same name. It was also founded en 1992 by Paul Claval and ever since 45 books have been published. The paper is written by its present manager. First the paper deals with the books and their authors: who are they (men and women, old*

[1] Courriel : cfournetguerin@orange.fr

[2] Je remercie Yann Calbérac pour avoir bien voulu relire ce texte, le discuter et ainsi avoir contribué à son amélioration. Ce texte a également été relu par l'ensemble des membres du comité de lecture.

and young, scholars and others...), where do they come from, in which language do they write? Secondly the types of geographies here represented are studied. Does the content of the books fit with the name of the collection? It is often the case with numerous books dealing with epistemology, history of geography, historical geography and, less frequently, postmodernism. But in many cases, books do not have much to do with cultural geography. These ones deal with very peripheral themes in regards to cultural geography such as economic geography or political geography. Nonetheless, most authors use the same methods based on field work, which could hence be considered as the only common point between all the books. The last part of the paper deals with the way the collection has been ruled since twenty years, tackling governance issues. During the latest years the reading committee has decided to focus more on the cultural approaches on geography and to give up these other fields.

Keywords: *book collection, epistemology of geography, cultural geography, author, editorial line*

En 1992, concomitamment à la revue éponyme, Paul Claval créait la collection de livres scientifiques « Géographie et cultures », avec pour éditeur L'Harmattan. Cette collection compte à ce jour[3] quarante-cinq ouvrages qui composent le corpus qu'on se propose d'étudier. Du premier livre, *Penser la ville de demain*, dirigé par Cynthia Ghorra-Gobin (1994), au dernier en date, *L'invention du carnaval au XIXe siècle, Paris, Nice, Rio de Janeiro* (2014), traduit du brésilien, quelles places dans le champ de la géographie et plus largement des sciences humaines se dégagent ? Quelles sont les grandes constantes de cette collection et quelles ont été ses évolutions ? La collection qui revendique son ancrage dans le champ de la géographie culturelle est-elle « tourmentée », pour faire écho au titre du colloque organisé à Cerisy en septembre 2014 pour lequel ce texte a été écrit[4] ?

QUI A ÉCRIT DANS LA COLLECTION ?

La collection « Géographie et cultures » est tout d'abord, sans surprise, une collection plutôt masculine pour ce qui est de ses directions éditoriales

---

[3] C'est-à-dire en septembre 2014 : il a été décidé de présenter le texte tel qu'il l'a été lors du colloque à Cerisy. Depuis, un nouveau titre a paru : *Penser le monde en géographe. Soixante ans de réflexion*, Paul Claval, 2015.

[4] Pour écrire ce texte, j'ai consulté l'ensemble des livres de la collection, disponibles au laboratoire ENeC, consulté le catalogue SUDOC des bibliothèques universitaires en ligne, la page Internet de l'éditeur, l'Harmattan, discuté avec les membres du comité de lecture et avec certains des auteurs. Le point de vue exposé ici est par définition marqué par ma position de directrice de la collection.

successives : fondée par Paul Claval, dirigée ensuite par André-Louis Sanguin, Jean-Robert Pitte, Jean-René Trochet, tous professeurs à l'université Paris IV, puis par Yann Richard (Université Paris I) et enfin, depuis 2011 par moi-même, première femme à ce poste, signe d'une évolution observable dans l'ensemble du monde académique[5]. Les auteurs sont également en majorité importante des hommes : seuls douze noms de femmes figurent en couverture, à titre de (co-)directrice ou d'auteur unique, soit un peu plus d'un quart des livres. Dans les livres qui comportent de nombreux auteurs, c'est-à-dire par exemple les actes d'un séminaire ou d'un colloque, les proportions restent sensiblement les mêmes : les auteurs sont des femmes à hauteur de 20 à 25 % environ.

L'examen de la discipline revendiquée par les auteurs révèle une très nette surreprésentation des géographes. Dans le champ des sciences humaines et sociales, figurent également des politologues (Gaëlle Dequirez), des historiens (Éric Meyer), ou encore des anthropologues, leur nombre reste marginal. Ponctuellement, certains auteurs relèvent de disciplines extérieures aux sciences humaines, comme des psychologues et des physiologistes (fort intéressant texte consacré à la « variabilité et universaux au sein de l'espace perçu des odeurs », *Géographie des odeurs*, 1998, p. 25-47). Enfin, certains contributeurs sont hors du champ académique *stricto sensu*, tel Robert Dulau, conservateur du patrimoine, ou encore exercent des fonctions institutionnelles voire politiques : on trouve ainsi un manifeste de François Bayrou (« La proclamation de Pau », 1995, dans *Langues régionales et relations transfrontalières en Europe*) au titre de ministre de l'éducation nationale, d'Henri Goetschy, sénateur d'Alsace ou encore de Michel Foucher, certes géographe, mais qui signe son texte en qualité d'ambassadeur de France en Lettonie (2007). Parmi les noms de personnalités célèbres du monde des idées, on trouve également un très beau texte conclusif du linguiste Claude Hagège dans *Langues régionales et relations transfrontalières en Europe* (1995).

En termes de statut institutionnel et de rattachement universitaire des auteurs, on observe une forte représentation de professeurs et de directeurs de recherche, qui soit dirigent des ouvrages collectifs (Paul Claval, Jean-Robert Pitte, Pernette Grandjean, Joël Bonnemaison, par exemple) soit ont contribué à ce que leurs doctorants publient leur thèse une fois celle-ci soutenue. Dans les années 1990, nombre de livres sont ainsi des thèses soutenues à l'université Paris IV et publiées dans la collection qui relève de

---

[5] Jusqu'en 2004, il n'existe pas de comité de lecture pour la collection. Le choix des manuscrits était réalisé par le directeur de la revue éponyme, qui sélectionnait également les livres pour la collection. Voir plus loin pour une étude de la composition de ce comité et de ses évolutions.

la même tutelle (dans le cadre du laboratoire mixte Paris IV-CNRS « Espace et Culture », puis ENeC à partir de 2006) : citons par exemple Thomas Lothar Weiss, Laurent Vermeersch ou Amaël Cattaruzza. En outre, il existe un lien étroit entre les auteurs de la collection et l'université Paris IV : en grande majorité, ceux-ci en ont fait partie, qu'il s'agisse d'enseignants-chercheurs titulaires ou de doctorants. La proportion d'auteurs principaux (je parle des directeurs d'ouvrage) qui n'appartiennent pas à cette université ni au laboratoire est modeste : on relève les livres dirigés par Pernette Grandjean (Reims), Hélène Vélasco-Graciet et Christian Bouquet (Bordeaux III), Sabine Duhamel et François Moullé (Arras) et Françoise Peron et Jean Rieucau (Brest et Montpellier), soit cinq sur quarante-cinq (10 %). « Géographie et cultures » s'avère une collection de laboratoire et d'université, à la pratique endogame prononcée. Depuis quelques années, la tendance est à l'ouverture. Ainsi, parmi les derniers manuscrits acceptés, un sur deux est soumis par un jeune docteur non dirigé par un professeur de Paris.

Du point de vue des langues d'écriture, on relève quelques textes en anglais et certains en italien. Plusieurs auteurs sont étrangers, et, soit ont été traduits, ou ont publié en français. Cela signale une ouverture internationale de la collection, fût-elle modeste. Dans certains livres comportant de nombreux auteurs, cette tendance est marquée, comme dans *Géographie et liberté, mélanges en hommage à Paul Claval* (1999).

Enfin, près de la moitié des ouvrages sont des ouvrages collectifs, résultant de colloques ou de séminaires. Cela signale un rôle de la collection dans la diffusion du savoir géographique. Le dépouillement des auteurs révèle alors une grande diversité. Nombre de personnes reconnues de la géographie actuelle ont publié un texte dans la collection. Citons par exemple Jean Radvanyi (passionnante synthèse consacrée à « La nouvelle Russie, une identité territoriale inquiète », dans *L'Europe de l'Est quinze ans après la chute du mur*, Richard et Sanguin, 2004), Vincent Berdoulay, Augustin Berque, Jacques Lévy, Denis Retaillé ou encore Vincent Veschambre.

À partir de ces auteurs, quelles géographies sont identifiables ?

AU CENTRE DE LA GÉOGRAPHIE CULTURELLE, COMME SON NOM L'INDIQUE… ?

La collection a été considérée comme un support de publication permettant la diffusion de travaux de recherche menés par des auteurs entendant de manière diverse – c'est un euphémisme – l'acception de géographie culturelle.

Une « géographie culturelle classique », oxymore ?

Nombre de livres relèvent d'une approche dite classique en géographie et pas du tout de ce qui fut appelé le tournant culturel. C'est le cas des séries thématiques identifiées : « Histoire et épistémologie de la géographie » et « Culture et politique ». Dans ces domaines, nombre de livres s'attachent à une manière de faire de la géographie qui n'est pas en rupture avec les précédentes et s'inscrivent en fait dans la longue tradition de la géographie vidalienne, dont ils représentent certains avatars.

Dans les monographies régionales ou ethnographiques issues de thèses (série « Études culturelles et régionales »), on retrouve cette inscription dans une continuité disciplinaire et méthodologique. Ainsi, dans *Villages perchés des Dogon du Mali, habitat, espace et société* (1994), J.-C. Huet salue « [s]es maîtres, Messieurs les professeurs Jean Gallais et Paul Pélissier ». Dans *Habiter en pays tamoul*, l'approche mobilisée par Robert Dulau rappelle celle de Pierre Deffontaines dans *L'homme et sa maison* (1972, Paris, Gallimard).

Ainsi, en dépit du caractère récent de la collection, en dépit également de son nom et de la volonté affichée par Paul Claval d'ouvrir de nouvelles pistes de recherche, on observe une tendance à la continuité bien plus qu'à la rupture.

Néanmoins, dans cet ensemble d'ouvrages, certains écrits constituent des mises au point sévères, sans concession, souvent inattendues. C'est le cas de la conclusion de *La géographie à l'époque classique* (1996) rédigée par André-Louis Sanguin, dans laquelle il y a presque vingt ans, il dénonçait l'absence d'ouverture des géographes français sur le monde académique étranger (en posant déjà la question de la langue d'écriture mais même aussi de lecture), l'écrasante prédominance des recherches portant sur l'espace français ainsi que les pesanteurs institutionnelles. Ainsi, il constate que plus de la moitié des chercheurs de l'époque ont pour objet de recherche la France. Or, une recherche effectuée en 2014 sur *Géomonde*, l'annuaire en ligne des géographes qui ont souhaité y figurer, conduit au constat strictement identique vingt ans plus tard : 553 géographes sur 1 044 référencés ont sélectionné le mot « France » dans la rubrique « espace étudié », soit très exactement 53 %. Plus largement, ce texte méconnu constitue un appel à un renouvellement de la géographie universitaire qui reste d'actualité.

Nouvelles approches en géographie ?

Cependant, la collection a également été le cadre de publication de travaux plus explicitement en rupture avec ces thématiques anciennes, ou bien avec des manières de faire académiques ou encore plus légers dans leur forme. Les méthodes utilisées sont également nouvelles pour la géographie française ou bien signalent une formalisation explicite.

C'est le cas des approches qui se revendiquent comme ethnogéographiques : un livre est consacré à ces approches, certes non nouvelles, mais jamais revendiquées comme telles (*Ethnogéographies*, Singaravelou et Claval, 1995). Un seul exemple tiré de ce livre : Jean-Pierre Augustin propose « une possible ethnogéographie des pratiques du corps et des pratiques sportives en Afrique », démarche à l'époque éminemment originale (p. 300). Dans cette veine s'inscrivent nombre de thèses soutenues dans les années 1990 par de jeunes chercheurs qui sont devenus des noms confirmés de la discipline : Béatrice Collignon, Myriam Houssay-Holzschuch, Yann Richard ou Jean-François Staszak. Tous appartiennent d'ailleurs à la même génération, celles de chercheurs au début de leur carrière scientifique dans les années 1990.

Dans la collection est également né un nouveau concept, celui de « maritimité », néologisme, entendue comme la manière dont ceux qui ne sont pas familiers de la mer se la représentent. Le livre (*La maritimité aujourd'hui*, 1996) comporte par exemple un chapitre portant sur la représentation de la mer et du littoral par les véliplanchistes (Jean-Pierre Cairn). Dans le livre collectif consacré à la géographie des odeurs, un nouveau champ est également ouvert (*Géographie des odeurs*, Robert Dulau et Jean-Robert Pitte, 1998).

Si jamais le tournant culturel ou la rupture ne sont ouvertement revendiqués, ils sont néanmoins décelables en creux, dans les manières d'écrire ou encore dans les choix de thèmes. En termes d'écriture, on observe le recours à la technique du dialogue simulé. Celui qui est introduit le livre de Marc Brosseau, *Des romans-géographes*, est particulièrement dense et stimulant, tout comme celui de Jean-François Staszak dans *Géographie et liberté*, son texte d'hommage à Paul Claval. Ce même Jean-François Staszak, dans « Dans quel monde vivons-nous ? Géographie, phénoménologie et ethno-méthodologie » (*Les discours du géographe*, 1997, p. 12-38), livre une analyse très personnelle, écrite à la première personne, à partir d'une expérience concrète : perdre ses repères dans un parking des États-Unis. Plusieurs textes sont ainsi écrits de manière très distanciée, libre, éloignée des canons académiques. On y décèle également de la dérision ainsi que de l'humour, comme lorsque Laurent Vermeersch a recours à des phrases de contes connues de tous telles qu'« Ils se marièrent et eux beaucoup d'enfants » ou « le carrosse se transforme en citrouille » (1998).

Nombre de textes ont par ailleurs pour objet l'étude d'un corpus artistique, des peintures ou des œuvres littéraires, démarche au cœur d'une partie de la géographie culturelle. Le livre de Marc Brosseau fait autorité dans les références relatives aux liens entre géographie et littérature. Dans *Tropismes des frontières* (Vélasco-Graciet et Bouquet, 2006), un auteur étudie l'espace dans un livre de George Sand (*Teverino*), les représentations du Portugal dans *Le radeau de pierre* de Saramago ou encore les représentations picturales contemporaines de la frontière canado-étatsunienne.

Enfin, la collection n'a pas totalement esquivé la question du tournant dit post-moderne. S'il est sans nul doute excessif de la qualifier de collection post-moderne, il n'en demeure pas moins que plusieurs ouvrages s'en revendiquent explicitement ou du moins développent une telle approche. Sans doute certains seront-ils sinon amusés, du moins surpris, de lire les propos suivants sous la plume de Jean-Robert Pitte : « L'apologie du sensible serait une caractéristique de post-modernité ; soyons donc post-modernes sans complexes ! » (*Géographie des odeurs*, introduction, p. 9). Des chercheurs devenus depuis la période de leurs écrits dans la collection des hérauts de ce courant y ont développé de telles approches à la fin des années 1990 : il s'agit pour le plus représentatif d'entre eux de Jean-François Staszak.

Une géographie culturelle très ouverte

Lors de sa fondation, Paul Claval insiste dans l'avant-propos au premier livre publié en 1994 qu'il s'agit d'une collection ouverte aux « études culturelles et ethnographiques » : implicitement, il s'agissait de s'éloigner de la seule géographie et de concevoir la collection comme très ouverte à des auteurs d'autres disciplines. Si cet objectif ne fut que partiellement atteint, on l'a vu, il n'en demeure pas moins que, contrairement à ce qui a pu être reproché à la géographie culturelle, celle-ci n'était pas conçue comme fermée, étriquée, voire réactionnaire. De manière révélatrice, Guy Di Méo écrit pour la première fois dans la collection en 2009, dans un livre dirigé par une chercheuse extérieure à Paris IV (Pernette Grandjean, *Construction identitaire et espace*). On connaît la réticence de ce chercheur par rapport à une certaine conception de la géographie culturelle, dont il s'est expliqué dans un article au fort contenu polémique[6].

Collection ouverte donc à de multiples conceptions de la discipline, mais aussi à d'autres disciplines, on l'a dit : « Géographie et cultures » exprime bien l'idée qu'il s'agit de l'étude des dimensions culturelles relatives à l'espace, et que les géographes n'ont pas le monopole des études sur l'espace.

Une place importante consacrée à la géographie historique et dans une moindre mesure à l'épistémologie de la géographie

L'une des thématiques centrales dans la collection est la géographie historique. Sept livres relèvent principalement de ce champ[7] ; Yann Richard, *La*

---

[6] Di Méo G., 2008, « La géographie culturelle, quelle approche sociale ? », *Annales de géographie*, n° 660-661, p. 47-66.

[7] *Mexico, ville néoclassique. Les espaces et les idées d'aménagement urbain (1783-1911)*, de Federico Chistlieb (2002), les actes du colloque *Où en est la géographie historique*

Biélorussie, une géographie historique (2002), et Amaël Cattaruzza, *Territoire et nationalisme au Montenegro* (2011), mobilisent également une approche du territoire qu'ils étudient en termes géohistoriques. Les actes du colloque de géographie historique font partie des livres de la collection qui se sont « bien vendus » selon les critères de L'Harmattan, atteignant le chiffre vertigineux de cent cinquante exemplaires[8] !

Quant à l'épistémologie, deux livres s'inscrivent dans ce champ : celui dirigé par Jean-François Staszak, *Le discours du géographe* (1997), devenu une référence[9], et *La géographie à l'époque classique* (Claval et Sanguin (dir.), 1996), dans lequel les auteurs s'interrogent sur les géographes, leur manière d'écrire, leurs sujets d'étude, entre 1918 et 1968. Il est étonnant que cette veine ait été abandonnée depuis.

… MAIS AUSSI SES PÉRIPHÉRIES TRÈS LOINTAINES, VOIRE EN DEHORS DE LA SPHÈRE CULTURELLE

De nombreux livres publiés n'entretiennent qu'un lien très lointain avec les approches culturelles en géographie, voire ne comportent aucun lien avec celles-ci.

C'est le cas de livres relevant purement de la géographie économique (*Le commerce du livre en France*, de Fabien Chaumard (1998) ou de la géographie du développement avec une très forte composante d'économie régionale : dans l'ouvrage de Thierry Sanjuan, *À l'ombre de Hong Kong, le delta de la rivière des Perles* (1997), aucune approche culturelle n'est mobilisée. D'autres livres s'inscrivent dans le champ de la géographie politique qu'on peut qualifier de « pure », c'est-à-dire qui s'intéresse à la traduction spatiale de faits politiques et à leur analyse. La dimension réflexive n'est pas présente dans cette *hard geopolitics*, pas plus qu'une approche consistant à étudier les représentations du fait politique par les

aujourd'hui ?, *Modernité et tradition au Canada*, dirigés par Vincent Berdoulay et Jean-Pierre Augustin (1997), *Aux débuts de l'urbanisme français* dirigé par Vincent Berdoulay et Paul Claval (2001), *La géographie française à l'époque classique*, dirigé par Paul Claval et André-Louis Sanguin (1996), *Ville et pouvoir en Amérique, les formes de l'autorité*, dirigé par Jérôme Monnet (1999), ainsi que le tout dernier livre de la collection, *L'invention du carnaval au XIXe siècle, Paris, Nice, Rio de Janeiro*, traduit du brésilien, de Felipe Ferreira (2014).

[8] Les livres les plus vendus sont les deux volumes des *Territoires de l'identité* et de *La nation et le territoire* (1 200 exemplaires à eux deux), dirigés par Joël Bonnemaison, Luc Cambrézy et Laurence Quinty-Bourgeois (1999), suivis de *Géographie et liberté, mélanges en hommage à Paul Claval* (378 exemplaires) et par *Les fleuves de la France atlantique* (251 exemplaires). Après, les ventes ne dépassent plus les 200 exemplaires.

[9] Il figure en effet au catalogue de quelque 79 bibliothèques universitaires, très probablement le record de la collection.

habitants par exemple. Cette géographie se retrouve par exemple dans le livre de François Taglioni et Jean-Marie Théodat, *Coopération et intégration, perspectives panaméricaines* (2008), dans celui d'Emmanuel Saadia, *Systèmes électoraux et territorialité en Israël* (1997) ou encore dans celui portant sur *L'Europe de l'Est, quinze ans après la chute du mur* (2004), dans lequel figure un texte quelque peu décalé consacré à la production d'électricité en Arménie. Nombre de ces livres ont été publiés via le canal de la commission de géographie politique du CNFG, dont ils constituent les actes de colloques internationaux. La géographie culturelle est alors absente. Pourtant, cette thématique concerne en tout quatorze ouvrages, soit une forte représentation.

Il en va de même de quelques chapitres égarés de géologie, comme ce fort poétique et quelque peu énigmatique paragraphe consacré aux « considérations stratigraphiques et lithiques » (in *Les fleuves de France atlantique. Identités, espaces, représentations, mémoires*, 2003, p. 29) ; quelques pages plus loin, on trouve ce qui constitue probablement le seul diagramme pollinique de la collection (*ibid.*, p. 32-33).

Un livre traite également de questions de santé et de territorialité de manière fort éloignée de la géographie culturelle (François Moullé et Sabine Duhamel (dir.), *Frontières et santé, genèse et maillage des réseaux transfrontaliers*, 2010), et l'un relève de la géographie urbaine « pure » (Paul Claval et André-Louis Sanguin (dir.), *Métropolisation et politique*, 1997).

Dans ces cas, il s'agit de livres qui auraient tout à fait pu être publiés dans d'autres collections, fort différentes de « Géographie et cultures ». Ces choix s'expliquent alors par le rôle de directeurs de recherche qui ont pu influer sur la ligne éditoriale, en considérant la collection comme un outil interne de diffusion des recherches locales.

Néanmoins, certains auteurs d'ouvrages de géographie politique développent des approches en termes de représentations, contribuant à nouer des liens fructueux entre politique et culturel. C'est le cas d'Amaël Cattaruzza qui analyse l'identité monténégrine, ou de contributeurs de *L'Europe de l'Est quinze ans après la chute du mur* (2004), qui, outre le thème de la production électrique arménienne, proposent également des mises au point stimulantes sur la toponymie à Sarajevo ou sur les représentations de l'Union européenne par les Croates.

UNE DÉMARCHE DE TERRAIN REVENDIQUÉE : LE POINT COMMUN À TOUTES CES APPROCHES ?

L'étude de l'ensemble du corpus peut conduire à formuler l'hypothèse suivante : au-delà de l'évidente hétérogénéité des approches et des thématiques présentes dans la collection, qui conduit à remettre en cause son identité par rapport à son nom, un point commun rapproche la quasi-totalité des auteurs, celui d'une démarche empirique fondée sur le travail de terrain.

Cette approche par le terrain est en tout cas revendiquée par nombre d'auteurs ou relevée par des commentateurs. C'est le cas de Mme Bastide-Bruguière qui écrit dans la préface au livre de Thierry Sanjuan :

> « Jusqu'ici, la plupart des experts ont eu coutume de se borner à commenter les colonnes des annuaires statistiques [...]. Géographe et sinologue, c'est au contraire les pieds sur le terrain, dans la boue des digues et des chantiers, par l'observation et l'analyse de ses implications spatiales, que Thierry Sanjuan a cherché à comprendre comment s'opère la modernisation accélérée des zones côtières chinoises. [...] Par cette longue exploration méthodique, directe et vécue de la terre et des hommes dans une région chinoise, le livre de Thierry Sanjuan mérite d'être salué comme une œuvre pionnière et fondatrice parmi les études consacrées en France à la géographie de la Chine », (Marianne Bastid-Bruguière, préface, p. 5-7).

Un livre, issu des travaux d'un séminaire, *Carnets de terrain* (2008), dirigé par Thierry Sanjuan, est consacré à une analyse réflexive sur les pratiques méthodologiques de chercheurs, géographes pour la plupart.

L'étude des lieux objets de recherche principaux révèle par ailleurs une forte diversité à différentes échelles : nombreux livres portant sur des espaces européens (douze), certains en Asie (trois), d'autres en Amérique du Nord (trois) comme du Sud (quatre) et enfin en Afrique (six).

Une étude portant sur les images choisies en couverture signale enfin une forte représentation de choix issus du terrain[10]. En effet, vingt-sept illustrations sur quarante-cinq, soit 60 %, sont des photographies réalisées par les auteurs et prises sur le terrain qui constitue la matière de l'ouvrage. On peut y ajouter les illustrations d'œuvres d'art réalisées par des artistes du pays étudié, comme le dessin en couverture de *Le Cap, vies noires, ville blanche* (Houssay-Holzschuch, 1999) ou le tag urbain de *Coopération et intégration, perspectives panaméricaines* (Taglioni et Théodat, 2008).

---

[10] Ces couvertures peuvent toutes êtres visualisées sur le site des éditions L'Harmattan, à la page de la collection : http://www.editions-harmattan.fr/index.asp?navig=catalogue&obj=collection&no=42, consulté le 21 octobre 2015.

UNE MANIÈRE D'ÉCRIRE SINGULIÈRE EN GÉOGRAPHIE

Les livres comptent relativement peu de cartes. Certains, nombreux, n'en comportent même aucune. Faut-il y voir une manière d'écrire la géographie, résolument ancrée dans le champ des sciences humaines et très littéraire ? Faut-il également y voir un rejet des approches quantitativistes ? La géographie culturelle se définirait-elle alors par la négative, à savoir par le refus d'approches statistiques ou trop techniciennes ?

En outre, l'observation des textes montre une très longue résistance à l'usage anglophone des renvois bibliographiques entre parenthèses avec la seule mention de l'auteur et la date de la publication. La plupart des livres des années 1990 et même 2000 comportent encore le système du renvoi en note infra-paginale, voire ne comportent pour ainsi dire pas de références bibliographiques : il s'agit là d'une manière d'écrire assez ancienne, traditionnelle, qui a presque totalement disparu de nos jours, mais qui a longtemps maintenu ses positions dans « Géographie et cultures ». Je formule l'hypothèse que cette manière d'écrire traduit un certain classicisme revendiqué par les universitaires en poste à Paris IV.

FINALEMENT, QUI DÉCIDE CE QUI EST PUBLIÉ ?

En définitive, la question centrale pour comprendre les orientations prises par « Géographie et cultures » depuis sa création est bien celle du choix des manuscrits.

Les auteurs ont-ils été sollicités ? Dans le cas des docteurs, c'est souvent le cas, leur directeur de thèse leur ayant facilité l'accès à la publication. On peut supposer que d'autres ont proposé spontanément leur manuscrit, si leur directeur n'était pas de l'université Paris IV, mais qu'eux-mêmes y travaillaient à cette période. Dans le cas des enseignants-chercheurs installés dans des positions institutionnelles (et souvent, rappelons-le, localisées à l'université Paris IV-Sorbonne), il est fort probable que la question même de la cohérence de la collection ne constituait pas pour eux une préoccupation. L'important était d'employer l'organe commode mis à disposition chez l'Harmattan et qui fonctionne financièrement, rappelons-le, avec les moyens du laboratoire de recherche. En quelque sorte, l'idée d'une publication « maison » dominerait.

Des changements se font jour à partir du moment où, au milieu des années 2000, « Géographie et cultures » est dotée d'un comité de lecture : cela relève de la décision du directeur de laboratoire d'alors, Louis Dupont. Avec le recul, il m'apparaît fort probable que la formation de celui-ci, originellement nord-américaine, dans une culture académique où l'échange, la collaboration et le fonctionnement collégial sont la norme, bien plus qu'en France, ait contribué à orienter sa décision. Pour constituer le premier comité, sont sollicités de manière informelle des membres du laboratoire et/ou des collègues de l'université : Jean-René Trochet (qui fut alors le premier directeur collégial), Jean-Louis Chaléard, Yann Richard, Jean-François Staszak, François Taglioni et moi-même. Il s'agit d'un comité rassemblant des enseignants-chercheurs de plusieurs universités et représentant des champs divers de la géographie, peut-être parfois relativement éloignés de la géographie culturelle.

Yann Richard, maître de conférences à Paris I, prend la direction de la collection en 2009. La composition du comité change : certains entrent, comme Louis Dupont, qui s'inscrit sans ambiguïté dans le champ de la géographie culturelle, Delphine Gramond, maître de conférences en géographie environnementale avec l'idée d'élargir aux thématiques environnementales, Isabelle Lefort pour renforcer l'optique épistémologique, Édith Fagnoni pour développer la thématique patrimoniale, et enfin Yann Calbérac, déjà membre du comité de la revue et sollicité afin de renforcer le lien entre les deux organes éditoriaux du laboratoire. Jean-François Staszak et Yann Richard quittent le comité en raison de nouvelles prises de fonction. Depuis les débuts en 2004, trois enseignants-chercheurs sont restés : François Taglioni, Jean-Louis Chaléard et Catherine Fournet-Guérin. La féminisation du comité depuis 2010 est flagrante (la moitié des membres). Depuis la direction de Yann Richard, le choix de nouveaux membres s'effectue collectivement, en réunion, même si certains choix ont pu être orientés et appuyés par la direction du laboratoire dans l'optique de renforcer le nombre de membres en étant issus tout comme dans celle de diversifier les thématiques de recherche.

Colette Fontanel, ingénieur de recherche au CNRS, qui avait assuré la vie de la collection depuis sa création, part à la retraite en 2010. Deux ans plus tard, Emmanuelle Dedenon reprend ce travail, en qualité cette fois de secrétaire d'édition, à la fois pour la revue et pour la collection. Elle renouvelle en profondeur la mise en page, contribuant à développer l'attractivité visuelle des livres.

Progressivement, le fonctionnement de la collection est ainsi devenu plus collégial, et la volonté actuelle du comité est de recentrer les nouveaux livres sur de la géographie culturelle certes entendue dans une acception large, mais dans lesquels la dimension culturelle se doit d'être présente.

CONCLUSION

De l'étude du corpus, il ressort que la collection « Géographie et cultures » a été le lieu de publication de plusieurs livres qui ont fait date et qui constituent des références pour les géographes.

Cependant, cette collection souffre d'un défaut de visibilité et de reconnaissance. Certains titres sont connus, mais sont rarement identifiés à celle-ci. À l'inverse, nombre de livres qui ont marqué la géographie culturelle et qui ont été reconnus comme novateurs et importants dans les années 2000 ont été publiés ailleurs, aux éditions Bréal, Belin ou encore aux presses universitaires de Rennes.

On peut proposer plusieurs explications à cette situation. Tout d'abord, le fait que « Géographie et cultures » soit éditée par L'Harmattan peut constituer une faiblesse, la réputation de cette maison d'édition étant inégale. Ensuite, la très grande hétérogénéité thématique de la collection contribue probablement à son brouillage. Une unité ne se distingue pas. C'est pourquoi, depuis plusieurs années, le comité de lecture a décidé de procéder à un resserrement sur des thématiques qui relèvent plus strictement de la géographie culturelle, renonçant par exemple aux livres de géographie politique pure ou de géographie économique. La nouvelle ligne éditoriale établie en 2013 en témoigne (*cf. infra*). Troisième hypothèse, celle que la collection ne soit trop perçue comme une « collection de laboratoire » qui privilégierait les publications internes et non comme indépendante et ouverte à tous les bons manuscrits. C'est pourquoi le comité actuel est attentif à varier l'origine institutionnelle des auteurs retenus.

Ligne éditoriale de la collection, depuis 2013

« Fondée en 1992 par Paul Claval, la collection *Géographie et cultures* est ouverte à des travaux universitaires qui s'intéressent à la dimension culturelle des faits géographiques, à toutes les échelles. Parmi les champs couverts figurent l'approche épistémologique qui en permet une compréhension réflexive, les approches inscrites dans la durée des temps et des mémoires, telles les processus de patrimonialisation, la géographie historique et la géohistoire, ainsi que les approches représentationnelles et discursives, qu'elles soient textuelles, iconographiques et artistiques au sens large. La dimension régionale y concourt, ainsi que les problématiques autour de l'articulation entre environnement et culture, qu'elles soient inscrites ou non dans la mouvance du tournant culturel (approche par le genre, constructions identitaires).

Outre les géographes, elle est ouverte à tous ceux qui s'intéressent à ces thématiques (historiens, ethnologues, anthropologues, sociologues…) dans une perspective de dialogue interdisciplinaire.

La collection examine tout projet entrant dans ce champ éditorial : mémoires de thèse, d'habilitation à diriger des recherches, actes de séminaire de recherche ou de colloque, essais. »

PARTIE II
ÉPISTÉMOLOGIE/GÉNÉALOGIE : DU TOURNANT AU TOURMENT CULTUREL

DES MOTS ET DES CHOSES

HISTOIRE ANCIENNE ET TOURNANT CULTUREL

About words and things: Ancient History and the cultural turn

Colette JOURDAIN-ANNEQUIN [1]
Histoire et archéologie des mondes antiques,
Université Pierre Mendès France, Grenoble
Institut des sciences et techniques de l'antiquité,
Université de Franche-Comté

Résumé : L'approche culturelle en géographie peut paraître confortée par les études d'anthropologie historique conduites sur la Grèce archaïque. La langue le prouve dont le vocabulaire renvoie toujours au social, au religieux, au culturel. Même une activité productrice comme le travail de la terre, non seulement appelle la protection divine mais se donne à voir comme prolongeant l'action des dieux... un imaginaire symbolique qui s'exprime tout aussi fortement dans les mythes inscrivant l'homme dans l'espace, qu'il s'agisse de celui de *l'oikos*, de celui de la cité ou de l'espace de l'*oikouménè*.

Mots-clés : Grèce ancienne, sémiologie, imaginaire, pratiques agraires, espace

Abstract: *The cultural approach in geography may appear as reinforced by the studies of historical anthropology developed on Archaic Greece. The language proves it, since the words always refer to society, religion, culture. Even a productive activity as agriculture not only needs divine protection but also presents itself as an extension of Gods' action... a symbolic imagination that is equally strongly expressed through the myths inscribing man on space, as well for those dealing with the* oikos, *the city or the space of* oikouméné.

Keywords: *Ancient Greece, semiology, symbolic imagination, farming practices, space*

Depuis quelques décennies, en histoire comme en géographie, on parle de « crise »[2]. La validité des anciennes méthodologies et les procédés d'écriture sont remis en cause, les paradigmes interrogés. « Un criticisme confortable » auquel le postmodernisme n'est pas étranger, se traduit par l'abandon de certains concepts, la redéfinition des catégories d'analyse. On voit se

---

[1] Courriel : annequin3@wanadoo.fr

[2] G. Noirel, 1966, *Sur la crise de l'histoire*, Paris ; J. Annequin, (à paraître), « "La crise de l'histoire" : fausses questions et vrais problèmes. Quelques réflexions », XXXVIe colloque GIREA, Barcelone, 2013.

dégager un nouvel horizon pour la recherche, renvoyant à la problématique du « tournant » qui, née dans le monde anglophone, a progressivement gagné les sciences de l'homme et de la société.

Sans doute convient-il de préciser ici, que cette notion a, pour les historiens, une dimension quelque peu différente de celle du « tournant culturel » des géographes. Elle s'inscrit dans un mouvement plus large (avatar tardif du structuralisme ?) de remise en cause de la démarche historienne que légitimeraient l'émiettement des savoirs, l'interdisciplinarité, les interrogations sur la validité du discours de l'historien rendu suspect par sa rhétorique même (*linguistic turn*). Au-delà d'un questionnement sur le langage, sur la construction du propos, c'est toute une philosophie de l'histoire qui est soumise à question. Le « tournant », on l'aura compris, n'est pas qu'un tournant culturel.

Les spécialistes de l'Antiquité ont peut-être été moins sensibles que leurs collègues médiévistes et modernistes à cet aspect de la « crise de l'histoire », moins concernés sans doute car la spécificité de leur discipline et de ses méthodes d'approche, le caractère parcimonieux et discontinu de leur documentation les ont, depuis toujours, obligés à une démarche modeste, à une confrontation incessante des sources et des interprétations qui éloignent de trop de certitude… Par ailleurs, soucieux de tenir compte de l'écart entre notre vision du monde et celle que s'étaient forgée les Anciens, véritable représentation, « Weltanschauung » d'un monde qui dans une large mesure restait un monde enchanté, la culture était leur quotidien et leurs études leur montraient à l'évidence que, comme le dit Paul Claval, « l'économique et le social n'existent que comme catégories culturellement définies ». Ce qu'en revanche leur apprenaient les nouvelles exigences de l'analyse du discours, c'est à mieux mesurer la portée des écrits antiques, de ceux des historiens pour qui, disait-on, il n'existe pas d'histoire économique mais seulement une histoire politique, à ceux des mythographes, beaucoup plus utiles qu'on ne le pensait à la connaissance des sociétés anciennes. Un « tournant » et « un tourment » dont on pourrait penser qu'il suit un chemin inverse de celui des géographes, mais qui, en réalité, invite tout aussi fortement à revisiter les relations variables qui se tissent entre les différentes instances de la vie en société, à cerner le rapport singulier qui se construit entre les mots et les choses.

Mon intervention qui, à l'évidence, parie sur la valeur heuristique des regards croisés, me paraît conforter fortement la pertinence de l'approche culturelle en géographie. Dans l'Antiquité, en effet, se dessine un rapport complexe au monde, médiatisé par la culture – une culture que nous aurons à définir – pour comprendre les relations qu'entretenait l'homme avec la nature, l'espace et le territoire.

En témoignent, c'est ce que j'essaierai de montrer, les mots, l'expérience et l'imaginaire des Grecs.

DES MOTS POUR LE DIRE

Ce sont les mots qui disent les choses de la vie et la langue, on le sait, est toujours le véhicule d'une culture. Elle fait apparaître, à qui sait l'interroger, des structures conceptuelles que n'avoue pas toujours le discours. Or celle des Grecs appartient à la famille des langues indo-européennes, parlées dans ces sociétés anciennes qui, de l'Atlantique à l'Asie centrale et sur près de quatre millénaires ont forgé une part essentielle de notre héritage culturel.

Peut-être n'est-il pas inutile de dissiper, dès l'entrée, ce qui pourrait être un malentendu, car la notion d'indo-européen se ressent cruellement de l'expérience de la dernière guerre et de l'idéologie nazie qui l'a entourée de relents nauséabonds. Très vite, pourtant, grâce aux travaux captivants d'un Benvéniste dans le domaine linguistique ou d'un Dumézil sur les mythes, les institutions et l'idéologie appartenant en propre à ces peuples, le débat s'est dépassionné, est devenu scientifique et a prouvé d'ailleurs à quel point étaient grossièrement erronées les théories raciales qui avaient pu en être tirées. Si je crois nécessaire de faire cette mise au point c'est que les travaux de l'Institut d'Études Indo-Européennes de Lyon III ont fait renaître les passions. On peut sur ce problème renvoyer à la mise au point très nette de Bernard Sergent après la parution, en 1981, du « Que sais-je ? » de Jean Haudry, *Les Indo-Européens*.

Ce qui nous importe ici, c'est une évidence scientifique incontestable : la parenté d'un certain nombre de langues appartenant à des peuples parfois très éloignés dans l'espace – de la Bretagne à l'Inde védique – (constatation qui, à elle seule, ruine la « théorie » raciale). Les travaux d'Émile Benvéniste sont d'un intérêt capital, non seulement par les rapprochements qui le prouvent – par exemple derrière notre terme frère, le latin *frater*, le grec *phrater*, le germain *bruder*, l'irlandais *brathi*r, l'indien *brata* et au-delà la racine commune *bhrater* – mais parce que l'étude de certains mots pour dire les activités humaines démontre que, dès l'origine, la société est pensée comme un tout.

Un seul exemple, celui de l'échange qui pour nous appartient à la sphère économique : les termes d'achat et de vente ne se séparent pas de ceux qui disent donner et prendre, deux idées qui d'ailleurs sont liées dans la préhistoire indo-européenne. Ils se rattachent en effet à une notion qui nous paraît aujourd'hui très différente : celle du don désintéressé. L'échange est un circuit de dons plutôt qu'une opération proprement commerciale ; il s'investit dans un contexte social, politique et il est bien souvent scellé par des manifestations religieuses et festives (même si ces manifestations n'engagent pas la collectivité tout entière comme dans le cas des sociétés premières étudiées par les anthropologues – je pense, entre autres, aux études de Malinowski sur les îles Trobriand).

De même, dans leur usage le plus ancien, les mots pour désigner le salaire : *misthos* en Grec (mais la racine *mizda* est commune au grec, au germanique, au slave et à l'indo-iranien) révèlent qu'avant de désigner le prix d'un travail ils signifiaient la récompense d'un exploit (et l'indemnité accordée au citoyen athénien pour participer aux assemblées politiques – le *misthos* – ne sera jamais tout à fait considérée comme un salaire !).

Deuxième constatation : l'importance du geste, de l'action : le latin *emo* = acheter signifie d'abord prendre, tirer à soi. Ce qui compte c'est le geste de l'homme qui saisit l'objet et le tire à lui. De même le grec *piprasko* = vendre signifie d'abord faire passer de l'autre côté… faire traverser la mer par exemple. Encore une fois c'est l'action qui compte d'abord : le transfert. Transfert aussi dans le cas du verbe *pernemi*, toujours utilisé pour désigner la vente d'êtres humains loin de chez eux comme esclaves. Bref les termes qui disent l'achat et la vente renvoient à l'acte concret du « faire » et ne se séparent pas de ceux qu'on emploie pour donner et prendre. Le sens économique du terme provient d'une restriction sémantique et Benveniste démontre de même comment, indépendamment et dans plusieurs langues – du latin à l'iranien en passant par le grec – les termes techniques pour dire la dette, le prêt et l'emprunt se sont constitués par spécification et différenciation de termes plus généraux ou relevant d'un autre ordre de représentation.

Quant au commerce, il reste très longtemps – c'est le titre d'un chapitre de Benveniste – « un métier sans nom » et, quand on le nomme, le terme choisi est intéressant : on connaît le sens de *negotium* en latin, formé sur le grec *ascholia* (a privatif) qui le définit de façon négative par l'absence de loisir… un loisir qui permettait – faut-il le dire ? – aux Grecs d'être de bons citoyens !

Un dernier exemple : dans la description de *La Germanie* (22) Tacite évoque les *convivia* des Germains, ces banquets qui, comme en Grèce – bien que sous une forme très différente – sont un élément capital de leur vie sociale. Les Germains y assistent en armes (rien de tel chez les Grecs !). On discute dans ces assemblées de la paix et de la guerre, du choix des chefs, on y conclut des alliances… Point de départ de ces fraternités qui se développent dès les VIe-VIIe siècles de notre ère sur les bords de la mer du Nord autour de célébrations communes et de banquets sacrés ; ensembles complexes à la fois religieux, économiques et juridiques avant d'être connus comme des groupements essentiellement économiques… appelés *ghildes* : assemblées liées par une même activité et des intérêts communs et offrant des services pour lesquels on acquitte un droit : le *geld*, dont le nom deviendra celui de l'argent.

On pourrait multiplier les exemples : tous prouvent que le vocabulaire de l'économie, dans ses origines, renvoie toujours au social, au religieux ou au culturel.

LES CHOSES DE LA VIE : QUAND LA TERRE ÉTAIT UNE DÉESSE

Si nous passons des mots aux choses de la vie et, plus précisément à l'expérience grecque, c'est cette même solidarité que nous retrouvons… à l'époque archaïque faut-il préciser car les textes de Xénophon, par exemple, évoquent, dès le IVe siècle avant notre ère, une réalité bien éloignée de celle que connaissait Hésiode.

Au début du VIIe siècle, en effet, le « poète paysan » écrit pour son frère Persès qu'il juge bien insouciant, et, au-delà, pour les paysans de Béotie, *Les travaux et les jours*, un calendrier agricole et religieux mêlé de conseils pour survivre dans un monde dominé par les « rois, mangeurs de présents ». « Travaille Persès, tu seras mille fois plus cher aux Immortels » tel est le leitmotiv du poème… une adresse qu'on trouve parfois exposée sous une autre forme : « qui ne travaille pas n'emplit pas sa grange ! » ou encore « la faim est partout la compagne de l'homme qui ne fait rien » (v. 302-303).

Un exemple de ses conseils pour le moment des labours et des semailles :

> « Priez Zeus chthonien et la pure Déméter de rendre lourd en sa maturité le blé sacré de Déméter, au moment même où, commençant le labour et tenant en main la poignée qui termine le mancheron (l'araire grec n'a qu'un seul mancheron) vous touchez le dos des bœufs qui tirent sous la clef du joug. Et que, derrière vous, un petit esclave avec un hoyau, donne du mal aux oiseaux en cachant bien la semence… Ainsi vous écarterez de vos pots les toiles d'araignée… et vous vivrez à l'aise jusqu'au clair printemps, sans jeter sur les autres un regard d'envie : ce sont bien plutôt les autres qui auront besoin de vous. »

Qu'on invoque les dieux avant de commencer les labours n'étonne guère… pas plus que le patronage de Déméter la déesse du grain. La présence de Zeus, le plus indo-européen des dieux grecs – Dyeus, le ciel lumineux – est plus surprenante mais elle n'est que la preuve du syncrétisme de la religion grecque et du souvenir d'un Zeus chthonien, né en Crète, le pays des divinités féminines, élevé dans une grotte de l'Ida et célébré par des danses qui sont de véritables charmes de fertilité.

Mais là n'est pas l'essentiel de mon propos : labour et semailles, des actions que nous dirions productrices, non seulement s'entourent de précautions religieuses mais sont données à voir comme des actes rituels, des actes qui, certes, appellent la protection divine mais surtout prolongent le travail des dieux. On comprendrait mal si on ne connaissait pas la représentation que se font les Grecs de cette réalité matérielle qu'est pour nous la terre.

La terre, en Grèce, c'est Gaia (ou Gè) et elle tient une place essentielle dans la *Théogonie* d'Hésiode qui raconte la genèse des dieux, c'est-à-dire du monde.

> « Donc avant tout fut Chaos » – un chaos qui n'est pas encore le désordre primitif mais le vide béant qui précède la vie – « puis Terre (Gaia) aux larges flancs, assise sûre à jamais offerte aux vivants et Amour (Eros), le plus beau parmi les dieux immortels, celui qui rompt les membres et qui dans la poitrine de tout dieu comme de tout homme, dompte le cœur et le sage vouloir ».

Rien à voir avec le bambin, fils d'Aphrodite dont les Romains feront leur Cupidon, Éros est, chez Hésiode, une divinité primordiale, la puissance créatrice de toute vie, le principe d'union :

> « Alors Terre enfanta un être égal à elle-même, seul capable de la couvrir tout entière, Ciel étoilé (Ouranos) qui devait apporter aux dieux bienheureux, une assise sûre à jamais » et de leurs embrassements naissent « les hautes montagnes et les monts vallonnés, la mer aux furieux gonflements et l'Océan aux tourbillons profonds… ».

Bref les dieux et l'univers entier puisque, chez les Grecs, les dieux ne créent pas le monde, ils sont le monde.

Gaia, c'est donc la divinité primordiale parce que d'elle sont issus les dieux et l'univers de l'homme mais c'est aussi la terre noire, celle qui reçoit les grains et permet leur germination ; c'est la terre des récoltes, celle qui nourrit les hommes. Et c'est encore la terre des profondeurs (*chthon* a ce double sens), celle qui, en son sein, reçoit les morts.

On le voit, l'effort de l'homme n'est pas perçu comme un geste technique mais comme un acte, toujours le même, qu'il convient de répéter pour agir sur l'avenir (autre cause du blocage des techniques si souvent évoqué !). Comment parler d'une logique économique quand la seule évocation de Gaia renvoie aux origines du monde, aux mystères de la végétation, à ceux de la vie et de la mort. Dans cette optique, l'action de l'homme prolonge l'action divine : le monde des représentations a oblitéré la réalité.

Et c'est encore cette valeur symbolique de la terre qu'il faut garder à l'esprit pour comprendre la crise agraire de l'époque archaïque et la réforme de Solon qui, en 594, évite la *stasis*, la guerre civile. « Faisant face comme un loup – c'est lui qui le dit – dans la meute des chiens », il se pose en arbitre entre les deux partis. S'il n'accède pas aux revendications des *kakoi* (les méchants) qui réclament le partage des terres, l'*isomoiria*, il promulgue la *seisachtheia*, la levée du fardeau, autrement dit l'abolition des dettes. C'était mettre fin à la condition des hectémores, sur lesquels les puissants prélevaient 1/6 (ou 5/6 ?) des récoltes, c'était libérer les paysans tombés dans la dépendance et faire revenir à Athènes ceux qui, déjà, avaient été vendus à l'étranger.

On a conservé grâce à Aristote (puis Plutarque) le poème par lequel Solon justifie sa réforme et c'est encore la « terre noire », Gaia, qu'il convoque devant le « Tribunal du temps… pour porter témoignage », elle dont il a enlevé les bornes « en beaucoup d'endroits plantées ». Ces bornes ne sont sans doute pas des bornes hypothécaires, comme il en existera au IVe siècle, avec la mention du nom du créancier et du montant de la dette mais il ne fait aucun doute qu'elles aient marqué la dette puis la dépendance de celui qui les travaillait.

Solon libère la terre : « elle était esclave, maintenant la voici libre ». Une fois de plus on apprécie le glissement et le télescopage des sphères du social, de l'économique, du religieux.

On comprend mieux le paradigme de l'enchâssement, de l'encastrement (*embaddedness*) avancé par Karl Polanyi pour qui, avant la société capitaliste du XIXe siècle, il n'y a pas d'autonomie de l'économie. Et j'ai l'impression qu'ici, nos « tourments culturels » respectifs ne sont pas loin de se rejoindre car la discussion née des théories de Polanyi, appliquées avec quelque emphase à l'Antiquité par Moses. I. Finley s'ouvre sur un courant de réflexions désormais élargi à l'ensemble des sciences humaines, invitées à revisiter, elles aussi, les rapports fluctuants qui se construisent entre l'économie et les autres instances de la société.

En effet l'archaïsme a pu conforter cette idée d'une économie encastrée (*embedded*) dans le social, le politique et plus encore le religieux, conforter également cette idée d'une économie « substantive » qui se contente de satisfaire les besoins élémentaires de l'homme : se nourrir, se vêtir, se loger… mais Karl Polanyi, lui-même a découvert avec étonnement en Grèce un système de marchés connaissant et jouant de la fluctuation des prix. Les procès nous informent, par exemple, sur les spéculations qui menacent l'approvisionnement en blé d'Athènes comme ils témoignent aussi sur les pratiques de prêts curieusement audacieuses… autant de traits qui apparaissent d'ailleurs dès le Ve siècle et pas seulement, comme il le pensait, à l'époque hellénistique.

Pour rester dans le domaine de la terre qui nous a occupés jusque-là – et qui pourrait sembler le plus immobile – la lecture de l'*Économique* de Xénophon donne à voir, au milieu du IVe siècle, un type d'agriculteur très différent du paysan d'Hésiode ou même de l'*autourgos* de l'époque classique : un grand propriétaire qui vit à la ville et qui, lorsque ses obligations de citoyen lui en laissent le loisir, se rend sur ses terres où il surveille ses esclaves. Ce gestionnaire rachète les terres laissées en friche soit par la négligence, soit par la gêne du propriétaire (ce qui était fréquent après la guerre du Péloponnèse), il les remet en valeur et les revend beaucoup plus cher. Cette spéculation sur la terre longtemps restée inaliénable, prouve que l'agriculture elle-même n'a plus grand-chose à voir avec l'activité du paysan d'Hésiode. Elle aussi est entrée dans l'ère de la chrématistique. On voit à quel point il serait fallacieux de traiter de l'économie grecque comme d'un tout invariant.

Les spécialistes de l'économie antique (Raymond Descat, Alain Bresson surtout) reprochent à ceux qui l'ont étudiée jusque-là de n'avoir vu en elle que le contrepoint négatif de l'économie capitaliste. Elle a fait l'objet, dit A. Bresson, d'une analyse par défaut. Lui-même refuse d'insister sur la dichotomie entre sociétés capitalistes maximisatrices et sociétés précapitalistes qui ne le seraient pas ; il affirme que les sociétés traditionnelles, loin de négliger la maîtrise des biens matériels en sont obsédées (et on a pu voir ici que le spectre de la faim amère planait sur l'œuvre d'Hésiode !). Ce n'est qu'en apparence que peuvent paraître irrationnelles sur le plan économique des conduites qui accordent tant d'attention aux dieux. On sait bien en effet, que, sur le plan symbolique, ce sont précisément les dieux qui sont perçus comme assurant la reproduction de la vie du groupe comme ils assurent aussi l'ordre cosmique et l'ordre social.

Le discours désormais, s'il s'insurge contre l'attitude traditionnelle qui refusait de faire de l'économie antique un objet d'étude (seul comptait l'*homo politicus*) ne remet pas en question, bien au contraire, la nécessité d'étudier aussi – et ensemble – le social, le politique, le religieux... et peut-on penser, la remarque ne vaut pas seulement pour les sociétés précapitalistes mais pour toutes les sociétés. Alain Bresson s'inscrit ainsi dans les perspectives de l'école néo-institutionnaliste de Williamson, et surtout de North dont il s'inspire beaucoup. Chez les économistes classiques, en effet, production et consommation concentrent toute la réflexion. Avec les néo-institutionnalistes, les « institutions » définies par North comme « toute forme de contrainte utilisée par les hommes pour régler leurs relations mutuelles » ne sont plus des éléments périphériques et marginaux mais bien plutôt le centre de la réflexion. Le cloisonnement entre institutions politiques ou religieuses et paradigme économique est aboli ; l'*homo oeconomicus* libre de ses choix et exerçant son libre arbitre n'est plus de mise : l'acteur économique, en effet, doit faire face à une multitude de contraintes. Et c'est un modèle multifonctionnel qui est proposé où les différents systèmes institutionnels (j'avoue que l'expression me gêne) assurent la reproduction :

- du tissu humain (la parenté) ;
- de la vie matérielle (l'économie) ;
- du contrôle des hommes (la politique) ;

- de l'imaginaire symbolique (religion et autres conceptions idéologiques).

Bien entendu chacun de ces domaines n'a qu'une autonomie relative et tous retentissent sans cesse l'un sur l'autre.

Ainsi les institutions économiques spécifiques du monde antique ne sauraient être dissociées, dans leur étude, des autres institutions (politique, religion, parenté) ; elles n'étaient nullement irrationnelles mais répondaient simplement à des contraintes différentes de celles du monde qui est le nôtre. N'est-ce pas, en définitive, dans cet équilibre variable des contraintes, que s'exprime la culture d'une société ?

On a pu apprécier le poids de l'imaginaire symbolique sur la vie matérielle des Grecs. Leur imaginaire mythique, dont on connaît l'exceptionnelle fécondité, permet d'atteindre des réalités un peu différentes encore.

ESPACE CIVIQUE, ESPACE SYMBOLIQUE ET IMAGINAIRE MYTHIQUE

Pour un dialogue avec les géographes j'ai choisi de traiter l'inscription de l'homme dans l'espace, celui de l'*oikos* (de la maison), celui de la cité, l'espace de l'*oicouménè* enfin, espaces eux aussi éminemment symboliques et qui plus est structurés par un imaginaire mythique foisonnant.

L'espace grec est centré et, de ce centre – on ne s'en étonnera pas – une divinité est le symbole : Hestia, la déesse du foyer.

> « Dans les hautes demeures des dieux, comme dans celles des hommes mortels qui marchent sur la terre, (Hestia) a reçu en partage l'honneur et le privilège de siéger à jamais ». Zeus, en effet, expliquent les hymnes qui sont consacrés à la déesse, lui a accordé « au lieu de noces » le privilège de « trôner au centre de la maison ».

Elle est, tout simplement, l'autel-foyer. Son nom à l'étymologie indo-européenne évidente, vient d'ailleurs, comme Vesta en latin, d'une racine qui signifie « brûler ». Elle est ainsi le centre de l'espace domestique, fixée au sol comme le nombril qui enracinerait la maison au territoire de la cité, gage de stabilité et de permanence, gage de vie aussi puisque « sans elle il n'est pas de festin chez les hommes »... et il n'est pas non plus de sacrifice pour les dieux puisque l'un ne va pas sans l'autre.

Lorsque se développe la cité – et singulièrement la cité démocratique – Hestia devient aussi, tout naturellement, le foyer commun (*Hestia Koiné*) et symbolise le centre de l'espace civique ; Elle siège donc au Prytanée où résident les plus anciens magistrats : les archontes et où la cité tient table ouverte pour ceux des siens qu'elle veut honorer et pour les hôtes de marque qu'elle reçoit ; près de son autel sont affichées les lois, désormais écrites et communes pour tous, comme l'avait voulu Solon. Projection au sol d'un pouvoir déposé au milieu, là même où, dans la cité en armes on déposait le butin, elle est donc le cœur politique de la cité, la garante de l'isonomie des citoyens.

Encore faut-il s'entendre sur les mots – je me permets là une brève digression politique. Ce pouvoir est refusé aux étrangers et bien sûr aux esclaves, mais également aux femmes, épouses et filles des citoyens (un terme qui ne s'écrit pas au féminin !). Les hommes conduisent la cité ; les femmes ont, quant à elles, mission de la reproduire… et encore ! Il se pourrait que l'imaginaire civique – évidemment masculin – soit hanté par « le rêve d'une hérédité purement paternelle ». C'est ce que semblent avouer certains mythes, tel celui de l'autochtonie des Athéniens.

On connaît l'histoire de la naissance d'Erichthonios leur ancêtre mythique. Héphaïstos séduit par Athéna et plein de désir se précipite pour s'unir à elle mais la déesse vierge se refuse et la semence – le sperme – du dieu tombe à terre. C'est donc la Terre – on ne dira jamais assez le rôle capital qu'elle tient chez les Grecs – qui la reçoit et donne naissance à Erichthonios. La terre civique (la scène se passe sur l'Acropole) est, elle aussi, source de vie, et les Athéniens, pourront se dire *gegeneis*, nés de la terre, autrement dit autochtones.

Pour Thucydide et de nombreux modernes après lui, ce mythe d'autochtonie prouve simplement que les migrations des âges sombres ont épargné Athènes : ses fils ne sont pas venus d'ailleurs. Une autre lecture, celle de Nicole Loraux par exemple, estime que le mythe d'Erichthonios « fonde la communauté civique sur un immense démenti infligé à la maternité des femmes » (p. 145). Et il est, effectivement, en Grèce des voix pour soutenir ce discours. Eschyle par exemple (*Euménides*, p. 658-661) :

> « Ce n'est pas la mère qui enfante. Elle n'est que la nourrice du germe en elle semé. Celui qui enfante c'est l'homme qui la féconde ; elle, comme une étrangère, sauvegarde la jeune pousse ».

Ou, plus clairement encore Démosthène (*Epitaphios*, 4) qui rattache les Athéniens, nés de la terre, « chacun dans son individualité à un père et tous collectivement à la patrie ».

« La terre des pères se substitue à la mère » conclut Nicole Loraux. Dans ce club d'hommes qu'est Athènes, c'est bien le rêve d'une hérédité uniquement paternelle que le mythe, subrepticement, semble installer au cœur de l'imaginaire civique… une surdétermination des valeurs masculines qui aide à mieux comprendre, peut-être, les réalités politiques de la cité et les problèmes du *gender* que je n'ai pas à aborder ici. Je referme donc cette parenthèse pour revenir à l'espace de la cité.

L'espace, c'est le centre, le point fixe, l'intérieur, le clos (Hestia donc) mais c'est aussi l'ouverture, le passage, le mouvement, le contact avec l'autre, autant de valeurs représentées, elles aussi, par un dieu : Hermès qui, comme Hestia fréquente « les maisons des hommes » sans toutefois y séjourner. Une très belle étude de Jean-Pierre Vernant a montré la complémentarité des fonctions assumées par ces divinités : Si Hestia est installée au centre de la maison, Hermès, lui, n'est là qu'à la façon d'un messager, d'un voyageur venu de loin et prêt à repartir. Sa place est d'ailleurs près de la porte où il protège le seuil et repousse les malfaiteurs. Dans la cité, de même, c'est à l'entrée des villes, aux frontières des États qu'on le trouve. « Hermès passe », tel est le titre, particulièrement bien choisi, d'un livre de Laurence Kahn.

Deux fonctions divines qui se rapprochent et pourtant s'opposent et cette opposition si fortement perçue structure l'espace de la cité. Il y a les maisons des hommes, la ville (l'*astu* pour les Grecs) et en rapport étroit avec elle, la *chôra*, son territoire agricole. Plus loin c'est l'*eschatiè*, cet espace indécis des marges frontalières que l'agriculture et la vie civique n'ont pas gagnées et qui sont le domaine des pasteurs, des chasseurs, des voyageurs et des dieux qui protègent ce monde un peu flottant : Pan, Artémis, Hermès… Les mythes surfent sur cette opposition, ils l'exploitent, la prolongent et l'étendent au monde connu des Grecs, à l'*oicouménè*.

De tous ces mythes, celui d'Héraclès – que je connais bien – me paraît à cet égard exemplaire.

Un bref rappel : le héros soumis par l'inimitié d'Héra aux volontés de son cousin Eurysthée doit accomplir des « travaux » et, en particulier conquérir les bœufs merveilleux de Géryon dans la brumeuse et lointaine Erythie ; il doit aussi cueillir les pommes d'or gardées par les Hespérides « au chant sonore » et pareillement situées, chez Hésiode déjà, « au-delà de l'illustre Océan ». C'est à Gadès (Cadix) pour les prairies du triple Géryon, à Lixos (au Maroc) pour le jardin des nymphes du soir qu'on finira par localiser ces deux derniers exploits terrestres du héros.

Géographie marginale, donc, aux bornes du monde connu des hommes ; géographie curieusement symétrique aussi, tant par rapport aux colonnes qu'Héraclès était censé avoir dressées lui-même pour mettre fin à ses travaux, que par rapport à cet axe horizontal sur lequel les Grecs voyaient le soleil se déplacer d'Est en Ouest, à ce « diaphragme » sur lequel, plus tard, leurs géographes allaient s'ingénier à mesurer la plus grande longueur de l'*oicouménè*.

Le mythe d'Héraclès aux portes du soir (c'est le titre de ma thèse) peut ainsi se lire comme un mythe de l'espace. Mais, un peu comme les « cartes-images » de l'archaïsme (je pense à la carte ionienne) qui prennent en compte des mondes lointains et d'autant plus fabuleux qu'ils sont mal connus, il répond au besoin non pas tant de reproduire que de construire un espace dans lequel l'homme puisse se reconnaître. Mythe de l'espace il l'est, en effet, de multiples façons :

- Espace mythique de ces contrées imprécises où s'achève la quête du héros : prairie brumeuse de Géryon, le monstre infernal et, image plus souriante de l'au-delà, jardin des dieux où poussent les pommes d'or, gages d'immortalité, gardées par les nymphes du soir, les Hespérides.

- Espace symbolique des confins où se rejoignent la terre et le ciel, où le jour cède la place à la nuit, où la vie cède la place à la mort. En ces « extrémités de tout », comme le dit Hésiode, se dresse « l'effrayante demeure de l'infernale Nuit » (*Théogonie*, p. 744-745), se dresse aussi « le domaine sonore du dieu des Enfers, le puissant Hadès et de Perséphone la Redoutable » (*Théogonie*, p. 767-768). C'est là le *Zophos* de Pindare, un espace marqué par les trois grandes peurs de l'homme : le vide, le noir, la mort.

- Mais cet espace, c'est aussi l'espace repérable du voyage du héros (on parlera bientôt d'itinéraire). Une géographie qui progressivement s'enrichit des connaissances des Grecs, se charge de leurs aspirations et des préoccupations des auteurs qui réécrivent le mythe en fonction d'un horizon d'attente évoluant avec le temps. Mettant un terme à ses navigations « là où commence la mer inaccessible », plaçant deux colonnes au-delà desquelles « on ne peut aller plus avant », Héraclès marque les bornes occidentales de l'*oicouménè* comme les errances de Dionysos en marquaient le terme oriental. C'est une frontière qu'il pose ainsi, frontière d'un espace revendiqué pour la civilisation. Et cet espace il le parcourt en tous sens, le marquant fortement du sceau de son passage : purifiant la Libye des animaux sauvages qui l'infestaient il la donne à l'agriculture ; il ouvre des passages, voire des routes, il fait naître des lacs ou les aménage et retouche même le détroit de Gibraltar. Pour permettre un meilleur exercice de la vie civilisée il fonde des cités, là où il n'en existait pas ; il fonde aussi des cultes, bien sûr, et partout où il passe il extermine « les scélérats et les despotes insolents ».

Bref, comme en Grèce il purifie, il pacifie, mais son action opère désormais dans un autre cadre : celui de l'*oicouménè*. Il défend toujours contre le danger mais ce danger est désormais celui que représente la nature encore brute des pays barbares, les mœurs encore sauvages des Barbares eux-mêmes. Ainsi il ouvre la voie et assure la sécurité de ceux qui, après lui, viendront prendre possession des lieux et, s'il est toujours « le bienfaiteur et l'ami des hommes », c'est essentiellement au profit de ceux de son peuple : des Grecs dont il justifie les entreprises coloniales.

Le voyage d'Héraclès en Occident, enrichi et réinterprété par les colons est ainsi devenu le mythe d'un espace à conquérir et cette empreinte grecque que partout imprime le héros, c'est l'empreinte de la cité : éliminant l'*agriotès*, la sauvagerie au profit de la vie civilisée, il étend, aux limites du monde connu l'opposition qui structure l'espace de la cité : l'*eschatiè* dans cette perspective s'étend à tout ce qui n'est pas le monde civilisé : la Grèce et bientôt – car Rome saura, elle aussi, utiliser le mythe – le monde gréco-romain.

Le mythe s'affirme ici comme un véritable opérateur logique qui aide à penser l'espace mais dont on voit bien, aussi, comment il peut agir sur le réel en offrant aux Grecs, par exemple, un instrument idéologique d'une grande efficacité pour appuyer et justifier leurs entreprises coloniales.

CONCLUSION

C'est sur l'expérience grecque que je voudrais conclure et, plus précisément en retrouvant les deux domaines que nous avons abordés ici : celui, en apparence très matériel, de la terre ; celui plus abstrait de l'inscription de l'homme dans l'espace, qu'il soit celui de la maison, de la cité ou de l'*oicouménè*. On ne peut comprendre ces réalités si l'on oublie que les représentations qu'on s'en faisait alors sont des constructions culturelles ; qu'un filtre symbolique fait apparaître pendant des siècles, comme accordée par les dieux, la subsistance durement acquise par les mortels et donne l'espace comme structuré par la présence divine et hanté par ces héros qui y promènent leurs aventures.

L'expérience grecque n'est certes ni uniforme ni intangible mais au-delà de ses transformations, de son évolution, elle prouve, me semble-t-il, le poids très lourd que pèse l'imaginaire religieux dans le jeu des instances qui, pour North, interagissent et contraignent l'homme. Un imaginaire qui, comme le disait Cornélius Castoriadis non seulement permet de dépasser les certitudes du monde réel mais véritablement « participe à l'institution du social ».

C'est, bien évidemment, dire l'importance de l'approche culturelle, en histoire comme en géographie.

BIBLIOGRAPHIE

ANNEQUIN Jacques, à paraître, « La “crise de l’histoire” : fausses questions et vrais problèmes. Quelques réflexions », XXXVIe colloque GIREA, Barcelone, 2013.

BENVENISTE Émile, 1969, *Le vocabulaire des institutions indo-européennes*, t. 1, *Économie, parenté, société*, Paris, Ed. Minuit.

BRESSON Alain, 2007, *L’économie de la Grèce des cités*, t. 1, Paris, A. Colin.

CASTORIADIS Cornélius, 1975, *L’institution imaginaire de la société*, Paris, Seuil.

FINLEY Moses Immanuel, 1975, *L’économie antique,* Paris, Éditions de Minuit, [trad.fr. de *The Ancient Economy*, Berkley-Londres, 1973].

HARTOG François, 2003, *Régimes d’historicité. Présentisme et expérience du temps,* Paris, Le Seuil.

JACOB Christian, 1992, « La diffusion du savoir géographique en Grèce ancienne. Archaïsme et innovation, mythe et science spécialisée », *Géographie et cultures,* n° 1, p. 89-104.

JACOB Christian, 1980, « Paysages hantés et jardins merveilleux : la Grèce imaginaire de Pausanias », *L’ethnographie*, LXXVI, n° 1, p. 35-67.

JOURDAIN ANNEQUIN Colette, 1989, *Héraclès aux portes du soir. Mythe et Histoire*, Besançon/Paris, Les Belles Lettres.

JOURDAIN ANNEQUIN Colette, 1989, « De l’espace de la cité à l’espace symbolique : Héraclès en Occident », *DHA*, vol. 15, n° 1, p. 31-48.

KAHN Laurence, 1978, *Hermès passe ou les ambiguïtés de la communication*, Paris, F. Maspéro.

LORAUX Nicole, 1981, *Les enfants d’Athéna, idées athéniennes sur la citoyenneté et la division des sexes*, Paris, F. Maspéro.

NOIREL Gérard, 1966, *Sur la crise de l’histoire*, Paris, Belin.

NORTH Douglass C., 1990, *Institutions, institutional change and economic performance*, Cambridge University Press.

POLANYI Karl, 1983, *La grande transformation*, Paris, Gallimard, [trad. fr. de *The great transformation*, New York, 1944].

ROUILLARD Pierre (dir.), 2005, *Autour de K. Polanyi*, colloque de la maison René Ginouvès, Paris, De Boccard.

SERGENT Bernard, 1995, « Penser et mal penser des Indo-Européens », in *Les Indo-Européens. Histoire, langues, mythes*, Paris, Payot.

VERNANT Jean-Pierre, 1998, « Hestia-Hermès, Sur l'expression religieuse de l'espace et du mouvement chez les Grecs », *L'Homme*, 1963, n° 3, p. 12-50 ou *Mythe et pensée chez les Grecs*, Paris, 1969, p. 97-158.

WEBER Max, 1998, *Économie et société dans l'Antiquité*, intr. de H. Bruhns, Paris, Éditions La découverte.

GÉOGRAPHIE, TOURNANT CULTUREL ET IMAGINAIRES NATIONAUX

RISORGIMENTO, IRRÉDENTISME ET L'INVENTION GÉOGRAPHIQUE DE L'ITALIE

Geography, cultural turn and national imagination: Risorgimento, irredentism and the geographical invention of Italy

Federico FERRETTI [1]
Federico Ferretti, School of Geography, University College Dublin (Irlande)

Résumé : Cet article interroge la construction de la nation comme objet géographique au cours des XIXe et le XXe siècle en s'appuyant sur des outils conceptuels fournis par la géographie culturelle, tels que les imaginaires, les identités et les transferts culturels. Focalisé sur le « Long Risorgimento » italien, il montre la contribution que les approches culturelles peuvent apporter à l'histoire de la géographie. À partir des sources primaires et de la littérature existante, il donne un aperçu sur le travail effectué par les géographes italiens pour construire des identités et des imaginaires nationaux avant que l'Italie ne soit établie dans ses frontières actuelles. Il questionne d'abord la manière dont ces géographes naturalisent l'unité nationale. Il s'interroge ensuite sur la façon dont ils justifient leurs positions centralistes ou fédéralistes par des arguments géographiques. Il essaie enfin d'évaluer leur dette envers la circulation internationale des savoirs ou, d'après une définition utilisée récemment par des historiens de la géographie, des « cultures géographiques » en provenance principalement des aires francophones et germanophones. Les réponses, forcément provisoires, à ces questions, éclairent la pertinence des études culturelles et du tournant culturel dans l'étude de la circulation des savoirs géographiques et de la construction des objets de la géographie au sein de l'histoire disciplinaire.

Mots-clés : imaginaires nationaux, géographie et identités, transferts culturels, *Risorgimento*, irrédentisme, fédéralisme

Abstract: *This paper addresses the construction of nations as geographical objects during the 19th and the 20th centuries, drawing on the critical frame of concepts provided by cultural geography like imagination, identities and cultural transfers. Focusing on the Italian 'Long Risorgimento', the paper shows the contribution that cultural geography can give to the history of geography. Analysing primary sources, I provide an overview of the Italian geographers' work to invent national identities*

[1] Courriel : federico.ferretti@ucd.ie

and a national imagination before their country became a unified state. First, I question the ways in which they naturalised national unity. Then, I analyse how they justified more centralist or more federalist proposals through geographical arguments. Finally, I try to evaluate their debt with international circulation of knowledge and geographical cultures coming mainly from the French-speaking and German-speaking areas. The conclusions stress the pertinence of cultural approaches and of the 'cultural turn' for studying the circulation of geographical knowledge and the construction of geographical objects during geographical discipline's history.

Keywords: *national imagination, geography and identities, cultural transfer,* Risorgimento, *irrédentisme, federalism*

« La patrie d'un écrivain est là où on l'imprime »
Lettre de Pierre-Joseph Proudhon à Giuseppe Ferrari,
7 novembre 1859,
Milan, Musée du *Risorgimento*,
fonds Ferrari, dossier 17/III.

INTRODUCTION : HISTOIRE DE LA GÉOGRAPHIE ET TOURNANT CULTUREL

Cet article s'insère dans les débats sur l'histoire de la géographie et sur les imaginaires géographiques tels qu'ils ont été conçus dans le cadre du « tournant culturel ». À travers l'exemple de l'invention géographique de la nation, appliqué au cas de l'Italie du « long *Risorgimento* » (Pécout, 1997), je souhaite appliquer quelques-uns des outils conceptuels de la géographie culturelle, notamment l'étude des imaginaires, des identités et des transferts culturels, à des thèmes classiques de l'histoire de la géographie.

Cela ne constitue pas une nouveauté absolue, car des instruments issus des études culturelles et de l'histoire de la culture ont été utilisés dans l'histoire de la géographie, dès que celle-ci a adopté une démarche contextuelle plutôt qu'internaliste. Après les travaux pionniers de David Livingstone sur la tradition géographique (1993) on a considéré que l'histoire de la géographie, tout comme celle des autres sciences, ne se développait pas dans un monde d'idées pures, mais prenait place dans des contextes géographiques, culturels et sociaux qui l'expliquaient. Chaque savoir est situé, et sa localisation matérielle joue un rôle dans sa construction (Livingstone, 2003 ; Withers, 2001). En France, le travail pionnier de Vincent Berdoulay sur la formation de l'école française de géographie (Berdoulay, 1981) ainsi que les travaux dirigés par Marie-Claire Robic sur le *Tableau de la Géographie de la France* de Vidal de la Blache, ont également participé de cette démarche, par l'insertion des textes des géographes dans l'histoire de la culture française et dans leurs réseaux d'intertextualité (Robic, 2000).

De plus, plusieurs études utilisent des éléments de la sociologie des sciences pour analyser la construction des savoirs géographiques à travers les réseaux de sociabilité savante qui sont à leur origine, en s'inspirant, entre autres, de la théorie de l'acteur-réseau de Bruno Latour (Latour, 1987).

Quelle est alors la contribution possible de la géographie culturelle à l'histoire de la discipline ? D'abord, il faut observer qu'il y a une littérature bien établie sur l'idée d'imaginaire géographique *(geographical imagination)*, dans le monde francophone (Debarbieux et Fourny, 2004 ; Debarbieux et Rudaz, 2010 ; Debarbieux, 2015) comme dans la littérature internationale (Gregory, 1994). Les concepts d'imaginaire et d'imagination sont également mobilisés dans les études des historiens sur l'invention de la nation et de la tradition, à partir des travaux pionniers de Benedict Anderson (1991) et d'Eric Hobsbawm (1983 ; 1990). Un important essai sur la contribution de la géographie à l'invention nationale est l'ouvrage de François Walter *Les Figures paysagères de la nation* (2004), montrant l'importance de la mobilisation des cadres paysagers dans la construction des iconographies nationales et de lieux identitaires tels que les Alpes. Cependant, le rôle de la géographie dans la construction des identités nationales à l'époque moderne et contemporaine n'est pas traité avec la même attention dans toutes les situations, malgré des contributions comme celles de l'ouvrage collectif dirigé par David Hooson (Hooson, 1996) ou du livre exemplaire de Charles Withers (2001) traitant de l'élaboration de l'identité d'une nation sans État, l'Écosse, à partir de ses réseaux savants.

En Italie, les géographes participent à la création de sociétés savantes et réseaux scientifiques à l'échelle de la nation (Casalena 2007 ; Ferretti 2011 ; Porciani 1979). Il existe déjà une littérature sur la constitution des sociétés géographiques et des chaires de géographie (Cerreti, 2000) mais, eu égard à la richesse et à la complexité des sources potentielles, peu d'études abordent encore la question plus complexe de l'invention géographique de la nation italienne (Ferretti, 2011 et 2014b ; Galluccio 2012).

Mon hypothèse est que le recours aux imaginaires est plus fort dans le cas des nations qui luttent pour une reconnaissance politique : c'est le cas des nations colonisées (Anderson, 2007) et des nations en voie d'unification. Un exemple très efficace est alors celui de l'Italie du long *Risorgimento*, où les deux aspects de la nation sans État et de la libération du joug étranger sont également impliqués (Ferretti, 2014b). Là, le premier exemple d'engagement des savants pour la construction de la nation dans la pensée des citoyens est la production de représentations cartographiques donnant une image de l'Italie qui anticipe l'unification souhaitée (Pécaut, 2002 ; Boria et Mennini, 2011). Cela ne va pas sans rappeler l'idée, exprimée par Franco Farinelli, considérant la géographie comme une manière d'envisager les territorialités de façon indépendante du pouvoir politique en place, et donc de préfigurer les nouvelles solutions territoriales souhaitées ; la carte géographique, en tant que dispositif puissant de représentation et gestion des territoires, peut ainsi arriver à anticiper le monde (Farinelli, 1992)

Dans la première partie de l'article, je donne un aperçu de la géographie du *Risorgimento* italien telle qu'elle vient d'être abordée dans la littérature récente. Dans la deuxième partie, j'analyse le rôle des hétérodoxes et des fédéralistes qui ont participé au *Risorgimento* populaire en liant le projet de la libération nationale à des projets de transformation sociale prenant en compte espaces, territoires et identités ; dans la troisième partie, j'analyse les géographies de l'irrédentisme post-unitaire, qui ont mobilisé cultures et identités des peuples habitant les régions non encore intégrées, que la nation italienne nouvellement née revendiquait comme lui appartenant au cours de la période 1870-1918.

GÉOGRAPHIE ET *RISORGIMENTO*

La valeur performative de la géographie

On considère comme *Risorgimento* la période caractérisée par les luttes pour l'indépendance et l'unification de l'Italie. La périodisation que j'utilise ici est celle du « long *Risorgimento* » (1789-1922) considérant celui-ci comme un processus complexe, qui ne s'achève ni avec l'unification formelle de l'Italie en 1861, ni avec la « prise de Rome » en 1870 (Pécout, 1997).

Comme on l'a déjà observé (Ferretti, 2011 et 2014b), la géographie joue un rôle fort, et encore peu connu, dans la construction de l'imaginaire national italien. Cela passe d'abord par la construction de cartes qui mettent en évidence la cohérence géographique de la péninsule italienne alors qu'elle est politiquement morcelée (Pécout, 2002). Selon Edoardo Boria et Maria Bianca Mennini, « ce fut grâce à la carte géographique que le territoire national devint une icône, facilement reconnaissable, de l'État-nation, en mesure de susciter un sentiment d'auto-identification instinctive auprès des citoyens » (Boria et Mennini, 2011). Cela relève clairement du pouvoir de la carte en tant que dispositif de persuasion et de gestion du pouvoir, amplement traité par la littérature existante (Harley, 1995).

Au XIXe siècle, on fait souvent référence à Strabon comme au dernier géographe qui avait représenté l'Italie dans son unité géographique et politique. Le géographe grec est utilisé également par Attilio Brunialti,[2] qui

---

[2] Vicenza – Biblioteca Civica Bertoliana, Sala dei Manoscritti, Carte Brunialti, f F 75, *La Sicilia nella natura, nella storia, nei monumenti da Ercole a Garibaldi.*

prend l'initiative de publier une monographie géographique de l'Italie, en s'appuyant sur sa traduction « infidèle » de la *Nouvelle Géographie universelle* d'Élisée Reclus (Ferretti, 2009). La référence à l'Empire romain est essentielle dans les imaginaires du *Risorgimento*, car à cette époque les frontières de l'Italie étaient dessinées par la chaîne des Alpes, revendication que la politique italienne contemporaine ne verra satisfaite qu'en 1918.

On connaît la tentative de construire une géographie italienne à travers la constitution d'un réseau savant national autour du *Bureau de Correspondance géographique* animé à Bologne par Annibale Ranuzzi (1810-1866) dans les années 1840. Son activité, relevant parfois de la conspiration, était entravée de toute manière par les gouvernements des États italiens d'alors (Ferretti, 2011 et 2014). La démarche scientifique des participants de ce réseau, inspirée par les premières traductions de géographes comme Ritter, portait sur la naturalisation de l'identité d'une nation déjà dessinée par les Alpes et la mer, selon l'idée de région naturelle prônée par la « géographie pure » qui est alors, d'après Franco Farinelli, « la seule forme de critique politique possible non en géographie, mais à travers la géographie » (Farinelli 1992, p. 113). D'après Claudio Minca, « la Géographie pure du XVIIIe siècle, formulée avec des prétentions de scientificité et neutralité, rentrera progressivement en conflit avec la Géographie dite d'État, basée sur une théorie spatiale explicite appuyant clairement les besoins du pouvoir aristocratique » (Minca 2007, p. 184).

La logique de la « région naturelle » conduit le monde intellectuel du *Risorgimento* à construire et revendiquer l'ancienne limite alpine comme la frontière de la future nation rêvée, lieu d'une « géographie imaginaire » (Mormorio, 2013) qui était censée devenir réelle par les efforts volontaristes des patriotes. Les montagnes font également figure de frontière culturelle et identitaire entre le Soi et l'Autre, ce qui inspirera des institutions comme le Club Alpin Italien (Morosini, 2009) en phase avec le trend européen étudié par F. Walter de la montagne comme figure paysagère de la nation (Walter, 2004) participant également des « espaces de l'imaginaire » (Debarbieux, 2015).

Par contre, les autres éléments géographiques qui constituaient le *limes* septentrional de l'Empire romain, notamment des fleuves (en l'occurrence le Rhin et le Danube) sont considérés comme des frontières arbitraires, imposées par les dominateurs étrangers. La frontière de la province autrichienne incluant la Vénétie et la Lombardie (*Lombardo-Veneto*) avec le Piémont était sur le fleuve Ticino, et celle avec les États émiliens sur le Pô : le célèbre poème *Marzo 1821* d'Alessandro Manzoni faisait partir l'épopée de la libération nationale des berges du Ticino, souhaitant que « cette eau ne coure plus entre deux rives étrangères ». L'idée considérant les fleuves comme des véhicules de l'union régionale n'est pas étrangère à la géographie européenne du XIXe siècle. Cette conception, qui remonte à Philippe Buache, est alors réinterprétée par Carl Ritter et sera ensuite l'un des points qui fonderont la polémique d'Élisée Reclus contre les frontières étatiques (Ferretti, 2014a).

Imaginaires du fédéralisme

Un cas important de réflexion en ce sens est alors la construction de la plaine du Pô en tant que région naturelle et culturelle à la fois. L'un des protagonistes de cette invention est Carlo Cattaneo (1801-1869) rédacteur de la revue *Il Politecnico*. À une époque où la figure actuelle du géographe professionnel n'existe pas encore, Cattaneo est sans doute l'un des représentants principaux des sciences géographiques en Italie. Selon Lucio Gambi, « on trouve chez Cattaneo, entre 1835 et 1868, l'effort majeur pour donner à la géographie (ou à un domaine scientifique que nous pourrions appeler géographie) le statut d'une discipline active, c'est-à-dire en mesure de comprendre des réalités sociales en constante modification » (Gambi 1973, p. 9-10).

Ce sont les études de Cattaneo sur le polycentrisme italien, redécouvrant le système médiéval des communes comme « fil rouge des histoires italiennes » qui fondent sa proposition fédéraliste. D'après Alice Ingold, « la longue durée du phénomène urbain permettait à Cattaneo de dresser une histoire continue de la péninsule, et de proposer ainsi un modèle alternatif aux scansions habituellement retenues des conflits entre pouvoirs » (Ingold 2005, p. 65). Il était donc question de dresser une histoire très géographique de la péninsule pour justifier des éléments de l'identité culturelle italienne tout en restant dans un cadre fédéraliste, vu qu'une « union intime entre ville et territoire fonde (…) dans le schéma de Cattaneo, l'originalité italienne » (*ibid.*, p. 68).

Dans son ouvrage *Notizie naturali e civili sulla Lombardia*, présenté au congrès des scientifiques italiens de Milan de 1844 comme le début d'un programme de futures monographies régionales italiennes, Cattaneo expose ses idées fondamentales sur la relation entre humanité et milieu. Son idée volontariste de la géographie s'appuie sur le constat que la plaine lombarde n'est pas la mère, mais plutôt la fille de ses habitants. Le territoire lombard est décrit comme « une grande machine agraire, à laquelle il fallait un peuple qui en ordonne les éléments épars, tout en suivant les vœux de la nature » (Cattaneo 1844, p. 7). Cela implique d'un côté l'idée de la géographie comme réalisation humaine relevant non pas de la lutte, mais de la coopération avec la nature ; de l'autre côté, Cattaneo souligne les capacités politiques d'un peuple travailleur et fier d'avoir construit sa propre maison, qu'il revendique face aux étrangers, notamment les patrons autrichiens. « Nous pouvons montrer aux étrangers notre plaine toute modifiée et refaite par nos mains » (*ibid.*, p. 46) et l'auteur d'ajouter : « l'Étranger voit qui nous sommes. Nos pères furent beaucoup plus vaillants que chanceux (...) nous pouvons dire qu'aucun autre peuple ne développa avec autant de persévérance au travail les dons que la nature bienveillante lui confia » (*ibid.*). La construction matérielle du territoire est alors métaphore de la construction politique (fédéraliste et régionaliste) de la nation.

Le milieu lombard est alors sollicité par le *Bureau de Correspondance géographique* de Ranuzzi afin de le faire participer à un réseau italien : le Bolognais écrit plusieurs lettres à Cattaneo, exposant son projet d'étendre le travail de ce dernier à la portion cispadane de la grande plaine, notamment l'Émilie et la Romagne. « J'ai fait lire à de jeunes amis vaillants et de bonne volonté le précieux volume des *Notices sur la Lombardie*, et j'ai quelque espoir que l'on puisse commencer à fonder une institution chorographique qui réalisera un travail semblable sur l'Émilie. »[3]

La guerre de 1848-49 empêchera l'établissement de toute institution chorographique ou géographique. Cependant, un travail proche du programme régional de Ranuzzi sera une monographie régionale de la légation bolognaise (l'équivalent des actuelles provinces de Bologne, Ferrare, Ravenne, Forli-Cesena et Rimini) écrite par son ami et collaborateur, l'ancien saint-simonien Carlo Frulli. Celui-ci, au lendemain de la défaite des patriotes qui avaient essayé de libérer Bologne du joug du pape entre 1848 et 1849, s'insère dans la tradition de la géographie pure en revendiquant pour la science le droit de décider de la toponymie des régions, selon des critères « naturels » qui sont en même temps ethniques. Il invoque notamment « les raisons supérieures de l'histoire, de la géographie et de l'ethnographie, exigeant qu'un pays doté de frontières et dialectes naturels soit distingué des autres par un nom permettant de ne pas les confondre » (Frulli, 1951, p. 11). Dans ce texte, la référence à l'ancienne régionalisation romaine (correspondant à l'actuelle région Émilie-Romagne) sonne également comme une attaque indirecte à la domination papale, considérée comme responsable de la séparation « artificielle » entre la légation bolognaise et l'Émilie occidentale, relevant politiquement des duchés de Modène et Parme. On trouve également des références à Strabon, ainsi que des critiques de Malte-Brun, géographe très respectueux des frontières des petits États pré-unitaires, qu'il utilise comme critère exclusif de sa régionalisation de l'Italie dans les *Précis de Géographie universelle* (Ferretti, 2010).

---

[3] Milano, Museo del Risorgimento, Fondo Carlo Cattaneo ; Cartella n. 5, plico n. X, lettere di diversi a Carlo Cattaneo dal 1844 al 1851, f. 105-107, lettre d'A.Ranuzzi à C. Cattaneo, 23 ottobre 1844.

L'INVENTION GÉOGRAPHIQUE DE L'ITALIE ET LES « HÉTÉRODOXES » DU *RISORGIMENTO*

Les exemples de l'Europe de l'Est

Au cours de ces dernières années, on a lancé le concept de « discours hétérodoxes » (Ferretti, 2013a ; Ferretti et Pelletier, 2013) pour définir les travaux du réseau des géographes anarchistes, proches d'Élisée Reclus, qui pendant l'âge des Empires ont élaboré des discours différents de ceux d'autres scientifiques européens qui soutenaient des discours colonialistes, racistes et européocentriques. Cet engagement anticolonial se lie à la fois à une démarche fédéraliste, favorable par exemple à l'autonomie de régions comme l'Alsace, et à une solidarité avec les luttes de libération nationale alors en cours en Europe de l'Est, dans le cadre de ce que Benedict Anderson a appelé les « imaginaires anticoloniaux » (Anderson, 2007).

C'est de ces imaginaires que relève le soutien que Reclus et le mouvement anarchiste naissant donnent au *Risorgimento*, mouvement auquel participent de nombreux militants socialistes et proto-anarchistes. Entre les années 1860 et 1870, ceux-ci subiront une lourde déception à la suite du tournant monarchiste et impérialiste du nouvel État unitaire (Lehning 1972). Comme l'observe Max Nettlau, ce sens de « trahison » donnera son élan au mouvement internationaliste : l'historien compare la situation de l'Italie du *Risorgimento* à celle de l'Espagne du *Sexénio Democrático*, expérience à laquelle participera à son tour le clan Reclus (Nettlau, 1969). Parmi les géographes anarchistes et collaborateurs de la *Nouvelle Géographie universelle* de Reclus, le Russe Léon Metchnikoff (1838-1888) participe à la fois au mouvement italien et au mouvement espagnol : en 1860, il est lieutenant sous Garibaldi dans le cadre de l'expédition des Mille ; en 1868, il suit la « révolution espagnole » comme journaliste et envoyé des associations des exilés russes (Ferretti, 2014a).

Le géographe ukrainien Mikhaïl Dragomanov (1841-1895) collabore à son tour au volume 5 de l'encyclopédie reclusienne, consacré à la « Russie d'Europe » : il y utilise l'enracinement naturel et historique des identités pour justifier l'indépendance de l'Ukraine vis-à-vis de l'Empire russe. La géographie démontrerait alors que l'option fédéraliste était non seulement juste, mais aussi faisable. Dragomanov se démarquait de la majorité des exilés russes, auxquels il reprochait leur manque de sensibilité pour la cause des nationalités, alors que les géographes anarchistes la considéraient au contraire comme une des luttes qui auraient pu déclencher, avec la révolution nationale, la révolution sociale. « Le langage étroitement moscovite des publications révolutionnaires russes, leur peu d'attention pour les nations de l'empire autres que la nation russe (...), tout cela nous oblige à opposer aux idées des révolutionnaires russes notre critique, qui est celle d'un socialiste-fédéraliste ukrainien » (Dragomanov, 1881, p. 3).

La nation est opposée alors à l'État en tant que fait de culture et d'identité, ainsi que comme entité politique qu'on peut organiser d'en bas, ce qui contribue à lier les imaginaires nationaux aux imaginaires sociaux des révolutionnaires de cette époque.

Le cas le plus emblématique d'identité nationale niée, au XIXe siècle, est celui de la Pologne, sur lequel Reclus intervient directement en critiquant les empires russe et prussien pour avoir même interdit à la nation polonaise d'utiliser son propre nom, tout en remarquant la cohérence géographique et ethnique de son territoire (Reclus, 1880, p. 386-392). Le géographe anarchiste revient en 1895-96 sur ces questions dans sa correspondance avec le sociologue polonais Ludwig Gumplowicz (1838-1909), ainsi que dans une enquête sur la Pologne lancée par la revue *Krytyka*, à laquelle il répond en blâmant le ton trop modéré des rédacteurs, qui avaient interrogé un échantillon de scientifiques européens à propos de leur vision de la Pologne. Reclus tranche en affirmant que « vos questions ont une forme diplomatique à laquelle il m'est impossible de m'accommoder. La terre doit appartenir, et elle appartient, à ceux qui la cultivent et qui l'aiment. La Pologne est aux Polonais, et tant que justice ne sera pas faite, le monde en souffrira. Gardez intactes la conscience et la volonté de vos droits et vous referez la Pologne, quand même ! »[4] Voilà une déclaration qui clarifie comment le lien entre justice sociale et imaginaires anticoloniaux est alors perçu dans les milieux reclusiens.

Proudhon, ou la préfiguration de la nation fédérale

Pour comprendre l'impact de ces idées dans les milieux intellectuels italiens, il nous faut évoquer un personnage qui inspire à la fois les géographes anarchistes et les patriotes du *Risorgimento* : Pierre-Joseph Proudhon (1809-1865). Le philosophe franc-comtois s'intéresse en même temps au cas italien et au cas polonais, en mobilisant à chaque fois des concepts de la géographie pour fonder sa proposition fédéraliste. Dans ses *Nouvelles observations sur l'unité italienne*, il consacre un chapitre à la géographie de la péninsule, qu'il considère comme devant justifier tout naturellement une fédération plutôt qu'un État unitaire, vue l'articulation des régions italiennes et les milles enclaves et particularités de son territoire, y compris ses îles. C'est en vertu d'un regard artificiel et autocratique comme celui de Napoléon I, selon Proudhon, qu'on la voit « unie par la nature ». « Parce que la Péninsule se trouve comprise tout entière entre les Alpes et la mer, il se dit qu'elle doit

[4] Cracovie – Bibliothèque Jagellonne, Département des Manuscrits, Dossier *Krytyka*, 1899, f. 46, lettre d'Élisée reclus à la rédaction de *Krytyka*, 13 novembre 1899.

former un seul État : c'est comme si l'on concluait de la rondeur du globe à l'omniarchie de la terre » (Proudhon, 1868, p. 234).

De plus, Proudhon critique le principe de frontière naturelle par un argument politico-social. « La plus sûre, la plus naturelle des frontières est celle qui garantit aux populations qu'elle sépare la liberté la plus complète, le *self-government* le plus absolu. De frontières comme celles-là se rencontrent partout en Italie : pourquoi s'obstine-t-on à ne les voir qu'aux Alpes et à la mer ? » (*ibid*, p. 236). C'est à des aspects culturels et identitaires que Proudhon fait appel ensuite « contre les grandes unités politiques, qui ne [lui] paraissent que des confiscations de nationalités » (*ibid.*, p. 237). Les nationalités sont donc considérées comme des identités plutôt historiques et culturelles, alors que les Siciliens et les Calabrais sont définis comme « des Grecs que la domination romaine força d'apprendre le latin » (*ibid.*) ; de même, les Lombards seraient plus proches des Gaulois que des Italiques. Le dernier élément envisagé est la Méditerranée, qui ouvre l'Italie à toutes les influences, en rendant ses mille enclaves maritimes incompatibles avec l'unité. D'après Proudhon, « l'Italie est antiunitaire, d'abord par sa constitution géographique (…). En second lieu, par la diversité primordiale de sa population » (*ibid.*, p. 242). Et l'auteur d'ajouter, en phase avec Cattaneo, que l'idée fondamentale de l'Italie est « son municipalisme » (*ibid.*, p. 243).

Voici le principe de naturalisation des identités utilisé de manière opposée à celle des géographes partisans de l'unité tout court, et participant pourtant du même mouvement d'émancipation nationale. Pour comprendre pourquoi Proudhon se considère comme solidaire de la lutte italienne tout en se prononçant contre l'unité de l'Italie, il faut rappeler que les savants les plus radicaux du *Risorgimento* étaient des fédéralistes, traduisant en Italie la démarche de Proudhon lui-même. C'est le cas de Cattaneo, mais surtout de Carlo Pisacane (1818-1857) et Giuseppe Ferrari (1811-1876). Ce dernier, concitoyen et proche de Cattaneo, est l'auteur d'un ouvrage sur la civilisation chinoise très utilisé par Élisée Reclus dans sa géographie (Ferretti, 2013b), ainsi qu'un ami et correspondant de Proudhon. En 1859, alors que la lutte pour l'unification bat son plein, le Franc-Comtois écrit au Milanais de ne croire ni à Victor-Emmanuel ni à Garibaldi.[5] C'est par la commune opposition à la monarchie et au joug autrichien et papal que plusieurs âmes coexistent à ce moment dans le mouvement de libération nationale.

De la même manière Pisacane, ami de Cattaneo et Ferrari et lecteur de Proudhon,[6] soutiendra un programme socialiste et fédéraliste qui le fait

[5] Lettre de Pierre-Joseph Proudhon à Giuseppe Ferrari, 7 novembre 1859, Milan, Musée du *Risorgimento*, Fonds Ferrari, Dossier 17/III.

[6] Milan, Musée du *Risorgimento*, Fonds Cattaneo dossier XL, Lettres de C. Pisacane à C. Cattaneo.

considérer comme l'un des pères de l'anarchisme, ainsi que l'un des inspirateurs de Bakounine (Masini 1978). Les liens très étroits entre l'histoire italienne du XIXe siècle et les idées libertaires, importantes pour plusieurs géographes comme Reclus et Kropotkine, s'expliquent aussi à partir de ces réseaux. Du point de vue scientifique, Cattaneo, Ferrari et Proudhon seront des auteurs essentiels pour la formation de la démarche reclusienne, considérant le fédéralisme comme l'un des points de contact entre anarchisme et géographie (Pelleter, 2013).

La géographie de Reclus, à son tour, trouve un interprète en Italie chez Arcangelo Ghisleri (1855-1938), républicain fédéraliste, anticlérical et anticolonialiste, ami de l'anarchiste Luigi Fabbri et correspondant de Reclus lui-même. Ghisleri, qui, n'ayant pas accepté la monarchie, vit pendant quelque temps en exil volontaire à Lugano, s'identifie fortement avec Cattaneo et s'inspire de Reclus dans sa géographie visant à la transformation sociale par l'éducation populaire, tout en se dissociant des entreprises coloniales (Casti, 2007 ; Ferretti, 2015).

LES GÉOGRAPHIES CULTURELLES DE L'IRRÉDENTISME

Une nation imaginée à compléter

L'Italie est formellement unifiée en 1861 sous la monarchie de Savoie. En 1866, le jeune État-nation arrache la Vénétie à l'empire austro-hongrois, et en 1870 la chute de Louis-Napoléon favorise la prise de Rome au détriment de la papauté. Cependant, des terres de langue italienne au Sud de la ligne de faîte des Alpes restent encore assujetties à la couronne de Vienne, notamment le Trentin et la Vénétie julienne (*Trento e Trieste*). On nomme alors « irrédentisme » le mouvement lancé en 1877 par Matteo Renato Imbriani et visant à la revendication de ces terres. Dans la Péninsule, l'épopée des martyrs du mouvement irrédentiste, tel que le triestin Guglielmo Oberdan, exécuté en 1882, a toujours suscité une forte émotion pendant toute la période de l'« Italie libérale » (1861-1922).

La contribution géographique et cartographique à ce mouvement n'a pas été moindre que dans la première partie du long *Risorgimento*. Si dans le dernier quart du XIXe siècle la géographie italienne commence à s'institutionnaliser par la fondation des premières chaires de géographie et des premières associations géographiques nationales, les géographes les plus engagés dans l'irrédentisme gardent au moins deux points en commun avec leurs collègues de la génération précédente. Premièrement, la recherche de modèles et idées dans la littérature géographique internationale pour les appliquer aux problèmes nationaux ; deuxièmement, l'adoption d'une démarche plutôt militante qu'académique.

Les géographes pré-unitaires étaient définis, par Adriano Balbi, comme des « hommes spéciaux, qui consacrent noblement leurs veilles à l'exacte description de leur patrie, »[7] c'est-à-dire pas des géographes professionnels. Le principal représentant de la géographie irrédentiste, Cesare Battisti (1875-1916) représentait alors le même type de savant non-universitaire : citoyen italophone de l'empire austro-hongrois et militant socialiste, il fut élu député au parlement de Vienne pour y représenter le Trentin de 1911 à 1914. C'est aussi pour cela qu'il trouva une place, malgré lui, parmi les martyrs nationaux, car en 1916, lorsqu'il fut fait prisonnier avec son uniforme d'officier italien au cours de la Grande Guerre, son statut de sujet autrichien, et en plus de parlementaire, lui valut l'accusation de haute trahison et en conséquence, une condamnation à mort immédiate.

Battisti fait des études de géographie à Florence, où son bilinguisme le pousse à s'intéresser aux géographes allemands, ses contemporains. C'est surtout chez Friedrich Ratzel qu'il trouve des indications pour ses études d'« anthropogéographie » appliquées à sa région. Si son ouvrage *Il Trentino, saggio di geografia fisica e di antropogeografia* (Battisti, 1898) évoque sous plusieurs aspects les monographies régionales que les géographes vidaliens commenceront à produire à partir de la décennie suivante, Battisti ne semble pas avoir lu directement les géographes français. En revanche, il se propose clairement comme l'interprète italien de Ratzel, en entamant un gros travail, inachevé, de traduction de la *Politische Geographie*, et qui sera seulement publié longtemps après sa mort (Calì, 1988). Battisti est encore très connu en Italie comme « héros national », mais pas comme géographe, malgré des tentatives récentes d'étudier la construction post-unitaire de la frontière septentrionale par des géographes italiens (Proto, 2015).

Dans sa démarche, l'étude du Trentin par des Italiens est stratégique pour la future appropriation politique de cette région. Chez Battisti, il faut d'abord remarquer la relativité des frontières et de la régionalisation. Si cela relève sans doute de l'idée de mobilité historique des États et des frontières qui lui vient de Ratzel, (Ferretti, 2014c), l'originalité de Battisti réside dans le fait qu'il ne revendique pas la frontière sur la ligne de faîte du Brenner que réclament les nationalistes italiens les plus aguerris. Il distingue donc la région de Trente de la région de Bolzano sur la base de critères linguistiques et ethniques, en définissant le Trentin non comme une région naturelle, mais comme « une région historique » (Battisti, 1898, p. 4). Comme le Trentin ne saurait se justifier par des critères physiques et morphologiques, et qu'il ne correspond pas à un bassin hydrographique, Battisti le définit selon des

---

[7] Londres, RGS-IBG, Département des Manuscripts, Dossier CB 3 / 41 Balbi Folder, lettre d'A. Balbi au colonel Jackson, 21 décembre 1846.

critères identitaires qui rappelleraient, aujourd'hui, l'idée de « différence culturelle » des *Cultural Studies* (Hall, 2008).

En phase avec les références culturelles des autres géographes du *Risorgimento*, Battisti revendique le legs des géographes et des historiens de l'antiquité grecque et romaine, en citant Polybe mais surtout Strabon, qui aurait le premier utilisé la définition de « Trentins » pour désigner son peuple. Selon Battisti « aucun géographe n'a encore égalé le travail de Strabon sur l'Italie » (*ibid.*, p. 10). La métaphore organique que le géographe trentin utilise pour définir la forme de sa région, « deux ailes de papillon autour de l'Adige » (*ibid.*, p. 24), ne va pas sans rappeler les indications de Strabon lui-même, qui prescrivait aux géographes l'utilisation de ce type de métaphores pour expliquer au public les formes des objets de la géographie (Strabon, *Géographie*, II, 1, 30).

C'est avec l'éphémère revue *Cultura geografica*, éditée en 1899 avec Renato Biasutti (dont le départ à l'étranger sera la cause de l'interruption de la publication), que Battisti essaie de contribuer à l'établissement de la géographie italienne en partant de ce qu'aujourd'hui on appellerait une géographie des faits de la culture. Si le mot « culture », en 1899, n'a pas la même signification qu'aujourd'hui, après le tournant culturel, nous croyons qu'il n'est pas anachronique d'affirmer qu'à cette époque, cette définition indique la revendication d'identités et de différences sur lesquelles la géographie de Battisti s'appuie.

Irrédentisme socialiste et géographie pour tous

La revue s'inscrit d'abord dans la lignée de l'œuvre de Ghisleri, avec lequel Battisti correspond longuement, en lui demandant son patronage et sa collaboration pour la nouvelle entreprise (Calì, 1988, p. 86 ; Battisti et Ghisleri, 1964, p. 10). Cela correspond à une orientation épistémologique et politique précise lancée conjointement par Battisti et Ghisleri, celle de la « géographie pour l'exploration et l'étude de chez nous » (Battisti et Ghisleri, 1964, p. 15 ; Battisti, 1899). Il s'agit notamment de se démarquer des « folies africaines » pour se concentrer sur la connaissance des régions italiennes et sur l'éducation des peuples italophones plutôt que sur les explorations de l'Ailleurs pour les finalités de l'impérialisme italien auxquelles se rallièrent pourtant la plupart des géographes (Gambi, 1991). Les propos de Battisti et Ghisleri peuvent alors être considérés comme doublement anticolonialistes (Ferretti, 2015) : contre le colonialisme externe, car il ne fallait pas imiter « les Belges, qui sont devenus fous pour le Congo » (Calì, 1988, p. 83), mais surtout contre ce qu'on appelle aujourd'hui, avec définition gramscienne, le « colonialisme interne » (Hechter, 1978) de l'Empire autrichien.

Dans l'adresse aux lecteurs parue dans son premier numéro, la revue déplore les retards de la géographie italienne, « restée à un état presque embryonnaire » (*Cultura Geografica*, n° 1, 1999, p. 1). Parmi les matériaux présentés, il faut signaler le compte rendu substantiel, signé par Battisti, d'une monographie régionale de la Carnia publiée par les géographes frioulans Giovanni et Olinto Marinelli (le premier son professeur, le dernier son ami). Il s'agit d'une région alpine à la frontière entre Italie et Autriche, dont l'identité ethnique est bien marquée, ce qui en fait de toute évidence un enjeu stratégique pour Battisti, qui vient de lancer son *Trentino* et se présente comme ce qu'on appellerait aujourd'hui un « faiseur de montagnes » (Debarbieux et Rudaz, 2010) dans le sens de la forte définition culturelle, symbolique et identitaire de régions montagneuses. La revue est en quête de références à l'international comme en témoigne une recension très enthousiaste des programmes de géographie de l'Université Nouvelle de Bruxelles (animée alors par Élisée Reclus, son frère Elie et son neveu Paul) : ils sont censés servir d'exemple aux universités italiennes, qui se caractériseraient alors par une démarche « essentiellement conservatrice et souvent aussi réactionnaire » (*ibid.*, p. 9). Le groupe de *Cultura Geografica* affirme donc la nécessité d'une éducation critique en vue de l'obtention « de la liberté d'enseignement et de pensée » (*ibid.*, p. 10), ainsi que pour revitaliser, par son ouverture à la société, une géographie qui serait autrement « caractérisée par la pourriture et l'académisme d'une matière morte » (*ibid.*, p. 10).

La correspondance avec Ghisleri clarifie ultérieurement un point important de la pensée politique et scientifique de Battisti, à savoir l'occultation, dénoncée par Alessandro Galante Garrone, « de la part des fascistes et des nationalistes » (Galante Garrone, 1966, p. 11), des contenus sociaux de sa démarche, pour en produire une interprétation nationaliste et patriotarde qui entache aussi des études récentes (voir par exemple : Marconi, 2011). Il est clair, au contraire, que l'irrédentisme dont Ghisleri et Battisti discutent n'est pas de caractère nationaliste, mais de caractère socialiste : les dialogues qu'ils envisagent ne doivent pas se dérouler entre les nationalistes, mais entre les socialistes et les républicains de l'Italie et des terres irrédentes (Battisti et Ghisleri, p. 31). Dans les échanges entre ces deux savants transparaissent tous les éléments typiques du social-républicanisme italien de cette époque, comme un anticléricalisme très accentué (*ibid.*, p. 25), dont témoigne l'initiative de Battisti d'ouvrir à Trente une section de l'Association de la libre-pensée (*ibid.*, p. 32), ainsi que la nécrologie qu'il consacre à l'anarchiste espagnol Francisco Ferrer, martyr par excellence de l'éducation laïque (Battisti, 1966, p. 314-315).

La continuité avec le filon fédéraliste du *Risorgimento* est attestée par l'intérêt de Battisti pour Cattaneo : le Trentin propose à Ghisleri, « admirateur et profond connaisseur du grand Lombard » (Battisti et Ghisleri, 1964, p. 14) d'écrire un essai sur l'éditeur du *Politecnico*, que l'intéressé affirme n'avoir pas le temps de réaliser. Un autre point commun entre Battisti et les autres militants du *Risorgimento* sont les tracasseries qu'il subit de la part de la répression autrichienne : en 1904, il écrit à Ghisleri qu'il se trouve en prison pour « crime politique » (*ibid.*, p. 31). Fin 1914, l'état de guerre l'oblige à s'expatrier en Italie, nation qui restera neutre jusqu'en mai 1915.

Ce n'est qu'à ce moment, donc dans la dernière année de sa vie, que Battisti se radicalise dans un sens plutôt nationaliste, ce qui relève apparemment d'une situation personnelle difficile suite à l'exil et à l'impossibilité, témoignée par ses correspondances avec Olinto Marinelli (Calì, 1988, p. 68), d'occuper une chaire de géographie en Italie, ce qui le pousse à partir se battre. Encore en janvier 1915 il écrit à son ami socialiste Gaetano Salvemini, déjà membre de la rédaction de *Cultura Geografica*, de ne reconnaître la revendication d'une frontière au Brenner, point fort du programme des nationalistes, que comme une éventuelle solution militaire, lui préférant la « frontière linguistique pure de Salorno » (*ibid.*, p. 100), entre Trente et Bolzano.

Comme Ranuzzi a été le passeur et traducteur « culturel » de Ritter en Italie (Ferretti, 2011 et 2014b), et Ghisleri l'a été de Reclus, le transfert de la géographie de Ratzel dans la Botte doit aussi quelque chose au travail de Cesare Battisti.

CONCLUSION

On peut conclure que des outils conceptuels tels que les imaginaires, les identités et l'étude des transferts culturels dans la construction du savoir révèlent leur pertinence dans l'analyse de la formation historique des objets de la géographie. Certes, les approches culturelles peuvent présenter des problèmes méthodologiques alors qu'il s'agit de les appliquer à des périodes historiques où les mêmes concepts n'étaient pas encore utilisés, donc elles doivent être accompagnées par un recours aux sources et croisés avec des approches les enrichissant, comme ceux de la géographie sociale (Di Méo, 2008). Les outils conceptuels de la géographie culturelle demeurent néanmoins des ressources importantes pour la recherche en épistémologie et histoire de la géographie.

Les imaginaires géographiques ont été au centre de la construction de l'idée de nation à plusieurs niveaux, qu'il s'agisse de l'État-nation tel qu'il s'affirme entre le XIXe et le XXe siècle, ou bien de la nation, souvent plutôt imaginée que réelle, des fédéralistes, des autonomistes et des contestataires. Tous ces auteurs se sont appuyés sur des objets et des concepts de la géographie, souvent mobilisés de manière opposée, ce qui confirme l'importance des procès de construction culturelle qui président à l'invention des territoires.

De plus, quelques-uns des acteurs que nous venons de citer, comme les rédacteurs de la revue *Cultura geografica*, appuyaient leurs démarches politiques sur des arguments qui semblent assez proches des idées de différence et identité telles que les études culturelles les ont conçues plusieurs décennies plus tard.

ARCHIVES

Milan – Museo del Risorgimento, Fonds Carlo Cattaneo ; Fonds Giuseppe Ferrari.

Vicenza – Biblioteca Civica Bertoliana, Sala dei Manoscritti, Carte Brunialti.

Cracovie – Bibliothèque Jagellonne, Département des Manuscrits.

Londres – RGS-IBG, Département des Manuscrits.

SOURCES IMPRIMÉES

BATTISTI Cesare, 1898, *Il Trentino, saggio di geografia fisica e di antropogeografia*, Trento, Zippel, 326 p.

BATTISTI Cesare, 1899, *Per lo studio di casa nostra : appello della Tridentum agli studiosi trentini,* Trento, Società tipografica editoriale trentina, 7 p.

BATTISTI Cesare, GHISLERI Arcangelo, 1964, « Carteggio », *Bollettino della Domus Mazziniana*, n. 2, p. 7-38.

BATTISTI Cesare, 1966, *Scritti politici e sociali*, Firenze, La nuova Italia, 612 p.

DRAGOMANOV Mikhail, 1881, *Le Tyrannicide en Russie et l'œuvre de l'Europe Occidentale*, Genève, Imp. du Rabotnik, 16 p.

FRULLI Carlo, 1851, *Del nome geografico delle legazioni e principali vicende storico-fisiche di questa contrada*, Bologna, Giuseppe Tiocchi, 79 p.

PROUDHON Pierre-Joseph, 1868, *Œuvres complètes,* vol. XVI, Paris, Dentu, 327 p.

RECLUS Élisée, 1880, *Nouvelle Géographie universelle,* vol. V, Paris, Hachette, 918 p.

BIBLIOGRAPHIE

ANDERSON Benedict, 1991, *Imagined communities: reflections on the origin and spread of nationalism*, Londres, Verso, 224 p.

ANDERSON Benedict, 2007, *Under three flags: anarchism and the Anti-colonial imagination*, Londres, Verso, 255 p.

BERDOULAY Vincent, *La formation de l'école française de géographie*, Paris, CTHS, 241 p.

BORIA Edoardo, MENNINI Bianca Maria, 2011, « La carta geografica come veicolo dell'Idea d'Italia nel periodo risorgimentale », *Studi e ricerche socio-territoriali*, n° 1, p. 149-196.

CALÌ Vincenzo (dir.), 1988, *Cesare Battisti geografo: carteggi 1894-1916*, Trento, Museo del Risorgimento, 501 p.

CASALENA Maria Pia, 2007, *Per lo Stato, per la Nazione: i Congressi degli scienziati in Francia e in Italia (1830-114)*, Rome, Carocci, 253 p.

CASTI Emanuela, 2007, « Le derive italiane del pensiero di Élisée Reclus: Arcangelo Ghisleri e il ruolo sociale della geografia », in Marcella Schmidt Di Friedberg (dir.), *Élisée Reclus: natura ed educazione*, Milan, Bruno Mondadori, p. 229-249.

CERRETI Claudio, 2000, *Della Società geografica italiana e della sua vicenda storica, 1867-1997*, Rome, Società geografica italiana, 158 p.

DEBARBIEUX Bernard, RUDAZ Gilles, 2010, *Les faiseurs de montagne : imaginaires politiques et territorialités, XVIIIe-XXIe siècle,* Paris, CNRS, 373 p.

DEBARBIEUX Bernard, 2015, *L'espace de l'imaginaire*, Paris, CNRS, 312 p.

DI MÉO Guy, 2008, « La géographie culturelle : quelle approche sociale ? », *Annales de géographie*, vol. 2-3, n° 660-661, p. 47-66.

FARINELLI Franco, 1992, *I segni del mondo*, Florence, La Nuova Italia, 283 p.

FERRETTI Federico, 2009, « Traduire Reclus : l'Italie écrite par Attilio Brunialti », *Cybergeo, revue européenne de géographie*, http://www.cybergeo.eu/index22544.html

FERRETTI Federico, 2010, « Paysages transalpins : la vallée du Pô et les enjeux de l'écriture paysagère dans les Géographies Universelles », *Projets de paysage*, n° 4, http://www.projetsdepaysage.fr/fr/paysages_transalpins_la_vallee_du_po_et_les_enjeux_de_l_ecriture_paysagere_dans_les_geographies_universelles_1810_1934_

FERRETTI Federico, 2011, « Corrispondenze geografiche : Annibale Ranuzzi fra – geografia pura – e Risorgimento », *Rivista Geografica Italiana,* vol. 118, n° 1, p. 115-139.

FERRETTI Federico, 2013a, « Un regard hétérodoxe sur le Nouveau Monde : la géographie d'Élisée Reclus et l'extermination des Amérindiens (1862-1905) », *Journal de la Société des Américanistes*, vol. 99, p. 141-164, http://jsa.revues.org/12645

FERRETTI Federico, 2013b, « De l'empathie en géographie : la Chine vue par Léon Metchnikoff, Élisée Reclus et François Turrettini », *Cybergeo,* http://cybergeo.revues.org/26127

FERRETTI Federico, 2014a, *Élisée Reclus : pour une géographie nouvelle*, Paris, Éditions du CTHS, 448 p.

FERRETTI Federico, 2014b, « Géographie et imaginaires nationaux entre le 19e et le 20e siècle : l'invention de l'Italie et la circulation des cultures géographiques », *Annales de Géographie*, n° 698, p. 1062-1087.

FERRETTI Federico, 2014c, « Na orígem da ideia de fronteiras móveis : limites políticos e migrações nas geografias de Friedrich Ratzel e Elisée Reclus », *Continentes, Revista de Geografia – UFRRJ*, n° 4, http://r1.ufrrj.br/revistaconti/index.php/continentes/article/view/38

FERRETTI Federico, 2015, « Arcangelo Ghisleri and the 'right to barbarity': geography and anti-colonialism in Italy in the Age of Empire (1875-1914) », *Antipode, a Radical Journal of Geography* http://onlinelibrary.wiley.com/
doi/10.1111/anti.12206/abstract

FERRETTI Federico, PELLETIER Philippe, 2013, « Sciences impériales et discours hétérodoxes : la géographie d'Élisée Reclus et le colonialisme français », *L'espace géographique*, n° 1, p. 1-14.

GALANTE GARRONE Alessandro, 1966, « Introduzione », in Cesare Battisti, *Scritti politici e sociali*, Firenze, La nuova Italia, p. I-XLVI.

GALLUCCIO Floriana, 2012, « La costruzione della nazione e la nascita delle società geografiche in Italia », *Bollettino della Società Geografica Italiana*, n° 2, p. 187-222.

GAMBI Lucio, 1973, *Una geografia per la storia*, Turin, Einaudi, 216 p.

GAMBI Lucio, 1991, *Geografia e imperialismo in Italia*, Bologne, Patron, 42 p.

GREGORY Derek, 1994, *Geographical imaginations*, Oxford, Blackwell, 442 p.

HALL Stuart, 2008, *Identités et cultures : politiques des cultural studies*, Paris, éd. Amsterdam, 411 p.

HARLEY Brian, 1995, *Le pouvoir des cartes : Brian Harley et la cartographie. Textes édités par Peter Gould et Antoine Bailly*, Paris, Anthropos, 120 p.

HECHTER Michael, 1978, *Internal colonialism: the Celtic fringe in British national development, 1536-1966*, London, Routledge, 361 p.

HOBSBAWM Eric, 1983, *The invention of tradition*, Cambridge/ London/New York, Cambridge University Press, 322 p.

HOBSBAWM Eric, 1990, *Nations and nationalism since 1780: programme, myth, reality*, Cambridge, Cambridge University Press, 191 p.

HOOSON David (dir.), 1994, *Geography and national identity*, Oxford, Blackwell, 391 p.

INGOLD Alice, 2005, « Savoirs urbains et construction nationale. La ville, au-delà de l'État-nation ? », *Revue d'Histoire des Sciences Humaines*, vol. 12, n° 1, p. 55-77.

LATOUR Bruno, 1987, *Science in action: how to follow scientists and engineers through society*, Cambridge Mass., Harvard University Press, 274 p.

LEHNING Arthur (1972-1974), « Michel Bakounine et le Risorgimento tradito », *Bollettino del Museo del Risorgimento di Bologna*, n° 17/19, p. 266-292.

LIVINGSTONE David, 1993, *The Geographical tradition*, Oxford, Blackwell, 434 p.

LIVINGSTONE David, 2003, *Putting science in its place*, Chicago, The University of Chicago Press, 234 p.

MARCONI Matteo, 2011, « La redenzione della nazione nella produzione geografica di Cesare Battisti », *Studi e Ricerche socio-territoriali*, n° 1, p. 29-54.

MASINI Pier Carlo, 1978, *Eresie dell'Ottocento*, Florence, La Nuova Italia, 331 p.

MINCA Claudio 2007, « Humboldt's compromise, or the forgotten geographies of landscape », *Progress in Human Geography*, n° 31, p. 179-193.

MORMORIO Diego, 2013, « Dalla geografia immaginaria all'Italia reale », in COSTA Sandra, PIZZO Marco, dir., *Miroirs du Risorgimento*, Grenoble, MSH-ALPES, p. 70-79.

MOROSINI Stefano, 2009, *Sulle vette della patria : politica, guerra e nazione nel club alpino italiano (1863-1922)*, Milano, Angeli, 259 p.

PÉCOUT Gilles, 1997, *Naissance de l'Italie contemporaine (1770-1922)*, Paris, Nathan, 399 p.

PÉCOUT Gilles, 2002, « Pour une histoire des représentations du territoire : la carte d'Italie au 19e siècle », *Le mouvement social*, n° 200, p. 100-108.

PORCIANI Ilaria, 1979, *L'Archivio storico italiano: organizzazione della ricerca ed egemonia moderata nel Risorgimento*, Florence, Olschki, 302 p.

PROTO Matteo, 2015, *I confini d'Italia : geografie della nazione dall'unità alla grande guerra*, Bologna, Bononia University Press, 171 p.

ROBIC Marie-Claire (dir.), 2000, *Le tableau de la géographie de la France de Paul Vidal de la Blache : dans le labyrinthe des formes*, Paris, CTHS, 298 p.

WALTER François, 2004, *Les figures paysagères de la nation*, Paris, Éditions de l'EHESS, 521 p.

WITHERS Charles, 2001, *Geography, science and national identity: Scotland since 1520,* Cambridge University Press, Cambridge, 310 p.

TRIBULATIONS TOURMENTÉES ET *SELFIES* DE TINTIN EN ORIENT

The turbulent adventures and selfies of Tintin in the East

Anna MADOEUF [1]
UMR 7324 Citeres (Cités Territoires Environnement Sociétés)
Équipe Emam (Monde Arabe et Méditerranée)
Université François-Rabelais de Tours

Résumé : Parmi ses nombreux voyages, Tintin, célèbre héros reporter, a arpenté l'Égypte, l'Arabie (l'émirat du Khemed notamment) et le Maroc, faisant de ces contrées le triptyque combinatoire de l'Orient arabe d'Hergé, celui des *Cigares du pharaon* (1934), du *Crabe aux pinces* d'or (1941), de *Tintin au pays de l'or noir* (1950), et de *Coke en stock* (1958). À quelle géographie Tintin, grande figure de la bande dessinée, et Hergé, son auteur, nous convient-ils ? Fiction et parodie, l'Orient, malgré des attendus précis et des précisions attendues, n'est jamais absolument réel, ni tout à fait improbable, au point d'être, *in situ*, son propre pastiche. Là, tout est plausible, mais presque tout peut s'avérer factice. Explorant les coulisses locales de la fabrique exogène de l'Orient, Hergé construit une démonstration. Dès le premier opus de ses aventures orientales, Tintin tombe dans le panneau et... sur un panneau d'avertissement : « Attention mirage dangereux ». Hergé prévient sa créature et avertit le lecteur : en nulle autre contrée du monde, les illusions ne sont si pernicieuses qu'en Orient. En leurs lieux supposés de prédilection, il est question de mirages, mais aussi de mise en abyme, de fictions, de clichés, de fantasmes, de dissimulations, de leurres, de trompe-l'œil et de faux-semblants : ce sont bien les illusions de toutes sortes qui fabriquent l'espace et trament le récit. Créature imaginaire, voyageur ethnocentrique, Tintin évolue en symbiose dans cet univers oriental d'images et de représentations, si argumenté, documenté et référé soit-il.

Mots-clés : Tintin, voyage, image, mirage, représentation, orientalisme, Orient, Proche-Orient, Moyen-Orient, Égypte, Maroc, Arabie, Médina

Abstract: *Among his numerous journeys, Tintin, the famous hero-reporter, explored Egypt, Arabia (the emirate of Khemed in particular) and Morocco, making of theses countries the combinatorial triptych of the Arabic Orient (Middle East North Africa) of Hergé, that of Cigars of the Pharaoh (1934), The Crab with the Golden Claws (1941), Land of Black Gold (1950), and The Red Sea Sharks (1958). To what geography Tintin, major figure of the comic strip, and Hergé, his author, invite us? Fiction and parody, the East, in spite of precise expectations and expected*

[1] Courriel : anna.madoeuf@univ-tours.fr

precisions, is never absolutely real, or completely improbable, in the point to be, in situ, its own pastiche. Here, everything is plausible, but almost everything can turn out artificial. Exploring the local wings of the exogenous factory of the East, Hergé builds a demonstration. From the first opus of its oriental adventures, Tintin falls into the trap and... on a panel of warning: « attention dangerous mirage ». Hergé warns his creature and warns the reader: nowhere else in the world, the illusions are so pernicious as in East. Mirages, but also mise en abyme, fictions, clichés, fantasies, dissimulations, delusions: the illusions of all kinds make the space and contrive the narrative. Imaginary creature, ethnocentric traveler, Tintin evolves in symbiosis in this oriental universe of images and representations, even if this universe is documented and referred.

Keywords: *Tintin, journey, image, mirage, representation, Orient, orientalism, Middle-East, North Africa, Egypt, Morocco, Arabia, Medina*

Si l'on en croit l'ironique *Dictionnaire des idées reçues* de Gustave Flaubert, selon lequel un orientaliste serait « un homme qui a beaucoup voyagé », Tintin assurément, aurait la qualité requise pour en être un… De *Tintin au pays des Soviets* (1930) jusque *Tintin et les Picaros* (1976)[2], les vingt-trois albums de ses aventures mettent en scène d'incessants périples dans le monde. Parmi ses nombreux voyages, Tintin a d'ailleurs arpenté l'Égypte, l'Arabie et le Maroc, faisant de ces contrées les trois pôles combinatoires de l'Orient arabe de son auteur Hergé (pseudonyme de Georges Rémi, 1907-1983).

L'Égypte, l'Arabie et le Maroc forment le triptyque de cet Orient à façon, de ce qui s'avère être un Orient de composition, tel qu'envisagé par Edward Saïd (1980). C'est en premier lieu en Égypte, avec *Les Cigares du pharaon* (1934)[3], que Tintin inaugure ses aventures orientales, et ce de manière fortuite : passager d'une croisière qui doit se terminer à Hong-Kong, il quitte le paquebot à la faveur d'une escale à Port-Saïd. Dans ce même album, Tintin découvre également l'Arabie. Il se rendra ensuite au Maroc dans *Le Crabe aux pinces* d'or (1941) (où il fera la connaissance de Haddock), même si les lieux de référence y ont des appellations imaginaires (hors le Maroc lui-même). Enfin, Tintin retourne en Arabie dans *Tintin au pays de l'or noir* (1950) puis dans *Coke en stock* (1958). Alors que Tintin reste peu ou prou le même, la Deuxième Guerre mondiale et l'évolution de la géopolitique de la

[2] *Tintin et les Picaros* (1976) est le dernier *opus* avant *Tintin et l'Alph-Art* (1986), album posthume inachevé.

[3] La première édition s'intitulait *Les aventures de Tintin reporter en Orient, Les Cigares du Pharaon*. La variante en couleur paraîtra en 1955.

région amèneront Hergé à reconsidérer la référence à la Palestine mandataire dans la trame de *Tintin au pays de l'or noir*, remplacée, dans la version parue en 1971, par l'émirat imaginaire du Khemed, supposé être situé dans la péninsule arabique. Ainsi, entre son premier voyage en Égypte et sa dernière incursion dans l'émirat du Khemed, Tintin passe et repasse au Proche-Orient durant un laps de temps de presque quatre décennies, et l'on peut considérer, *via* les quatre albums de référence, que cette région occupe une place considérable dans les *Aventures de Tintin*.

Peut-être Tintin a-t-il, comme tant d'autres, ressenti ce que Huysmans a qualifié de « nostalgie des au-delà », de « besoin qui est en somme la poésie même », le conduisant à délaisser son monde européen originel pour « la solennité hiératique, la férocité brutale, et les rêves efféminés et ambigus du vieil Orient » (Huysmans, 1884, ch. XIV).

> « *Orient* : ce vocable aimanté *oriente*, comme un champ magnétique, le désir du XIXe siècle vers un objet magique, surchargé de sens qui hante son imaginaire. Plus qu'un espace géographique, il désigne un espace mythique, traversé de pulsions contradictoires [...] ».
>
> Jean-Claude Berchet, « Introduction », *Le voyage en Orient. Anthologie des voyageurs français dans le Levant au XIXe siècle*, 1997, p. 15.

En Orient, Tintin vivra de fait des expériences transgressives et initiatiques : pour mémoire, à Wadesdah, au Khemed, Tintin, adepte inconditionnel du déguisement saisira, avec son complice Haddock, l'opportunité de se travestir en femme – voilée – afin d'échapper à ses poursuivants (*Coke en stock*, 1986, p. 24, D3). C'est également en Égypte, dans *Les Cigares du pharaon*, que Tintin, fera (bien qu'involontairement) usage de drogue ; ayant fumé un cigare trafiqué, il sera sous l'emprise d'un narcotique et aura des visions oniriques.

Aussi, il s'agira ici d'explorer quelques vignettes collectées dans les aventures du célèbre Tintin, quelques images orientales, comme autant de cartes postales, de clichés ou de *selfies* envoyés par cet étrange petit personnage intrinsèquement ethnocentrique, au demeurant grand héros universel. Les péripéties de héros reporter de Tintin peuvent se décrypter comme une exégèse parodique du rapport au monde des Européens mais, surtout, semblent modeler et révéler les dispositifs d'une géographie, et c'est cette interprétation que je souhaiterais proposer. Depuis cette perspective, sera commenté un corpus restreint à six extraits-séquences, issus des périples de Tintin en l'Orient tel que façonné par Hergé. À quelle géographie ce dernier nous convie-t-il ? Si l'on en croit la trame et les critères de l'analyse de Paul Claval en ce sens[4], Tintin serait, à plus d'un titre, un tenant de l'approche culturelle de la géographie. En premier lieu, il semble avéré qu'il évolue dans un « climat d'incertitude », adoptant une posture de « décentrement », notamment dans sa façon de considérer espaces et paysages. Tintin « appréhende géographiquement la culture », mode d'agir qui semble être un *leitmotiv* de ses voyages et de son rapport au monde. Enfin, Tintin qui prête attention aux « signes, aux symboles, aux discours » est, comme nous allons le découvrir, très à l'aise dans les univers des représentations et des imaginaires.

DANS LA MÉDINA DE BAGGHAR

Explorant les coulisses locales de la fabrique exogène de l'Orient, Hergé construit une démonstration. Dans la médina de Bagghar, « grand port de la côte marocaine »[5], notre héros est lancé dans une course qui le fera très bientôt jaillir hors du cadre folklorique où elle s'inscrit, « magnification pittoresque » (Fresnault-Deruelle, 2011, p. 148), large tableau combinant des éléments architecturaux structurants qui en sont les montants, et des compositions détaillées qui en trament le fond : l'on se doute par ailleurs du sort à venir du panier d'oranges situé en aval de la trajectoire de Haddock… (*Le Crabe aux pinces d'or*, 1981, p. 40, pleine page). Tintin crée un halo de vide immédiat sur sa lancée ; s'écartant et le regardant, médusés, les autochtones, sempiternels figurants aux physionomies peu distinctes, sont aussi les nécessaires spectateurs de l'action, saisis par un envoûtement qui les statufie en retrait, confinés aux bordures. Figures paradoxalement molles et pétrifiées, engluées dans leur univers, ne sont-ils pas, ces autochtones, au-delà de leur inconsistance, un peu pleutres, eux qui jamais ne s'interposent, qui esquivent l'action et la prise de risque ? L'aventure, manifestement, n'est pas pour eux ; elle n'est peut-être pas dans leur tempérament ? Quant à Tintin, cette sorte de sillage inversé qui le précède, ce mouvement qui lui appartient en propre, lui sont indispensables pour être central, placé sous les feux de la rampe, pour être tout simplement *Tintin*. Décors, personnages et accessoires dressent un dispositif documentaire, comme un espace bouffant autour de son personnage. Ici, la ligne mitoyenne est affinée à portion congrue : le liseré des bords acérés du sillage est généré par la traversée, centrale, du héros. Place ! Pouce ! Je passe ! Un passant prioritaire en mode rapide, pressé et sûr de la considération due à son identité, son personnage et à ses objectifs. Tintin crée un *happening* surréaliste en un décor ethnico-rigide ; il fabrique *in situ* un mirage. Lui, bien sûr, s'extirpera de l'image, indemne qui plus est, mais celle-ci désormais consignée comme paysage-cadre de

[4] L'on se réfère ici au texte introductif de Paul Claval.

[5] Qui pourrait être inspiré de Essaouira (autrefois Mogador).

référence, pourra être réactivée, la scène rejouée, sous une forme ou une autre. Tintin n'est-il pas, dans la médina de Bagghar, dans une anticipation de l'aventure du jeu-challenge de « la chasse au trésor » à Marrakech ? Le parallèle est saisissant. En effet, la chasse au trésor est un divertissement exploratoire proposé, depuis les années 2000, par de nombreux voyagistes et comités d'entreprise, et dont le territoire de prédilection est la médina de Marrakech, appréhendée dans ce cadre comme un terrain d'aventure multi-sensoriel. Constitués en équipes concurrentes, empruntant en général des accessoires locaux de déguisement, les touristes participants doivent investir les lieux pour réaliser un parcours, résoudre des énigmes, trouver des indices, relever des défis, etc., et tenter de remporter l'épreuve. Tintin personnifiant et préfigurant une figure – caricaturale – du touriste ? L'interprétation est discutable, mais il semble toutefois que cette image de la course-poursuite dans la médina de Bagghar mette en place un « *ethnoscape* » : « paysage formé par les individus [les touristes entre autres] qui constituent le monde mouvant dans lequel nous vivons » (Appadurai, 2005, p. 71).

> « Surprendre, surgir, débarquer, tel est le mode sur lequel le héros se manifeste volontiers [...]. Hergé donne corps à un héros qui évolue comme sur une *tabula rasa*, un espace neutre, agrémenté ici d'arabité où le souci documentaire agit comme une concession suffisante à ce qui n'est pas le héros. Mais le compte n'y est pas : le jeune homme qui traverse la *casbah* est un héros sûr de son droit et qui n'agit que pour exister. »
>
> Pierre Fresnault-Deruelle, 2011, p. 149-150 [à propos de la scène dans la médina de Bagghar, *Le Crabe aux pinces d'or*, 1981, p. 40].

DES PERSONNAGES RETORS : LE SHEIK, LE MÉCHANT, LE COMPARSE

Inlassablement, Tintin suit sa feuille de route, son aventure, ses expériences. Nous le suivons désormais vers une autre scène, une autre entrée en forme d'irruption, et une autre interruption, de son fait, d'un préalable en cours. Après maintes péripéties, Tintin débarque sur les côtes d'Arabie (*Les Cigares du pharaon*). Il est capturé et amené auprès d'un « sheik », préalablement malintentionné à son égard, lequel changera radicalement d'attitude envers notre héros en apprenant l'identité de son captif, dont il est un fervent lecteur des aventures[6]. Sauvé par cet intertexte scopique[7], Tintin, poursuivant son périple dans le désert, voit se découper la forme d'une ville, qui s'avérera être un décor de cinéma, puis il vole au secours d'une femme fouettée par un Arabe (*Les Cigares du pharaon*, 1955, p. 16, C2), avant de s'apercevoir qu'il s'agit en réalité d'une scène de tournage de film, dont le titre – *Haine d'Arabe* – est, de fait, éloquent… La scène et le film sont inspirés de *The Sheik* (1921), film de George Melford, histoire d'une jeune femme anglaise enlevée et retenue dans le désert par un cheikh. À noter qu'ultérieurement, embarqué dans une aventure vers un Orient plus lointain (*Le Lotus bleu*), Tintin, de passage à Shanghai, ira au cinéma voir le film ici tourné, dont il a perturbé le tournage. L'on verra d'ailleurs, depuis la salle de cinéma, une seule image du film, celle de cette même scène... L'affiche que l'on peut voir à cette occasion est très ressemblante de celle du *Sheik*, avec le portrait de Rudolph Valentino en cheikh du désert. Ce film, qui connut un immense succès, était l'adaptation cinématographique d'un roman : *The Sheik* d'Edith Maude Hull, publié en 1919 et devenu un *best-seller*. Dans la version première en noir et blanc des *Cigares du pharaon*, le cheikh ressemblait à Rudolf Valentino, mais avec le passage ultérieur à la couleur, il changera de physionomie et deviendra plus proche du physique de certains acteurs américains des années 1950, de Gary Cooper en particulier. L'on peut d'ailleurs supposer qu'à l'instar de *The Sheik*, le film *Haine d'Arabe* est un succès international, pour preuve sa projection à Shanghai et le fait que les affiches placardées à cette occasion sont en langue anglaise (*The Sheik Hate*).

Après avoir réalisé sa bévue et continué sa route, Tintin croit distinguer une oasis, qui est en fait l'image produite par un mirage[8]. Enfin, apparaît une silhouette de cité, dont il craint, à première vue et à juste titre, au regard de ses déconvenues précédentes, qu'elle ne soit, elle aussi, *a posteriori*, le panorama d'une illusion. Mais celle-ci est simplement conforme à l'imaginaire d'une ville orientale, et par conséquent réelle… Et l'histoire engagée peut se poursuivre. L'Orient est un cadre posé où s'insèrent alternativement les

[6] Dans la version originale en noir et blanc, le cheikh Patrash Pasha montre à Tintin un exemplaire de *Tintin en Amérique* (album sorti en 1932), dans la version en couleur son choix s'est porté sur *Tintin au Congo* (*Les Cigares du pharaon*, 1955, p. 15, D4).

[7] Dans le chapitre « Protocoles fictifs » des *Six promenades dans les bois du roman et d'ailleurs*, Umberto Eco suppose que « Quand les personnages fictifs peuvent émigrer de texte en texte, cela signifie qu'ils ont acquis un droit de citoyenneté dans le monde réel, s'affranchissant du récit qui les a créés » (Eco, 1996, p. 136).

[8] Aux antipodes de cet Orient d'Arabie qu'est le Khemed, le mirage sévit également dans le Sahara Occidental, où Tintin et Haddock, égarés, errent dans le désert ; Haddock, épuisé et assoiffé, se jette sur Tintin le prenant pour une bouteille de champagne (*Le Crabe aux pinces d'or*, 1960, p. 30, D1).

images qui le trament, le composent, le façonnent, l'attestent et le stabilisent en tant que tel. Fiction et parodie, l'Orient n'est jamais absolument réel, ni tout à fait improbable, malgré – ou du fait – des attendus précis et des précisions attendues. L'Orient ne s'appartient pas, au point d'être, *in situ*, son propre pastiche. Tout est plausible, mais presque tout peut s'avérer factice, au hasard de probables composites. Ici une femme blonde, à terre, à la merci et aux pieds d'un lâche et cruel Arabe la fouettant avec fougue, sous le regard sardonico-lubrique d'un comparse en délectation (*Les Cigares du pharaon*, 1955, p. 16, C2). « Lâches ! » crie Tintin, et la prophétie se fait autoréalisatrice, les deux complices fuient tous deux devant le frêle Tintin et le minuscule Milou leur donne la chasse.

Scène extrême de fantasme absolu ; pourtant, même le sagace Tintin y croit et se laisse prendre au piège, très grossier à tous les sens du terme. Que dire alors des futurs spectateurs de cette scène de film vénéneuse, amenée à être diffusée partout dans le monde et à en alimenter l'imaginaire côté pervers ? L'intervention de Tintin s'agrippe et se superpose à une scène préalable, dont elle se nourrit et qui la justifie, mais la prise de conscience de la fictivité de la première scène ne suffit pas pour autant à la masquer, à la neutraliser totalement, à l'abolir définitivement, à désamorcer la représentation. N'en émanera-t-il pas, de cette scène, des effluves hybrides, ou les relents d'une possible rumeur ? Son impact certes perdurera. Soulignons également que ce tableau est incontestablement sexuellement connoté, il s'agit là de la scène la plus – sinon la seule – explicitement érotique des aventures du chaste et pudibond Tintin. Mais cette scène est rendue possible car elle n'est qu'une image dans l'image, une séquence de tournage de film…

Cependant, si l'on prend en considération le personnage secondaire de cette scène, le comparse au côté du fouetteur, lequel semble à l'évidence endosser le rôle de voyeur, la scène paraît dès lors convoquer une référence, et suggère une réminiscence. En effet, la composition de cette image est intrigante du fait qu'elle apparaît comme la parfaite inversion de celle d'un classique de la peinture orientaliste : le tableau de l'odalisque. Ce dernier donne à voir une femme (ou un « bouquet » de femmes) jeune, brune, lascive, alanguie, toujours exhibée enclose dans son écrin, un espace intérieur, un décor générique luxuriant de harem, avec variation possible au hammam. Le terme d'odalisque, mot venu du turc, désigne à l'origine une jeune servante de harem ; dans l'imaginaire occidental, l'odalisque devient la sempiternelle créature féminine de harem, dont le destin est d'attendre le bon-vouloir de son maître et de servir son bon-plaisir, une séduisante femme-objet. Durant plus d'un siècle, de la célèbre *Grande odalisque* de Jean-Auguste-Dominique Ingres (1814), jusqu'à l'*Odalisque au coffret rouge* d'Henri Matisse (1927), le thème de l'odalisque est un *leitmotiv* récurrent de la peinture européenne, débordant même les cadres de la peinture orientaliste, et fort nombreux seront les maîtres qui se livreront à cet exercice (Achille Devéria, Eugène Delacroix, Édouard Manet, Auguste Renoir, Pablo Picasso, etc.). L'odalisque de la peinture orientaliste, toujours dénudée, parfois intégralement nue, fournit aux peintres européens du XIXe siècle la possibilité de peindre des nus, à une époque où la nudité est souvent censurée, mais où le nu exotique est toléré. De plus, l'odalisque offre aussi à l'imaginaire la représentation d'un espace intérieur, celui de la demeure orientale, lieu peu accessible aux étrangers, qui plus est *via* une focale sur le saint des saints, l'inaccessible espace intime féminin. La femme orientale, nue, dans son espace, le harem : le fantasme est absolu ; certaines maisons closes européennes s'inspireront d'ailleurs de cette fantasmagorie dans leurs décors. L'odalisque est donc la création occidentale d'une créature orientale offerte au spectateur exogène : « toutes les femmes de l'Orient sont des odalisques » comme le stipule le *Dictionnaire des idées reçues* de Gustave Flaubert, composé au milieu du XIXe siècle. Ici, n'est-ce pas le négatif de cette image qui nous est proposé ? La femme est occidentale, blonde, à terre et meurtrie, exposée dans un paysage extérieur et désertique ; elle est jetée en pâture cette fois-ci aux autochtones, qui en font un bien mauvais usage, comme pour illustrer le stéréotype occidental le plus extrême, le plus brutal, sur la violence des relations hommes femmes dans les sociétés arabes. Mais Hergé, finalement, n'est-il pas dédouané du fait qu'il n'a fait qu'emprunter un scénario, rejouer une scène, convoquer, comme nous l'avons évoqué précédemment, des sources pré-existantes ? Cependant, d'un autre point de vue, Hergé réitère le fantasme et le réactive ; si, aujourd'hui, le souvenir du film et *a fortiori* celui du roman, matrice originelle, se sont effacés, le succès des aventures de Tintin, par contre, ne s'est pas démenti, et c'est bien Hergé qui a prolongé la représentation de ce stéréotype dans le temps jusqu'à ce jour…

MIRAGE, MIRAGES

Fantasmes, mise en abymes, images, mirages, fictions, dissimulations, leurres, trompe-l'œil et faux-semblants : les illusions de toutes sortes trament, fabriquent et stabilisent espaces et scénarios. Les mirages de toutes formes et natures sont les moulins à vent que l'on peut vainement combattre, et surtout qui légitiment et ponctuent le récit. En explorant les coulisses locales de la fabrique exogène de l'Orient, Hergé ne s'en tient pas là, et la démonstration se poursuit mécaniquement. Dans *Au pays de l'or noir*, comme un pendant asymétrique de la scène précédemment évoquée, un des Dupondt botte – et ce très franchement – le postérieur d'un personnage prosterné et vu de dos (*Tintin au pays de l'or noir*, 1977, p. 22, C2), lequel ressemble, à s'y méprendre il est vrai, au fac-similé du traditionnel « mahométan en prière dans le désert », une figure répandue dans l'imagerie orientalisante, fréquemment représentée sur les cartes postales anciennes (figure 1). Mais pour quelle raison ? Quel est le motif de cette violence tant physique que symbolique ? « Je… Vous… euh… Excusez-moi si je vous demande pardon : je vous avais pris pour un mirage !... » (*Tintin au pays de l'or noir*, 1977, p. 22, C3). Oui, il s'agit d'un fait-exprès et l'acte est délibéré, mais il s'agissait pour Dupondt (l'un) de démontrer à Dupondt (l'autre) que la scène était irréelle : « Un mirage de plus, mon pauvre vieux ! Ça se voit au premier coup d'œil ! » (*ibid.*, p. 22, B2). N'était-il pas, ce tableau, trop conforme à l'image d'une image, donc à l'évidence probable d'un mirage ? « Un mirage ?... Tiens !… Je croyais qu'on les avait supprimés !... » (*ibid.*, p. 19, B2). Et, plus loin : « Et encore un !... Décidément, ils exagèrent ! » (*ibid.*, p. 19, C3). « Zut ! C'était un mirage ! » peste Dupond tout déconfit, nageant plus tard dans le sable en costume de bain une pièce rayé rouge et blanc, après avoir plongé avec enthousiasme dans un lac-mirage (*ibid.*, p. 20, D2).

Figure 1 – ***Prayer near the Great Sphinx***, carte postale éditée par Lehnert & Landrock, Le Caire, non datée, collection de l'auteur

À qui est véritablement destiné le coup de pied catapultueux de Dupondt, excédé d'être sans cesse berné ? À l'orant, à une image répétitive et éculée, au mirage perpétuel et démultiplié ? Où se situe l'ironie ? Doit-on rire ici ? Et de quoi ? De la bêtise de Dupondt ? Du coup de pied dans un postérieur ? Telles sont la subtilité et la perversité congruentes d'Hergé ; on ne sait quelle est la réponse et si réponse il y a, alors même que la question est pourtant si lancinante. Toutefois, Hergé, faiseur d'images, nous montre en image et par l'image, le pouvoir – et les limites – de celle-ci. Un seul coup de pied, tant bien même vigoureux, et si symboliquement bien ajusté soit-il, n'aura pas raison du mirage oriental, du doute, du trouble. Dès le premier album de ses aventures orientales, Tintin tombe dans tous les panneaux mais aussi… sur un panneau d'avertissement : « Attention mirage dangereux » (*Les Cigares du pharaon*, 1955, p. 23, D2). Hergé prévient sa créature et le lecteur : en nulle autre contrée du monde, les illusions ne sont si fréquentes, si denses, si diverses et si pernicieuses qu'en Orient, que celui-ci soit égyptien, arabique, ou maghrébin. Si l'Orient est l'espace supposé de prédilection, sinon d'origine des mirages, et les distille, ses voyageurs-narrateurs – et Tintin n'y manquera pas comme nous l'avons vu – produisent des images, comme autant de parades pour arrimer ce décor-univers. Il appartient peut-être aux visiteurs leurrés, cependant hypnotisés et fascinés, de lui opposer des images. Cependant, il n'y aura point de substitution, mais l'Orient se fait la somme du brouillage et de la mêlée d'images et de mirages, superposés, intercalés, cumulés, confus, fondus et confondus.

Si Hergé n'est pas dupe de ces images-mirages, de ces « rimages » comme pourraient dire les Dupondt, volontiers dyslexiques, Tintin, lui, s'en accommode. Il s'en délecte même avec complaisance, elles constituent son univers ; ne sont-elles pas le sel et le miel de ses aventures ? Créature imaginaire, Tintin est ici en osmose idéale dans un univers symbiotique de rêve, si argumenté, documenté et référé soit-il. L'avertissement d'Hergé, « Attention mirage dangereux », n'était pas une mise en garde, mais une promesse. L'avancée à tâtons dans un palais des miroirs est déjà un jeu. Tintin n'est pas si sot qu'il croie chercher une quelconque vérité *via* une quelconque apparence ; Tintin n'est pas, à l'instar d'un Dupondt, un pourfendeur de mirages, lui-même participe, comme nous l'avons vu, à en façonner. La véritable aventure est bien d'aller de leurre en leurre pour les recenser, les éprouver et les traverser, soit en faire et en vivre l'expérience, et, à l'occasion en provoquer l'alchimie.

CHÂTEAU DE MOULINSART / ÉMIRAT DU KHEMED : ALLERS-RETOURS

Tintin n'est certes pas un écrivain-voyageur, mais un reporter et, surtout, un héros, c'est à ce titre qu'il arpente le monde et en infiltre les lieux ; l'on peut aussi considérer que Tintin est un être hybride, combinant des emprunts à des registres comportementaux à des figures diverses, dont celle du touriste. Cependant, il arrive aussi que ce soient les autres qui jouent l'intrusion, cette fois-ci en son territoire, chez lui. Ainsi, dans *Coke en stock*, Tintin et Haddock de retour d'une soirée au cinéma, ont la mauvaise surprise de trouver, le jeune Abdallah (fils de l'émir du Khemed), sa mauvaise éducation, son insolence et sa nombreuse suite, soit une véritable tribu d'envahisseurs installée dans le grand salon de Moulinsart (*Coke en stock*, 1986, p. 6, D2).

Ayant repoussé les meubles sur les côtés, les Arabes tout droit venus du Khemed ont fait place nette afin de déployer leur étrangeté, leurs mœurs et mode de vie sans concession et leurs irréductibles us et coutumes. Une tente, demeure dans la demeure, a été édifiée. Il ne reste du grand salon, démantibulé dans sa logique, déstructuré, que son volume initial et un bric-à-brac hétéroclite en relégation ; le salon a été soumis à refondation, un nouveau décor a été tramé et bâti. En nouveaux maîtres iconoclastes des lieux, les personnages, peu amènes, font face à l'irruption de Haddock dans ce qui constitue, désormais, *leur* espace. Cependant, l'on peut relativiser la portée de cette image et l'impression induite par cette première vision, en affiner la lecture, en confrontant la disposition des décors, personnages et objets de cette image à celle de Tintin dans la médina de Bagghar, précédemment envisagée. Certes, ce sont désormais les Arabes qui ont investi les lieux et le centre du tableau, mais ils y sont statiques et n'ont repoussé sur les côtés que le mobilier et les accessoires. Ne sachant être eux-mêmes qu'avec tout leur fourbi, ils ne parviennent, finalement, à occuper qu'un espace, celui où ils emménagent ; ils ont seulement pris la place des meubles, et se sont entassés dans une case unique de l'album. Leur installation et leur action, limitées et temporaires, ne sont que des succédanés ; séjournant dans le salon, ils y sont en somme cantonnés et neutralisés. Leur installation baroque n'est que le reflet de leur inadaptabilité et de leur incapacité à s'extraire de leur habitat et univers comme phénotypiques. Que l'on ne s'y trompe pas : malgré leurs mines patibulaires, les Arabes ne sont pas perturbants ni menaçants, ils sont d'ailleurs venus en quémandeurs implorants. Ils ont besoin de Tintin et celui-ci, de fait, se fera un devoir de les tirer d'affaire, et de déjouer par là le sort qui les retient à Moulinsart. Comme un *remake* de cette scène dans le monde du réel et des relations internationales, l'on peut songer à la visite officielle du président Kadhafi à Paris en décembre 2007, et à l'imbroglio politique et diplomatico-protocolaire lié à son exigence préalable : l'installation d'une tente bédouine sur la pelouse de l'Hôtel Marigny (résidence des hôtes étrangers de la France), pour y recevoir ses invités et interlocuteurs. Nicolas Sarkozy, qui avait eu les honneurs de la tente lors de son séjour préalable en Libye, en juillet de la même année, refuse ici catégoriquement de s'y rendre. L'Élysée oppose une fin de non-recevoir : « Le président va sous la tente à Tripoli, mais à Paris, il reçoit chez lui » (*Le Monde*, 9-10 décembre 2007, p. 4).

À Moulinsart, sur le mode de l'incommunicabilité réciproque en huis-clos, sont exposés les faces du sans-gêne et de l'envahissement domestique, le face-à-face de l'hôte-colonisateur et de l'hôte-colonisé, et la volte-face de ce dernier. Les Arabes du Khemed campent à double titre, tant dans leurs rôles que dans le « grand salon » où ils opèrent une dénaturation des lieux.

Arroseur-arrosé, invité-invitant, Tintin, habitué à être partout chez lui dans le monde des Autres (qui est en fait son territoire d'existence) est, en son repaire même de Moulinsart, confronté au déroutant chamboulement de l'intrusion invasive d'autrui, choc de type post-colonial qui le déterminera, alambic du scénario oblige, à quitter Moulinsart et à s'externaliser vers d'autres contrées et en direction de nouvelles aventures… Au Khemed justement[9].

BIBLIOGRAPHIE

APPADURAI Arjun, 2005, *Après le colonialisme. Les conséquences culturelles de la globalisation*, Payot, Petite bibliothèque Payot, 334 p.

BERCHET Jean-Claude, 1997, *Le voyage en Orient. Anthologie des voyageurs français dans le Levant au XIXe siècle*, Robert Laffont, coll. « Bouquins », 1108 p.

BLIN Louis, 2015, *Le monde arabe dans les albums de Tintin*, L'Harmattan, coll. « Comprendre le Moyen-Orient », 173 p.

BOUCHARD Mathieu, 2010, « Tintin au Moyen-Orient », *Confluences Méditerranée* n° 75, 4/ 2010, p. 227-239. www.cairn.info/revue-confluences-mediterranee-2010-4-page-227.htm

ECO Umberto, 1996, *Six promenades dans les bois du roman et d'ailleurs*, Le livre de poche, coll. Biblio essais, 155 p.

FLAUBERT Gustave, 2002 [1911], *Dictionnaire des idées reçues*, Éd. Mille et une nuits, 95 p.

FRESNAULT-DERUELLE Pierre, 1999, *Hergé ou le secret de l'image. Essai sur l'univers graphique de Tintin,* Éditions Moulinsart, Fondation Hergé.

FRESNAULT-DERUELLE Pierre, 1993, *L'éloquence des images. Images fixes III,* Paris, PUF.

FRESNAULT-DERUELLE Pierre, 2011, *Hergéologie. Cohérence et cohésion du récit en images dans les aventures de Tintin*, Tours, Presses universitaires F. Rabelais, coll. « Iconotextes », 187 p.

---

[9] L'on peut signaler que le Khemed, parodie d'État de la péninsule arabique, a fait l'objet sur le site de Mediapart, d'un reportage canular signé Rimbus traitant, photographies et envoyé spécial à Wadesdah à l'appui, de la situation du pays dans le contexte des mouvements sociaux vécus dans les pays arabes en 2011 : http://blogs.mediapart.fr/blog/rimbus/190211/la-theorie-des-dominos-arabes-atteint-le-khemed

GAUTHIER Lionel, « Femmes orientales et photographes commerciaux. La construction d'un imaginaire dans la production photographique des années 1860-1880 », *Cybergeo : European Journal of Geography* [en ligne], mis en ligne le 13 octobre 2011, http://cybergeo.revues.org/24168

Géo hors-série. *Tintin. Les arts et les civilisations vus par le héros d'Hergé*, Prisma Média, avril 2015.

HERGÉ, 1981 [1953], *Les aventures de Tintin. Le Crabe aux pinces d'or*, Paris, Casterman, 62 p.

HERGÉ, 1946 [1936], *Les aventures de Tintin. Le Lotus bleu*, Paris, Casterman, 62 p.

HERGÉ, 1955 [1934], *Les aventures de Tintin. Les Cigares du pharaon*, Paris, Casterman, 62 p.

HERGÉ, 1977 [1950], *Les aventures de Tintin. Tintin au pays de l'or noir*, Paris, Casterman, 62 p.

HERGÉ, 1986 [1958], *Les aventures de Tintin. Coke en stock*, Paris, Casterman, 62 p.

HUYSMANS Joris-Karl, 1884, *À rebours*, Bibliotheca Augustana.

Les personnages de Tintin dans l'histoire. Les événements qui ont inspiré l'œuvre d'Hergé, vol. 2, Le Point Historia hors-série, Paris, Sophia publications/Le Point, 2012, 130 p.

ROSEMBERG Muriel, 2012, *Le géographique et le littéraire. Contribution de la littérature aux savoirs sur la géographie*, 3 vol., Habilitation à diriger des recherches, Université de Paris 1.

SAÏD Edward W., 1978, *L'orientalisme. L'Orient créé par l'Occident*, Paris, Seuil, 1980, 392 p.

STASZAK Jean-François, 2011, « La fabrique cinématographique de l'altérité. Les personnages de "Chinoises" dans le cinéma occidental », *Annales de Géographie,* n° 682, Paris, A. Colin, p. 577-603.

SEGALEN Victor, 1999, *Essai sur l'exotisme*, Livre de Poche.

TARAUD Christelle, 2003, *Mauresques. Femmes orientales dans la photographie coloniale. Algérie, 1860-1910*, Albin Michel, 144 p.

Teoros. Désirs d'orient, 2006, vol 25, n° 2, Montréal, Université du Québec à Montréal.

Tintin à la découverte des grandes civilisations. Le Figaro et Beaux-Arts magazine, 2008, hors-série, Le Figaro et TTM éd., 170 p.

Tintin au pays des philosophes, 2011, album adapté du n° *Philosophie magazine,* hors-série *Tintin au pays des philosophes*, Philo éd. et Moulinsart, 120 p.

Tintin grand voyageur du siècle. L'album de Géo, 2009 [2001], éd. Moulinsart, 180 p.

URBAIN Jean-Didier, 2007, *Secrets de voyages. Menteurs, imposteurs et autres voyageurs impossibles*, Petite bibliothèque Payot, 440 p.

VATIN Jean-Claude, 1991, « Conformité et pittoresque. De quelques illustrations comparées du Voyage de Denon et de la Description de l'Égypte », in *Images d'Égypte. De la fresque à la bande dessinée*, Le Caire, CEDEJ, p. 209-227.

VATIN Jean-Claude, 1991, « Orient-ations », in *D'un orient l'autre,* vol. 1, *Configurations,* Paris, CNRS, p. 11-32.

Voyages aux pays de nulle part, Robert Laffont, coll. « Bouquins », Paris, 1990, 1284 p.

POUR UNE APPROCHE CONSTITUTIVISTE DE L'HABITANT EN GÉOGRAPHIE CULTURELLE

For a constitutivist approach of the dweller in cultural geography

André-Frédéric HOYAUX [1]
CNRS UMR 5319 PASSAGES
Université Bordeaux Montaigne

Résumé : Ce texte présente, à travers l'analyse de récits, des pistes de réflexions pour appréhender l'habitant à partir d'une approche dite constitutiviste. Celle-ci invite à dépasser les cadres supposés partageables et objectivables de la réalité (structures spatiales et sociales) et de la manière de l'interpréter (selon des dispositifs de références prédéterminés), pour accéder au sens que les habitants donnent eux-mêmes de cette réalité. Cette approche postule qu'on ne peut appréhender (voire modifier) les manières d'être, de faire et de penser de ces habitants qu'à l'aune du monde singulier que l'habitant se constitue en situation et non à l'aune d'un monde construit prétendument sur des bases communes tant dans sa mise en forme que dans sa mise en sens.

Mots-clés : constitutivisme, habitant, habiter, microgéographie

Abstract: *Through a set of narratives analysis, this paper gives food for thought to apprehend the dweller using a constitutivist approach. This approach encourages overpassing the supposed shared and objectifiable frames (spatial and social structures) and interpretations tools (identified and predetermined) of reality in order to access to the meaning the dwellers give to the reality. The constitutivist approach postulates that the only possible manner to apprehend (and may be change) the dweller's ways of being, doing and thinking is to refer to the singular world he constitutes doing so. Any conception of a world supposedly constructed on a collective basis is of no help to apprehend both the shape and the meaning of the dweller's one.*

Keywords: *constitutivism, dweller, dwelling, micro-geography*

Ce texte présente quelques arguments pour penser la géographie, et notamment la géographie culturelle, selon une posture dite constitutiviste. Il ne proposera cependant pas de généalogie fastidieuse sur cette démarche finalement loin d'être unifiée et pour l'instant essentiellement philosophique. On peut juste noter qu'elle en trouve les prémisses dans les courants de la

[1] Courriel : afhoyaux@u-bordeaux-montaigne.fr

phénoménologie (Merleau-Ponty, 1964 ; Berthoz et Petit, 2006), de l'herméneutique (Ricœur, 1990), de la philosophie analytique (Austin, [1962] 1970 ; Taylor, 1998) ou post-métaphysique (Honneth, [2005] 2007) voire du constructivisme radical (Von Glasersfeld, [1981] 1988). On en retrouve des formalisations contemporaines dans les écrits de trois philosophes américains : David H. Finkelstein (2003), Christine M. Korsgaard (2009) et Richard Moran ([2001]2014) et sous la plume d'une philosophe française Sophie Djigo (2013). Pour autant, outre ces démarches essentiellement philosophiques, la posture développée ici doit beaucoup à l'ouvrage programmatique du psychosociologue François Flahault, *La parole intermédiaire* (1978). Cet auteur, sans évoquer le terme même de constitutivisme montre comment l'être humain constitue pleinement son monde à travers l'établissement d'un « espace de réalisation du sujet ». Cet espace est un monde au sein du Monde, un monde que chaque habitant met en situation matériellement et symboliquement, et à partir duquel il appréhende, déchiffre et met en sens sa réalité et les actions qu'il doit mener. Ce monde constitué l'est à la lueur des jeux et des enjeux de placement qui se configurent à tout instant dans le rapport aux autres et qui conditionnent alors les points de vue (les sentiments, les émotions, les idéologies aussi) et les points visés (les perceptions et les représentations de l'espace effectuées à chaque instant).

À partir de deux situations concrètes d'interactions, l'une provenant d'un extrait d'entretien avec un habitant de Grenoble, l'autre d'un récit autobiographique d'une adolescente produit dans le cadre d'un travail scolaire, cet article tente de comprendre les habitants dans les relations qu'ils ont au monde. Un monde non pas fait de certitudes, de faits, de vérités, d'objectivités, de micro ou macrostructures qui peu ou prou détermineraient leurs manières de faire, de penser, de se socialiser avec, dans, ou sur l'espace. Plutôt un monde que ces habitants constituent entre autres à travers l'espace, c'est-à-dire à travers un ensemble d'éléments référentiels qui renvoient au domaine ou au champ spatial. Ces éléments référentiels ne sont pas donnés, c'est-à-dire qu'ils sont conçus comme des construits inventés ou perpétuellement remaniés tant dans leur réalité que dans leur fonction.

LES RÉFÉRENTS SPATIAUX COMME CONSTITUANTS DU MONDE DE L'HABITANT

Insister sur l'idée que ces éléments référentiels ne sont pas donnés, ce n'est pas dire que l'habitant ne parcourt pas des environnements sociaux et naturels qui ne seraient pas réels au sens d'une objectivation habituelle réalisée en surplomb. Une chaise est une chaise et nous savons à peu près tous reconnaître celle-ci et appliquer un nom sur ce qu'elle représente même si c'est à travers divers langages. Mais face à ce prétendu réel qui l'entourerait, l'habitant configure cet environnement en contexte, en situation, en monde, c'est-à-dire qu'il partitionne, vise, éclaire, cache, ignore certains éléments plutôt que d'autres. Et cette chaise, il ne la voit peut-être même pas alors qu'elle est face à lui, dans la mesure où elle ne modifie en rien ses spatialités, elle n'occasionne aucune pratique, ou si c'est le cas, elle ne donne pas sens à celle-ci et à ce qu'il est. À l'inverse, il peut ajouter la présence d'éléments à travers leur absence, et plus globalement inventer, imaginer alors des éléments qui ne sont pas présents apparemment dans cet environnement immédiat. De ce fait, l'objet espéré devient matérialisation d'une chose. Et apparaît cette chaise sur laquelle il aurait tant voulu s'asseoir, et dont le manque le pousse à quitter un endroit ou à ne plus y revenir, provoquant par là même des spatialités médiates ou futures.

Cette apparition-disparition des objets permet de mettre à jour les intentions de l'habitant face au monde et la labilité de ses intentions dans la contingence non seulement des contextes traversés mais aussi des sources de production pratiques et pragmatiques mises en place dans ses expériences quotidiennes. Ces sources de production sont autant de récits de vie (au sens strict et non au sens de la technique d'enquête) qui constituent pleinement le monde de l'habitant. À travers ces récits, l'habitant dispose donc ces éléments présents/absents, visibles/invisibles selon des mises en mesure, notamment de la distance, mais aussi des valeurs, qui lui sont associées ou qu'il lui associe. Ces mises en mesure lui sont propres même si elles ont été plus ou moins acquises selon des échelles intégrées depuis le plus jeune âge sans que la question de leur pertinence ne se pose d'ailleurs. Ce travail invisible de maîtrise de l'espace et de maîtrise des distances qui accapare son existence quotidienne, qu'il opère parfois sans s'en apercevoir, constitue alors pleinement le monde au sein duquel il agit *réellement* pour donner sens à ce qu'il est. Et s'il semble rationaliser ses actes, cette rationalisation ne se fait pas à l'aune d'un cadre partageable et interprétable par tous de la même manière. En effet, si ce cadre « structure aussi bien la manière dont nous définissons et interprétons une situation que la façon dont nous nous engageons dans un cours d'action », et s'il peut être conçu comme un « dispositif cognitif et pratique d'organisation de l'expérience sociale qui nous permet de comprendre ce qui nous arrive et d'y prendre part » (Joseph, [1998] 2003, p. 123), ces définitions, ces interprétations, ces compréhensions sont effectuées à l'aune d'un point de vue et d'un point visé. Ce point de vue et ce point visé sont à penser tant au niveau de leur métaphore spatiale qu'idéologique, c'est-à-dire à l'aune d'une place que l'habitant se donne au sein du Monde à travers la place qu'il croit que les autres habitants lui donnent en situation.

Pour appréhender la constitution du monde de l'habitant à travers ses dimensions référentielles (spatiales, sociales, idéologiques), il faut évidemment s'entendre sur ce que recouvre l'habitant. Il est conçu comme un être humain

« pourvu d'une intériorité subjective, d'une intentionnalité, d'une capacité stratégique autonome et d'une compétence énonciative » (Lussault, *in* Lévy et Lussault, 2013, p. 52). Il est donc capable d'aller au-delà des déterminations, non de subir en soi, selon une analyse normative et en survol, des contraintes mais bien plutôt d'exploiter, à son bénéfice ou parfois à son corps défendant, des possibilités physiques, historiques, politiques, économiques, sociologiques pour construire sa propre réalité géographique, notamment par le sens de ses actions et de celles de ceux qui l'entourent. « Les individus, à un temps *t*, sont donc pourvus de potentiel de réflexivité, de compétences linguistiques, de capacités à agir. Cette attribution n'est pas donnée une fois pour toutes, elle est construite par et pour la socialisation – qui peut s'opérer dans des milieux sociaux variés. Il s'agit d'un capital actualisable dans les interactions, inégalement distribué. Ceci pour bien faire comprendre qu'il n'est pas douteux que les sociétés soient stratifiées ; mais, toutefois, s'il existe des dotés et des démunis, les acteurs sont tous mus par le besoin et la volonté d'agir et même les plus faibles possèdent le plus souvent des compétences stratégiques, des marges d'action, des capacités d'arbitrages et peuvent provoquer par leurs actes de puissants effets » (Lussault, *in* Lévy et Lussault, 2013, p. 53). Notre quête est donc de débusquer le sens donné à ces différentes actions et de montrer en quoi elles permettent à l'habitant de constituer la réalité de son monde, et au-delà de se placer et de placer les autres au sein de celui-ci.

Il faut appréhender ce sens au revers de la performativité, de la visibilité, de la significativité et évidemment de la légitimité des différents discours tenus par cet habitant. Le chercheur doit en effet faire abstraction de toute hiérarchie quant à la réception des discours, ne pas rendre justice de ce qui est dit par les uns et les autres à la lueur de son propre savoir situé. De fait, quel que soit le statut de ceux qui tiennent ces discours (scientifique, politique ou habitant), et la prétendue véracité ou objectivité qu'ils recouvrent, ils doivent être appréhendés comme des fictions, une version de la réalité. Cette appréhension peut s'effectuer à partir de situations de mise en paroles qu'elles soient de l'ordre du récit (conçu comme fiction du passé) ou du projet (comme fiction du futur) évoquant volontairement ou non le « qui je suis ». Ces mises en paroles traduisent le sens de l'ensemble des actions qui relèvent des manières d'être, de faire et de penser dans, sur et avec l'espace. Dans, sur et avec l'espace délimitant des degrés de relation ontologique (en tant qu'elle donne sens et justifie qui l'on est et comment on est), qu'opère l'habitant à l'espace. Cette relation ontologique relève du sens que donne l'habitant à sa relation aux prétendues matérialités et aux supposés constituants sociaux, spatiaux, culturels… Cette relation ontologique navigue entre un imaginaire de la détermination à une liberté absolue de nos actions par rapport à ces matérialités et ces constituants. L'ensemble de ces actions est également médiatisé par les mises en scène comme présentation de soi aux autres, par les artifices d'extension du corps, ce « d'où je suis » rendu visible par les habits, par les gestuelles ; mais aussi par l'ensemble des pratiques au sens large que réalise l'habitant à travers le temps plus ou moins long de son existence et selon les statuts, rôles et fonctions qu'il a ou qu'il se donne, qu'on lui donne : par exemple, celles des mobilités quotidiennes, résidentielles, touristiques ; de l'aménagement de son espace domestique, comme producteur de bâtiments ou simple résident, etc. L'habitant est donc un acteur légitime à la hauteur de tous les acteurs institutionnels conçus habituellement comme tels.

Habiter, c'est donc tenter de mettre le monde sous son contrôle et à sa mesure pour mieux le maîtriser tant d'un point de vue pratique (niveau de l'action) que d'un point de vue pragmatique (niveau de la pensée). C'est croire surtout à travers cette habitation, à l'illusion que ces mises au monde sont constitutives de la réalité que l'habitant met ainsi sous son contrôle et à sa mesure.

AU-DELÀ DU CONSTRUCTIVISME, LE CONSTITUTIVISME ?

Pour mieux appréhender et comprendre l'habiter des populations, il faut donner ou redonner la parole aux habitants. En ce domaine, rien de neuf sous le soleil. En effet, les travaux réalisés autour d'Henri Raymond, dès les années 1970, en expérimentaient déjà les enjeux à travers des entretiens non directifs auprès d'eux, sans pour autant attendre de leur part une nécessaire réflexivité. Ainsi, c'est dans cet entrebâillement conceptuel que cet article se positionne. Pour traiter de la constitution habitante, il faut comprendre sa propre formulation de sa place, de son statut, de ses rôles au sein de la société et en quoi l'espace et ses spatialités interviennent dans le sens de cette formulation. L'idée est alors de dépasser le mécanisme supposé rationnel et donc déterminant entre des façons d'être, de faire et de penser similaires rapportées à un contexte identique de production tant au niveau des configurations spatiales (du bâti, d'un paysage, d'un territoire) que des spatialités (les mouvements des corps, les mobilités résidentielles, touristiques).

Prenons l'exemple, assez coutumier dans les sciences de l'aménagement, qu'un espace avec une meilleure qualité de vie apportera *de facto* un meilleur bien-être. Cette conception, certes louable et tout à fait compréhensible, chevillée finalement à un constructivisme optimiste, a pour autant elle aussi ses propres limites que la contingence et la labilité, non pas seulement des contextes, mais du sens de leur constitution par l'habitant, rendent aporétiques. Pour exemple, certains chercheurs analysent la vulnérabilité de certaines populations à la hauteur de leur propre échelle d'habitabilité. Ces populations se trouveraient ainsi dans des contextes qu'ils estiment invivables. Pourtant, ces contextes sont perçus par ces mêmes populations comme tout à fait acceptables, vivables, habitables. En effet, la co-institution de ces échelles n'est pas encore réalisée entre les différentes parties prenantes de l'interaction car les catégories de la vulnérabilité n'ont pas le même sens. La codification partagée de cette échelle, son institutionnalisation à travers diverses violences symboliques donnant un sens uniforme et rendant justice donc lois et normes à la façon de penser n'est en effet pas encore incorporée par ces habitants. À la stupeur du chercheur, cette échelle est bien perçue par cet habitant comme « allant de soi », mais finalement elle n'est pas la même que celle du chercheur !

Cette réflexion amène à formuler le passage entre constructivisme et constitutivisme. Il est clairement explicité par Lorenza Mondada intervenant dans un chapitre évocateur « Une approche constitutive ». Elle montre, à partir des travaux de l'ethnométhodologie que toute « vision d'un acteur qui construit la réalité par sa description tout en adhérant à la croyance que la réalité existe en dehors d'elle, consiste à en faire un « *judgement dope* », un « idiot culturel » selon le mot de Garfinkel ([1967] 1984, p. 68), et par conséquent, à faire de l'analyste un expert distancié de l'« attitude naturelle » des membres, affirmant la supériorité épistémique de sa description face à leur version. Une approche alternative devrait par contre reconnaître que les « attitudes naturelles » sont multiples et qu'elles ne sont pas organisées comme des systèmes philosophiques ou des modèles scientifiques ; que la valeur de la description pour l'acteur est elle-même élaborée et garantie par des procédures que l'analyste se doit de décrire de façon non ironique, c'est-à-dire d'une façon qui ne prétend pas fournir une version alternative exogène et plus adéquate de sa conduite » (Mondada, 2000, p. 23). Cela sous-entend que l'on ne peut décrire une situation vécue par les habitants en leur déniant le droit de dire leur vérité, leur version de la réalité telle qu'ils la vivent, même à travers leur discours qu'il faut alors analyser avec leurs catégories d'explicitation et non les nôtres.

Si le chercheur peut prouver que l'habitant se trompe « objectivement » ou qu'il réalise une erreur contextuelle (de lieu, de temps, d'appartenance), cela ne lui permet pas pour autant de s'imaginer que l'habitant va vivre selon son bon vouloir « objectif » et qu'il va définir sa réalité à travers les définitions des catégories évoquées que le chercheur lui aurait données. De même, il ne faut pas minimiser la part des retours sur soi que peut réaliser l'habitant. Il peut en effet être totalement clairvoyant et capable d'expliciter en quoi ses actes se réfèrent à des croyances (en Dieu, au hasard, en l'astrologie, au néant, etc.) et/ou à des projets ou des finalités d'existence, les raisons pour lesquelles il fait ce qu'il fait et pense ce qu'il pense. Car si le sens du monde n'existe pas en dehors des croyances des êtres qui le vivent, c'est souvent parce qu'ils ne peuvent pas concevoir qu'il y en ait d'autres, ensuite parce que s'ils avaient d'autres croyances, ils n'auraient sans doute pas le même monde. Ainsi, même si le chercheur peut estimer que ce qui est énoncé dans le récit de l'interviewé relève d'une construction imaginaire, il ne peut intervenir pour rendre justice de cette erreur. S'il le fait, il prend le risque de changer la situation et les catégories qui s'y développent. En cela, il perd de vue la version initiale de l'habitant. Son interaction est donc toujours ambiguë et risquée car il perd toujours peu ou prou ce pour quoi il pense être venu initialement, c'est-à-dire capter en contexte les représentations des habitants, alors même qu'avec lui il constitue une situation qui fait fi des éléments de ce contexte et de leur intelligibilité objective.

TENTER DE DÉCHIFFRER LA CONSTITUTION HABITANTE

L'habitant aurait la capacité et la compétence de déréaliser le présent objectivable tout en configurant cependant une réalité bien présente pour lui avec laquelle il met en place ces opérations spatiales. Cependant, dès l'instant où l'on va demander à un habitant d'intellectualiser cette réalité qu'il a configurée, il sera déjà absent à la constitution même qu'il a opérée juste avant (Moran, [2001] 2014). Car s'il vit au sein de son monde, voire s'il anticipe le monde qu'il vit, il a du mal à en exprimer tous les ressorts. Et l'expression même de ces ressorts déréalise alors sa réalité, celle-ci devenant une configuration stabilisée qui existerait de manière indépendante à l'habitant lui-même, comme toutes les réalités que l'humanité a fait un jour exister de manière universelle, voire abstraite : la justice, l'argent, l'amour, Dieu, la morale, le beau… ; ou qu'il fait encore advenir de manière plus quotidienne, réalités qu'il semble alors assimiler à des événements concrets et palpables même si ces derniers sont souvent inaccessibles à son entendement et surtout à son action : la guerre en Syrie ou en Ukraine, le virus Ebola en Afrique de l'Ouest, la montée du chômage…

Si les habitants sont toujours mieux placés que le chercheur pour saisir l'opérativité de leur spatialité, ils ne peuvent pas toujours en appréhender totalement le sens et ont souvent du mal à en intellectualiser les ressorts. D'où l'utilité du chercheur. Mais, il est un autre biais dans l'utilisation méthodologique du discours. Les habitants ne disent pas forcément la vérité de ce qu'ils pensent et parfois même sans le vouloir consciemment. Il y a à la fois une dimension stratégique et interactionniste à la mise en récit. En fonction de l'interlocuteur, de ce qu'il apparaît être à chacun des participants de l'interaction, de ce que les interactionnistes nomment la typification que chaque acteur opère de l'autre acteur, les choses à dire le seront de façon différente ; certaines choses seront évoquées, d'autres tues ! Pour autant, seul le discours permet d'accéder à une part de cette réalité constitutive de nos spatialités et des jeux de placements au sein de la société (Flahault, 1978, p. 10). Somme toute, l'enjeu principal de l'analyse des discours recourt ici aux spatialités des habitants qui se cachent derrière la construction de leur place à travers la labilité même de leur discours (selon les différentes mises en situation) mais aussi la mobilité spatiale et sociale transcrite par ces discours tenus. À travers les discours qu'il tient face à un interlocuteur, l'habitant se donne l'objectif de créer de la distanciation par rapport à lui-même. Et « c'est dans cette distanciation que l'individu est amené à faire un travail d'ajustement/désajustement, de déterritorialisation/reterritorialisation, d'identification/désidentification, d'idéalisation/désidéalisation,... autant de processus dialectiques par lesquels il tente de se (re)produire et de se (re)situer en se transformant » (De Gaulejac, 1987, p. 79) pour lui-même et l'ensemble de ses interlocuteurs.

L'analyse des entretiens multiples opérés auprès d'habitants de Grenoble et Bordeaux avec lesquels nous avons travaillé, permettrait bien entendu de généraliser des modes de faire, de parler, d'être, mais cette récurrence est avant tout référentielle : je fais ceci parce que... ; je pense ceci parce que..., etc. Cette référentialité, qui peut être vue comme culturelle ou sociale, a essentiellement pour but de médiatiser des interactions entre les intervenants d'une situation. Mais cette mise en situation peut être vue de manière autonome, en action, au moment même de l'interaction. Cette récurrence référentielle n'a donc jamais totalement sédimenté, ni dans le temps ni dans l'espace, car le point de vue et le point visé changent en fonction de chaque situation ainsi constituée. Pour essayer de démontrer cela, l'utilisation d'un extrait d'un deuxième entretien, dit de réactivation est utile. Il a été réalisé auprès d'un habitant, qui réside à Grenoble mais travaille à Lyon. Il a pour objectif de comprendre globalement sa manière d'habiter l'espace. Mais cet extrait concerne plus spécifiquement les raisons qui l'amènent à ne pas déménager plus proche de son lieu de travail.

> **« Ce que j'ai retenu du premier entretien, c'est qu'à la fois, il y a ce côté Grenoblois que vous m'avez expliqué par votre famille, une attache à Grenoble et puis il y a aussi une sorte de fuite de Grenoble par les pratiques que vous faites de la montagne et par le travail où vous passez beaucoup de temps. Vous avez même évoqué les hypothèses possibles de vivre ailleurs qu'à Grenoble, à Lyon par exemple**
>
> Ouais, les montagnes pour moi c'est Grenoble c'est vrai de partir en montagne pour moi c'est pas une fuite de Grenoble puisque que pour moi Grenoble c'est la ville c'est les montagnes aussi donc ça fait partie pour moi quand je pars en montagne (hésitation) ça fait partie de Grenoble
>
> **Vous me disiez quand même que vous faisiez des balades dans l'Oisans, à Chamonix, que vous alliez faire de la planche à voile dans les lacs. C'est quand même éloigné de Grenoble**

Ouais bon c'est vrai je vais souvent en Oisans parce que ma famille a une maison là-bas donc on y est assez souvent quoi, c'est vrai que j'y ai passé des vacances j'y passe de temps en temps des week-ends donc pour moi ça fait partie de mon microcosme si vous voulez. Ma région c'est Grenoble c'est des montagnes c'est aussi un peu l'Oisans parce que on a une maison de famille là-bas donc pour moi ça fait partie de mon territoire

Le territoire grenoblois est un peu…

Ouais, c'est Grenoble. La ville de Grenoble a relativement peu d'attrait. Bon je me sens bien à Grenoble mais je veux dire je me sens bien dans d'autres villes, si vous voulez, ce qui compte pour moi, si vous voulez, c'est pas vraiment la ville en elle-même mais c'est la famille c'est les amis que j'ai et puis c'est ce qu'il y a autour

Est-ce que ça vous viendrait à l'idée de passer un week-end à Grenoble, de rester chez vous tout le temps et puis d'aller juste faire une balade

Ben ça m'arrive, ça m'arrive ouais. Ben si vous voulez ce qui m'intéresse, c'est d'être bien bon, c'est vrai que je suis bien ici, bon ben de rester un week-end ici et puis d'aller, de monter à la Bastille pour, faire un exercice physique, pour respirer, ça me va bien, d'aller voir des amis à Grenoble, de faire des trucs ici, de bricoler, ça me va bien, mais je ne le ferais pas tous les week-ends parce bon parce que de passer tous les week-ends ici, dans mon appartement, au bout d'un moment, je m'ennuierais quoi, j'aurais envie de voir autre chose quoi

Je voulais avoir des précisions dans ce paradoxe entre vos pratiques extérieures et le poids de l'appartement dans votre bien-être.

J'aime bien, je suis bien dans cet appart, donc j'aime bien y rester pour écouter de la musique, pour lire des livres, pour m'occuper de l'appartement, de ce qu'il y a

Au début de l'entretien précédent, vous dites, moi je n'ai pas de territoire ?

C'est à dire que, que je suis bien ici, bon parce que je suis là et que je m'y sens bien mais je peux être bien ailleurs, c'est à dire que bon, on parlait un peu de Lyon parce que c'est vrai que maintenant je suis du côté de Lyon, moi je serais dans un appartement sympa sur Lyon, bon, je m'habituerais et je pense que, que je, j'y serais bien à partir du moment où c'est un lieu qui me sert un petit peu de racine, de centre si vous voulez

Est-ce que vous pensez qu'à Lyon vous aurez autant de racines

Ouais, non-non ce sera différent oui, mais je pense que, je pourrais me faire à, si voulez, moi je, je suis bien ici, mais je peux être bien ailleurs, mais bon comme je suis bien ici, ben j'y reste mais si je dois aller ailleurs, ben, ce sera peut-être difficile, il faudra retrouver quelque chose de bien, quelque chose qui me convienne bien, mais je pourrais être bien, si vous voulez

Alors, si on fait une échelle, de ce qui vous retient sur Grenoble ce serait quoi le, le plus important

Ben c'est que je suis bien ici quoi. Ben pour moi c'est l'habitat où je suis en fait, c'est cet appartement, je suis bien dedans et j'ai pas envie de le laisser parce que pour moi il correspond bien si vous voulez, c'est un endroit où je peux me reposer, donc il est calme

Ce qui m'avait étonné aussi dans ce que vous disiez la fois dernière, on a l'impression qu'il évoque quand même beaucoup de souvenirs de ce que vous avez vécu avant et c'est quelque chose qui vous retient plus qu'autre chose

Dans cet appartement, non, j'ai, y a pas de souvenir ici, ça fait deux ans que je suis là. Ce qui (hésitation), si vous voulez, pour moi, cet appartement (hésitation), c'est un truc (hésitation), c'est une stabilité

Vous parlez de quelques mobiliers, de meubles de famille, d'ailleurs vous utilisez le terme truc que je trimbalerai encore

Le truc c'est ça. Ben, non, c'est pas ça parce que les meubles bon ben on peut les changer de place, non en fait (hésitation), ce qui s'est passé c'est que j'ai pris cet appartement et donc bon j'étais en couple avec une copine, on était pas mal ensemble et (hésitation) elle est restée un mois dans cet appartement, elle m'a quitté, bon c'était un risque, bon si vous voulez cet appartement (hésitation), il a quelque chose dedans comment dirais-je, pour moi c'est le début d'un changement vous voyez, une période qui a été très, bon c'est toujours, qui est très mouvementée vous voyez et ça c'est un lieu qui a une attache si vous voulez, bon c'est un reste du passé et en fait où il s'est passé beaucoup de choses, pour moi maintenant si vous voulez, c'est pour

> ça que c'est important, c'est pas du tout dû à l'habitat entre autres mais pour moi c'est devenu une référence si vous voulez, c'est une référence au passé, si vous voulez ».

Dans cet extrait, il est possible de voir l'opérativité différentielle du discours et la mise en situation multiple de l'habitant au fil du discours avec l'évolution de la référentialité de ses justifications en fonction de la place qu'il veut tenir auprès de son interlocuteur et plus généralement au sein du champ social au sein duquel il s'inscrit. Sans la réactivation des paroles tenues, on s'aperçoit que le chercheur pourrait très vite tomber dans le piège de généralisation hâtive parce qu'il renverrait son appréciation à des éléments fonctionnels : la qualité intrinsèque de l'espace considéré, son emplacement dans un environnement plus vaste, la distance aux lieux pratiqués quotidiennement (travail, famille), etc. Alors que finalement, toute la trame du discours tenu par l'interviewé soit se joue des questions soit joue avec un monde que l'interlocuteur ne peut objectivement pas apprécier en fonction des arguments tenus par ailleurs.

Le déchiffrement de cet entretien permet de voir les éléments de mise en situation, et de constitution différenciée et labile du monde de l'habitant. Au début de l'entretien, ces éléments se structurent autour des catégories peu ou prou imposées par l'interaction (appartement, ville, région, territoire) mais progressivement les débordent, les manipulent, s'éloignent de leur objectivation apparemment partagée. Par exemple, l'extensivité des différents espaces abordés fluctue au fil de la conversation. Grenoble, c'est tantôt la ville (qui n'a d'ailleurs pas trop d'intérêt), tantôt les montagnes qui l'entourent, tantôt les espaces familiers qui ne sont alors plus si éloignés (Oisans). De même, l'intensité des intérêts et des attachements pour ces espaces fluctuent au gré de la conversation. Car, comme le rappelle David Le Breton, « à chaque instant les partenaires d'une interaction évaluent les circonstances et se positionnent mutuellement, en un jeu de réévaluation et de réajustement réciproque. Chacun réagit selon l'interprétation qu'il opère des comportements de ceux qui l'entourent. La situation ne cesse de se redéfinir, connaissant parfois des rebondissements inattendus. [...] La signification d'un objet ou d'une situation ne réside jamais en eux-mêmes mais dans les définitions ou les débats qui les visent. Le sens est ce processus qui se joue en permanence entre les acteurs » (2004, p. 50).

Il y a également le jeu des places entre l'interviewé et l'intervieweur. Si cet habitant a accepté de me recevoir deux fois chez lui, c'est dans la mesure où il pensait avoir à répondre à des questions plus stéréotypées, moins intrusives sans doute. Il joue avec moi car plusieurs fois, il indique explicitement qu'il répond en fonction de ce qu'il croit que j'attends qu'il me dise. Il utilise à foison l'expression « si vous voulez ». Cet élément apparemment anecdotique tend cependant à confirmer la quête supposée conjointe de l'interviewé face à l'intervieweur, d'une rationalisation des actions à travers une justification « attendue ». L'interlocuteur tente ainsi de structurer au mieux les chaînons logiques de sa présence dans son appartement et le fait qu'il y reste : J'aime mon appartement parce qu'il se trouve à Grenoble. Ville qui se trouve elle-même dans les montagnes. Lieux spécifiques choisis car il renverrait aux origines... familiales : « Je vais souvent en Oisans car ma famille a une maison là-bas ». L'intérêt semblerait donc provenir de l'extériorité, du contexte régional dans lequel se trouve l'interviewé, car même à elle seule « la ville de Grenoble a ... peu d'attrait ».

Mais l'intérêt principal de cet extrait, c'est le changement de relation avec l'utilité ou non de rester dans cet appartement (« dans mon appartement, au bout d'un moment, je m'ennuierais quoi » ; « non, j'ai, y'a pas de souvenir ici »). Au début, il n'est finalement qu'un point d'accueil pour la nuit au sein d'un espace d'ancrage familial ou de pratiques sociales de la montagne. Il n'est finalement qu'un point de chute comme pourraient l'être d'autres points de chute dans la ville de Grenoble, voire dans d'autres villes de France (« Je suis bien ici, mais je peux être bien ailleurs »). Mais progressivement, sous l'insistance à comprendre les paradoxes qui semblent le lier et le délier à cet espace de l'appartement, et donc de Grenoble, une mise en situation plus personnelle, moins factice par rapport à une interaction normative entre deux inconnus, s'effectue. Après un ensemble d'affirmations prétendument objectives, le voile tombe derrière un « non en fait » qui articule cette nouvelle mise en situation : « Ce qui s'est passé, c'est que j'ai pris cet appartement et donc bon j'étais en couple avec une copine, ..., elle m'a quitté ». La constitution de l'intérêt semble se faire cette fois de l'intérieur et le contexte régional importe peu.

Pour asseoir l'interprétation de ce renversement des justifications, on retrouve des éléments liés à la mise en mesure de la réalité. L'attachement est ici lié à l'intensité de la relation que l'on ne peut alors appréhender sous l'échelle d'une durée objective en temps. Cet habitant déclare qu'il s'y est « passé beaucoup de choses » alors même qu'il nous dit n'être resté qu'un mois avec sa compagne dans cet appartement. Ce temps court semble pourtant déborder la somme de tous les autres temps vécus avec l'ensemble de tous les autres interlocuteurs qui lui ont rendu visite dans cet appartement. Paradoxalement, il venait à peine de dire en utilisant justement la métrique objectivante qu'en tant qu'interlocuteur j'étais censé utiliser : « Dans cet appartement, non, j'ai, y'a pas de souvenir ici, ça fait deux ans que je suis là ». On pourrait ajouter ça ne fait *que* deux ans que je suis là ! Et oui, comment un étranger, chercheur de surcroît, dans sa rationalité prétendument scientifique pourrait-il comprendre qu'en seulement deux ans on puisse avoir des souvenirs !

Donc, au-delà de cette reconnaissance d'une différenciation dans la constitution des situations, il y a aussi un intérêt de traiter les critères de focalisation sur certains éléments structurant la réalité et notamment celle des distances et des préférences. Les critères de proximité ou d'éloignement spatiaux réfèrent à l'attachement différencié aux espaces en fonction des mises en situation discursives de l'interviewé. Tel lieu pouvant être appréhendé comme proche par l'interviewé peut être conçu comme éloigné par l'intervieweur et entraîner des interrogations et des interprétations différentielles. Ainsi, le mode de mesure de la distance, la maîtrise des *métriques*, diffère d'un interlocuteur situé à l'autre. L'habitant configure un monde à la mesure de l'action, qu'il veut entamer avant même qu'il ne le vive réellement, « objectivement » si tel était possible. À travers la question des métriques, on peut ainsi percevoir que le sens donné à l'éloignement ou non d'un lieu à un autre par un habitant va conditionner son choix de spatialités. Cette métrique est pourtant totalement subjective et anticipative car le décodage de toute information liant cette distance fonctionne déjà à travers des prérequis non identifiables : pourquoi c'est long, c'est cher, cela dure... Pour cet habitant, les arguments objectifs sont certes évoqués mais finalement minorés, étouffés, jusqu'à preuve du contraire, par un argument personnel, irrationnel qui les dépasse tous.

CONSTITUTION ET MISE EN SITUATION DU MONDE

À travers cet exemple, on remarque donc que l'habitant ne pense et n'agit pas dans un Monde partagé qui serait par tous et de la même manière intellectuellement discriminable (dans les relations) et discrétisable (à travers des classements). Il faut accepter qu'il constitue des situations qu'il configure selon différents critères qui lui permettent de légitimer son action avant même parfois qu'elle ne s'opère réellement. De ce fait, si dans les activités quotidiennes qu'il opère au sein de l'espace, l'habitant a l'impression de rationaliser ses actions, il le fait pourtant à travers un ensemble d'apprentissages partageables avec ses congénères selon les références qu'il donne à sa construction sociale ou culturelle ou à sa formation socio-psychologique. Autant de catégories vues non pas comme des référents imaginaires, mais des réalités opératoires conditionnant sa réflexion et son action. Ces conditions partageables semblent pour lui objectivables entre tous les membres du collectif auquel il s'identifie. L'appréhension du monde par l'habitant ne relève justement pas d'une mise en relation objective des conditions de la réalité présente. L'analyse des discours sur l'espace éclaire systématiquement l'aporie de ce partage. Non qu'il n'y ait pas des médiations ou des interactions possibles mais celles-ci ne peuvent s'opérer à partir des mêmes conditions car celles-ci n'existent qu'à travers leur mise en relation. Et cette mise en relation requiert une individuation à travers une mise en situation. Et c'est l'habitant qui effectue systématiquement cette mise en relation singulière de la réalité. Non au sens de quelque chose qui s'oppose à une représentation ou un artifice intellectuel sondable à travers une lisibilité déterministe ou structuraliste. Non au sens d'une matérialité déchiffrable, descriptible, mais au sens d'une configuration qu'il pose de manière singulière et qui s'impose à lui et à travers laquelle il croit pourtant se trouver en lien avec le reste du monde, à partir de ce qui lui semble être des configurants identiques. Pourtant, il constitue son monde singulier dans le Monde, ou plutôt, il constitue sa situation singulière à partir d'un contexte que le chercheur, selon ses penchants disciplinaires, va nommer : contexte social, culturel, naturel, etc. Et c'est justement parce qu'il ne veut pas être redevable de ses seules responsabilités singulières, de son point de vue et de son point visé, qu'il s'invente les moyens matériels et symboliques, artefactuels, d'un partage. En cela, il co-constitue aussi son monde à travers l'autre qu'il vise comme participant de son propre monde et donc comme maître étalon de ce qu'il pense être lui-même selon les actions qu'ils font ou plutôt croient faire en commun.

Ce partage se fait de manière sélective selon des intersubjectivités spécifiques (Berthoz & Petit, 2006, P. 243). Elles sont liées aux différents plans d'appréhension du monde des divers collectifs que cet habitant partage avec les autres membres potentiels de son monde (membres de sa famille, collègues de travail, d'associations culturelles ou sportives) et en fonction des différentes mises en situations qu'il constitue. Cette intersubjectivité configurant et se configurant sur des jeux identitaires de distinction et d'identification à autrui, mais à des autrui situés, c'est-à-dire participant peu ou prou aux situations mises en place, que ces autrui soient ou non coprésents ou à distance. Ce partage se structure donc autour de référents communs ou constitués comme tels pour permettre à l'habitant de dire qui il est ou ce qu'il est et ce que sont les autres. Ces référents sont constitués comme tels, car même avec un apprentissage critique ou auto-réflexif, l'habitant n'est pas capable de déstructurer objectivement l'inconscience potentielle des conformations qu'il subit ou a décidé de subir à travers les médiations ou autres violences symboliques reçues de son éducation, de sa formation. Il ne fait qu'en évoquer l'existence à travers des justifications qui fondent alors de fait la réalité, qui l'institutionnalise (Flahault, 1978, p. 144). Dire que l'on fait quelque chose parce que l'on a toujours fait cela dans sa famille ou parce que l'on voulait au contraire se distinguer de ce qui était fait par des proches, relève d'arguments performatifs auto-institués (Austin, [1962] 1970). En ce sens, la construction de la réalité habitante n'est pas déchiffrable au sens des divisions fonctionnelles habituelles ou des classements évoqués par la science, même d'orientation dite constructiviste aujourd'hui.

Le chercheur lui-même ne peut pas déchiffrer cela car il ne fait que partager avec lui des structures d'explications et d'interprétations médiatrices qui sont elles-mêmes des violences symboliques (Bourdieu, [1982] 2001). En cela, le déchiffrement du monde, à travers les éléments de culture (la relation homme-nature, les héritages, les projets, les différenciations sociales), participe de cette observation-structuration de la réalité autant qu'elle l'institue. Reprendre les fondements de l'approche culturelle proposée par Paul Claval (1995) montre à quel point il faut plus les appréhender comme des éléments référentiels, voire *déterminants* d'une constitution habitante que comme des éléments de reproduction culturellement *déterministes*. Les items explicatifs culturels ou sociaux sont autant d'éléments référentiels dans les registres de justification de ce qu'est ou croit être un habitant. Mais ces justifications participent de mises en scène autant que de mises en sens situées donc liées à une interaction plus ou moins cadrée et normée. La géographie, et notamment la géographie sociale et culturelle, dans sa recherche d'objectivation, ne peut donc s'arrêter à son œuvre de classement et de catégorisation censée permettre le partage de son savoir savant. Elle ne peut pas non plus se contenter de généraliser ces observations sous le prétendu couvert des habitants eux-mêmes, tout statut confondu. Ces derniers ne se conforment à des genres, des régimes, des manières de faire, de penser et d'être communs, que parce que ces classements et catégorisations préétablis en déterminent leur rangement ! « Oublier que, selon la formule de Sapir (1967, *Anthropologie*), « la culture est une fiction commode », c'est la transformer en une essence surplombante, en une catégorie naturalisée et tenue pour allant de soi, dominant les acteurs sociaux et leur imposant représentations et comportements » (Olivier de Sardan, 2008, p. 34). Ainsi, le chercheur ne peut avoir que l'illusion de partager cette réalité avec l'habitant, de le co-constituer avec eux comme les interactionnistes, quand ils disent se mettre au plus près du monde de l'autre, c'est-à-dire quand ils pensent être en capacité de se mettre au plus près à la place de l'autre à travers l'idée de la « réciprocité des perspectives » (Le Breton, 2004, p. 157).

Si le chercheur ne peut se mettre à la place de l'habitant pour interpréter en surplomb ce que ce dernier est, fait, pense au sein du monde qu'il s'est constitué, il peut lui apporter des clés de déchiffrement de cette constitution. Car celle-ci, bien qu'insondable dans l'absolu naît d'un ensemble d'incitations mentales génératives qui peuvent être communes. Parler de constitutivisme, ce n'est donc pas remettre en cause l'historicité comme élément parmi d'autres de l'activation d'un récit, d'une pratique de cet habitant. C'est juste montrer que si l'on ne passe pas par ce plan constitutif, on ne peut appréhender les constructions qu'il met en place dans sa vie quotidienne et le sens qu'il leur donne. Il est vrai que décrypter ce plan constitutif est une gageure, une aporie même. En effet, nous ne pouvons être à la place de l'autre qu'à la condition de le déplacer (spatialement, intellectuellement). Ce placement s'établit tout à la fois sur l'emplacement du corps et l'appréhension qu'il a de la situation qu'il constitue de cet emplacement mais aussi du sens qu'il donne à cette occupation en fonction de la place qu'il croit avoir socialement dans cette situation ainsi constituée. Tout déplacement génère donc si ce n'est la situation appréhendée (car en changeant d'emplacement, l'habitant peut continuer à se fondre dans la même situation – on peut par exemple penser au même lieu et aux mêmes personnes qui s'y trouvent tout en réalisant un trajet –), tout au moins l'emplacement d'où elle est constituée. Dès lors, c'est moins l'emplacement pris et les horizons qu'il permet de percevoir que la façon de les percevoir qui coordonne la situation telle que la constitue l'habitant. C'est donc moins la détermination de l'emplacement que l'éclairage de la situation qu'il constitue à travers le récit du choix de cet emplacement qui permet au géographe de poser une lecture spatiale de cette constitution du monde de l'habitant.

CONSTITUTION ET MISE EN SENS PARTAGÉE DU MONDE

Si on peut donc admettre une forme d'inconscience à notre constitution du monde, cela n'oblige pas à interpréter ou à éclairer cette inconscience à travers les cadres de la psychologie ou de tout autre cadre interprétatif, puisque ce cadre est l'élément constitutif même de la construction réalisée par l'habitant. C'est justement dans ce phénomène d'interprétation, de justification et donc d'*attestation* au sens de Ricœur (1990, p. 34-35) que l'on voit rejaillir chez chaque habitant le sens qu'il donne à la construction qu'il opère au sein du Monde en fonction de sa constitution du monde. Et le chercheur peut en être à la fois son médiateur et son producteur intersubjectif. « Si je puis regarder un monde comme déjà constitué, c'est parce qu'il a été constitué par un sujet qui est co-constituant avec moi. Constitué, disons-nous, par *un autre* qui n'est justement pas d'abord l'un parmi les objets constitués (par un sujet constituant unique) mais un autre, homme ou femme, à part entière, pourvu de toutes les prérogatives transcendantales afférentes à un sujet co-constituant [...] Dès ce moment, on accède à quelque chose de nouveau et d'intéressant qui est *le partage de la constitution*. [...] L'intersubjectivité consiste à partager avec l'autre la constitution du monde, tout en gardant l'unité de ce monde » (Berthoz & Petit, 2006, p. 243-244). En effet, c'est l'autre qui me permet de matérialiser l'incommensurable de ce que je constitue en conscience. L'autre peut devenir sans le vouloir/le savoir le maître étalon de la mesure que j'effectue de mon propre monde. En devenant ce maître étalon, il permet à l'habitant de maîtriser son propre monde. Cette dernière idée permet de réfléchir à la construction d'une identité commune qui se fonde autant sur la ressemblance que la distinction de l'autre.

L'utilisation ci-dessous d'un autre exemple très personnel recourt à l'idée que pour pouvoir au mieux appréhender la co-constitution des situations interactionnelles, il faut faire un travail microsociologique et microgéographique notamment du point de vue de la méthodologie. Un travail minutieux et de longue haleine que le chercheur peut rarement effectuer, même dans une posture anthropologique d'immersion. Ce choix recourt également à la mise en lumière de phénomènes assez caricaturaux autour des questions identitaires, l'un des principaux tourments culturels de notre temps. Mes quatre enfants ont ainsi intégré des regards symboliques différenciés sur ce que l'on pourrait appeler leur identité. Quand les questions tournent autour de la nationalité, deux d'entre eux se disent Français, deux se disent Belges. On pourrait évidemment en expliquer la raison au fait que leurs parents sont Français (mère) et Belgo-Français (père). Mais en quoi des enfants ayant eu la même éducation, dans les mêmes lieux, étant tous nés au même endroit, possèdent un regard distinct sur leur propre identité. Cette identité se structure justement par des éléments référentiels qui permettent à chacun de constituer une réalité artefactuelle qui est présentée alors comme déterminante *a posteriori* de cette identité, et des pratiques spatiales qui en sont l'expression ! Réalité spatialisante qui leur permet de donner une portée socialisante à ce qu'ils sont à travers une identité auto-instituée.

C'est donc bien dans l'artefact de monde qu'il et elles constituent que chacun de mes enfants se sent dans un second temps lié à ce monde et donc se détermine par rapport à lui. Cela est somme toute peu pertinent pour le géographe sauf qu'une fois l'identité énoncée, elle performatise des pratiques réelles ou des demandes de pratiques réelles. La constitution de cette identité devient donc opératrice spatiale. Deux d'entre eux veulent par exemple se rendre pour les vacances en Belgique, deux moins. Deux veulent par exemple regarder les matchs de la Belgique en football, deux moins et ainsi de suite. Là aussi, rien de très pertinent sauf qu'il faut comprendre que dans notre quotidienneté, nous agissons tous de la même manière, et que, à force de spatialités peu pertinentes, cela fait beaucoup de pratiques différenciées qui ne relèvent pas d'une construction qui serait fonction d'un contexte objectivable. Cette constitution se formalise également à travers des récits énoncés pour les autres. Ces récits sont des parts d'intimités qui leur sont offertes, des extimités pour reprendre le terme de Serge Tisseron (2011). Ils ont pour objectif de dire qui l'on est ou croit être en fonction du récepteur. Ainsi, sans déflorer l'intimité familiale, le récit autobiographique produit par une de mes filles pour un travail en Français illustre bien ce processus de constitution.

> « La Belgique est le lieu où j'aimerais habiter. Mon père est né en Belgique et a la double nationalité. J'ai encore de la famille là-bas : la mère de mon père donc ma grand-mère, et la sœur de mon père qui est aujourd'hui mariée et a trois enfants. Bien-sûr, ils habitent du côté wallon. Pourquoi je voudrais habiter dans ce pays ? Je

> ne sais pas vraiment, je me sens juste attirée par lui, peut-être est-ce parce que mon père est belge mais en tout cas, j'aime beaucoup aller dans ce pays. J'aime particulièrement les maisons qui pour la plupart sont en briques rouges. J'aime la nourriture belge même si tout a tendance à être un peu cher. Et puis les manières belges et le vocabulaire est amusant ».

Certes, on pourrait prouver que cette constitution d'un monde imaginé se configure à travers un ensemble de jeux référentiels culturels que conforme l'environnement social. En effet, sans s'en rendre compte, la famille réalise elle-même des jeux référentiels qui peuvent conformer cette réalité constituée. Par exemple, deux de mes filles, blondes, ont la même teinte de cheveu que ma sœur qui vit en Belgique. Voire, ont ou ont eu la même corpulence. Auront de façon supposée la même taille… Similitudes réitérées par les membres de la famille. Mais s'il y a en quelque sorte une « reconnaissance culturelle » au sens d'Axel Honneth ([1992] 2000), ces éléments référentiels ne sont là qu'en potentialité, ils sont actualisés, au gré des situations, par chaque habitant qui ainsi se constitue pleinement son monde, son espace de réalisation. L'habitant ne construit donc pas seulement sa réalité à partir d'un contexte donné qui déterminerait peu ou prou ce qu'il est, mais il dépasse le cadre même de ce contexte tout à la fois par les éléments de ce cadre et par ce qui le dépasse. On va ainsi poursuivre, pour les besoins de la démonstration, la quête généalogiste en requérant aïeux de tout poil pour la couleur des yeux ou des cheveux. Le monde de l'habitant est donc une combinaison complexe de choses qu'il se présentifie. Cette présentification s'opère à travers des choses présentes et absentes. Mais, ce monde constitué est toujours nourri à travers des jeux référentiels de mise à proximité et cela même pour les éléments que l'habitant veut mettre à distance. Car c'est dans l'intention d'exprimer cette mise à l'écart qu'il est obligé dans le temps constitutif de le mettre à proximité. Cette constitution relève à la fois de ce qui est préhensible physiquement et mentalement dans l'instant de la mise en situation de son monde (mise à proximité d'objets ou d'êtres « objectivement » en coprésence) tout autant que ce qui est préhensible mentalement par le truchement de son esprit (penser à quelqu'un ou à quelque chose d'« objectivement » éloigné) ou de la technique (téléphoner à ce quelqu'un) par une mise à proximité cospatiale. L'habitant constitue donc son monde à travers une combinaison de coprésence et de cospatialité (Lévy et Lussault, 2013). Cette combinaison fait donc avec ce qui est là et hors-là au sein du dispositif spatial, social et temporel.

L'idée exposée ici insiste donc sur le fait que l'habitant ne se meut pas seulement dans un espace « objectif », voire même, ne se déplace pas dans un espace représenté, dans une sorte de paysage, un horizon qui défilerait face à lui, et qu'il pourrait mettre à distance pour pouvoir mieux l'appréhender, et s'y diriger. Non, l'idée est que sa chair – corps et âme – habite l'espace de par sa coprésence à celui-ci. Cette coprésence génère ainsi le monde réellement appréhendé par lui et auquel il se conforme alors dans ses actes et ses pensées. Cela veut dire que l'habitant ne réagit pas aux instances matériels « objectives » auxquels il serait confronté, mais qu'il se conforme aux construits matérialisés, aux artefacts mentaux, qu'il génère (et donc qu'il objective pour lui-même) et qui le génèrent alors. L'habitant ne vit pas dans un champ des contraintes mais dans le champ des possibles qu'offriraient ces instances qu'il matérialiserait, et au sein desquelles, il sélectionnerait ainsi les éléments composant son champ d'expression et d'action. Cette confrontation n'est pas seulement une matérialisation effectuée à partir des matériaux « en présence » mais aussi une matérialisation construite à partir d'un ensemble d'éléments non-présents dans l'espace objectif, que l'habitant va puiser dans sa réserve d'artefacts spatiaux, sociaux, temporels qu'il se met en coprésence. Ce déplacement de soi auprès d'objets, de lieux, d'individus, de souvenirs, n'est que la résultante d'un placement de l'habitant au sein d'un monde, celui qu'il se constitue au plein sens du terme. Sa réalité quotidienne n'est plus celle que nous croyons tous voir (chercheurs et autres habitants) mais bien irrémédiablement celle liée à son placement et à l'assignation qu'il se donne au sein du monde qui l'entoure. Ce placement ne résulte pas seulement d'un positionnement spatial, sorte de localisation de l'habitant dans l'espace objectivé, mais aussi d'un ensemble de statuts et de rôles qu'il se donne (et non plus seulement qu'on lui donne) à jouer dans, avec et à travers cet espace, qui lui fournit autant que faire se peut, les éléments de la réalité de sens qu'il entend se donner. Dans chaque mise en situation de son monde, liée ou non à des contextes particuliers, à des interactions sociales et environnementales particulières, l'habitant ne visibilise plus alors, voire évacue, des éléments pourtant partie intégrante de la réalité apparemment visible par une analyse rationnelle. Son monde est donc focalisé, pas seulement au sens d'un jeu d'échelle qui se rapprocherait d'un élément en le grossissant, mais plutôt d'un ensemble de partis pris mobile, labile et réversible, d'informations disparates qu'il met à proximité ou à distance selon ses besoins.

LE CONSTITUTIVISME, UNE FAÇON COMPLÉMENTAIRE DE VOIR LE MONDE DES HABITANTS

Cette posture constitutiviste n'est ni mieux ni ne dépasse les autres. Elle désaxe la lecture que l'on peut donner aux relations de cause à effet, de bouclage, de rétroaction, systémique, etc., notamment en ce qui concerne l'un des axes prioritaires de la géographie, celle de l'étude des spatialités. Postuler le constitutivisme, ce n'est donc pas prendre position sur le choix des plans épistémologiques (déterminisme, possibilisme, constructivisme, systémisme, pragmatisme), c'est juste postuler qu'*in fine* c'est la réalité qui est constituée par l'habitant et le sens qu'il se donne à travers ses plans d'interprétation du monde qui fait foi. Qui fait foi, car c'est une croyance justificatrice qui nous fait dire que cela est induit par ou déterminé par, ou la conséquence de tel ou tel élément, ou de la conjonction de ces éléments. Les relations que les habitants entretiennent par la parole, par les représentations, par les pratiques, que celles-ci soient analysées par cet habitant dans leur spécificité ou généralité ou cohérence ou déconnexion révèlent que le creuset constitutif de leur réalité, c'est eux. Même liés à des habitus, à des normes, à des conditions données, celles-ci n'enlèvent jamais la part de réorganisation partielle et partiale que les habitants font de ces habitus, normes, conditions. L'analyse des spatialités n'est donc plus liée au sens strict à ce fameux contexte déchiffrable, qualifiable, quantifiable, descriptible, partageable objectivement mais bien seulement à travers des *situations* qui sont à tout instant des artefacts de monde. En effet, l'habitant, en tant qu'opérateur spatial devient générateur de spatialités pour ce/ceux qui l'entourent et pour lui-même. Et ce caractère opératoire est en relation directe avec toute mise en situation.

Ce texte voulait également montrer en quoi la mise en sens, effectuée par les approches culturelles en géographie sur les activités humaines pratiques et discursives, tend encore trop souvent à être typifiée, classée, généralisée *a priori* au sein de trame interprétative déjà instituée par le chercheur lui-même (selon des référents historicistes : la généalogie, le projet ; ou sociologiste : la provenance nationale ou territoriale, le genre). Les arguments interprétatifs sont pourtant toujours déjà des éléments constitutifs de celui qui observe, qui interviewe plus que de celles et ceux qui sont observés et interviewés. Les éléments culturels, sociaux, psychologiques sont autant de jalons dans nos fictions constitutives (habitants et chercheurs). Ces fictions ne sont alors généralisables que parce que le chercheur, la généralisation qu'il opère, part toujours d'un point de vue constitutif au sein de l'arsenal référentiel potentiel dont il s'est doté.

BIBLIOGRAPHIE INDICATIVE

AUSTIN John Langshaw, [1962] 1970, *Quand dire, c'est faire*, Paris, Éditions du Seuil, 203 p.

BERTHOZ Alain & PETIT Jean-Luc, 2006, *Phénoménologie et physiologie de l'action*, Paris, Odile Jacob, 350 p.

BOURDIEU Pierre, [1982] 2001, *Langage et pouvoir symbolique*, Paris/Cambridge, Éditions du Seuil/Éditions Fayard/Polity Press, 423 p.

CLAVAL Paul, 1995, *La géographie culturelle*, Paris, Éditions Nathan, 384 p.

DE GAULEJAC Vincent, 1987, *La névrose de classe*, Paris, Hommes & groupes éditeurs, 306 p.

DJIGO Sophie, 2013, « Auto-interprétation, délibération et expression. Moran, Finkelstein et la connaissance de soi », *Methodos. Savoirs et textes*, n° 13, https://methodos.revues.org/3004

FINKELSTEIN David H., 2003, *Expression and the inner*, Cambridge, Harvard University Press.

FLAHAULT François, 1978, *La parole intermédiaire*, Paris, Éditions du Seuil, 237 p.

GARFINKEL Harold, [1967] 1984, *Studies in ethnomethodology*, Cambridge, Polity Press, 288 p.

GOFFMAN Erving, [1963] 1975, *Stigmate. Les usages sociaux des handicaps*, Paris, Les Editions de Minuit, 175 p.

HONNETH Axel, [1992] 2000, *La lutte pour la reconnaissance*, Paris, CERF, 233 p.

HONNETH Axel, [2005] 2007, *La réification. Petit traité de théorie critique*, Paris, Éditions Gallimard, 141 p.

JOSEPH Isaac, [1998] 2003, *Erving Goffman et la microsociologie*, Paris, PUF, 126 p.

KORSGAARD Christine M., 2009, *Self-constitution. Agency, identity, and integrity*, Oxford, Oxford University Press, 230 p.

LE BRETON David, 2004, *L'interactionnisme symbolique*, Paris, PUF, 249 p.

LÉVY Jacques & LUSSAULT Michel (dir.), 2013, *Dictionnaire de la Géographie et de l'espace des sociétés*, Paris, Éditions Belin, 1127 p.

MERLEAU-PONTY Maurice, 1964, *Le visible et l'invisible*, Paris, Éditions Gallimard, 360 p.

MONDADA Lorenza, 2000, *Décrire la Ville. La construction des savoirs urbains dans l'intercation et dans le texte*, Paris, Anthropos-Economica, 284 p.

MORAN Richard, [2001] 2014, *Autorité et aliénation. Essai sur la connaissance de soi*, Paris, Vrin, 316 p.

OLIVIER DE SARDAN Jean-Pierre, 2008, *La rigueur du qualitatif. Les contraintes empiriques de l'interprétation socio-anthropologique*, Louvain-La-Neuve, Bruylant-Academia, 365 p.

RICŒUR Paul, 1990, *Soi-même comme un autre*, Paris, Editions du Seuil, 425 p.

TAYLOR Charles, 1998, *Les sources du Moi : la formation de l'identité moderne*, Paris, Seuil, 710 p.

TISSERON Serge, 2011, « Intimité et extimité », *Communications*, n° **88**, p. 83-91.

VON GLASERSFELD Ernst, [1981] 1988, « Introduction à un constructivisme radical », in P. Watzlawick, *L'invention de la réalité. Contributions au constructivisme*, Paris, Éditions du Seuil, p. 19-43.

DE L'ALTÉRITÉ À JAKARTA

PENSER UNE VILLE « AU SUD GÉOGRAPHIQUE DU MONDE OCCIDENTAL »

Otherness in Jakarta:
Thinking a city « in the geographical south of the western world »

Judicaëlle DIETRICH [1]
ENeC UMR 8185 CNRS,
Université Paris Sorbonne

Résumé : Cet article propose d'interroger les ressorts de l'altérité à différentes échelles. Il s'agit de comprendre comment est appréhendé Jakarta comme espace urbain par le questionnement de la production des catégories géographiques et leur implication dans la reproduction de normes et de rapports inégalitaires. Les questions de vocabulaires apparaissent dès lors comme un ressort pour étudier l'espace urbain, combinées à l'inertie du bâti et des représentations. La compréhension conjointe de ces deux éléments met en évidence comment les strates temporelles se succèdent et se surajoutent dans la ville tout en prenant en compte le contexte de mondialisation (en termes de processus) touchant la ville. À partir de travaux empiriques sur la métropole de Jakarta, il s'agit de saisir les influences globales qui circulent, tant sur la production de la ville que sur la gestion de la pauvreté face à l'injonction récurrente de modernité touchant les métropoles. L'enjeu est alors de montrer l'intérêt des approches culturelles en géographie pour saisir le rôle des discours dans la production d'espaces et de représentations durables, afin de mettre en évidence la difficile « désoccidentalisation » de la pensée urbaine à Jakarta par les acteurs, producteurs de la ville ou analyses académiques. En prenant au sérieux la proposition de la géographie culturelle d'analyser la production des discours et leurs implications, ce texte cherche à mettre au jour les normes dominantes en identifiant ses filiations anciennes et structurantes et ses recompositions plus contemporaines. Plus encore, la démarche critique en géographie portée par les *postcolonial studies* ne se réduit pas à pointer la stigmatisation des différences par les populations dominantes mais prend en charge explicitement le rôle ou le statut de l'espace dans la construction de l'altérité.

Mots-clés : altérité, développement, domination, géographie urbaine, modernité, mondialisation, *postcolonial studies*, rapport Nord/Sud, représentation

Abstract: *This paper examines the otherness at different scales. It aims to understand how Jakarta is apprehended as an urban space by questioning the*

[1] Courriel : judicaelle.dietrich@gmail.com

production of geographical categories and their role in norms' production. Vocabulary's issues appear as a way to study urban space, related to the inertia of urban forms and representations. These two elements show the temporal layers in the city while taking into account the context of globalization affecting the city. Based on empirical researches in Jakarta's metropolis, this text presents the global circulating influences on the production of the city and on the management of poverty related to the injunction to modernity. The challenge is to demonstrate the relevance of cultural approaches in geography to understand the role of discourse in the production of spaces and of representations. So it highlights the difficulty to de-westernize urban thought in Jakarta by stakeholders, planners or academic scholars. Taking seriously the proposal of cultural geography to analyze the production of discourse and their implications, this article exposes the dominant norms related to their heritage and their recent reconstructions. Moreover, the critical approach in geography promoted by postcolonial studies does not only reveal differences used by dominant groups but sets out the role of space in the construction of otherness.

Keywords: *development, domination, globalization, modernity, otherness, North/ South relation, postcolonial studies, representation, urban geography*

> Ce sont des « méga-cités » qui éclatent aux coutures, dépassées par leur propre destinée de pauvreté, maladie, violence et toxicité. Elles constituent cette « planet of slums » avec son « surplus d'humanité » et ses « épreuves obscures » (Davis, 2004).
>
> Roy, 2009, p. 820.[2]

Ville « orientale », ville du « Sud », ville « émergente »… Au-delà de qualifications récurrentes, la métropole de Jakarta cumule un certain nombre de facteurs de localisation, historiques mais aussi morphologiques, qui justifient sa place parmi les « mégapoles en développement » ou encore les « villes émergentes ». Néanmoins, tout en étant une des plus « grandes »[3] ville du monde, elle ne fait pas partie des villes les plus étudiées dans les recherches urbaines pour ces caractéristiques soi-disant spécifiques. Par ailleurs, l'importance des stigmates associés à ces « types de villes » synthétisés par la citation en exergue a tendance à réduire la compréhension de Jakarta à ce traitement exclusif des problèmes urbains occultant ainsi tous les

[2] « *They are the mega-cities, bursting at the seams, overtaken by their own fate of poverty, disease, violence, and toxicity. They constitute the "planet of slums", with its "surplus humanity" and "twilight struggles"* (Davis, 2004, p. 13) » (traduction personnelle).

[3] La ville-centre dépasse les 9 millions d'habitants, au cœur d'une agglomération de plus de 23 millions d'habitants.

autres aspects et la très grande complexité de la vie urbaine (Robinson, 2006).

Ce papier vise à comprendre comment est appréhendé Jakarta (Edensor et Jayne, 2012), ce qui implique de s'interroger sur la production des catégories géographiques et leur implication dans la reproduction de normes – via les orientations des diagnostics urbains et des politiques publiques qui en découlent – et de rapports inégalitaires. Les questions de vocabulaires apparaissent dès lors comme une ressource pour étudier l'espace urbain (Backouche, Ripoll, 2011). À cela s'ajoute l'inertie du bâti hérité de formes urbaines ancrant dans l'espace urbain des conceptions inégales de la ville et de la citadinité. La morphologie, l'organisation de l'espace métropolitain et les représentations qui y sont associées sont intégrées à cette réflexion sur la ville : la conjonction de ces éléments met en évidence la manière dont les strates temporelles se succèdent et se surajoutent dans la ville et nous invite à prendre en compte le processus de mondialisation qui touche la ville (Roy, Ong, 2011).

Les modalités de la mondialisation ne se réduisent pas à diffuser des catégories globales de pensée mais s'inscrivent aussi matériellement, dans l'espace, par la production de certaines formes (Sklair, 2006) et par la circulation de modèles urbains (Soderström, 2012 ; Verdeil, 2005) via quelques acteurs. Afin de saisir ces influences globales qui circulent à Jakarta, le propos s'appuiera sur les résultats d'une recherche doctorale centrée sur la question de la pauvreté dans la ville, ses représentations, ses facteurs et la gestion dont elle fait l'objet face à l'injonction récurrente de modernité touchant les métropoles, dans une démarche de géographie sociale et culturelle (Dietrich, 2015). La mobilisation d'approches culturelles en géographie aide à saisir le rôle des discours dans la production d'espaces et de représentations persistantes. Ces approches permettent de mettre en évidence la difficile « déoccidentalisation » de la pensée urbaine (Choplin, 2012) à Jakarta par les acteurs, producteurs de la ville ou analyses académiques.

Cette démarche cherche à situer la métropole de Jakarta par rapport aux métropoles globales et aux liens entretenus avec elles, où les processus observés font largement écho à de nombreux contextes, bien au-delà d'une quelconque partition « Nord/Sud ». Ainsi, les conséquences de la mondialisation, de la métropolisation et de la néolibéralisation aujourd'hui ne sont pas un problème spécifique aux Suds mais concerne le monde entier (Morange, Fol, 2014). En prenant en compte les apports de plusieurs auteurs situés au sein des études postcoloniales et postmodernes, ce texte cherchera à questionner le rôle de la recherche (depuis ses lieux de productions jusqu'à ses réseaux de diffusion) pour comprendre comment la production de théories et de catégories dans une partie du monde a des effets ailleurs et contribue à qualifier l'« Autre », le canaliser, ou le confiner à distance. Après la distance géographique serait ainsi produite une distance terminologique qui par retour (de bâton) cantonne les chercheur.e.s à une zone, une partie du monde, en d'autres termes ce qu'on appelle une « aire culturelle » (Louiset, Retaillé, 2014).

Après une présentation des différents moyens permettant de saisir une ville comme Jakarta dans la pensée urbaine, l'article reviendra sur les implications de l'usage persistant des catégories dominantes de pensées et de représentations des espaces héritées de la colonisation. Enfin, il s'agira de montrer comment l'altérité se recompose dans la ville au nom de conceptions (renouvelées ?) de la modernité.

SAISIR JAKARTA : APPRÉHENDER UNE VILLE DU SUD OU UNE VILLE BANALE DANS LA MONDIALISATION ?

La qualification et l'appréhension des villes dans le contexte post-colonial[4] au sens chronologique du terme (après la colonisation) ont fait et font toujours l'objet de débats. Entre « assignation à territorialité » (Hancock, 2007, p. 73) et tentatives de saisir de nouvelles formes urbaines, les différentes catégories urbaines et leurs conséquences en termes de découpages mettent en lumière des représentations et des conceptions dominantes de ce que « doivent » être une ville et ses modes de développement.

Trajectoires de développement ou urbanisations autres ?

Le renouvellement des approches des villes « autres » a d'abord fait apparaître ces villes dans des trajectoires du développement urbain : l'histoire spécifique de ces villes et leurs recompositions rapides depuis la deuxième moitié du vingtième siècle en lien avec une croissance démographique particulièrement rapide ont nécessité l'élaboration de nouveaux concepts dont il s'agit de mettre au jour les fondements (Yeoh, 2001).

Dans le contexte de l'Asie-Pacifique, Forbes (1997, p. 462) note que la plupart des économies post-coloniales ont rompu leurs liens économiques avec les anciennes puissances coloniales, ou tout du moins les ont affaiblis. Ainsi, ces économies développent des liens régionaux et mondiaux plus diversifiés. De là ont émergé de nouvelles formes urbaines, des types d'espaces urbains post-coloniaux qui participent à la recomposition des équilibres dans le processus de mondialisation. On peut notamment penser à

[4] « Les villes post-coloniales sont les supports des nouveaux États. Elles constituent les espaces premiers de leur déploiement, de la construction de leurs bases sociales et de la mise en place de leur symbolique. Elles mêlent l'ancien et le nouveau, la continuité et la rupture. » (Massiah et Tribillon, 1987, p. 40).

quelques formes spatiales observées à Jakarta et dans sa région. La notion de *desakota* de Terry McGee (McGee, 1991) est typique de la prise en compte d'une nouvelle « forme urbaine nouvelle et durable... ni rurale ni urbaine, mais qui incorpore des éléments distinctifs de ces deux espaces » (Kelly, 1999) et qualifie désormais d'autres espaces que la région métropolitaine élargie de Jakarta à Bandung. Terry McGee parle à ce sujet de « sur-urbanisation » ou de « pseudo-urbanisation » (Mc Gee, Robinson, 1995, p. 298) qui serait liée à une urbanisation de subsistance. McGee justifie ce terme de « pseudo-urbanisation » qui permettrait de montrer que l'insertion des villes sud-est asiatiques dans l'économie mondiale est liée à une combinaison de facteurs démographiques et sociaux différents des pays occidentaux, qui a opéré de manière à inhiber le processus de prolétarisation. Le problème de cette expression qui vise à définir pourtant une expression composée de deux mots indonésiens (*desa* – le village – et *kota* – la ville) est qu'elle reproduit une vision européocentrée de l'urbanisation : si le processus est perçu comme différent de celui observé dans l'Occident développé, il ne serait que « pseudo », insistant donc sur son aspect non achevé ou imparfait.

S'ajoutent aussi les zones économiques régionales incluant les villes relais de la mondialisation en tant que nœuds, la ville étendant ainsi sa portée à l'échelle mondiale, mais aussi le corridor méga-urbain reliant les grandes régions urbaines côtières. Ces nouveaux types d'espaces seraient une réponse urbaine (d'abord identifiée dans la région Asie-Pacifique mais que l'on observe aussi en Afrique, en Amérique latine et au Moyen Orient) à la mondialisation économique. Ces nouvelles formes spatiales mises à jour participent à la remise « en cause des anciens centres de base de l'économie mondiale » mais également perpétuent le système capitaliste mondial, dans l'espace post-colonial » (Forbes, 1997, p. 462).

Cependant, à l'encontre de l'argument que les avenirs des espaces urbains post-coloniaux dans le monde en développement prendraient des formes distinctes ou uniques, Dick et Rimmer (1998) soutiennent (dans le contexte de l'Asie du Sud-est) l'idée d'une convergence des formes urbaines métropolitaines en raison de la logique inexorable de la mondialisation, de la polarisation sociale croissante (avec l'expansion de la classe moyenne), de la détérioration de la sécurité personnelle, ainsi que de la forte dépendance de l'expertise étrangère en matière d'urbanisme et de design. D'après ces deux auteurs, la ville post-coloniale considérée comme un type urbain distinct ne serait que temporaire (Dick et Rimmer, 1998, p. 2318). Ainsi, situer ces villes, comme Jakarta, dans une sorte de trajectoire de développement – que ce soit un moment durable ou une phase transitoire – tend à renouveler les conceptions linéaires du développement, appuyées sur une hypothèse européocentrée qui voit dans ces urbanisations « un écart, ou presque une aberration de l'expérience européenne classique, l'ultime !... utilisée comme un point de référence pour évaluer le développement dans le tiers-monde » (Chandoke, 1991).

Vers la banalité des villes du Sud : néolibéralisation et mondialisation

L'analyse de ces espaces urbains a contribué aux études urbaines en général en permettant l'affirmation d'un nouvel ordre global émergent, marqué par l'ascendance des centres asiatiques, depuis les États du Golfe à l'Inde et la Chine. Les villes asiatiques sont un milieu d'intervention spécifique, formé et reformé par l'assemblage de ce que Cochrane a appelé les « parties d'ailleurs » (2007, p. 1171). Ces ailleurs sont souvent des paysages asiatiques, des images déterritorialisées du capitalisme au travers desquelles sont produits de nouveaux territoires d'accumulation et d'hégémonies. Ces plus récents apports sur la compréhension des formes urbaines et leur insertion dans le processus de mondialisation marquent les changements d'échelles opérés par la mise en relation des métropoles avec l'espace global (Sassen, 2012). L'intérêt est ici de montrer l'importance des échanges à l'échelle mondiale qui contribuent à produire les villes, notamment par la diffusion de pratiques, de politiques urbaines et de modèles (McCann, 2011) qui dépassent largement les découpages dominants de la pensée urbaine. Bien plus donc que des formes urbaines régionalisées, il s'agit de montrer à quel point la fabrique urbaine va bien au-delà des partitions entre « villes du tiers-monde » ou mégapoles et les villes du dit « Nord ».

Plus que relever des points communs et différences entre villes selon leur situation géographique, le renouvellement théorique proposé par le *Southern turn* vise à mettre au centre des recherches ces villes longtemps maintenues en position périphérique. En effet, d'après Raewyn Connell (2007), les villes du Sud proposeraient un espace d'expérimentation qui préfigurerait le futur proche de l'Occident, ou du Nord. C'est un des aspects qui a pu être observé notamment au travers de l'analyse des conséquences sociales et spatiales de la néolibéralisation[5], une des dynamiques globales touchant les espaces urbains. Si ce processus s'est implanté inégalement selon les contextes (Brenner, Peck, Theodore, 2010), on peut considérer qu'il s'est imposé dans

---

[5] La néolibéralisation est une idéologie fondée sur la généralisation des principes de concurrence et de marché à toutes les sphères de la vie publique et privée. Ce processus (décrit notamment par Jessop (2002) et Peck (2001)) relève d'une transformation qualitative des pratiques de l'État par l'imposition d'impératifs semblant procéder inéluctablement de la mondialisation, mais qui participent en réalité d'une offensive politique visant à constituer un « environnement néolibéral » (Peck, 2001) global à travers la rigueur budgétaire et fiscale, la dérégulation, les privatisations, la libéralisation financière... Ce concept permet notamment de mettre en évidence les canaux de diffusion des mécanismes marchands par le biais des politiques publiques donc dans lesquels l'État et ses instances gouvernementales sont parties prenantes.

les pays dits du Sud parfois plus « violemment », ou en tout cas de manière plus rapide, du fait de soutien de gouvernements autoritaires, des anciennes puissances coloniales ou des autres impérialismes suivant la deuxième guerre mondiale (soviétique et états-unien), dans des contextes sociaux où les « pare-feu » et garde-fous de la société civile (syndicats, association de défense des droits, et même les médias) n'étaient que très peu implantés, sapés par des siècles de colonisation puis par les gouvernements post-coloniaux dont les élites sont souvent parvenues à capter les pouvoirs anciennement détenus par les Occidentaux. Ainsi, les conséquences de la néolibéralisation de l'économie et des politiques urbaines sont manifestes et leurs implications sociales (bien que certaines de ces politiques aient été mises en œuvre plus tardivement) y sont parfois plus « visibles » ou « sensibles ». L'étude de ses impacts dans les villes post-coloniales comme Jakarta (Dietrich, 2014) sont alors particulièrement utiles pour comprendre les évolutions en cours dans les villes du nord. Ces espaces seraient ainsi considérés comme des laboratoires pour des nouvelles expériences sociales qui s'imposent progressivement dans des villes dites du nord. Cela s'explique par le fait que l'expression de la néolibéralisation dans des contextes sociaux et économiques en changement rapide peut faire apparaître des situations socio-spatiales semblables : le creusement des inégalités certes, mais surtout ses modalités liées à l'individualisation poussée du traitement des injustices par les politiques urbaines. Cela contribue à affirmer la banalité des villes du Sud[6] dans leur perméabilité à cette idéologie, quelle que soit la nature de leurs régimes politiques (Ong, 2006 ; Morange, Fol, 2014). Ce glissement paradigmatique permet de repenser le rôle des pays du Sud dans la mondialisation, si l'on accepte que la néolibéralisation n'est pas une simple prescription disciplinaire émanant des agences internationales et s'imposant aux pays du Sud qui n'en seraient que des récepteurs passifs (Leitner, Peck, Sheppard, 2007).

RECOMPOSITIONS DE L'ALTÉRITÉ DANS LA VILLE AU NOM DE LA MODERNITÉ

La première partie de ce texte a affirmé la transversalité des processus urbains à l'échelle mondiale et permet de situer les conceptions de Jakarta dans les évolutions de la pensée urbaine. Appréhender cette métropole comme ordinaire, à l'instar des propositions de Jennifer Robinson (2006), est

[6] Cette notion de néolibéralisation a été initiée dans des terrains du « Nord » mais on peut observer une circulation de son usage qui a permis de réinvestir les terrains du Sud avec un cadre théorique renouvelé, différent de celui qui dominait : le développement. Les travaux portant surtout sur les grandes villes des pays émergents se multiplient, montrant en quoi ces métropoles sont soumises à une compétition économique globale et comment leurs gouvernements ont adopté des agendas entrepreneuriaux.

une véritable ressource pour relire la ville en sortant des hiérarchisations et classifications à l'échelle mondiale. Cependant, localement, la grille de lecture de la modernité appliquée aux espaces urbains maintient un cadre de pensée persistant qui perpétue et recompose l'altérité intra-urbaine tout en étant intrinsèquement lié à différents moments de la mondialisation. Ainsi, il s'agit dans cette seconde partie d'en analyser les implications.

Variations sur le thème de l'« autre » dans la ville de Jakarta

Les composantes géographiques des représentations de l'altérité (Ripoll, 2006) sont variées, et dans le cas de Jakarta, ont largement appuyé l'organisation spatiale de la ville : ce n'est pas seulement à l'échelle mondiale que la géographie a permis de spatialiser l'« ailleurs », mais bien à l'intérieur de la ville, afin d'organiser la domination des populations colonisées. Les procédés de ségrégation sont bien connus dans les capitales coloniales : les formes et fonctions urbaines appuient la mise en scène du pouvoir, les rapports sociaux de domination, appuyés sur un discours opposant modernité et exotisme[7].

Suite à l'indépendance, on observe cependant la reformulation d'une altérité appuyée sur les références urbanistiques de modernité et de progrès. En effet, avec le départ progressif des Européens, leurs quartiers de résidences et de travail ont été appropriés par la nouvelle élite et par le gouvernement (pour l'administration du nouvel État et les lieux de vie de son personnel). La « ville » (*kota*) est ainsi restée associée à une supériorité, du lieu et de ses habitants, sur le reste de la population (Permanadeli et Tadié, 2014, p. 22.8). L'aménagement de nouveaux quartiers (parfois déjà planifiés par les Néerlandais) dès la fin des années quarante et au début des années soixante reprenait les modèles urbanistiques des quartiers coloniaux : la séparation des fonctions urbaines et l'efficacité des équipements sont les éléments centraux de ces opérations d'aménagement, appliquant les normes européennes en termes de services (drainage, égouts, gestion des déchets), et de types d'espaces (jardins publics, maisons individuelles séparées par des grilles entre elles et avec les espaces publics), répondant aussi au développement des véhicules motorisés. Les nouveaux quartiers et logements étaient destinés aux membres du nouveau gouvernement[8]. Par les modes de vie, les

---

[7] La hiérarchisation des groupes selon leur nationalité, leur ethnie et leurs fonctions économiques se confond avec une organisation spatiale par quartier : en 1905, l'espace résidentiel réservé à la communauté européenne représentait 50 % de la surface de la ville pour seulement 9 % de la population urbaine ; la population native dite « indigène » (71 % de la population totale) se concentrait sur 20 % de l'espace de la ville, et selon les catégories ethniques créées par le pouvoir néerlandais. La partie restante (environ un tiers) était réservée aux Chinois, Arabes et Indiens.

[8] Jérôme Tadié et Risa Permanadeli (2014) soulignent que les résidents de ces quartiers étaient qualifiés de « *orang kota* » (gens de la ville), un groupe social de citadins diplômés

pratiques linguistiques et les lieux de résidence de la classe dominante, de nombreux éléments du quotidien sont érigés en symboles de différenciation sociale et contribuent à fragmenter voire à ségréguer la ville de Jakarta après la fin du régime colonial. Cela est appuyé par la construction de représentations stigmatisantes pour l'« autre » forme majeure de l'espace urbain de Jakarta : les *kampung*.

Ces quartiers ont été les principaux réceptacles de la croissance urbaine. Déjà marginalisés dans les représentations comme rassemblant des populations infériorisées durant le système colonial, ces espaces ont connu une aggravation du manque d'infrastructures et de services primaires. Le fort solde migratoire et le sous-investissement prolongé des années 1960 (Bakker, 2007) n'ont pas permis un changement dans les perceptions de ces quartiers comme lieux de relégation. Le terme de *kampung* (village) fait désormais référence à tout quartier dense et bas non planifié, dont l'évocation reste empreinte par ces perceptions d'informalité et d'insalubrité. Ils sont marqués par une absence ou une très faible séparation des fonctions entre le domicile et le travail (Monnet, 2010). S'ajoute à cela une opportune confusion avec les zones d'habitat spontané. Ces espaces non reconnus comme des formes de l'urbanité (en effet, on leur a assigné un terme les rapprochant du monde rural) concentrent les représentations de l'altérité : « Ainsi, la "ville" et le *kampung* représentent désormais les deux icônes opposées des attributs des espaces urbains : une vie digne, de l'honneur et du pouvoir pour une part, la pauvreté, la saleté et la négligence pour l'autre »[9] (Permanadeli, Tadié, 2014, p. 9) (illustration 1).

---

exerçant dans les fonctions administratives et politiques de l'État indonésien que l'on peut qualifier de « classe » supérieure : « *By maintaining such a life style, those new Menteng inhabitants in fact extended the sense of white race superiority that had been associated with the area. By continuing to use the Dutch language in their daily lives, a practice which the colonial authorities had made compulsory for civil servants in the colonial administration, the use of foreign languages became a symbol of superiority (Saraswati, 2002)* » (Permanadeli, Tadié, 2014, p. 8-9). Traduction personnelle de la citation : « En maintenant un tel style de vie [les standards acquis durant les décennies de contacts resserrés avec les Néerlandais et en profitant des équipements laissés derrières par les colonisateurs], les nouveaux habitants de Menteng ont en fait étendu l'idée de la supériorité de la race blanche qui avait été associée à ce lieu. En continuant à utiliser le néerlandais dans leurs vies quotidiennes, une pratique rendue obligatoire aux fonctionnaires dans l'administration coloniale par les autorités de l'époques, l'utilisation de langues étrangères est devenu un symbole de supériorité (Saraswati, 2002) ».

[9] « *Hence, the "city" and the kampong came to represent the two opposing icons of urban space allocation: a dignified life, honour, and power on the one side, and poverty, filth, negligence and a lack of dignity on the other* » (Traduction personnelle).

Illustration 1 – **De l'altérité dans la ville: skyline et kampung ou les deux versants de l'urbanité à Jakarta,** © Dietrich, 2012

Usages et appropriations de conceptions du Nord dans une ville dite « des Suds »

Alors que les apports des courants postmoderne et postcolonial[10] invitent à remettre en cause les catégories dominantes de pensée, en tant que reproductrices de normes et de rapports inégalitaires, la spatialisation des différences ne se limite pas à la perpétuation d'une domination symbolique dans un monde binaire (Occident/Orient, Nord/Sud, développé/en développement ou du Tiers-Monde) et de représentations de l'altérité. Ces processus locaux d'« altérisation » influent sur les orientations des politiques urbaines.

Hérités des conceptions coloniales, les récits contemporains d'Occidentaux sur Jakarta ne manquent pas de souligner tout ce qui diffère, marque, choque, par rapport à « leurs villes », à « leur quotidien ». Plusieurs ouvrages scientifiques portant sur Jakarta s'ouvrent sur de longues descriptions du paysage urbain étonnant et de l'ambiance originale qui règne dans la ville.

[10] Je fais référence ici non plus à l'aspect temporel d'après les empires coloniaux mais à l'émergence d'un courant théorique, diffusé depuis les États-Unis mais appuyé sur des réflexions françaises sur la nécessité de déconstruire les discours afin de mettre au jour les rapports entre savoirs et pouvoirs (notamment les travaux de Michel Foucault et de Jacques Derrida). L'investissement de ces ressources est au fondement du courant théorique des *postcolonial studies* porté par des personnes issues d'anciennes colonies et dont les apports se sont diffusé en anglais depuis les années 1980 (Collignon, 2007).

L'aménageur australien Christopher Silver (2008) développe pendant plusieurs pages son « périple » depuis l'aéroport jusqu'à son logement en pointant tous les éléments choquants de l'« urbanisme indonésien »[11] : « Je passais alors par ce qui peut être décrit comme un emboîtement de structures de fortune sur pilotis, en équilibre instable au-dessus de l'eau du canal, noire comme de l'encre. Avec des murs de bambou maintenus par des morceaux de bois, des toits fabriqués avec un assemblage de bâches en plastique, de papier goudronné et de tôle, avec parfois quelques carreaux de carrelage, le tout retenu par de grosses pierres ou des quelques parpaings de béton, ces structures résidentielles semblaient prêtes à s'effondrer dans l'eau à la moindre provocation » (Silver, 2008, P. 5) (illustration 2). Il décrit précisément dans ces premières pages les ensembles informels et leur proximité avec les tours de bureaux. Il marque lui-même son étonnement face à la quantité de « petits véhicules » et la présence des vendeurs ou de piétons sur la route, et pose rapidement la question : « Pourquoi Jakarta est si différente ? » (de ce qu'il connaît, ajouterais-je). Nigel Barley, anthropologue britannique, passe aussi par cette « expérience de Jakarta » relevant les éléments pittoresques : « Des habitations pour les classes moyennes y côtoyaient des logements pour les pauvres. Sur les artères principales s'ouvraient des ruelles grouillantes de monde, où l'on vivait comme dans un village et non dans une ville. [...] Des vendeurs de rue erraient sans but. Une femme folle courait dans le quartier en grimaçant. Des deux côtés de la rue coulaient, ou plutôt stagnaient, des égouts à ciel ouvert, bloqués par les détritus » (Barley, 1988, p. 40). Ainsi, des consultants allant travailler pour le gouvernement indonésien (Silver était consultant, employé par le bureau national de planification et de développement indonésien) maintiennent ces discours orientalisants, interdisant à Jakarta d'être considérée comme d'autres villes dites occidentales.

Au-delà, il est intéressant de voir que ces représentations de l'altérité dans la ville sont totalement appropriées et intégrées par les analyses locales. En effet, le schéma directeur de Jakarta – plus précisément le document académique de diagnostic (JAKARTA DKI, 2009) rédigé par des experts et universitaires mandatés par les services municipaux (plusieurs sont des enseignants au département d'*urban planning* de *Universitas Indonesia*) – fait la synthèse des enjeux d'aménagement à résoudre à Jakarta. Il rassemble

[11] « *Here I passed what is best described as an interlocking assemblage of makeshift structures held by poles and perched precariously above the inky black water of the canal. With walls of bamboo held together by assorted scrapes of wood, roofs configured out of a combination of plastic, tar paper and metal sheets, and occasionally some ceramic tiles, all held down by large stones or chunks of discarded concrete, these residential structures appeared ready to topple into the waterway at the slightest provocation* » (traduction personnelle). L'ouvrage date de 2008 mais son texte relate sa première arrivée en octobre 1989.

les défis et les problèmes auxquels le schéma directeur doit répondre. Sont ainsi recensés les points traditionnels stigmatisant ce que l'on pourrait appeler le « sudisme » de la ville : les « *three S* » qu'un des professeurs/ consultants m'avait présentés : *informal sector, slum, sprawling urbanization*. Les maux de la ville sont condensés dans ce triptyque : la responsabilité du secteur informel dans les dysfonctionnements du marché, les embouteillages et les problèmes de trains, le maintien de bidonvilles, autant de traces de non-modernité qui persistent dans la ville, produisant une croissance urbaine non maîtrisée et qui s'étire spatialement. On retrouve ici la stigmatisation à l'endroit de certains types d'habitats ou de quartiers qui produit une altérité dans la ville.

Illustration 2 – **La description des bidonvilles de Christopher Silver en image : précarité des installations au cœur de la ville**, © Dietrich, 2012

Silver énonce dès son introduction le défi posé aux aménageurs de répondre aux besoins des pauvres tout en modernisant la métropole (2008, p. 5-6). Ainsi la modernité de la pauvreté n'est absolument pas envisagée, elle est même présentée comme un obstacle au bon développement urbain. Cela confirme que cette perception du Sud ou des Suds et de leurs formes urbaines domine toujours dans la littérature, dans les analyses académiques ou dans celles des experts. C'est d'ailleurs ce qui a justifié la mise en place des aides (aux formes variées : conseil, prêts, financements de projets, etc.) que j'ai recensées dans les quartiers d'enquête. Ces images restent donc dominantes et participent, au-delà de représentation, à la production de politiques urbaines concrètes. Cela s'explique non seulement par la diffusion de la littérature scientifique qui reproduit une domination coloniale (Roy, 2009), mais aussi par la circulation des élites urbaines : nombre d'entre elles ont fait leurs études supérieures dans les pays du Nord : master ou doctorat en Australie, aux Pays Bas ou encore en France (cette affirmation est appuyée sur les rencontres effectuées dans les services gouvernementaux et municipaux de l'aménagement de la capitale). Ces images des villes des Suds « apocalyptiques » (Roy, 2009) sont alors identifiées comme les témoins d'une histoire coloniale lourde, c'est pourquoi leurs traces sont la cible directe des politiques de l'aménagement urbain : leur effacement est un véritable programme politique. C'est notamment sur cette base que le dernier gouverneur de Jakarta (Joko Widodo) a été élu, puis porté à la Présidence de tout le pays.

Derrière ces éléments, une forme de continuité historique doit être soulignée dans les représentations de l'altérité. Si les formes d'organisation de l'espace urbain et résidentiel évoluent, la pérennité de l'« imaginaire de modernité » appuie la recomposition des inégalités sociales : les appropriations spatiales asymétriques et la stigmatisation des populations qui ne peuvent accéder à ce mode de vie témoignent des nouvelles modalités de la domination dans la ville et accentuent la perception de fracture entre les citadins.

CONCLUSION : « LE CENTRE PEUT CHANGER DE COULEUR MAIS LES MARGES RESTERONT »[12] (Crush, 1994, p. 346)

Cet article questionne la production de l'altérité dans les villes dites « du Sud ». À différentes échelles et selon les contextes et formes de la mondialisation, les représentations se recomposent au gré des références d'une prétendue modernité. La géographie culturelle, en prenant en charge une analyse de la production des discours et de leurs implications, permet de mettre au jour les normes dominantes en identifiant ses filiations anciennes et structurantes et ses recompositions plus contemporaines.

Plus encore, la démarche critique en géographie portée par les *postcolonial studies* ne se réduit pas à pointer la stigmatisation des différences par les populations dominantes mais prend en charge explicitement le rôle ou le statut de l'espace dans la construction de l'altérité. Si d'une part, la modernité est posée comme exigence dans la transformation de l'espace urbain, la production d'une altérité est d'autre part profondément liée aux images de la pauvreté. Cela se fait en s'appuyant sur l'espace : au final, il ne s'agit plus de dire qui est pauvre afin de mettre en œuvre une aide adaptée, mais plutôt de déterminer qui peut être considéré comme citadin ou pas et comment faire

[12] « *The center may change its hue, but the margins will remain* » (traduction personnelle).

pour que ces « pauvres » évoluent comme des « citadins modernes » ou n'occupent plus l'intérieur de l'espace urbain.

BIBLIOGRAPHIE

BACKOUCHE Isabelle, RIPOLL Fabrice, TISSOT Sylvie VESCHAMBRE Vincent (dir.), 2011, *La dimension spatiale des inégalités. Regards croisés des sciences sociales,* Rennes, Presses Universitaires de Rennes, coll. « Géographie sociale », 358 p.

BAKKER Karren, 2007, « Trickle down? Private sector participation and the pro-poor water supply debate in Jakarta, Indonesia », *Geoforum,* vol. 38, n° 5, p. 855-868.

BARLEY Nigel, 1988, *L'anthropologie n'est pas un sport dangereux*, Paris, Éditions Payot, 288 p.

BRENNER Neil, PECK Jamie, THEODORE Nik, 2010, « Variegated neoliberalization: Geographies, modalities, pathways », *Global Networks*, vol. 10, n° 2, p. 1-41.

CHANDOKE Neera, 1991, « The post-colonial city », Economic and Political Weekly, vol. 26, n° 50, p. 2868-73.

CHOPLIN Armelle, 2012 « Désoccidentaliser la pensée urbaine », *Métropolitiques*, 4 p.

COCHRANE Allan, 2008, *Understanding urban policy. A critical approach*, Londres, Blackwell, 188 p.

CONNELL Raewyn, 2007, *Southern theory. The global dynamics of knowledge in social science*, Polity Press, Unwin, 271 p.

COLLIGNON Béatrice, 2007, « Note sur les fondements des *postcolonial studies* », *EchoGéo*, n° 1. https://echogeo.revues.org/2089

CRUSH Jonathan, 1994, « Post-colonialism, de-colonization, and geography », *in* Anne Godlewska, Neil Smith (dir.), *Geography and Empire*, Oxford, Blackwell, p. 333-50.

DAVIS Mike, 2004, « Planet of slums: urban involution and the informal proletariat », *New Left Review,* vol. 26, p. 5-34.

DICK Howard Want, RIMMER Peter J., 1998, « Beyond the third world city: the new urban geography of South-east Asia », *Urban Studies,* vol. 35, p. 2303-21.

DIETRICH Judicaëlle, 2014, « Néolibéralisation des politiques de traitement de la pauvreté à Jakarta, des inégalités aux injustices », *justice spatiale/spatial justice*, n° 6. http://www.jssj.org

DIETRICH Judicaëlle, 2015, *Une géographie de la pauvreté à Jakarta. Espaces de la pauvreté et places des pauvres dans une métropole contemporaine*, thèse de doctorat, Université Paris-Sorbonne, 626 p.

EDENSOR Tim, JAYNE Mark (dir.), 2012, *Urban Theory beyond the West: A World of Cities*, Londres/New York, Routledge, 382 p.

FORBES Dean, 1997, « Metropolis and megaurban region in Pacific Asia », *Tijdschrift voor Economische en Sociale Geograpfie,* vol. 88, p. 457-68.

HANCOCK Claire, 2007, « "Délivrez-nous de l'exotisme" : quelques réflexions sur des impensés de la recherche géographique sur les Suds (et les Nords) », *Autrepart*, n° 41 « On dirait le Sud », p. 69-81.

JAKARTA DKI, 2009, *Naskah Akademis RTRW DKI Jakarta 2010-2030* (rapport académique pour la planification spatiale de Jakarta DKI), Gouvernement provincial de Jakarta.

JESSOP Bob, 2002, « Liberalism, neoliberalism and urban governance: a state-theoretical perspective », *Antipode*, vol. 34, n° 3, p. 452-472.

KELLY Philip F., 1999, « Everyday urbanization: the social dynamics of development on Manila's extended metropolitan region », *International Journal of Urban and Regional Research,* n° 23, p. 283-303.

LEITNER Helga, PECK Jamie, SHEPPARD Eric (dir.), 2007, *Contesting neoliberalism: urban frontiers*, New York, Guilford Press, 340 p.

LOUISET Odette, RETAILLÉ Denis, 2014, « Actualité de l'aire culturelle. Comment prendre en charge l'hypostase et la géopolitisation de la culture dans l'aire ? », table ronde au colloque international de Cerisy, *Le « tourment » culturel*, 22-27 septembre 2014.

MASSIAH Gustave, TRIBILLON Jean François, 1987, *Villes en développement : essai sur les politiques urbaines dans le Tiers-monde*, Paris, La Découverte, 320 p.

McCANN Eugene, 2011, « Veritable inventions: cities, policies, and assemblage », *Area*, vol. 43, n° 2, p. 143-147.

McGEE Terry G. and ROBINSON Ira M. (dir.), 1995, *The mega-urban regions of Southeast Asia*. Vancouver, UBC Press, 384 p.

McGee Terry G., 1991, « The Emergence of 'Desakota' Regions in Asia: Expanding a Hypothesis », in N. Ginsberg (ed.), *The extended metropolis: settlement transition in Asia,* University of Hawaii Press, Honolulu, p. 3-26.

MONNET Jérôme, 2010, « Dissociation et imbrication du formel et de l'informel : une matrice coloniale américaine. », *Espaces et sociétés*, n° 143, p. 13-29.

MORANGE Marianne, FOL Sylvie, 2016, « Ville, néolibéralisation et justice », *Justice spatiale/Spatial justice*, n° 6. http://www.jssj.org

ONG Aihwa, 2006, *Neoliberalism as exception: mutations in citizenship and sovereignty*, Durham, Duke University Press, 304 p.

PECK Jamie, 2001, « Neoliberalizing states: thin policies/hard outcomes », *Progress in Human Geography*, vol. 25, n° 3, p. 445-455.

PERMANADELI Risa, TADIÉ Jérôme, 2014, « Understanding the imaginaries of modernity in Jakarta: a social representation of urban development in private housing projects », *Papers on Social Representations*, vol. 23, p. 22.1-22.33.

RADCLIFF Sarah A., 1997, « Different heroes: genealogies of postcolonial geographies », *Environment and Planning D: Society and Space,* vol. 29, p. 1331-33.

RIPOLL Fabrice, 2006, « Peut-on ne pas être postcolonial ?... surtout quand on est géographe », *EspacesTemps.net*, Livres. http://www.espacestemps.net /articles/peut-on-ne-pas-etre-postcolonial-surtout-quand-on-est-geographe/

ROBINSON Jennifer, 2006, *Ordinary cities: between modernity and development*, London, Routledge, 204 p.

ROY Ananya, ONG Aihwa, 2011, *Worlding cities: Asian experiments and the art of being global,* Oxford, Wiley-Blackwell, 376 p.

ROY, Ananya, 2009, « The 21st century metropolis: new geographies of theory », *Regional Studies*, vol. 43, p. 819-830.

SASSEN Saskia, 2012, « Mégarégions et villes globales, De nouvelles configurations spatiales pour l'intégration urbaine », *La vie des idées*, dossier « La ville équitable » [en ligne]. http://www.laviedesidees.fr/Mega regions-et-villes-globales.html

SILVER Christopher, 2008, *Planning the megacity, Jakarta in the XXth century*, Oxford, Routledge, 272 p.

SKLAIR Leslie, 2006, « Iconic architecture and capitalist globalization », *City*, vol. 10, n° 1, p 21-46.

SÖDERSTRÖM Ola, 2012, « Des modèles urbains "mobiles" », « Modèles urbains », *Urbanisme,* n° 383, p. 43-45.

VERDEIL Éric, 2005, « Expertises nomades », *Géocarrefour*, n° 3, 96 p.

YEOH Brenda S.A., 2001, « Postcolonial cities », *Progress in human geography*, vol. 25, n° 3, p. 456-468.

PARTIE III

ESTHÉTIQUES ET SAVOIRS GÉOGRAPHIQUES

L'IMAGE DANS L'ÉCRITURE GÉOGRAPHIQUE : ENJEUX ÉPISTÉMOLOGIQUES ET VALEUR HEURISTIQUE

RÉFLEXIONS AU DÉTOUR DES « TABLEAUX GÉOGRAPHIQUES »

Writing with pictures: epistemological issues and heuristic values in geography. Some thoughts on geographical "tableaux"

Vincent BERDOULAY [1]
SET UMR 5603 CNRS et Université de Pau et des Pays de l'Adour

Paulo C. DA COSTA GOMES [2]
*Département de géographie,
Université Fédérale de Rio de Janeiro*

Jean-Baptiste MAUDET [3]
SET UMR 5603 CNRS et Université de Pau et des Pays de l'Adour

Résumé : Le but de l'article est de contribuer à comprendre en quoi l'image peut constituer un moyen de connaissance géographique, plus précisément d'en apprécier la valeur heuristique. Les enjeux épistémologiques sont d'abord identifiés en remarquant qu'ils ont des racines qui remontent à l'Antiquité grecque. Ils sont ensuite repris en réfléchissant à certains types d'usages que les géographes ont fait de l'image au cours de l'histoire : illustrer, schématiser, contempler. Puis, l'interaction entre texte et image est tout particulièrement abordée sous l'angle du tableau géographique.

Mots-clés : image, épistémologie, histoire de la géographie, tableau géographique

Abstract: *The objective of this paper is to contribute to the understanding of the ways through which the image can function as a means of geographical knowledge, and more particularly to explore its heuristic value. Firstly, main epistemological issues are identified by noting that they have roots going back to Greek Antiquity. Then, they are examined through a reflection on different utilizations that geographers have made of the image throughout time: contemplating, illustrating, schematizing. Finally, the interaction between text and image is particularly approached from the point of view of the geographical tableau.*

Keywords: *image, epistemology, history of geography, geographical tableau*

[1] Courriel : vincent.berdoulay@univ-pau.fr

[2] Courriel : pccgomes@yahoo.com.br

[3] Courriel : jean-baptiste.maudet@univ-pau.fr

Dans le domaine de la connaissance, et en particulier telle que nous l'envisageons en sciences humaines et sociales, l'image occupe une place ambivalente. Tantôt portée aux nues par son puissant pouvoir d'évidence et d'immédiateté, tantôt jetée aux orties en raison d'une superficialité trompeuse et d'une apparence implicitement coupable de quelque chose. La force de l'évidence d'un côté, la défiance de l'apparence de l'autre : il est sans doute impossible de lever cette ambivalence en opposant dos à dos des théories antithétiques de la connaissance, sans risquer de forcer abusivement les traits de l'image.

Les images sont en effet si diverses dans leur matérialité, leur usage et leur intention, qu'il n'est pas possible d'élaborer dans les limites de cet article un discours général sur ce qu'elles sont essentiellement. Nous proposons de réduire le champ d'analyse au statut de l'image dans le raisonnement géographique, en particulier sur un « genre » qui a marqué l'histoire de la géographie européenne : le « tableau géographique » tel qu'il a été pratiqué par Humboldt et Vidal. Pour ce faire, nous clarifierons quelques grands enjeux épistémologiques de l'utilisation des images et de la variété de leur valeur heuristique.

Si la réflexion prend comme ancrage le cas de la pensée géographique, nous pensons qu'il est alors indispensable de situer les images vis-à-vis du texte[4]. Malgré le statut dominant du texte et des mots comme véhicules de la connaissance, il est cependant nécessaire de souligner que l'image semble actuellement susciter une adhésion renouvelée au sein des sciences humaines et sociales. Les soupçons issus de la crise de la modernité, qui menacent certaines ambitions positivistes de la connaissance scientifique, contribuent peut-être à replacer l'image dans une totalité sensible susceptible de mieux dire le monde que ses reconstructions par le discours. L'image filmée et sonore, en l'absence de tout commentaire et derrière l'apparence du dénuement interprétatif, porterait même une pluralité de significations ouvertes dont les vertus scientifiques paraissent plus fécondes. En somme, le statut de l'image aujourd'hui se situerait à la fois dans une infériorité et une supériorité heuristique vis-à-vis du dire, une position paradoxale qu'il convient d'explorer.

L'histoire de la pensée géographique témoigne de la diversité des recours qui ont été faits à l'image. Cartes, dessins, gravures, schémas, photographies, films etc. ont accompagné le travail des géographes, sans compter la profusion des représentations que permettent aujourd'hui l'informatique, la

[4] Nous tenons à remercier Marc Brosseau (Université d'Ottawa) et Olivier Soubeyran (Université de Grenoble-Alpes), dont les réflexions lors de la tenue à Cerisy d'une table ronde sur l'image dans la pensée géographique ont nourri certains développements proposés dans cet article collectif.

télédétection et les systèmes d'information géographique. L'intérêt accru que portent les géographes aux représentations les a conduits à se tourner également vers des sources d'information telles que les tableaux de peintres, ainsi que d'autres productions iconographiques dont le premier usage n'est pas à proprement parler géographique.

Notre propos souhaite contribuer à analyser la façon dont les géographes ont pu travailler avec les images, en tirant parti de la capacité de l'image à constituer un vecteur à part entière de découverte, de rhétorique et de connaissance. Pour cela, nous allons dans un premier temps identifier certains des principaux enjeux qui ont conditionné le recours à l'image en géographie et qui ont pu lui conférer des statuts épistémologiques différents, selon qu'il s'agisse de connaître, de mettre en discours et de faire comprendre. Dans un deuxième temps, nous concentrerons la réflexion sur le genre scientifique singulier que constitue le tableau géographique, fondé sur l'interaction entre texte et image.

QUELLES LOGIQUES DANS L'USAGE SCIENTIFIQUE DES IMAGES ?

Logiques de connaissance : des géographes prudents vis-à-vis de l'image

Afin de ne pas diluer la notion d'image dans celle, plus générale, de représentation, il est utile d'abord de l'associer à celle de visuel et de support matériel. Celui-ci peut être très divers : papier, toile, son, film, pixels, végétal, minéral etc. Le support matériel de l'image et son autonomie permettent de se re-présenter quelque chose, et en ce sens, elle est moins vue qu'elle ne permet de rendre visible (Mondzain, 2003). En somme, l'image « fait voir » plus qu'elle n'est vue. Étendu aux limites de la notion, c'est-à-dire là où elle tend à se confondre avec celle de représentation, ce support peut être textuel – cas limite sur lequel nous reviendrons où l'imagination, au sens de mise en image mentale, procède du texte.

En « présentant à nouveau » (ce qui peut constituer une autre façon de traduire la notion simplement mimétique de représentation), l'image rend visible quelque chose que l'on ne verrait pas autrement. Le paysage illustre bien ce point de vue. Quoique banals pour nous aujourd'hui, la notion et le mot « paysage » n'existaient pas en Occident avant la fin du Moyen-Âge (Schmithüsen, 1973 ; Berque, 1995). Le mot paysage a d'abord désigné un tableau (une peinture) ; ensuite, ce que ce mot et cette image (le tableau) permettaient de voir est devenu une façon de percevoir une partie de l'espace environnant. C'est l'environnement mis à distance, un objet perçu par un sujet qui lui est extérieur. Même si l'usage second du terme s'est bien sédimenté, il n'en reste pas moins que, en raison de son histoire, il existe une ambiguïté quant à son référent. Les débats incessants sur l'acception géographique de la notion de paysage ont conservé la marque de cette ambiguïté, selon qu'on la tire du côté de la représentation ou de celui de la « réalité » environnante. Le rappel de cet exemple renvoie à la question élémentaire qui se pose de façon récurrente en géographie : l'image est-elle une représentation fidèle et fiable de la réalité extérieure ?

Si, dans la pratique, les géographes ont souvent eu tendance à se méfier des images – beaucoup moins quand elles étaient d'ordre cartographique –, c'est qu'ils composent, comme dans d'autres domaines de la connaissance, avec des conceptions scientifiques et philosophiques contradictoires.

Il existe souvent parmi les géographes, à l'égard de l'image, une suspicion de fausseté, de biais représentationnel, de déformation de la réalité. C'est déjà le cas au sujet des cartes, pourtant si valorisées en géographie, envers lesquelles Karl Ritter se montrait réticent. Reclus s'en méfiait (Ferretti, 2007) et Camille Vallaux en critiquait l'usage et la valeur explicative (Vallaux, 1924). Or ce type d'attitude possède des racines épistémologiques anciennes. Il s'inscrit dans la longue tradition occidentale du statut épistémologique ambivalent accordé au visuel et à l'œil donnant des informations sur la réalité.

La première grande formulation épistémologique de la méfiance à l'égard de l'image remonte à Platon (Mondzain, 2003). Pour le platonisme qui en découle, l'image trompe, détourne de la vérité, séduit les esprits faibles. Il est essentiel de ne pas confondre l'image avec ce qu'elle représente. Et il n'est donc pas possible de construire sur elle un savoir. Mais, dès l'Antiquité, cette orientation épistémologique n'est pas hégémonique. Aristote inaugure une tradition moins méfiante grâce à la valorisation de la démarche inductive. Pour Aristote, l'image, aussi approximative soit-elle, sert à transmettre de l'information, à éduquer l'esprit, et elle peut conduire à la connaissance par l'intermédiaire du plaisir qu'elle procure. Certes, pour les deux orientations, l'image est bien un objet second par rapport à ce qu'elle représente. Mais pour le courant aristotélicien, la relation de ressemblance permet aux différents individus de partager une vision du monde. Ainsi l'image, même fragile, incertaine, instable, s'offre au débat. Pour discuter, argumenter, raisonner dans l'incertitude, l'image mobilise la rhétorique et, ce faisant, la confrontation des points de vue qu'elle organise constitue un des fondements de l'approche démocratique. Rhétorique et politique sont des thèmes aristotéliciens dont la portée dans la pensée géographique n'est pas négligeable (Berdoulay, 1988b) et qui, en conséquence, nous invitent à réévaluer positivement le rôle de l'image en géographie.

Ces deux polarités épistémologiques qui remontent à l'Antiquité se retrouvent à des degrés divers dans la pensée géographique occidentale. Pour notre propos, on retiendra surtout que le visuel est valorisé dès lors qu'il est fortement associé à la volonté de mesure, à la connaissance rationnelle et scientifique du monde, comme pendant la Renaissance italienne ou le siècle des Lumières, ou bien quand il permet – nous le développons ci-après – la contemplation en tant que moyen de compréhension, comme chez Humboldt (1989 [1810]).

Quant à l'attitude critique vis-à-vis de l'image, si présente dans la géographie universitaire, elle s'est vue amplifiée par le structuralisme, pour lequel l'image peut masquer la structure. La réaction postmoderniste n'a pas changé fondamentalement le point de vue. Foucault, Lacan, Debord, Lefebvre, Irigaray ont rejeté l'ordre visuel moderne établi par les pouvoirs sociaux qu'ils dénoncent, consacrant de façon hégémonique le rejet de l'image (Jay, 1995). Or, l'impact de cette « *French theory* » a été, et est encore, très important dans la géographie anglophone et dans les nombreux travaux qu'elle inspire ailleurs dans le monde. Ces auteurs partagent l'idée d'un décalage entre les choses telles qu'elles se présentent et ce qu'elles sont, l'image servant en quelque sorte à cacher les véritables enjeux qu'il s'agit alors de dévoiler (Mitchell, 2000). Même les études qui ont privilégié l'analyse d'images, comme des peintures, ont surtout mis en évidence le poids des idéologies qu'elles révèlent (Cosgrove, 1993 ; Daniels, 1993).

En dépit de la critique du statut des images dans le registre de la connaissance par de nombreux postmodernistes, le contexte épistémologique est évidemment plus complexe. En effet, et pas seulement en écho aux ambiguïtés de la phénoménologie elle-même, il existe un effort de valorisation du visuel comme voie d'accès au sensible et à la diversité du monde et de son expérience par les êtres humains (Merleau-Ponty, 1964 ; Lyotard, 1971 ; Stafford, 1996). L'idée est de ne pas réduire l'étude de l'image à ses seuls aspects sémiotiques, comme si elle était exclusivement un texte, et de se tourner vers les processus de visualisation et vers la caractérisation d'une pensée visuelle (Arnheim, 1976). En géographie aussi, il est possible de tirer parti d'une interprétation spatiale des images et du phénomène même de visibilité (Gomes, 2013).

Prolongée par le climat postmoderne de défiance vis-à-vis des connaissances objectives, l'image, privée de tout commentaire qui viserait à la contextualiser ou qui prétendrait l'analyser, tend dans certains usages à devenir une forme de connaissance devant se suffire à elle-même. Dans une certaine mesure, les canons actuels de l'anthropologie visuelle refusant toute « voix off » en appui de l'image en témoignent, alors même que le contexte de visualisation de ces images est généralement susceptible de réintroduire un discours qui redéfinit une interprétation des images proposées. Dans un registre comparable, le succès mondial du magazine « d'actualité internationale en images » produit par Euronews intitulé *No Comment*, ne tient sans doute pas seulement au caractère universellement compréhensible et exportable d'images sans paroles. Il tient aussi à une forme de plus-value informationnelle qui reposerait paradoxalement sur une absence de commentaires, suspectés de déformer à leur tour ce qu'il suffirait de voir. Il n'y a qu'un pas à considérer que les images portent en elles une forme de pensée visuelle, indépendante de tout discours sur elles et réfractaire à toute transposition explicative visant à en dégager un sens univoque et communicable. Apparaît ici une ligne de crête étroite entre une posture épistémologique souhaitant préserver et valoriser l'intelligence indicible de l'image et une posture anti-intellectuelle qui confine au déni même du projet scientifique de transmission universelle des connaissances.

Logiques de discours : quelle rhétorique de l'image en géographie ?

On pourrait ainsi, en résumé, distinguer deux logiques de connaissance qui conditionnent la place accordée à l'image dans la compréhension du monde. D'une part, une logique propositionnelle, basée sur l'argumentation, à dominante syntaxique, grammaticale, linéaire. C'est la logique du discours argumentatif, qui se déploie sous forme textuelle. D'autre part, une logique imaginative, basée sur la perception visuelle, à dominante compositionnelle, relationnelle, suggestive, voire émotionnelle. C'est la logique qui donne sa force au visuel comme moyen de compréhension et permet de saisir synthétiquement une composition. Bien sûr, ces deux logiques se recoupent largement et se renforcent mutuellement. Elles peuvent se retrouver dans le même document, notamment cartographique comme c'était souvent le cas avant le XVIIe siècle. Toutes deux partagent une capacité à faire voir, imagée ou imaginante. Le procédé rhétorique de la métaphore s'exprime alors autant par les mots que par le visuel (Berdoulay, 1982 et 1988a).

Les deux logiques sont, en fait, très dépendantes l'une de l'autre : les mots disent ce que représente l'image, tout comme celle-ci vient renforcer ce que le texte veut exprimer. La carte de Matthew Paris dans sa *Chronica majora,* du XIIe siècle, et l'*Atlas catalan* attribué à Abraham Cresques, du XIVe siècle, sont de bons exemples de la façon de combiner plusieurs moyens de transmettre la vision du monde : lignes et autres conventions cartographiques de l'époque, dessins (monuments, rois, animaux etc.) et courts paragraphes de texte répartis en divers endroits de la carte. Tout cela a contribué à créer un imaginaire des lieux, les codes étant alors relativement variables et moins stabilisés que ceux qui s'imposeront aux XVIIe et XVIIIe siècles. On sait aussi que dans les cartes du monde où se trouvent des terres inconnues, de petites images, souvent d'êtres fantastiques, venaient combler les vides. Mais que le texte soit superposé comme autrefois à la carte ou à l'image, ou simplement juxtaposé comme c'est le plus souvent le cas, il faut remarquer que la narrativité est présente dans les deux logiques : le récit existe grâce aux mots, mais il sert aussi à structurer ce que l'image raconte.

Les deux logiques sont liées aussi, quoique différemment, à l'imagination, c'est-à-dire à cette capacité mentale à jouer avec des images et à en créer d'autres. C'est d'ailleurs ce qui a retenu l'attention des géographes qui ont réfléchi à l'enseignement de leur discipline. De Mackinder à Kropotkine en passant par Ghisleri, de nombreuses voix se sont élevées pour promouvoir et solliciter l'imagination des apprenants afin d'enseigner la géographie (Schmidt, 2010). Or cette capacité utilise l'imaginaire, cet ensemble d'images dont les arrangements peuvent produire des significations nouvelles.

Ainsi, malgré le poids de la tradition dépréciative relative au pouvoir de l'image que nous venons d'évoquer en épistémologie, les géographes n'ont pas cessé de mobiliser abondamment le visuel. Leur intérêt ancien pour la carte et la place centrale qu'elle a pu occuper dans certains projets géographiques n'y est certainement pas étranger, quoiqu'ils aient pu les détourner d'un plus grand investissement dans d'autres formes d'images.

Montrer, schématiser et contempler : retours sur l'iconographie de l'écriture géographique

Différentes manières de travailler avec des images ont façonné diversement la constitution de la géographie. Au-delà de la seule cartographie, trois grands types d'usages (partiellement complémentaires) se distinguent dans l'évolution de la pensée géographique.

Montrer

Un grand type d'usage de l'image par les géographes, certainement celui qui vient le plus immédiatement à l'esprit, est celui visant à compléter, illustrer voir embellir les descriptions et les explications. Nous avons déjà évoqué que l'image a longtemps été associée à la carte. La cartographie produite par les Blaeu au XVIIe siècle est justement célèbre pour la qualité picturale de cette association. Celle-ci a perduré jusqu'au XIXe siècle, notamment dans les frontispices de nombreux atlas, avec une charge symbolique et allégorique importante (Hernando, 2009). Dès la fin du XVIIIe siècle, s'est développé pour illustrer des textes géographiques le recours à des gravures qui reprenaient aux peintres de paysage l'idée de composition type. Mais c'est véritablement avec Humboldt que les gravures commencent à représenter des paysages tels que visibles dans la nature. Progressivement, avec les progrès de la technique photographique à la fin du XIXe siècle, les images illustrant les volumes de géographie ont eu l'ambition de montrer la réalité au même titre qu'un naturaliste était censé le faire.

Cette période de transition entre le dessin et la photographie a fait que chez certains auteurs, voire au sein d'une même publication, se trouvent parfois juxtaposées des images tantôt allégoriques, tantôt à visée réaliste. Certaines poursuivaient l'objectif consistant à montrer des sites exceptionnels ou emblématiques, voire des personnes censées être typiques des lieux décrits, sans pour autant les mettre en rapport avec ce que l'on pouvait voir réellement dans le paysage. Même les gravures qui parsèment la *Nouvelle géographie universelle* d'Élisée Reclus et qui comportent une bonne part d'innovation, illustrent encore cet éventail de possibilité illustrative (Reclus, 1876-1894). Plus caractéristiques encore, les gravures situées en tête de chapitres dans *L'Homme et la Terre*, sont évocatrices de valeurs chères à Reclus, motivant des images le plus souvent allégoriques, sans véritable inscription géographique (Reclus, 1905-1908). En revanche, dans la pratique picturale de son cousin Franz Schrader, et parallèlement à son souci de la mesure, l'impact de la technique photographique apparaît plus nettement. À mesure que celle-ci s'affirme, le rôle dévolu à la pratique de la peinture de paysage dans le regard géographique change : de révélatrice des formes du relief, la peinture devient moyen de saisir les ambiances (Berdoulay et Saule-Sorbé, 1998 et 1999).

Pour ce qui est de la photographie, on a pu distinguer à propos de la géographie française du début du XXe siècle deux orientations liées aux noms d'Emmanuel de Martonne et de Jean Brunhes (Mendibil, 1993). Au premier est associée une tradition de recueil de données, froid et technique, sans commentaires élaborés. La photo joue un rôle accessoire, simple illustration de la morphologie du paysage. Il est significatif que de Martonne abandonna progressivement la photo pour le bloc-diagramme qu'il trouvait plus analytique et explicatif de la structure et de la genèse des paysages. Jean Brunhes aussi faisait peu de commentaires sur la photo elle-même qui, pour lui, doit servir de preuve objective (Robic, 1993). Mais chaque photo était une illustration d'un phénomène qui entrait dans son système explicatif de l'occupation humaine du sol, c'est-à-dire que chaque photo était au service de typologies et de la théorie. Selon Mendibil (2006), cette division entre deux pratiques différentes de l'iconographie dans la géographie française serait due au « flou » avec lequel l'image aurait été abordée par Vidal de la Blache, le pionnier du système iconographique de la géographie classique. À la lumière de nos analyses précédentes, une autre interprétation peut être avancée. Le flou attribué à Vidal de la Blache ne serait-il pas plutôt l'effet d'un parti pris esthétique et heuristique différent, dans la mesure où son argumentation elle-même fait largement appel à une logique imaginative fondée sur la mise en mot d'un visuel ? C'est manifeste dans son *Tableau de géographie de la France* (1903) sur lequel nous reviendrons dans notre troisième partie.

Schématiser

Nous avons mentionné comment de Martonne est passé de la photo au bloc-diagramme. Par le trait d'un croquis, le géographe dessine un paysage pour en dégager les grandes composantes. Beaucoup de géographes ont excellé dans cet exercice et plusieurs sont auteurs de remarquables dessins (tels E. de Martonne ou P. Deffontaines). À bien des égards, en cherchant par le croquis à dégager les lignes de force d'un paysage, en insistant sur la structure, le géographe se rapproche du principe de la modélisation. Ce sont en fait plus à des typologies que ces maîtres du croquis aboutissent généralement, mais leur travail a incontestablement servi à faire avancer la mise en évidence des structures dans le paysage et la notion même d'organisation de l'espace.

La démarche de schématisation a trouvé un moment privilégié dans la géographie française des années 1980-1990 avec le succès de la notion de « chorème » : selon Roger Brunet, ce sont des formes spatiales élémentaires dont les diverses combinaisons permettent de rendre compte de la totalité des structures géographiques observables (Brunet, 1980). Cette démarche apportait au souci ancien de produire des modèles graphiques un aspect systématique (Ferras, 1993). L'inspiration structuraliste, dans la foulée des travaux de R. Jakobson ou C. Lévi-Strauss, est évidente. L'ambition était bien d'établir une grammaire des formes. Elle conduit à l'utilisation d'images qui ne sont plus que des épures de certains phénomènes de distribution ou de communication. Il s'agit alors d'une imagerie qui, comme nous l'évoquions précédemment, entretient une relative séparation d'avec son référent, en ce sens que l'essence du phénomène n'a qu'un rapport distant avec son apparence. Là encore, les images qui sont produites s'écartent volontairement de l'immédiateté de ce qui est vu et qui pourrait nous tromper, afin d'échapper à « la tyrannie du visuel » (Raffestin, 1989, p. 27 ; voir aussi Denègre et Salgé, 2004).

Contempler

Enfin, retenons ici la contemplation car, même si elle trouve sa réalisation dans le rapport visuel direct de l'observateur avec le monde, elle se prête souvent en retour à la représentation de celui-ci sous la forme de l'image. La carte a longtemps constitué une invitation à cette contemplation édificatrice (avec les inserts de dessins et textes qu'elle comportait), de même que les gravures, les peintures, puis les photographies ont pu servir un objectif analogue.

Dans l'Antiquité grecque, la théorie (*theórein*) véhicule l'idée de contemplation : observer ce qui est essentiel, voir ce qui est divin ou transcendantal (Vernant, 1962), le divin correspondant simultanément à l'ordre qui structure le monde et à son résultat. Le terme « cosmos » est utilisé pour désigner le principe à la source du monde ainsi que le monde lui-même. Cette conception est caractéristique du stoïcisme, notamment chez Posidonius pour lequel les beautés de la nature sont autant de preuves de l'existence d'un dessein à l'œuvre sur terre et dans le cosmos (Glacken, 2000, p. 107-112). Mais elle a aussi fortement inspiré des travaux géographiques à d'autres époques par l'intermédiaire de la théologie judéo-chrétienne (*ibid.*, p. 265-293).

À l'époque de la Renaissance et au XVIIIe siècle, la contemplation est replacée en position centrale dans le processus de connaissance. L'expression de « théâtre du monde » pour désigner une production géographique montre bien l'importance accordée à la Renaissance au visuel et à la contemplation d'un spectacle (Broc, 1980 ; Besse, 2003). Le plein accomplissement de la démarche de connaissance se situe alors dans la contemplation permettant d'accéder à la compréhension de ce qui est essentiel dans le monde, de son ordre. Tout ce qui existe contribue donc à la perfection du monde, à son harmonie cosmique fondamentale, le défi pour la compréhension humaine étant donc de se rendre compte de cette valeur suprême que constitue l'harmonie du Tout, au-delà de l'observation scientifique de ses parties. La contemplation produit une connaissance synthétique qui en outre est en même temps une source de plaisir, à la fois esthétique et scientifique. À ce sujet, Alexandre de Humboldt énonce : « J'ai touché à un point important où, dans le contact avec le monde extérieur, à côté du charme que répand la simple contemplation de la nature, se place la jouissance qui naît de la connaissance des lois et de l'enchaînement de ces phénomènes » (Humboldt, 1848, p. 16).

Cette conception du cosmos, dans sa diversité, avec la variété des êtres, des choses et des formes, et l'ordre qui les relie, correspond volontiers à ce qui doit stimuler la curiosité scientifique. Parce que l'univers est divin et rationnel en même temps, bien le contempler permet de dévoiler ce qu'il y a de sublime mais aussi de logique dans l'ordre du monde. La découverte de cet ordre apporte le bonheur et le plaisir, la raison pouvant nous montrer l'ordre caché dans l'apparence des choses. La contemplation synthétique et imageante dans son mouvement holistique se distinguerait en cela de l'observation plus attachée au mouvement analytique de séparation des parties et des ordres.

C'est un point de vue qui a remarquablement perduré et que l'on retrouve à des degrés divers lors de la formation des grandes écoles de pensée géographique du XIXe siècle, qui ont été marquées par des conceptions antimécanistes, voire antipositivistes (Gomes, 1996). Chez des géographes tels que Humboldt, Ritter et Vidal de la Blache, la valorisation de ce qui est visible, de la physionomie et du regard holistique rappelle ainsi la démarche de compréhension des philosophes stoïciens. Les mots de Vidal de la Blache sont, à cet égard, exemplaires : « L'ordre des êtres, leurs formes et leurs rapports, couleurs et parties externes, la hiérarchie de leurs caractères et la différentiation visible qui l'exprime – tout cela représente finalement l'ordre même de la nature. Et le sentiment d'ordonnance qui nous prend devant la contemplation du monde, saisit dans son altérité l'immense mouvement de la vie, qui traverse l'horizon et quadrille les paysages. La terre est quelque chose de vivant » (Vidal, 1921, p. 13). C'est ce que Vidal appelait l'idée (en fait, une hypothèse de travail) de l'« unité terrestre » ou son disciple Jean Brunhes la « connexité » des phénomènes terrestres (Vidal, 1896 ; Brunhes, 1910). Cette idée de *Zusammenhang*, qu'affectionnait Carl Ritter, est fondatrice de la géographie classique où interagissent image du monde et manière de voir.

L'idée de contempler l'harmonie du monde ou du cosmos apparaît comme une première étape dans les recommandations pédagogiques visant l'enseignement de la géographie (Schmidt, 2010). Faute de pouvoir emmener les enfants sur le terrain, les enseignants devront favoriser toute image qui permettra d'évoquer l'unité terrestre et la diversité qu'elle subsume. Visant un public plus large, le projet du grand globe envisagé par Élisée Reclus va dans le même sens (Reclus, 1895 et 1901). Par son déplacement autour du globe, le visiteur-spectateur devait être activement sollicité pour contempler et s'interroger sur le monde, ce dont on trouve l'écho dans la Outlook Tower que son ami Patrick Geddes a fait construire à Édimbourg (Dunbar, 1974).

Par ailleurs, on est en droit de se demander si le retour récent de formes contemplatives d'appréhension du monde liées à un rapport non instrumental à notre environnement, telles qu'elles apparaissent par exemple de façon caricaturale dans certains mouvements *new age*, ne renouent pas avec des postures cognitives plus anciennes où pouvaient être associées des dimensions scientifiques, religieuses et philosophiques. Mais plus largement, le rapport iconographique au globe que nous habitons et la démultiplication des images du monde ne pourraient-ils pas être interprétés comme un sondage et une expression de notre géographicité contemporaine ?

Si montrer, schématiser et contempler peuvent être considérés comme trois grands types d'usage de l'image en géographique, ils se rejoignent sur un point dans leur intégration concrète à la production géographique : leur voisinage avec le texte. Plus ou moins présent, premier ou secondaire, simple toponyme, légende ou commentaire, le texte voisine presque toujours l'image au point de se demander si l'image seule suffirait à constituer un support scientifique.

En observant les relations textes/images, il est possible de dégager des paradoxes et des interférences qui brouillent les différences épistémologiques en apparence évidentes entre le statut du texte et celui de l'image au regard de la connaissance. D'abord, remarquons que le texte est une image et que les caractères alphabétiques ou les idéogrammes ont, à des degrés divers, une origine figurative qui les rattachent à la représentation imagée. Mieux, il est courant de considérer que la lecture d'un texte fait naître des images mentales et un travail d'imagination que l'on estime souvent comme étant plus puissant que celui issu de l'immédiateté visuelle des images elles-mêmes, de type photographique ou filmique. À l'inverse, l'image n'est pas un texte, mais il est fréquent pour la décrypter d'y associer une rhétorique textuelle consistant à la lire ou à mettre en évidence sa grammaire visuelle. Il existe donc des ponts entre les supports qui assimilent volontiers ce qui est regardé à une lecture et ce qui est lu à une vision. Autrement dit, l'image est travaillée par une forme de textualité au même titre que le texte se voit travaillé par une imagination et une représentation imagée suscitée par les mots.

Afin de comprendre ce que cela peut impliquer pour le statut de l'image dans la géographie, nous allons nous concentrer sur le cas particulier du tableau géographique où peut se déployer toute la force d'une logique imaginative exprimée textuellement.

LE TABLEAU GÉOGRAPHIQUE OU COMMENT LE TEXTE FAIT VOIR

Le cas du tableau géographique est particulièrement intéressant pour mieux cerner ce qui du texte peut passer dans l'image et inversement. Il semble effectivement que l'on puisse exprimer une image en mots, ne serait-ce qu'au simple moyen de la description. Pour autant, l'existence d'une interaction forte entre l'image et le texte n'implique pas nécessairement qu'ils sont de nature équivalente. Le penser reviendrait à dire que leurs modes de fonctionnement sont identiques et donc que les méthodes d'analyse valant pour l'un des deux seraient directement applicables à l'autre. Les tentatives faites en ce sens ont montré leurs limites.

De l'image-texte au « tableau » comme méthode de connaissance

C'est en effet ce que des géographes ont tenté à la suite des travaux de Clifford Geertz en anthropologie ou Robert Darnton en histoire, qui ont cherché à voir presque toutes les pratiques du monde social comme des textes à déchiffrer (Geertz, 1973 ; Darnton, 1985). C'était prolonger dans la discipline l'espoir d'une sémiologie générale telle que défendue par Roland Barthes par exemple (Barthes, 1964). C'est surtout dans les années 1970 et 1980 que cette démarche a eu le plus de succès en géographie (Duncan, 1990 ; Jackson, 1989 ; Senda, 1980). Le paysage surtout, mais aussi la vie régionale, l'aménagement des jardins et l'organisation de l'espace en général, ont été analysés comme des textes. Mais il en est ressorti clairement que beaucoup échappait à l'analyse (Berdoulay, 1985). Il s'agissait bien sûr de la dimension du vécu et de l'initiative individuelle qui ne pouvaient être saisies dans une démarche aussi objectivante, aussi liée à un schéma de la communication où se distinguent un émetteur et un récepteur. Mais, de façon plus générale, c'était soumettre l'image à un type d'analyse qui réduit la logique qui lui est propre. Il y a alors une perte liée, dans l'analyse, à une textualisation forte de l'image, qui fait perdre de vue ce qu'une logique imaginative permet de voir.

En revanche, on peut analyser du texte de façon à noter comment il peut faire image. Il ne s'agit pas pour lui de décrire une image, mais plutôt de la produire dans l'esprit du lecteur. Or c'est précisément ce que le tableau géographique vise à faire. Le « tableau » est une forme textuelle explicitement axée sur l'image. Plus que le concept de paysage devenu séparé de la simple image peinte sur une toile, qu'il était à l'origine, le tableau comme texte garde la marque du dispositif graphique qu'il est aussi. Pour cela, il s'associe bien à l'idée même d'une géo-*graphie*. De plus, texte ou peinture, il renvoie clairement à l'idée de cadrage, de composition, de découpage, effectués pour les besoins de l'analyse.

Michel Foucault (dès *Les mots et les choses*, 1966) fut un des premiers à percevoir la portée de la polysémie du terme tableau si caractéristique du vocabulaire scientifique de la fin du XVIIIe siècle au début du XIXe. Il en résume ainsi les fonctions : « La construction de tableaux a été un des grands problèmes de la technologie scientifique, politique et économique du XVIIIe siècle : aménager les jardins de plantes et d'animaux, et bâtir en même temps des classifications rationnelles des êtres vivants ; observer, contrôler, régulariser la circulation des marchandises et de la monnaie et construire par là même un tableau économique qui puisse valoir comme principe d'enrichissement ; inspecter les hommes, constater leur présence et leur absence, et constituer un registre général et permanent des forces armées ; répartir les malades, les séparer les uns des autres, diviser avec soin l'espace hospitalier et faire un classement systématique des maladies : autant d'opérations jumelles où les deux constituants – distribution et analyse, contrôle et intelligibilité – sont solidaires l'un de l'autre » (Foucault, 1975, p. 174). L'idée qui nous intéresse ici est la suivante. Pour Foucault, organiser les données scientifiques, politiques et économiques et les classer correspond à une activité liée de façon intime à celle de distribuer et d'ordonner les choses dans l'espace. Identifier et réunir des choses au sein d'une composition produit du sens. C'est pourquoi l'analyse des éléments qui composent un tableau constitue un défi épistémologique dans la mesure où nous cherchons à comprendre la signification de telle ou telle composition. Cette portée épistémologique du tableau va se prolonger au-delà du XVIIIe siècle. Elle sera renforcée par l'évolution de la peinture où le tableau devient une représentation autonome, cohérente, capable de faire comprendre de façon sensible les rapports complexes qui se tissent sous nos yeux. Dans une perspective élargie aux sciences humaines et à l'histoire de l'art, Georges Didi-Huberman se plaît à différencier la notion de tableau et celle de table, tous les deux dérivés du mot latin *tabula* signifiant planche (Didi-Huberman, 2011, p. 60-61). Mais la première renvoie à une unité visuelle et une immobilisation temporelle, permettant la transmission d'une œuvre et d'un résultat lorsque la seconde renvoie à l'éternel recommencement du travail de composition et l'inachèvement de l'interprétation. Cette distinction mise en lumière au sujet de l'œuvre majeure de l'historien de l'art Aby Warburg, connue sous le nom d'Atlas Mnémosyne, nous permet d'insister sur l'originalité que constituent les compositions spatiales iconographiques dans le processus de connaissance (Warburg, 2003). Tables en recomposition potentielle permanente ou tableau fixant dans le temps et dans l'espace une unité de sens, les images, seules ou dans leur confrontation réciproque issue de leur ordonnancement, posent toujours la question de leur débordement interprétatif.

Écrire le regard géographique : les « tableaux » de Humboldt et de Vidal

La figuration spatiale des choses produit des tableaux, scènes de vie dans un pays, une région ou un espace urbain. L'effort du géographe est tout à fait analogue, ce qui fait comprendre la porosité entre les usages du terme, qu'ils soient picturaux, géographiques, politiques ou autres. Il peut autant signifier une description graphique qu'un point de vue, écrit ou non, sur une partie du monde (Palsky, 2010). Mais dans les deux cas, on a affaire à des images qui correspondent à des formes de visualisation de phénomènes. C'est à partir de ces images que se construit la compréhension. Deux géographes, Alexandre de Humboldt et Paul Vidal de la Blache, ont bien illustré cet usage du tableau.

Pour Humboldt, comme déjà mentionné, la nature est source de plaisir par sa contemplation en même temps qu'objet de connaissance. C'est ainsi qu'il utilise abondamment les verbes « voir » et « contempler ». Dans son œuvre, *Les tableaux de la nature*, publié pour la première fois en 1808, Humboldt décrit en détail ses impressions et l'analyse de ses observations. La notion de tableau semble ainsi prendre un sens qui est double : celui d'une image et celui d'un ensemble d'éléments permettant de comprendre. Cette interprétation est corroborée, par exemple, par des descriptions d'espaces faites à partir d'un point de vue particulier, par des discussions sur l'importance du regard ou sur celle du langage pour traduire la variété et la richesse de la nature ou pour en exprimer la vérité. Il nous explique ainsi comment la connaissance vient de l'observation, de la contemplation : « De même les peintures de cet aspect varié produisent sur nous un effet plus fort ou plus fiable, suivant qu'elles sont en harmonie avec les besoins de notre sensibilité ; car c'est dans l'intérieur de notre âme que se peint l'image exacte et vivante du monde physique (...). De ce rapport découle la plus noble partie des puissances que nous donne la nature » (Humboldt, 1808, p. 172-173).

L'appel au regard comme source première de connaissance et de formation d'une image est très présent dans le discours de Humboldt. Il écrit par exemple : « Celui donc qui sait d'un regard embrasser la nature, et faire abstraction de phénomènes locaux, voit, comme depuis le pôle jusqu'à l'équateur, à mesure que la chaleur vivifiante augmente, la force organique et la puissance vitale augmenter aussi graduellement » (*ibid.*, p. 22-23).

Le souci de savoir embrasser la nature d'un même regard se retrouve chez Vidal de la Blache. C'est particulièrement manifeste dans son célèbre *Tableau de la géographie de la France* (1903). Il y renouvelle le genre d'écriture et de compréhension qu'est le tableau géographique. L'image de la France que Vidal transmet dans son livre est une construction que le géographe fait à partir de ce que les interactions de l'homme et de la nature ont elles-mêmes produit comme image collective, comme conscience d'une identité nationale ou régionale (Robic, 2000). Mais c'est une image qui se forge à toutes les échelles. Comme il l'écrit par exemple à propos du couvert forestier alsacien : « Elles (les forêts) s'associent aux souvenirs et aux légendes : elles font partie de l'image que l'Alsacien se fait de l'Alsace » (Vidal, 1903, p. 223). Les lieux s'interpénètrent ou se font constamment écho les uns aux autres pour que l'image de l'unité française soit perçue par le lecteur.

Il est clair que, pour Vidal, la forme du tableau permet de développer « l'esprit synoptique » qui fait la force de la géographie telle qu'il la conçoit (Berdoulay, 2008). C'est ce qui motive par exemple la réflexion suivante, quand il contemple la nature : « L'esprit y est sollicité par la réflexion, mais c'est au spectacle tantôt riant, tantôt imposant de ces campagnes, de ces monts et de ces mers qu'il est sans cesse ramené comme à une source de causes » (Vidal, 1903, p. 4).

Dans le tableau, l'image ne se donne pas à voir spontanément, comme une évidence. Au contraire, la vue doit apprendre à se retrouver dans le « labyrinthe des formes » (*ibid.*, p. 10). C'est pourquoi Vidal fait constamment varier les points de vue, de sorte que l'image résulte avant tout de pratiques, de tâtonnements, d'expériences, en somme d'une construction par les habitants et les observateurs, qu'ils soient voyageurs ou scientifiques : « Lorsque venant de l'Est, on s'approche de Nancy, des formes nouvelles attirent le regard : en avant d'un rideau dont les lignes uniformes se prolongent à perte de vue, des coteaux isolés, des monts se projettent, comme des piliers détachés d'une masse. Leur parenté ne saurait échapper à l'attention : partout en effet se répètent les mêmes profils » (*ibid.*, p. 205). Même à l'arrêt, le tableau semble animé. Par exemple, au bord du Rhin, objet de tant d'enjeux au cours des temps, « on ne voit pas ses eaux vertes fuir à travers les peupliers et les saules sans ressentir le frisson de l'histoire » (*ibid.*, p. 221).

La forme tableau donne une image qui est dynamique et qui, logiquement, doit continuer à évoluer grâce aux possibilités du milieu qui peuvent être exploitées en fonction d'un contexte mondial lui-même changeant. Grâce à cette « pensée visuelle » (pour reprendre l'expression de D. Laplace-Treyture, 1998) qui s'exprime grâce à sa manière d'écrire, Vidal arrive à transmettre une image qui dépasse ce que l'œil du simple observateur pourrait enregistrer.

En 1908, dans une réédition de son ouvrage, Vidal inclut 244 photographies accompagnées de longs commentaires en légende. Selon lui, « elles sont destinées à lui servir de commentaire » parce que l'image « précise », « contrôle » et « complète » le texte (Vidal, 1908). Ainsi, pour lui, l'image photo n'est pas première dans sa démarche de visualisation de la géographie de la France, même si elle tente d'en étendre la portée. Comme si la logique imaginative que Vidal adopte et sait traduire dans son texte arrivait à transmettre une visualisation suffisante. C'est ce que D. Laplace-Treyture remarque à propos de cette version illustrée du *Tableau* où l'apport de la photographie demeure limité, voire décevant, et où c'est le texte qui, bien davantage, « fait image » (Laplace-Treyture, 2015).

L'écriture de Vidal a souvent été célébrée pour ses aspects littéraires (Sion, 1934). Ils n'ont pas nécessairement été appréciés, servant même à critiquer un flou attribué à sa pensée (Vallaux, 1924), voire à l'inclure dans le rejet de la géographie classique lors de l'engouement quantitativiste des générations suivantes (Haggett et Chorley, 1967). En fait, ces aspects jugés littéraires correspondaient moins à un simple souci de style qu'à une façon d'épouser la logique imaginative que Vidal jugeait nécessaire pour faire œuvre de géographe.

CONCLUSIONS : SPATIALITÉ ET RÉFLEXIVITÉ

À la lumière de ces analyses épistémologiques, plusieurs points concernant la conception et l'usage de l'image dans la pensée géographique doivent être soulignés. Le premier est la relative persistance ou récurrence d'une attitude de méfiance vis-à-vis de l'image, considérée comme une déformation de la réalité qui entrave l'accès à une meilleure connaissance géographique. Mais, et c'est le deuxième point, si le thème de l'image a traversé toute l'histoire de la géographie, on peut trouver à différentes époques de son développement, de l'Antiquité aux cadrages scientifiques récents, des approches dans lesquelles les images sont utilisées comme outils plus ou moins autonomes de la pensée.

On a noté combien le recours à l'image s'est fait en rapport avec l'expression textuelle. De fait, un des usages de l'image qui semble être le plus performant, sans pour autant être omniprésent, apparaît lorsque celle-ci est pensée et mise en page en interaction forte avec le texte. La simple juxtaposition image/texte ne faisant l'objet d'aucune réflexion sur leur statut épistémologique et leur valeur heuristique réciproque doit sans doute être considérée comme une forme affaiblie d'intégration. À l'inverse, lorsque l'image nourrit le texte et inversement, dans un mouvement sujet à de multiples niveaux de compréhension, lorsqu'elle semble activer l'imagination et accroître l'imaginaire, tout porte à croire que leur relation s'inscrit dans une forme réussie d'intégration utile au projet scientifique.

Le troisième point à souligner est que la force de l'image dans la constitution du discours géographique est telle qu'elle a souvent structuré l'expression textuelle elle-même, aux dépens des autres moyens d'accès à la connaissance. L'image est souvent dite en mots, plutôt qu'au moyen d'autres supports matériels, à moins qu'il faille simplement ramener cette tendance au statut dominant du texte et des mots dans le registre de la connaissance contribuant à une convergence généralisée des formes de représentation ou de transcription vers le langage. Il n'en demeure pas moins que l'image apparaît souvent comme détentrice d'une pensée visuelle, cohérente sur le plan cognitif et universellement efficace en termes de communication.

Si le géographe s'intéresse à la spatialité traduite par l'image, elle constitue également un support évident de réflexivité, notamment lorsqu'elle est pensée dans son rapport aux mots. Les imbrications de la mise en image, de l'imagination et de l'imaginaire procédant de supports matériels tels que le tableau, la photographie, le film, et leur effet de re-présentation introduisent une distance, un effet-miroir constitutifs du sujet connaissant et agissant. L'acte de distanciation propre à toute re-présentation suppose un écart entre l'image et la réalité qui ouvre une béance dans laquelle s'engouffre la possibilité même de l'absence et de la présence de ce qui est observé. L'image est toujours image de quelque chose d'autre, de quelque chose qui lui demeure étranger. Cet écart, présupposant l'existence même de l'espace, à la manière de ce qui pourrait être un cogito géographique, induit réflexion et prise de conscience du sujet.

BIBLIOGRAPHIE

ARNHEIM Rudolf, 1976, *La pensée visuelle*, Paris, Flammarion.

BARTHES Roland, 1964, « Eléments de sémiologie », *Communications*, vol. 4, n° 1, p. 91-135.

BERDOULAY Vincent, 1982, « La métaphore organiciste. Contribution à l'étude du langage des géographes », *Annales de géographie*, n° 91, p. 573-586.

BERDOULAY Vincent, 1985, « Convergences des analyses sémiotiques et écologiques du paysage », in V. Berdoulay et M. Phipps (dir.), *Paysage et système*, Ottawa, Presses de l'Université d'Ottawa, p. 141-153.

BERDOULAY Vincent, 1988a, *Des mots et des lieux*, Paris, Ed. du CNRS.

BERDOULAY Vincent, 1988b, « Idées aristotéliciennes et effet-discours dans la géographie d'origine méditerranéenne », *Annales de géographie*, n° 97, p. 404-418.

BERDOULAY Vincent et SAULE-SORBÉ Hélène, 1998, « La mobilité du regard et son instrumentalisation. Franz Schrader à la croisée de l'art et de la science », *Finisterra*, vol. 33, n° 65, p. 39-50.

BERDOULAY Vincent, et SAULE-SORBÉ Hélène, 1999, « Franz Schrader face à Gavarnie, ou le géographe peintre de paysage », *Mappemonde*, n° 55, p. 33-37.

BERDOULAY Vincent, 2008, *La formation de l'école française de géographie (1870-1914)*, 3e éd., Paris, Ed. du CTHS.

BERQUE Augustin, 1995, *Les raisons du paysage*, Paris, Hazan.

BESSE Jean-Marc, 2003, *Les grandeurs de la Terre. Aspects du savoir géographique à la Renaissance,* Paris, ENS Editions.

BROC Numa, 1980, *La géographie de la Renaissance, 1420-1620*, Paris, Ed. CTHS.

BRUNHES Jean, 1910, *La géographie humaine*, Paris, F. Alcan.

BRUNET Roger, 1980, « La composition des modèles en analyse spatiale », *L'Espace géographique*, n° 9, p. 253-265.

COSGROVE Denis, 1993, *Social formation and symbolic landscape*, Madison, University of Wisconsin Press.

DANIELS Stephen, 1993, *Fields of vision. Landscape imagery and national identity in England and Wales*, Princeton, Princeton University Press.

DARNTON Robert, 1985, *Le grand massacre des chats : attitudes et croyances dans l'ancienne France*, Paris, Laffont.

DENÈGRE Jean et SALGÉ François, 2004, *Les systèmes d'information géographique*, Paris, PUF.

DIDI-HUBERMAN Georges, 2011, *Atlas ou le gai savoir inquiet. L'œil de l'histoire*, t. 3, Paris, Éd. de Minuit.

DUNBAR Gary S., 1974, « Elisée Reclus and the Great Gobe », *Scottish geographical magazine*, vol. 90, n° 1, p. 57-66.

DUNCAN James S., 1990, *The city as text: The politics of landscape interpretation in the Kandyan kingdom*, Cambridge, Cambridge University Press.

FERRAS Robert, 1993, *Les modèles graphiques en géographie*, Paris, Economica.

FERRETTI Frederico, 2007, *Il mondo senza la mappa. Elisée Reclus e i geografi anarchici*, Milan, Zero in Condotta.

FOUCAULT Michel, 1966, *Les mots et les choses*, Paris, Gallimard.

FOUCAULT Michel, 1975, *Surveiller et punir*, Paris, Gallimard.

GEERTZ Clifford, 1973, *The interpretation of cultures*, New York, Basic Books.

GLACKEN Clarence J., 2000, *Histoire de la géographie, t. 1 – Antiquité*, édité et présenté par P. Pinchemel, Paris, Ed. du CTHS.

GOMES Paulo César da Costa, 1996, *Geografia e modernidade*, Rio de Janeiro, Bertrand Brasil.

GOMES Paulo César da Costa, 2013, *O lugar do olhar. Elementos para uma geografia da visibilidade*, Rio de Janeiro, Bertrand Brasil.

HAGGETT Peter et CHORLEY Richard, 1967, *Models in geography*, Londres, Methuen.

HERNANDO Agustín, 2009, « Retórica iconográfica e imaginación geográfica: los frontispicios de los atlas como proclamaciones ideológicas », *Boletín de la Asociación de geógrafos españoles*, n° 51, p. 353-369.

HUMBOLDT Alexandre de, 1808, *Tableaux de la nature*, 2 vol. , Paris, F. Schœll.

HUMBOLDT Alexandre de, 1848, *Cosmos. Essai d'une description physique du monde*, tome 1, Paris, Gide et Baudry.

HUMBOLDT Alexandre de, 1989 [1810], *Vues des cordillières et monuments des peuples indigènes de l'Amérique* (avec présentations par C. Minguet et J.-P. Duviols), Nanterre, Ed. Erasme.

JACKSON Peter, 1989, *Maps of meaning*, Londres, Unwin Hyman.

JAY Martin, 1993, *Downcast eyes. The denigration of vision in Twentieth-century French thought*, Berkeley, University of California Press.

LAPLACE-TREYTURE Danièle, 1998, *Le genre régional. Écriture et transmission du savoir géographique*, thèse, Université de Pau et des Pays de l'Adour.

LAPLACE-TREYTURE Danièle, 2015, « Le *Tableau de la géographie de la France* au prisme des images », in S. Romero Mendoza et H. Saule-Sorbé (dir.), *Le tableau dans tous ses états*, Bordeaux, PUB, sous presse.

LYOTARD Jean-François, 1971, *Discours, figure*, Paris, Klincksieck.

MENDIBIL Didier, 1993, « Jean Brunhes, photographe-iconographe » et « Deux 'manières' : Jean Brunhes et Paul Vidal de la Blache », in *Autour du Monde. Jean Brunhes. Regards d'um géographe/regards de la géographie*, Boulogne, Musée Albert Kahn, p. 140-157.

MENDIBIL Didier, 2006, « O sistema iconográfico da geografia clássica francesa e Pierre Monbeig », in H. A. Salgueiro (dir.), *Pierre Monbeig e a geografia humana brasileira*, São Paulo, EDUSC, p. 235-250.

MERLEAU-PONTY Maurice, 1964, *Le visible et l'invisible*, texte établi par C. Lefort, Paris, Gallimard.

MITCHELL Donald, 2000, *Cultural geography. A critical introduction*, Oxford, Blackwell.

MONDZAIN Marie-José, 2003, *Le commerce des regards*, Paris, Seuil.

PALSKY Gilles, 2010, « Le *Tableau de la hauteur des montagnes*. Un paysage de fantaisie entre art et géométrie », in N. Ortega Cantero, J. Garcia Alvarez et M. Mollá Ruiz-Gómez (dir.), *Lenguajes y visiones del paisaje y del territorio*, Madrid, Ed. de la UAM, p. 297-307.

RAFFESTIN Claude, 1989, « Théorie du réel et géographicité », *EspacesTemps*, n° 40-41, p. 26-31.

ROBIC Marie-Claire, 1993, « Jean Brunhes un "géo-photo-graphe" expert aux *Archives de la Planète* », in *Autour du Monde. Jean Brunhes. Regards d'un géographe/regards de la géographie*, Boulogne, Musée Albert Kahn, p. 109-137.

ROBIC Marie-Claire (dir.), 2000, *Le* Tableau de la géographie de la France *de Paul Vidal de la Blache. Dans le labyrinthe des formes*, Paris, Ed. du CTHS.

SCHMIDT DI FRIEDBERG Marcella (dir.), 2010, *Cos'e il mondo ? E un globo di cartone. Insegnare geografia fra Otto e Novecento*, Milan, Unicopli, p. 161-175.

SCHMITHÜSEN Josef, 1973, « Die Entwicklung der Landschatsidee in der europäischen Malerei als Vorgeschichte der wissenschaftlichen Landschafts-begriffes », *Geographische Zeitschrift*, n° 33, p. 70-80.

SENDA Minoru, 1980, « Expression of geographical space in Ancient China », in I. Suizu (dir.), *Geographical languages in different times and places*, Kyoto, Université de Kyoto (Institut de géographie), p. 30-35.

SION Jules, 1934, « L'art de la description chez Vidal de la Blache », in *Mélanges de philosophie, d'histoire et de littérature offerts à Joseph Vianey*, Paris, Les Presses Françaises, p. 479-487.

STAFFORD Barbara M., 1996, *Good looking: essays on the virtue of images*, Cambridge, Mass., MIT Press.

VALLAUX Camille, 1924, *Les sciences géographiques*, Paris, F. Alcan.

VERNANT Jean-Pierre, 1962, *Les origines de la pensée grecque*, Paris, PUF.

VIDAL DE LA BLACHE Paul, 1903, *Tableau de la géographie de la France*, tome I de E. Lavisse *et al.*, *Histoire de France depuis les origines jusqu'à la Révolution*, Paris, Hachette. L'édition de 1979, préfacée par P. Claval, et parue à Paris chez Tallandier a été utilisée pour signaler la pagination des citations faites dans le texte ci-dessus.

VIDAL DE LA BLACHE Paul, 1908, *La France. Tableau géographique*, Paris, Hachette.

VIDAL DE LA BLACHE Paul, 1896, « Le principe de la géographie générale », *Annales de géographie*, 5, p. 129-141.

VIDAL DE LA BLACHE Paul, 1921, *Principes de géographie humaine*, publiés par E. de Martonne, Paris, A. Colin.

WARBURG Aby 2003, *Bilderatlas Mnemosyne. Gesammelte Schriften*, Berlin, M. Warnke et C. Brink, Akademie Verlag.

UNE GÉOCLIMATOLOGIE CULTURELLE

COMPARAISON ENTRE LES PAYSAGES PEINTS DES HOLLANDAIS ET DES ESPAGNOLS AU « SIÈCLE D'OR »

A cultural geoclimatology: comparison between the dutch and spanish painted landscapes during the Golden Age

Alexis METZGER [1]
GEOLAB UMR 6042 CNRS,
Université de Limoges

Martine TABEAUD [2]
ENeC UMR 8185 CNRS,
Université Paris 1 Panthéon Sorbonne

Résumé : Le Siècle d'or est marqué par une grande production picturale en Espagne et dans les Provinces-Unies. Dans les Provinces-Unies, les peintres ont fait du paysage un genre en soi alors qu'en Espagne ils s'y sont moins intéressés. En tant que géoclimatologues utilisant aussi des méthodes de géographie culturelle, nous nous appuyons sur les représentations du temps qu'il fait dans ces peintures de paysage. À une époque de transition, alors que le paysage est inventé en peinture, ces images montrent deux visions totalement différentes de la réalité au travers de deux représentations des climats saisonnièrement opposés. Ainsi, si les maîtres hollandais ont adoubé le froid, c'est parce qu'il a permis la construction d'une série de motifs contribuant à créer un paysage hivernal identitaire.

Mots-clés : géoclimatologie, type de temps, saison, climatologie historique, peinture, paysage, Espagne, Hollande, XVIIe siècle, petit âge glaciaire

Abstract: *The Golden Age is marked by a major pictorial production in Spain and in the United Provinces. In the United Provinces, the painters made landscape a genre in itself whereas in Spain they painted the landscape much less. As two geoclimatologists using methodologies in cultural geography, we focus on the representations of weather in these landscape paintings. At a time of transition when landscape was invented in painting, these images show two totally different visions of « reality », expressed through two representations of seasonally opposed climates. Thus if the Dutch masters exalted the cold, it is because it led to the construction of a series of patterns conducive to building an identity winter landscape.*

Keywords: *geoclimatology, weather, season, historical climatology, painting, landscape, Spain, Netherlands, XVIIth century, Little Ice Age*

[1] Courriel : alexis.metzger@unilim.fr

[2] Courriel : Martine.Tabeaud@univ-paris1.fr

La géoclimatologie, ou discours des géographes sur le climat, porte sur un concept, un paradigme. À la différence du temps qu'il fait (un instantané, un vécu et donc un ressenti), le climat d'un espace peut s'appréhender via des paramètres atmosphériques moyennés, via des successions attendues de types de temps. Cette distinction préalable, certes bien connue des géographes, est fondamentale pour envisager notre approche culturelle. Si des approches socio-culturelles du temps qu'il fait existent depuis plusieurs décennies dans les recherches universitaires (par exemple La Soudière, 1987 ; Vasak, 2007 et Corbin, 2013), ces approches sont très limitées en géoclimatologie. Aujourd'hui à ses balbutiements, la géoclimatologie culturelle s'inscrit pourtant dans la continuité des recherches antérieures.

Jusque dans les années 1970, l'attention des géographes intéressés par le climat portait principalement sur la classification. Certes, des approches plus phénoménologiques existaient, comme celles prônées par Éric Dardel, mais elles n'ont pas fait école chez les climatologues (Dardel, 1952). Les thèses en climatologie cherchaient donc, pour certaines régions, à mieux caractériser et/ou expliquer la suite des caractères des saisons (voir la liste dans Vigneau, 2000). C'est un double intérêt porté à la variabilité temporelle qui va changer profondément la géoclimatologie. L'étude des extrêmes climatiques se révèle tout d'abord décisive pour mieux prévenir les risques. Ensuite, dans la continuité des travaux de l'historien du climat Emmanuel Le Roy Ladurie, les géoclimatologues s'intéressent à des périodes antérieures aux données des stations météorologiques (Le Roy Ladurie, 1967, 2004, 2006, 2009 et 2011). Par ailleurs, la recherche d'une meilleure adaptabilité des sociétés au climat implique de s'écarter des chiffres pour mieux envisager les liens culturels que tissent les sociétés avec leur climat (Marchand, 1983 et 2006).

Il existe donc des entrées spatiales et sociales à la géoclimatologie. Mais en quoi le tourment culturel peut-il concerner les géoclimatologues ? Qu'ont à faire les géoclimatologues avec des problématiques soulevées par la géographie culturelle ? Notre article souhaite démontrer que les géographes classés « physiciens », certes habitués aux méthodes quantitatives, ont tout intérêt à se focaliser aussi sur des objets habituellement travaillés par la géographie culturelle. L'objet d'étude analysé ici sera un corpus de peintures de paysage, objet déjà travaillé par les géographes non-climatologues (par exemple Piveteau, 1965, Wallach, 1997, Grison, 2002, Staszak, 2003 et Courtot, 2012). Certains travaux de géomorphologues donnent également à la peinture de paysage une place de choix (Nordstrom et Jackson, 2001, thèse en cours d'Edwige Motte).

VOIR LE CLIMAT EN PEINTURES

Tout paysage *de visu*, dessiné, photographié, peint, etc. montre un temps qu'il fait. La présence ou l'absence de précipitation, les types de nuages, la végétation, l'état de l'eau, les vêtements portés par les personnages, etc. peuvent être autant d'indices pour arriver à « voir » très précisément le temps. L'étude systématique de ces marqueurs « météorologiques » dans plusieurs images de paysage permet de dégager des surreprésentations ou sous-représentations de temps qu'il fait. On peut ainsi réfléchir à la mise en valeur de certains territoires via les types de temps représentés en images (Tabeaud et Lysianuk, 2009).

Or, insistons encore, le climat est l'intégration de tous les types de temps au fil des saisons. Le climat d'une région est donné par des normales, des successions habituelles sur une longue période (trente ans). Comment des images montrant un moment ponctuel peuvent-elles donner des informations sur le climat qui n'est pas expérimentable *hic et nunc* ? Ce n'est qu'en choisissant un corpus suffisamment étendu dans le temps que des représentations « moyennes » (du climat) peuvent émerger. De plus, ce corpus se doit de représenter des paysages appartenant à la même échelle synoptique en climatologie. Il s'agit donc en quelque sorte d'arriver mentalement à superposer plusieurs images comme des calques et à faire la synthèse des représentations des types de temps. Grâce à l'indexation des marqueurs du temps qu'il fait images après images, cette moyennisation est plus aisée. Le géoclimatologue arrive à dégager différentes représentations du temps qu'il fait grâce à ces marqueurs ou une seule représentation dominante pour un corpus d'images. La méthode fait donc appel aussi bien à des approches qualitatives que quantitatives.

Pour expliciter cette démarche, le choix d'une comparaison entre les paysages espagnols et hollandais s'explique facilement. La première raison est historique. Espagne et Pays-Bas ont tous deux connu un Siècle d'or (en peinture, vers 1560-1660 en Espagne, vers 1610-1675 aux Pays-Bas). En Espagne, le Siècle d'or est marqué par une domination de l'Église et du Roi et s'accompagne d'une vitalité artistique et littéraire. Aux Pays-Bas, c'est la prospérité économique portée par les nouveaux bourgeois protestants qui permet le foisonnement artistique. De plus, ces deux pays partagent une histoire commune. Les Provinces-Unies sont indépendantes de l'Espagne en 1648, après une première Trêve en 1609 (Denys et Parésys, 2007). La seconde raison est propre à notre démarche de recherche. Le corpus de peintures de paysages hollandais est abondant et les Pays-Bas appartiennent à une seule échelle synoptique du climat (peu de différences climatiques entre les différents lieux). En outre, les principaux artistes résidaient dans la province de Hollande au climat très homogène car la région est très plate, ce qui n'exclut pas des variations interannuelles du rythme et des caractéristiques des saisons. L'Espagne, si elle présente plus de nuances climatiques (territoire plus vaste, présence de reliefs, façades maritimes et plateaux très « continentaux »…), n'en reste pas moins marquée par des circulations d'ouest dominantes parfois altérées par des flux méridiens.

PAYSAGES DU CHAUD ET DU FROID

Dans les Provinces-Unies, les peintres font du paysage un genre en soi. Les grands paysagistes du Siècle d'or montrent différents espaces des Provinces-Unies : les villes (Vermeer et sa *Vue de Delft*), la campagne (Esaias van de Velde et sa *Vue d'une ferme le long d'un chemin de campagne*), le cours d'eau (Jan van Goyen et son *Village près d'une rivière*) et la mer (Willem van de Velde et ses *Marins avec vaisseau-amiral*). Ces types de paysages témoignent de la prospérité hollandaise du XVIIe siècle. Les bourgeois se rassemblent dans des villes riches, les étangs sont drainés grâce aux moulins s'élevant dans la campagne, les rivières sont de plus en plus canalisées, la mer est dominée par les navigateurs hollandais.

Tous ces paysages montrent des ciels, des météores, des types de temps. Ici, c'est le vent qui fait tourner les pales du moulin, là, c'est tel nuage qui annonce une perturbation, ailleurs, c'est le froid qui permet à des villageois de patiner sur la glace. Et l'on pourrait s'attacher à une étude plus fine de chaque élément météorologique composant le type de temps (Gedzelman, 1991 et Metzger, 2013).

En Espagne, les artistes peignent beaucoup moins le paysage. Il n'apparaît souvent qu'à l'arrière-plan de scènes religieuses comme dans le *Christ et la Samaritaine* d'Alonso Cano ou le *Paysage avec Saint-Jean Baptiste* de Juan Bautista Maino. Les paysages montrant sans plans intermédiaires un environnement naturel ou anthropisé sont extrêmement rares. Citons la *Vue de Tolède* d'El Greco, le *Paysage avec une ville* de Fransisco Collantes ou encore la *Vue du jardin de la villa Médicis à Rome* de Velázquez. Certains peintres peignent également des tableaux dans le tableau, comme ce paysage d'hiver qui apparaît accroché au mur, derrière la table de fruits de la *Nature Morte* de Juan van de Hamen Y Leon.

Analysons le temps qu'il fait de deux paysages peints.

La figure 1 est l'œuvre du maître des scènes d'hiver hollandais, Hendrick Avercamp (1585-1634). Après avoir été formé à Amsterdam, il a peint plusieurs scènes d'hiver dans l'Overijssel, à Kampen. Le froid compose le paysage. Les éléments physiques en témoignent. Une couche de glace solidifie le cours d'eau. Une fine couche de neige est tombée et s'est déposée sur le sol et les toits. Sur la gauche du tableau, la fumée de la cheminée monte haut dans le ciel pour atteindre les couches d'air moins froides. La couche de stratus ne se dissipera probablement pas de la journée. Les hommes, eux, vivent dehors dans le froid. Très nombreux, ils sont habillés chaudement, patinent ou glissent avec une luge sur la couche de glace.

Figure 1 – **Hendrick Avercamp, *Rivière gelée avec des patineurs*,** vers 1620, Musée des Beaux-Arts, Budapest

Le Greco (1541-1614) s'est installé à Tolède dans les années 1580. Capitale de la Castille, au centre de l'Espagne, la ville est traversée par le Tage. La contre-plongée sur Tolède (figure 2) montre la ville sous la menace d'un orage. Cette vue est saisie depuis l'autre rive du Tage, invisible dans le tableau. De noirs et gris cumulo-nimbus à fort développement vertical occupent le ciel au nord-ouest. Quelques trouées de ciel bleu se laissent entrevoir. La scène se passe probablement à la fin de l'été. La végétation rase et quelques arbustes sont jaunis. Au second plan, la terre est ocre. Aucun habitant n'est visible dans ce paysage, ni sur les voies de communication, ni dans les champs. Le paysage pourrait s'articuler autour d'une grande croix composée de la rivière et du pont, rappelant le poids du Catholicisme.

Ces deux peintures sont emblématiques des choix de types de temps opérés par les artistes espagnols ou hollandais. Les Espagnols peignent de rares paysages toujours estivaux. Les Hollandais peignent à loisir des paysages, soufflant tantôt le chaud ou le froid, mais ont une prédilection pour l'hiver.

Pourquoi ? Ces peintres n'ont-ils fait que « refléter » les conditions climatiques de leur pays ?

Figure 2 – **Le Greco, *Vue de Tolède***, vers 1596-1600, Metropolitan Museum of Arts, New York

LES CHOIX DE TYPES DE TEMPS

Contrairement aux idées reçues, l'Europe méditerranéenne peut très facilement connaître des périodes froides et/ou humides en hiver (surtout au cœur de la péninsule ibérique aux durs hivers). Citons ici Fernand Braudel : « Nous n'irons pas jusqu'à dire que l'hiver de Méditerranée est glacial ! Mais il est moins tiède qu'on ne le dit, souvent humide ; surtout c'est un étranger qui arrive brusquement après six mois de chaleur et contre lequel la Méditerranée n'a jamais pu, ou su se prémunir. Tout se passe comme si la mer était surprise par les coulées de froid » (Braudel, p. 311). Certes, il existe de grandes nuances régionales, selon la topographie, la distance à l'océan atlantique, la latitude…

Il faut rappeler que Tolède compte entre 30 et 90 jours de gel par an selon la moyenne des relevés (Montemayor, 1996). La neige peut également tomber en abondance sur les plateaux et montagnes espagnoles, en témoigne le commerce de la neige pour boire frais à l'époque (de Planhol, 1995). Fernand Braudel mentionne d'ailleurs cette réalité climatique en citant par exemple Fransisco Osorio dans une lettre adressée à Philippe II « le 26 [octobre 1558], il a neigé ici [dans le Royaume de Tolède] toute une matinée à gros flocons » (Braudel, 1990, p. 296). Il liste également les gelées mémorables à Valence de 1589, 1692, 1594, 1600 et 1604. D'autres contemporains témoignent de « retours de l'hiver » en avril ou mai comme en 1594 ou 1633 où il neige respectivement à Bologne et à Florence. Ces conditions météorologiques hivernales en Méditerranée n'ont, à notre connaissance, pas été peintes au XVIIe siècle.

Les quelques paysages peints par les artistes espagnols du Siècle d'or ne sont pas des paysages « du quotidien ». Ils ne montrent pas la nature d'un pays mais plutôt une nature en adéquation avec un message religieux. Comme l'explique Françoise Cachin, il n'y a pas de tradition paysagiste en Espagne sauf chez certains Italiens qui s'installent en Espagne comme Giovani Battista Mainon, italien né en Lombardie, installé à Tolède en 1611 (Cachin, 1986). Même chez Velázquez, le paysage est accessoire. Le paysage sert de décor à la scène biblique et s'adapte au sujet, il est inventé : « le paysage, pour l'artiste commun au Siècle d'or, est ainsi un élément qu'on accroche au tableau, un véritable objet figuratif » (Gallégo, 1968). Les artistes choisissent un type de paysage qui va de pair avec la scène religieuse, le paysage est une référence aux valeurs morales de la société. Et il est bien souvent emprunté au modèle paysager flamand, comme ce paysage fluvial dans la *Visitation* de Vicente Juan Macip.

Les peintres hollandais montrent quant à eux dans leurs peintures tout ce qui compose leur jeune nation. Ils peignent la société hollandaise maîtrisant la nature (se protégeant de la mer par des digues, gagnant des nouvelles terres grâce aux polders, s'adaptant aux rigueurs du froid…). Cette appropriation du paysage a connu son essor chez les Flamands au XVIe siècle. À l'époque, le paysage n'est cependant pas dissocié de l'image du corps humain, de la peinture d'histoire ou religieuse. Chez Patinir, Bosch, Bles, « le paysage envahit donc encore un peu plus les tableaux, repoussant les personnages de l'histoire sacrée au plan médian et les plongeant en son sein » (Le Chanu, 2012, p. 85). Progressivement, la peinture de paysage s'est laïcisée : « Ce processus de laïcisation constitue une nouveauté de l'ère moderne : le paysage devient un sujet à part entière. Il alimente aussi la thèse d'une utopie paysagère ou une prospective paysagère, se démarquant de la pensée de la nature, œuvre divine. C'est l'homme, vivant en société, qui aménage le paysage, c'est sa création et non plus celle de Dieu » (Luginbühl, 2012, p. 61).

Mais pourquoi les artistes ont-ils peint très majoritairement un seul type de temps hivernal, le froid sans précipitations ? Les artistes ont certes connu des hivers particulièrement froids. Le XVIIe siècle s'inscrit en effet dans une période de rafraîchissement global de la Terre bien connue des historiens du climat, le petit âge glaciaire. Le XVIIe siècle s'inscrit en effet dans une période de rafraîchissement global de la Terre bien connue des historiens du climat. Les artistes ont vu les effets paysagers de ce rafraîchissement. Mais il ne suffit pas de voir un paysage pour avoir envie de le peindre. L'histoire et la géographie culturelles rappellent combien des paysages ont peu à peu été découverts et appréciés à certaines époques (par exemple Corbin, 1990, Reichler, 2002 et Goeldner, 2011…).

Plusieurs témoignages de contemporains sur ces hivers du XVIIe siècle sont compilés dans les ouvrages d'un géographe historien du climat hollandais, Jan Buisman (Buisman, 2000, 2006). Cet auteur, lui-même passionné de « météo », propose une somme d'observations du temps qu'il fait à une époque où les relevés systématiques étaient inexistants. Grâce à son travail, il est possible de reconstituer la variabilité du climat au XVIIe siècle. Les hivers sont marqués par des types de temps très divers.

Grâce au journal tenu par un pasteur frison, abondamment cité par Jan Buisman, ces types de temps sont connus au jour près, entre le 1er décembre et le 28 ou 29 février, sur la période 1595-1612, excepté 1606 (tableau 1, voir pour plus de détails Metzger, 2015). Seuls 56 jours ne sont pas pris en compte sur cette période à cause de lacunes. Ce séquencement des types de temps hivernaux à la charnière des XVIe et XVIIe siècle s'appuie sur les travaux de l'équipe d'Olivier Cantat sur la période actuelle (Cantat, 2012). Notons que ces types de temps correspondent à différents types de circulations atmosphériques (voir Durand-Dastès, 2004). Le chercheur en climatologie aujourd'hui peut en effet reconstituer ces circulations pour les années où la quantité et la qualité des observations est suffisante (froid « ressenti », direction du vent, absence ou présence de précipitation, etc…).

A gel avec précipitations	5,5 %
B gel sans précipitations	16,8 %
C alternance gel-dégel avec précipitations	12 %
D alternance gel-dégel sans précipitations	14,2 %
E pas de gel avec précipitations	26,1 %
F pas de gel sans précipitations	25,4 %

Tableau 1 – **Fréquence de six types de temps en Frise-orientale entre 1595 et 1612** (mois de décembre, janvier et février)

Les artistes hollandais ont donc fait des choix de types de temps. Plus de la moitié des journées hivernales observées par Fabricius ne sont pas marquées par le gel alors que les artistes peignent toujours des froids vifs où les cours d'eau sont suffisamment englacés pour permettre à des patineurs de se déplacer. Les artistes n'ont peint que les types de temps B + D car il ne pleut ou ne neige jamais dans les peintures, soit 31 % des types de temps sur la période 1594-1612. Certes, la plupart des artistes du Siècle d'or n'ont pas vécu dans ce laps de temps ! Et ces pourcentages ne sont pas valables pour le reste du XVIIe siècle. Mais faute d'observations quotidiennes sur une période aussi étendue après 1612, ils sont révélateurs de la diversité des types de temps pendant le petit page glaciaire. Les témoignages recensés par Buisman font aussi bien état d'hivers très froids que d'hivers doux tout au long du XVIIe siècle. Emmanuel Le Roy Ladurie et Daniel Rousseau ont pu proposer des fluctuations en France pour ce siècle et les suivants (voir Le Roy Ladurie et *al*, 2011). Sans qu'il soit cependant possible de dresser des statistiques quotidiennes, il est possible de reprendre ici l'indice du froid attribué aux hivers grâce aux travaux de Buisman (van Engelen, 2006). Cet indice se compose de 9 classes, allant de 1 (hiver extrêmement doux) à 9 (hiver extrêmement rude) et est obtenu à partir du témoignage des météophiles qui ne disposaient que très rarement d'instruments de mesures. Même si « faire du chiffre avec des mots » est difficile (Garnier, 2010, p. 22), le graphique suivant rend bien compte de la variabilité du froid hivernal durant le Siècle d'or hollandais (figure 3). Les bornes prises en compte ici ont-été celles du début du XVIIe siècle et de 1672, date de l'invasion française marquant, ou confirmant, le déclin hollandais.

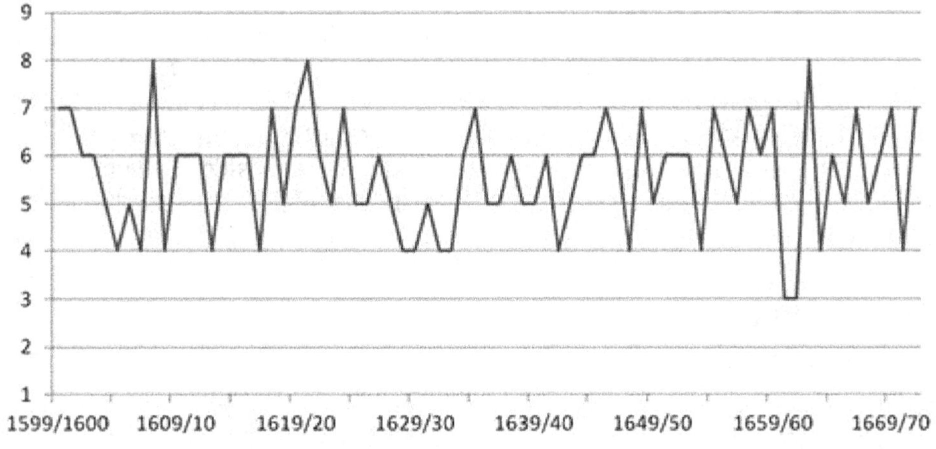

Figure 3 – **Intensité du froid en hiver aux Pays-Bas et régions voisines,** d'après Buisman, 2000

POURQUOI UNE FIGURE PAYSAGÈRE CLIMATIQUE EN HOLLANDE ?

Le choix des artistes de ne représenter qu'un seul type de temps, compte tenu de leur diversité, est sans doute motivé par la commande des acheteurs. Si les maîtres hollandais ont adoubé le froid, c'est parce qu'il déclenchait une série de motifs propices à la construction d'un paysage identitaire après la furie iconoclaste. Peindre le froid, c'était peindre une société adaptée à la nature. Mais c'était aussi faire d'une caractéristique climatique banale (la température en dessous de 0°C) un paysage national opposé à celui de l'Espagne. Car c'est aussi cela que montrent les scènes d'hiver : des paysages à l'opposé de ceux du précédent occupant espagnol, au pays chaud et gorgé de soleil en été. Quel contraste entre les portraits espagnols sur fond de paysages estivaux et les patineurs hollandais !

En somme, une figure paysagère climatique s'est construite en Hollande. Comme l'écrit François Walter : « si la nation est d'abord culturellement construite, si elle passe au travers de processus narratifs, le paysage peut d'autant plus la figurer et lui donner une forme sensible de nature esthétique » (Walter, 2004, p. 467). Or le climat fait partie de cette « sensibilisation ». Cette figure paysagère rend compte du fait que les Hollandais se sont approprié une saison. Alors que les hivers pouvaient être très semblables dans le nord de la France à la même époque par exemple, aucun artiste français n'a peint des paysages de neige et de glace, exception faite des *Patineurs sur la Seine en 1608*, toile exposée au Musée Carnavalet et des gravures du Lorrain Jacques Callot.

La figure paysagère climatique hollandaise a pu se construire sur un rejet de la saison qui dominait les toiles espagnoles et surtout sur une envie de refléter une figure paysagère identitaire. Pour autant, il serait faux de dire que le paysage hollandais était plus « réaliste » que le paysage espagnol. Car pour les Espagnols du Siècle d'or, « la réalité entière constituait une unité du Ciel et de la Terre, pénétrée de Dieu et merveilleusement entretenue par lui » (Gallégo, 1968). Ce n'est qu'au XIXe siècle que l'on considérera la peinture espagnole comme plus réaliste, car reflétant la réalité topographique et hydrologique des paysages, comme le ferait une photographie.

CONCLUSION

La géoclimatologie culturelle permet donc de tirer des conclusions culturelles sur des territoires. Elle s'appuie sur un croisement de faits ou d'objets culturels et de données climatiques, pas forcément chiffrées. Ici, les peintures constituent autant de mises en scènes du temps qu'il fait. Analysées en grand nombre, elles révèlent des choix. Le climat est donc un marqueur, dans plusieurs œuvres d'art, d'éléments qui sont latents. La peinture hollandaise participe de la construction identitaire des futurs Pays-

Bas. En Espagne, ce désir identitaire n'existe pas sans doute à cause du manque d'unité nationale. La Castille, l'Aragon, la Catalogne, etc. vivent sous une même monarchie mais sont séparés par les lois, la monnaie et les douanes même si les valeurs chrétiennes sont un liant puissant entre Ibériques (Defourneaux, 1996).

Des conclusions « quantitatives » peuvent-elles être tirées de la géoclimatologie culturelle ? Avouons-le, à l'origine de ce projet de recherche résidait l'ambition de reconstituer l'évolution du climat grâce à des œuvres d'art... Mais l'absence de datation des peintures de notre corpus et l'impossibilité d'évaluer leur degré de réalisme se sont vite avérées un frein majeur. Des peintures datées systématiquement et figurant plus la réalité peuvent *a contrario* constituer un corpus décisif pour un objectif de cette nature. Un chercheur a par exemple pu reconstituer la hauteur d'eau dans la lagune de Venise XVIIIe siècle grâce à des œuvres peintes à l'aide de la *camera obscura* (voir Camuffo, 2010). Quant à des peintures plus récentes, ne feraient-elles que doubler des observations alors mesurées ? Y aurait-il par exemple un intérêt pour le géoclimatologue à s'intéresser aux peintures de paysage des Impressionnistes ?

Les peintures de paysage montrant des éléments du climat rendent compte des regards portés sur le temps qu'il fait, puis, après constitution d'un corpus raisonné, sur le climat. En ce sens, tout comme les textes littéraires investis par des géographes, elles se révèlent dignes d'intérêt pour comprendre les relations entre les hommes et la nature, au fondement de la géographie. Sous l'œil du géoclimatologue, ces relations se comprennent différemment. Les relations entre un climat et une société inscrite dans un territoire, objets d'étude des géoclimatologues, ont bel et bien une composante culturelle qu'il reste à mieux analyser.

BIBLIOGRAPHIE

BRAUDEL Fernand, 1990 [1966], *La Méditerranée et le monde méditerranéen à l'époque de Philippe II*, t. 1 *La part du milieu*, Paris, Armand Colin.

BUISMAN Jan, 2000, *Duizend jaar weer, Wind en Water in de Lage Landen* (vol. IV : 1575-1675), La Haye, Wijnen – KNMI.

BUISMAN Jan, 2006, *Duizend jaar weer, Wind en Water in de Lage Landen* (vol. V : 1675-1750), La Haye, Wijnen – KNMI.

CACHIN Françoise, 1986, « Le paysage du peintre », in Pierre Nora (dir.), *Les lieux de mémoire*, Paris, Gallimard, p. 435-486.

CAMUFFO Dario, 2010, « Le niveau de la mer à Venise d'après l'œuvre picturale de Véronèse, Canaletto et Bellotto », *Revue d'histoire moderne et contemporaine*, vol. 57, n° 3, p. 92-110.

CANTAT Olivier, Edwige SAVOURET et Abdelkrim BENSAID, 2012, « La régionalisation des types de temps en France métropolitaine », dans *Actes du 25e colloque de l'association internationale de climatologie*, p. 165-170.

CORBIN Alain, 1990, *Le territoire du vide. L'Occident et le désir du rivage*, Paris, Flammarion.

CORBIN Alain (dir.), 2013, *La pluie, le soleil et le vent. Une histoire de la sensibilité au temps qu'il fait*, Paris, Flammarion.

COURTOT Roland, 2012, « Paysages et géographie dans les carnets de William Turner », communication lors du *Festival International de Géographie*.

DARDEL Éric, 1990 [1952], *L'Homme et la terre*, Paris, Éditions du CTHS.

DE PLANHOL Xavier, 1995, *L'eau de neige. Le tiède et le frais : histoire et géographie des boissons fraîches*, Paris, Fayard.

DEFOURNEAUX Marcelin, 1996, *L'Espagne au Siècle d'or*, Paris, Hachette.

DENYS Catherine et Isabelle PARESYS, 2007, *Les anciens Pays-Bas à l'époque moderne (1404-1815)*, Paris, Ellipses.

DURAND-DASTÈS François, 2004, « À propos des notions de type de temps et de type de circulation », *Norois,* n° 191, n° 2, p. 29-32

VAN ENGELEN Aryan, 2006, « Le climat du dernier millénaire en Europe », in Édouard Bard, (dir.), *l'Homme face au climat*, Paris, Odile Jacob, p. 319-340.

GALLÉGO Julian, 1968, *Visions et symboles dans la peinture espagnole du Siècle d'or*, Paris, Klincksieck.

GEDZELMAN Stanley David, 1991, « Weather Forecasts in Art », *Leonardo*, vol. 24, n° 4, p. 441-451.

GOELDNER-GIANELLA Lydie, Corinne FEISS-JEHEL et Geneviève DECROIX, 2011, « Les oubliées du "désir du rivage" ? L'image des zones humides littorales dans la peinture et la société françaises depuis le XVIIIe siècle », *Cybergeo : European Journal of Geography* [en ligne], Environnement, Nature, Paysage, article 530, mis en ligne le 20 mai 2011, consulté le 15 mai 2012. URL : http://cybergeo.revues.org/23637

GRISON Laurent, 2002, *Figures fertiles. Essai sur les figures géographiques dans l'art occidental*, Nîmes, éditions Jacqueline Chambon.

LA SOUDIÈRE Martin de, 1987, *L'Hiver. À la recherche d'une morte-saison*, Lyon, La Manufacture.

LE CHANU Patrick, 2012, in Alain Tapié et Michel Weemans (dir.), *Fables du paysage flamand. Bosch, Bles, Brueghel, Bril*, Paris, Somogy, p. 85

LE ROY LADURIE Emmanuel, Daniel ROUSSEAU et Anouchka VASAK, 2011, *Les fluctuations du climat. De l'An Mil à nos jours*, Paris, Fayard.

LE ROY LADURIE Emmanuel, 1967, *Histoire du climat depuis l'An Mil*, Paris, Flammarion.

LE ROY LADURIE Emmanuel, 2004, 2006 et 2009, *Histoire humaine et comparée du climat* (3 vol.), Paris, Fayard.

LUGINBÜHL Yves, 2012, *La mise en scène du monde. Construction du paysage européen*, Paris, CNRS éditions.

MARCHAND Jean-Pierre, 1983, *Contrainte climatique et espace géographique : les précipitations et l'Irlande*, thèse de doctorat d'État de géographie, Université de Haute Bretagne – Rennes 2.

MARCHAND Jean-Pierre, 2006, « Climat territoire société. Essai sur une écriture régionale du climat », texte présenté lors des journées de climatologie à Nice, 23-26 mars.

METZGER Alexis, 2013, « Art et science des nuages au Siècle d'or hollandais », *Géographie et cultures,* n° 85, p. 87-109.

METZGER Alexis, 2015, « Plus de neiges et de glace au petit âge glaciaire ? Éléments de réponses quantitatives avec David Fabricius, le pasteur qui aimait la météo », in Alexis Metzger et Frédérique Rémy (dir.), 2015, *Neiges et glaces. Faire l'expérience du froid (XVIIe-XIXe)*, Paris, Hermann.

MONTEMAYOR Julian, 1996, *Tolède entre fortune et déclin 1530-1640*, Limoges, Pulim.

MOTTE Edwige, *Représentations et évolutions anciennes et actuelles du littoral en Bretagne : changements geomorphologiques et iconographie*, thèse de géographie en cours à l'université de Rennes 2 depuis 2013, sous la dir. de Hervé Regnauld et de Marie-Pascale Corcuff.

NORDSTROM Karl F. et Nancy L. JACKSON, 2001, « Using paintings for problem-solving and teaching physical geography: examples from environmental management », *Journal of Geography*, n° 100, p. 141-151.

PIVETEAU Jean-Luc, 1965, « Peinture et géographie », *Geographica helvetica,* n° 2, p. 84-90.

REICHLER Claude, 2002, *La découverte des Alpes et la question du paysage,* Genève, Georg.

STASZAK Jean-François, 2003, *Géographies de Gauguin,* Paris, Bréal.

TABEAUD Martine et Benjamin LYSANIUK, 2009, « L'Europe en images… à la manière des offices de tourisme », *Physio-Géo* [en ligne], vol. 3.

VASAK Anouchka, 2007, *Météorologies. Discours sur le ciel et le climat, des Lumières au romantisme*, Paris, Champion.

VIGNEAU Jean-Pierre, 2000, *Géoclimatologie*, Paris, Ellipses.

WALLACH Bret, 1997, « Painting, art history and geography », *Geographical review*, vol. 87, n° 1, p. 92-99.

WALTER François, 2004, *Les figures paysagères de la nation*, Paris, éditions de l'EHESS.

HORIZONS GÉOGRAPHIQUES DU CINÉMA DE FICTION

VARIATIONS AUTOUR DE LA « GÉOGRAPHIE-CAMÉRA »

Cinematic geographical horizons: behind, inside and beside the scene

Bertrand PLEVEN [1]

Géographie-cités, ESPE de Paris

Résumé : Si le cinéma est un art et la géographie une science, nous proposons d'interroger dans cet article cette discontinuité comprise comme un écart. Dans cet écart se joue, selon nous, l'appréhension des capacités géographiques du cinéma, autrement dit des dimensions spatiales engagées dans le processus créatif. À travers les urbanités cinématographiques de Los Angeles et de la région parisienne, il s'agit d'apprendre de l'œuvre, en révélant le travail de la « géographie-caméra », mais aussi autour de l'œuvre, en exploitant les outils de la vidéo, c'est-à-dire en essayant de travailler par la « caméra-géographe ». Ces deux situations en appellent une troisième, plus hybride, qui consiste à donner la caméra à des élèves. Ces trois postures incarnent autant de positionnements topologiques mais aussi heuristiques. Ces trois situations/actions permettent, en mettant la « main à la pâte », de cerner les contours foisonnants d'une géographie du cinéma mais aussi de poser certaines questions inhérentes à son écriture. L'article dégage, également, à travers la présentation et l'étude des supports produits par ces trois démarches, une grille méthodologique qualitative permettant d'appréhender les territorialités produites par les fictions cinématographiques.

Mots-clés : urbanités cinématographiques (Los Angeles, Paris), géographie et cinéma, ciné-géographie, géographie-caméra, géographie scolaire

Abstract: *Cinema, as art and geography as a science has long been regarded differently and films are still often envisaged as re- presentation somewhat distant from the geographical appartus. We would like to bring our contribution to a more global geography of cinema, trying to build some bridges between these two kinds of space and place writings. These decisive perspectives can be fruitfully feed by work which focus on film geography, that is to say how films shape and make « filmic place » in trying to put into the lights the "geographie-camera" at work. Three placements will be considered: behind, inside and beside the cinematic scene/place. They lead to consider film as a geographical code but also as a process which actually shapes geographical materials. Visual frames, fictional bodies and meaning of place used to describe and interpret the result of these three experiences can be presented to understand how work cinematic place and space.*

[1] Courriel : bert_pleven@yahoo.fr

Keywords: *cinematic city (Los Angeles, Paris), geography and cinema, cinematic geography, geography-camera, teaching geography*

La célèbre formule de Robert Filliou, « l'art est ce qui rend la vie plus intéressante que l'art »[2] pourrait être ici transposée à la géographie. Ainsi le cinéma rendrait-il la géographie plus intéressante que le cinéma ? Ce détournement expose assez bien le moteur du désir d'aller chercher la géographie que le cinéma produit et ce que produit un regard géographique sur le cinéma. En reprenant une expression de Jacques Rancière (2004), l'idée défendue ici est que cinéma et géographie sont deux mises en forme du monde qui « s'entr'appartiennent ». « La conjonction de coordination enjoint *d'abord* d'aller voir ailleurs, de sortir du rapport sujet-objet »[3] : s'inscrire dans l'horizon ainsi ouvert par Antoine de Baecque dans l'*Histoire-caméra*, conduit à envisager l'écriture géographique du cinéma et l'écriture cinématographique de la géographie dans leurs formes dialogiques. Formes cinématographiques et pratiques d'écritures sont ici considérées à travers trois positions de recherche convoquant successivement : le géographe spectateur impliqué dans le partage du sens géographique d'un film, le géographe vidéaste engagé dans l'action de réalisation d'un film et le géographe passeur accompagnant l'écriture d'un récit filmique par ses élèves. La caméra (et les opérations techniques et esthétiques qu'elle appelle) étant un fondement essentiel de l'écriture cinématographique de l'espace, c'est la place que se donne le chercheur par rapport au médium que matérialise chacune des situations qui sont ainsi autant de degrés de distanciation par rapport elle.

Objet redécouvert sur le tard par les géographes, notamment en France, le cinéma est aujourd'hui travaillé dans de nombreuses directions : il *tourmente* (enfin) ouvertement l'écriture du géographe, de la géographie, donc du géographique. Ce tourment, bien plus qu'une « tempête violente et courte », ouvre des horizons de possibles stimulants et débordants. Notre propos ne vise ici ainsi ni un état de l'art, ni un « mode d'emploi » réalisé par ailleurs (Staszack, 2014). Il repose sur la conviction que le cinéma relève d'une autre écriture du monde et participe d'une meilleure connaissance de ce dernier.

C'est dans une trajection (Berque, 1990) autrement dit dans cette interaction entre cinéma et géographie que se joue la possibilité d'un dialogue qui donne forme aux régimes d'intelligibilité du monde. Parce qu'il est écriture de

[2] Robert Filliou, *Teaching and learning as performing arts*, Cologne, 1970, trad. fr., 1998.

[3] Antoine de Baecque, *L'Histoire-caméra*, Paris, Éditions Gallimard, 2008, p. 40.

l'espace, le cinéma entre, en effet, en tension avec l'écriture géographique. Tension, car il ne s'agit pas d'affirmer l'équivalence entre ces deux modalités d'écriture mais leurs articulations possibles. Ces dernières se déploient dans une zone de contact fondée sur des écarts et des proximités qu'entretiennent art et science, fiction et réalité, géographie-caméra et ciné-géographie. C'est dans ces écarts que veut travailler le présent article. Cet écart et le champ de frictions qu'il sous-tend sont, en effet, pour nous, un « réservoir » d'imaginations géographiques, de poussées « créatrices » dans l'exercice même de l'écriture scientifique, dans la construction et le partage des savoirs spatiaux relevant de la science géographique.

Du point de vue théorique, le raisonnement prend comme point de départ la notion de « géographie-caméra », transposition du concept de l'« histoire-caméra » proposé par Antoine de Baecque qui lui permet de postuler que « le cinéma est en tout point historique » et d'« établir des rapports entre les programmes opératoires dont usent les artistes et ceux qui sont élaborés dans le cadre de la recherche scientifique ». Cette idée que nous reprenons nous amène à envisager les fictions comme allégories géographiques[4]. Cette figure rhétorique me conduit ainsi à envisager les films de fiction comme des « espaces de représentation[5] » (Lefebvre, 2000 [1974]) produits par des imaginations géographiques et à les travailler en tant que telles. Appréhender leur construit et leur construction nécessite alors de prendre appui sur un appareil conceptuel géographique. Je *déplacerai* ainsi dans les univers fictionnels l'idée de « condensation » empruntée à Bernard Debarbieux dans ses réflexions sur la rhétorique du lieu comme figure et comme symbole du territoire (Debarbieux, 1992). Ce premier concept sera renforcé par la dialectique iconographie/mouvement tirée des travaux de Jean Gottmann (1952). L'opposition entre « ville panorama » et « ville transhumante » proposée par Michel de Certeau (1990, [1980]) viendra enrichir l'exploration des univers créés et portés par le cinéma.

Envisager les films avec de tels *codes* géographiques permet de prendre la mesure de la capacité créatrice et réflexive du cinéma et enjoint à penser avec les images et les sons, à penser *avec* le cinéma. Quand l'historienne

---

[4] Le choix du terme d'*allégorie* contenu dans le terme « géographie-caméra » permet à la fois de considérer les formes et les portées des univers fictionnels (les territorialités cinématographiques), mais aussi les opérations qui les façonnent. L'hypothèse étant que les territorialités cinématographiques et les « fabriques » de ces territorialités ont *à voir* avec la géographie et peuvent être éclairées par le regard géographique.

[5] Articulé aux *pratiques spatiales* et aux *représentations de l'espace*, les espaces de représentation relèvent, dans la théorie de la « triplicité » de production de l'espace chez Henri Lefebvre, de « l'espace vécu à travers les images et symboles qui l'accompagnent ». « C'est l'espace dominé, donc subi, que tente de modifier et d'approprier l'imagination. Il recouvre l'espace physique en utilisant symboliquement ses objets ».

Arlette Farge affirme que l'« on n'invite pas le cinéma, on vit avec lui comme avec tant de champs artistiques qui organisent notre façon d'être au monde »[6], elle nous invite à explorer les prolongements de la scène cinématographique afin de ne pas considérer les univers filmiques comme de simples représentations flottantes. L'étude des territorialités cinématographiques appelle au contraire à envisager les interrelations entre imaginaires et imaginations géographiques d'un côté et univers fictionnels de l'autre. Ici c'est *avec* le médium caméra, pris cette fois, au sens technique d'outil, que l'on cherchera à travailler *autour* des œuvres et de leurs effets.

Les trois démarches qui font le corps de cet article envisagent trois positions parallaxes : la première, relève de la réaction à l'expérience du spectateur géographique et de son partage, la seconde de l'action proprement-dite, enfin, la troisième va au-delà de la transmission et cherche à créer un dispositif favorisant l'implication de lycéens dans un projet d'écriture.

La première posture explore le film comme *territorialité*, envisagée depuis le point de vue du spectateur géographe, depuis la salle. Écrire en géographe sur le cinéma relève du cas le plus « classique » et cherche à travailler et à déchiffrer les dimensions spatiales du récit fictionnel en considérant le film, *Collateral* de M. Mann, et plus précisément ses séquences initiales. L'analyse repose sur l'idée que le cinéaste et son équipe construisent, montent et mettent en ordre espaces, lieux et territoires et qu'une des tâches possibles du géographe consiste à révéler la configuration géographique de la fiction et les modalités d'élaboration d'un quasi-monde[7] dans lequel se joue l'expérience du spectateur.

La seconde posture envisagée est celle du géographe s'emparant de la caméra. Écrire en géographe, par les moyens techniques du cinéma, a également fait l'objet d'un champ de recherche vigoureux, notamment en ce qui concerne le documentaire géographique dans lequel le cinéma est alors exploité comme un outil/ressource. Mais l'objectif ici est justement de rester centré sur le cinéma de fiction tout en élargissant l'horizon de recherche. Ce travail, compris comme une expérience, consiste ainsi à explorer par les moyens techniques du cinéma, les rapports entre une territorialité cinématographique et l'espace référent qu'elle a occupé/représenté. Le film de Michel Leclerc, *Télé Gaucho,* a été choisi pour explorer cette nouvelle dimension. Il s'agit d'une comédie dont l'une des particularités est que son intrigue se déroule dans le quartier où je réside. L'expérience que j'ai menée consistait à partir sur les traces laissées dans l'espace par la fiction par les moyens de la

[6] Arlette Farge, *Le goût de l'archive*, Points Histoire, Seuil.

[7] Pour reprendre le terme de Paul Ricœur qui précise, par rapport à l'expression « univers cinématographique » sa potentielle armature géographique et le cheminement herméneutique que suppose son exploration.

vidéo. Élaboration du *story-board*, tournage, prise son, montage ont été autant de gestes qui bien loin de m'éloigner de la fiction me permettaient de mieux comprendre ce qu'un film emprunte à l'espace et transforme de l'espace.

Enfin, une troisième situation a été envisagée : elle consiste à faire prendre la caméra à d'autres, en l'occurrence des lycéens. À travers la construction d'un récit audiovisuel, les élèves ont été invités, dans le cadre du cours de géographie, à raconter une fiction en mettant en scène leur espace quotidien. La « caméra-géographe » est alors tenue par les élèves, impliqués à créer une territorialité cinématographique et tenus à verbaliser lors de la présentation de leur film, leurs intentions à la fois filmiques et géographiques.

Ces trois situations d'écritures, de manipulations et d'implications corporelles (le chercheur « spectateur », « réalisateur » puis « passeur ») sont très différentes, elles sont toutes susceptibles d'éclairer la zone de friction entre pratique et modalités d'écriture de l'espace par le cinéma et écriture scientifique à travers le cinéma. Ainsi les enjeux et la portée d'une « ciné géographie » s'en trouvent posés, dans le cadre de cet article, de manière moins théorique que pratique et en partie empirique.

UNE GÉOGRAPHIE « COLLATÉRALE » : LE CAS MICHAEL MANN

La première situation implique un spectateur géographe confronté à l'écriture cinématographique de fiction. Si géographie et cinéma entretiennent des connivences (assez) frappantes quant aux termes qu'ils usent dans leurs tâches d'écriture comme, par exemple, le goût pour *les acteurs*, la propension à structurer leur propos en fonction *d'échelles de plans* ou encore la place du *terrain* comme interface à partir duquel trouve support le propos, les récits cinématographiques restent, évidemment, des mises en forme de l'espace très spécifiques. Images, sons, montage, « seule invention du cinéma », sont autant de caractéristiques de l'écriture cinématographique qui rappellent son altérité (Bergala, 2002) profonde. Au-delà des travaux envisageant l'impensé cartographique dans le cinéma (Conley, 2005 ; Castro, 2011) ou encore ceux qui réfléchissent à l'impensé géographique des critiques[8], ne peut-on aller plus loin et considérer le cinéma comme une modalité d'écriture géographique ? Comment, alors, envisager les dimensions spatiales des récits cinématographiques sans oublier qu'il s'agit, avant tout, d'art ? L'hypothèse de travail que nous voudrions aborder ici est celle d'un rapport *collatéral* entre géographie et cinéma.

---

[8] Notamment André Bazin, grande figure critique française « ré-ouverte » par Ludovic Cortade s'intéressant au caractère structurant de sa formation de géographe à L'ENS Saint-Cloud. Voir Ludovic Cortade, « André Bazin et l'école française de géographie » in Hervé Joubert-Laurencin (dir.), *Ouvrir Bazin*, Édition de l'œil, 2014.

Nous envisagerons à ce propos le film de M. Mann, *Collateral* dans la mesure où il nous semble qu'au-delà de son titre (et la pirouette qu'il autorise), il donne matière à étayer notre propos. Ce choix n'est pas complètement anodin, film central dans notre travail de doctorat[9], duquel il a été l'un des déclencheurs, ce film a rapidement intéressé d'autres géographes, il a été, notamment, l'un des premiers films projetés au festival *Géocinéma* organisé à Bordeaux. Dans un article récent, J. Levy (Levy, 2014) le considère d'ailleurs dans sa (*short-*) liste des films dignes d'intérêt pour les géographes. Du côté des études cinématographiques, la dimension spatiale des films a particulièrement retenu l'attention de Jean-Baptiste Thoret à propos des flux et du réseau dans *Collateral* (Thoret, 2005) alors qu'Axel Cadieux (2015) envisage quant à lui l'ensemble de la filmographie de M. Mann sous l'angle de l'« horizon ».

Figure 1 – **L'horizon vertical de Collateral**

Cadres, Los Angeles labyrinthe, urbanité cinématographique

Dans la partie introductive (0'37-15'10), M. Mann *monte/construit* une territorialité cinématographique. Elle met en formes audio et visuelle, la ville référente, Los Angeles. Le récit s'organise visuellement et narrativement entre deux lieux, l'aéroport, nommé d'emblée, et un gratte-ciel que le spectateur localise dans *Downtown*[10]. Les deux personnages opposés du procureur et du tueur à gages occupent successivement chacun de ces lieux :

---

[9] *Los Angeles/Paris : les territorialités urbaines à travers le cinéma et les séries contemporaines, essai de ciné-géographie*, sous la dir. de Jean-Louis Tissier, Université Paris 1, équipe Géographie-Cité.

[10] L'information est d'abord donnée par les dialogues, La progression du taxi met en image l'approche des paysages verticaux de Downtown L.A. (figure 1) qui vient en appui du travail de localisation du spectateur, y compris celui qui n'est pas familier de la métropole californienne.

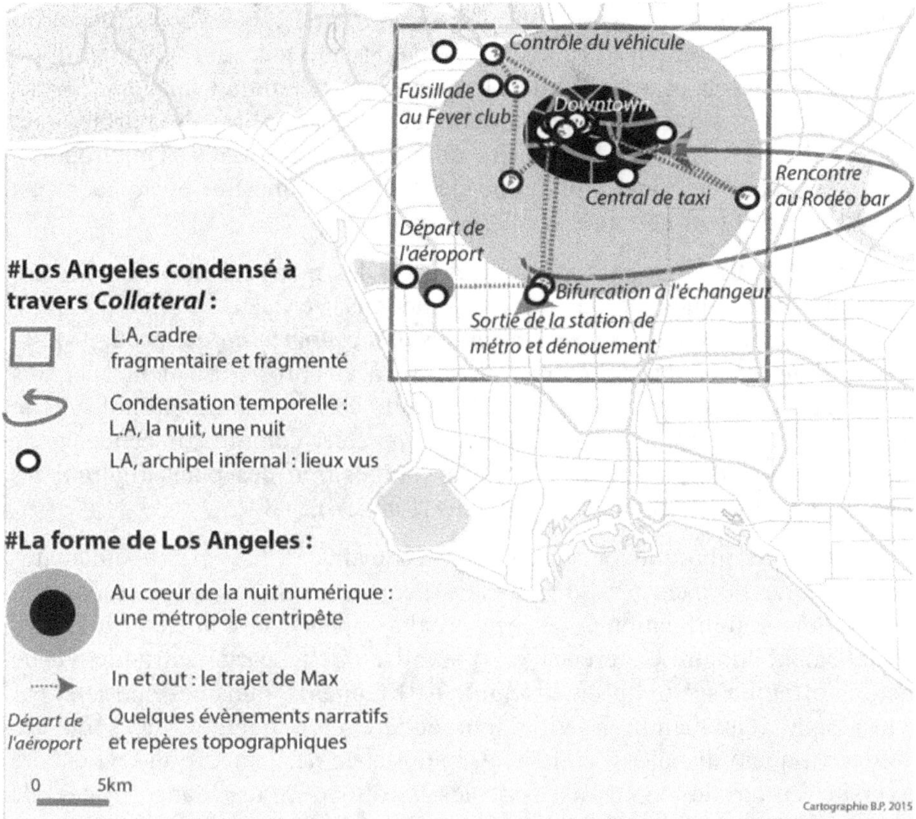

Figure 2 – **La mise en scène de Los Angeles à travers *Collateral***

Vincent, le malfrat, se trouve à *Lax* au tout début pour récupérer la mallette qui contient le *road book* de sa mission, Annie y prend son taxi plus tard pour que ce dernier la mène au gratte-ciel duquel Vincent vient de s'extraire après y avoir – supposément – dérobé des informations concernant le procès. Entre ces deux personnages et leur géographie « ubiquiste », Max, le chauffeur de taxi, nous est introduit par un *raccord géographique* glissant visuellement et par la bande-son du hub international (l'aéroport) au *hub* local (le central de taxi). M. Mann définit alors le *cadre*, quotidien et routinier du personnage, celui des échangeurs, des traversées du centre, des clients qu'il faut subir. M. Mann le fait par un montage rapide, fragmenté tant dans le flux visuel que dans la bande-son à peine atténuée par la scène de la station-service qui marque ainsi une pause. Ce cadre qui pèse sur le personnage assoit la situation initiale du récit. Elle est de fait dérangée par l'apparition d'Annie le long de la ligne des taxis à l'aéroport. Dans le trajet qui mène les deux personnages à *Downtown*, tandis que la nuit tombe, Mann donne forme et directions spatiales à son récit et conjointement à l'urbanité fictionnelle. Cette forme emprunte au « modèle » centre/périphérie (qui structure d'ailleurs l'ensemble du récit, voir figure 2). *Collateral* construit ainsi, d'emblée, une territorialité cinématographique, qui comprend un système de références avec la ville (lieux et routes nommés, imagerie[11], sons qui sont autant de repères permettant au spectateur de s'y retrouver et d'entrer dans la fiction à la manière dont on entrerait dans la métropole). L'espace urbain est ainsi plus qu'un décor dans la mesure où le cadre est doté d'une épaisseur certaine, d'une *présence*.

Plus encore, à travers ce trajet, la succession des plans à l'intérieur du taxi, des plans embarqués et de ses plans aériens verticaux caractéristiques, M. Mann propose une forme de *dramatisation géographique*, produit de la conjonction problématique entre cadre urbain et corps triplement encadrés par le taxi, les *freeways*, leur flux et l'urbanité de la grande métropole. Cette tension est d'ailleurs est en quelque sorte répétée, comme par écho, par le choix récurrent du sur-cadrage dans la composition des plans figurant les personnages (cadre, fenêtre, cloison dans le taxi…).

La territorialité filmique ici construite procède ainsi d'une écriture cinématographique de l'espace urbain associant deux opérations. La première agit comme une simplification : l'espace urbain est ainsi « monstré », à la fois partiellement montré, référencé et symbolisé. Cette partie introductive ne met, en effet, en scène qu'un ensemble de fragments, mais ces derniers, par synecdoque renvoient à la ville tout entière et à quelques-unes de ces caractéristiques (distances, étalement, importance de l'automobile ou encore diversité culturelle) dont ils sont les attributs. Mais, dans le cas de *Collateral*, les procédés formels produisent, c'est la seconde opération, une articulation visuelle spécifique aboutissant à donner une épaisseur au cadre. Cette dernières est portée à l'écran par la capacité à instaurer une ambiance urbaine[12], notamment par la bande son. Ces deux opérations participent, selon nous, déjà, d'une *condensation,* pour reprendre la terminologie de Bernard Debarbieux[13] tout en la transposant. Expliquons-nous : cette

[11] Sur la notion d'imagerie voir Didier Mendibil, « Le formatage iconotextuel de l'imagerie géographique des villes », chap. 13, p. 153-163, in Frédéric Pousin (dir.), *Figures de la ville et construction des savoirs*, Paris, 2005, CNRS Éditions. Plus spécifiquement sur Los Angeles, voir le travail de Jérôme Monnet sur les cartes postales : Jérôme Monnet, « Images de l'espace à Los Angeles : éléments de géographie cognitive et vernaculaire », communication au *Colloque de l'Institut universitaire de France « Espace(s) »*, Toulouse, 1999.

[12] C'est ce que nombre d'auteurs considèrent comme la condition de passage d'un espace décor, simple toile de fond, à un espace qui prend l'épaisseur d'un quasi-personnage, voire d'un personnage. Voir notamment, Thierry Paquot et Thierry Jousse dans *La ville au cinéma, une encyclopédie*.

[13] B. Debarbieux définit ainsi les « lieux de condensation » : « Il est des lieux tout à fait spécifiques, construits et identifiés par une société qui se donne à voir à travers eux, qui les utilise pour se parler d'elle-même, se raconter son histoire et ancrer ses valeurs ; des lieux dont l'efficacité symbolique ne s'épuise pas dans la seule mise en image. Car ces lieux sont

condensation fonctionne d'abord à l'intérieur de l'œuvre[14] qui concentre et transforme déjà l'urbanité de Los Angeles tout en lui donnant une efficacité narrative et symbolique. Ce transfert conceptuel apparaît particulièrement indiqué dans le cas de *Collateral* : l'utilisation d'une caméra numérique de nuit permet à M. Mann et à son équipe de faire de *Downtown* un « haut lieu » émergeant de ce qu'il nomme l'« écrasante platitude » diurne de l'urbanité angeline[15].

Corps entre l'homme et le monde, citadinité fictionnelle

En dressant un tel cadre, M. Mann joue de l'opposition bien connue de M. de Certeau entre « ville panorama » et « ville transhumante »[16]. Il la dépasse en partie : le moment où les deux personnages écoutent un morceau de musique de *Groove Armada*[17] dans le taxi et débute ainsi une bande-son diégétique (ce qui conduit les personnages, notamment, à commenter la musique) est assez emblématique (figure 3). Tandis que le morceau continue s'opère un changement de point de vue, aérien, sur un échangeur autoroutier. Ce plan figure les flux de voitures. La musique et son rythme permettent ainsi le raccord entre les deux plans. Par un effet de suspension, la bande-son relie les deux échelles de plan, la configuration interne au taxi et la configuration de l'espace urbain. M. Mann crée un « habité fictionnel » dans lequel les corps des personnages ne font pas qu'être dans l'espace mais doivent « faire avec l'espace ». Pour chacun des personnages le rapport à l'espace est ainsi problématique : Max, par sa connaissance obsessionnelle des réseaux routiers, est la figure d'un ancrage paradoxal, Annie est de passage, plus ambiguë, elle connaît aussi les réseaux et les chemins de traverse (les « petites routes »), Vincent, lui, est l'homme des réseaux, détaché, sa trajec-

---

aussi les cadres d'expériences individuelles et collectives qui ravivent leur référence au groupement social et au territoire de ce dernier » (Debarbieux, 1992).

[14] C'est pourquoi on parle de territorialités cinématographiques quand B. Debarbieux s'intéresse lui à la place du lieu dans la construction des territoires.

[15] Dans un entretien des *Cahiers du cinéma* (2014) avec le chef opérateur de M. Mann, Dion Beebe, ce dernier évoque l'utilisation de caméra HD pour laquelle « l'enjeu était d'intégrer les personnages à l'atmosphère de la ville ». Il raconte : « avant, la nuit était toujours noire : soudain, le ciel brillait. Le ciel n'était plus cette chose claustrophobe qu'on avait l'habitude de voir, mais un lieu immense et terrifiant qui nous englobait au-delà des limites du regard ».

[16] La « ville panorama », est celle envisagée dans l'*Invention du quotidien* depuis « la tour de 420 mètres qui sert de proue à Manhattan » et qui « continue de construire la fiction qui crée des lecteurs, qui mue en lisibilité la complexité de la ville et fige en un texte transparent son opaque mobilité ». Elle s'oppose, chez De Certeau à la « ville transhumante », celle d'« en bas », dessinées par les marcheurs « dont le corps obéit aux pleins et aux déliés d'un "texte" urbain qu'ils écrivent sans pouvoir le lire », *L'invention du quotidien*, p. 141-142.

[17] *Hands of time*, chanson écrite Andrew Cato, Tom Findlay et Richie Havens, jouée par Groove Armada et Richie Havens, célèbre chanteur afro-américain.

toire (dans laquelle il va embarquer Max) lui est dictée par son *road book* meurtrier. C'est bien la tension entre ces trois spatialités fictionnelles[18] qui est le moteur du film avec pour enjeu la territorialisation, par l'individu, de l'espace urbain ou pour reprendre les termes de de Certeau, d'*écrire*, pour Max *son* texte urbain malgré la pesanteur du cadre. Pour le cinéaste, l'enjeu est de rendre visible et lisible cette quête et donc de dépasser l'opposition entre « ville panorama » et « ville transhumante ».

Figure 3 a et b – **Entre « ville panorama » et « ville transhumante »**
Collateral, 5'36 et Collateral, 5'38

En mettant en scène et en récit cette citadinité[19] fictionnelle, l'opération cinématographique relève, là encore, de la condensation : le cadre devient en

[18] Mann focalise tout de même nettement plus sur les spatialités masculines dans *Collateral*, comme d'ailleurs dans l'ensemble de son œuvre.

[19] La notion de citadinité permet de dépasser le cadre rigide et matériel parfois implicitement contenu dans le terme d'urbanité pour insister sur la manière dont les acteurs, y compris « ordinaires », fabriquent la ville par leurs pratiques, notamment quotidiennes, leurs représentations et leurs décisions.

effet la scène d'expériences individuelles questionnant ce que le personnage fait de l'espace et avec l'espace. Au sein de ce champ de force, les corps, leurs positions peuvent être lus comme une chorégraphie sous contrainte, une allégorie de performativité. En cela, chez Mann, l'espace est à la fois existentiel et politique : existentiel dans la mesure où les routes représentent des métaphores des trajectoires de vie des personnages ; politique, par exemple parce que dans le film de M. Mann, la question raciale est posée comme l'un des moteurs du film. La condensation mannienne déborde de l'œuvre, appelle des expériences individuelles (celle des spectateurs, leur participation s'exprimant par exemple dans l'empathie pour les personnages) et collectives en ce qu'elles « ravivent leur référence au groupement social et au territoire » représenté. Une telle territorialité rejouerait à la fois *dans l'œuvre* et *autour de l'œuvre* la *cinétique* gottmannienne qui pense l'espace politique (notamment des États) comme le produit de la tension entre iconographie et mouvement (Gottmann, 1952), termes qui apparaissent d'ailleurs, notons-le, très proches d'un « vocabulaire » cinématographique.

Figure 4 a et b – **Deux exemples de figuration de la « grille » tirées des premières séquences de *Collateral***
Collateral, 4'00 et Collateral, 8'17

Territorialités critiques, la possibilité d'une transhumance

L'écriture cinématographique invite, on l'a mesuré, au montage épistémologique, à un travail de transposition (bien sûr périlleux et qui appelle à un approfondissement théorique dont l'ambition dépasse le cadre de cet article) de catégories scientifiques dans le champ artistique. Ouvrir ainsi le cinéma à la géographie (et inversement) n'est pas totalement étranger aux enjeux pointés par De Certeau dans sa réflexion critique quant à l'usage de la culture populaire dans le cadre d'une recherche universitaire. Notre position est de considérer le cinéma comme un décentrement disciplinaire invitant aux déplacements, notamment conceptuels. Corrélativement, l'appréhension en géographe du film ne saurait être considérée comme un prétexte ou une « colonisation » mais comme une chance d'envisager le cinéma sous un angle nouveau participant de l'effort qui vise à saturer le film d'interprétation afin que la géographie fasse « saillie », sens.

Dans la construction des territorialités cinématographiques, les spectateurs sont, en effet, partie prenante. C'est bien à eux que revient, *in fine*, la tâche de façonnement mental de l'univers filmique y compris dans ses dimensions géographiques. Vaste chantier que celui de la réception ! On propose donc ici, de présenter, de manière fragmentaire, une approche possible autour des « cartes mentales spectatorielles » réalisées par des étudiants de Master 1 préparant le CAPES au sein de l'ESPE de Paris (année 2012-2013), dont les deux présentées sont tirées d'un corpus d'une vingtaine de cartes.

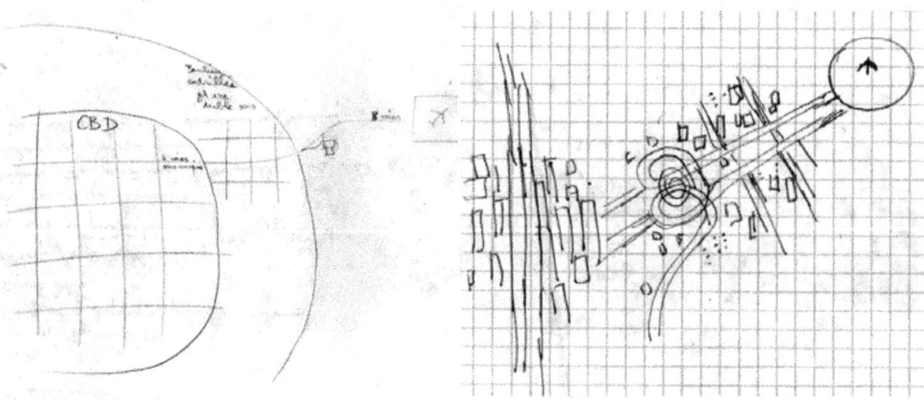

Figures 5 a et 5 b – **L'espace vécu des dix premières minutes de *Collateral*,**
cartes mentales spectatorielles de deux étudiants préparant
au Capes d'Histoire-géographie

L'exercice consistait à reproduire de manières schématique, spontanée et « libre » l'espace vu dans cette même partie introductive de *Collateral*, et ce, juste après son visionnage. D'une telle situation de recherche, on retiendra la volonté d'intégrer la lecture et l'écriture (ici graphique) de l'autre (les spectateurs géographes que sont ces étudiants) et le constat de la diversité des lectures. L'imagerie que l'on retrouve dans les cartes mentales traduit de grandes récurrences (figures 5 a et 5 b). Elle répercute la visibilité des lieux fictionnels (aéroport, station-service, « CBD », l'échangeur autoroutier...) tout en les organisant plus (figure 5 a) ou moins (figure 5 b) selon une structure centre-périphérie repérée plus haut et assez marquée chez tous les enquêtés. La figure de la grille est également très présente, tout comme l'orientation gauche/droite. On relève, cependant de manière intéressante, l'enregistrement des « déformations » spatiales produites par le récit (l'exagération du « CBD » sur la carte 5 a par exemple), ainsi que la prise en compte des ellipses (spatiales et temporelles) du récit tout en figurant un espace continu[20] signifié par la ligne (figure 5 a). La *tactique* de représentation diffère cependant entre les deux cartes, entre point de vue zénithal (figure 5 a) et point de vue plus oblique (figure 5 b), on pourrait voir la traduction d'une sensibilité différente, selon les étudiants, au dispositif stylistique mis en place par M. Mann. Quoi qu'il en soit, l'exercice des cartes mentales suggère qu'en dépit d'expériences spectatorielles évidemment diverses qui plus est diversement traduites en carte, certaines caractéristiques des territorialités filmiques sont partagées.

« TÉLÉ GÉO » OU LA TENTATIVE D'EXPLORATION D'UN TERRITOIRE CINÉMATOGRAPHIQUE À TRAVERS *TÉLÉ GAUCHO (MICHEL LECLERC, 2008)*

Dans le prolongement de ce travail sur les territorialités filmiques envisagées à partir de « cartes mentales spectatorielles », nous abordons, à présent, les territorialités cinématographiques. Ce terme permet d'envisager si et comment la fiction déborde la salle obscure et investit l'espace urbain. Du point de vue du dispositif, il s'agit ici de prendre la caméra en quête de l'image qui reste, se placer derrière la caméra pour chercher les traces laissées par la fiction dans l'espace. Le point de départ de cette situation est un autre film de fiction, parisien et bien différent dans son genre puisqu'il s'agit d'une comédie dramatique. Le choix de ce film s'explique par des considérations à la fois pratiques et expérimentales. *Télé Gaucho* se situe dans le quartier dans lequel je réside depuis six ans maintenant. Bien que l'histoire soit située aux origines d'une télévision « sauvage » à la fin des années 1990 (soit avant mon arrivée) qui rappelle l'expérience des « radios libres », le film s'est tourné dans le quartier actuel à peine transformé par quelques effets de décor (invention d'une cabine téléphonique, transformation d'un magasin de lunettes en officine de pompes funèbres). Il

[20] Bien sûr, l'exercice qui demande la production d'une « carte » mentale introduit des biais menant à adopter un point de vue surplombant et peut être à sous-estimer les discontinuités de l'espace narratif filmique.

me plaçait donc dans cette posture spécifique du spectateur qui connaît et reconnaît les lieux fictionnels, transformant d'autant son expérience du film.

Synopsis : Avec l'apparition des caméscopes, faire de la télé devenait alors à la portée de tous. Jean-Lou, Yasmina, Clara, Adonis et les autres ne voulaient pas seulement créer leur propre chaîne de télé, ils voulaient surtout faire la révolution. Victor, fraîchement « monté » à Paris pour devenir cinéaste se lance avec eux dans l'aventure « Télé Gaucho ». Le film s'inspire de l'histoire d'une vraie télé locale : Télé Bocal.

C'est donc à partir de cet autre cas, que je me mettais, avec l'aide d'une amie ayant une expérience de la réalisation, au défi d'appréhender, caméra « au poing », les traces que le film avait pu laisser dans mon espace quotidien et celui des autres. Le tournage et le montage ont été effectués en vingt-quatre heures[21]. L'objet final est bien sûr plus un document de travail qu'une œuvre réellement aboutie.

Cadre : sur les traces de *Télé Gaucho*, territorialité introuvable ?

Télé Géo me confrontait d'emblée à l'écart entre le lieu « réel » et le lieu fictionnel tel qu'il est figuré par la séquence de l'arrivée dans le quartier du personnage principal (figure 6 a). Celui-ci parcourt ainsi la rue de Bagnolet (figurée et nommée par la voix off de Victor, le narrateur) qui constitue un point nodal du récit et qui concentre la majorité des vues extérieures du film. Le personnage marche dans la rue, rejoint le *Bar de la réunion* puis revient un peu plus tard sur ses pas en passant devant le bar *Le Normandie* et le fleuriste[22]. Cette séquence est (pour le spectateur habitant) topographiquement cohérente[23]. Parce qu'elle définit le cadre spatial de la narration, c'est principalement sur cette séquence que se concentre l'exploration, via la caméra des traces du film de M. Leclerc.

Relevons d'emblée que le cinéaste français fait de la rue de Bagnolet un cadre fictionnel sûrement moins profond que le Los Angeles de M. Mann. Il n'en a pas non plus le même déploiement spatial, ainsi le film pourrait illustrer la thèse d'une rétraction des horizons cinématographiques parisiens, d'un repli sur le quartier au détriment des fictions cherchant à prendre la mesure de la ville dans son ensemble. Le film, à l'image de la séquence,

---

[21] Seul un rendez-vous avait été planifié pour un entretien avec Richard, le « vrai » fondateur de *Télé Bocal* dont les locaux avaient été utilisés comme lieu de tournage.

[22] Lieux qui n'existent d'ailleurs plus en tant que tels aujourd'hui, le film prend alors le statut d'archive.

[23] À défaut d'être « authentique » dans la mesure où le centre de gravité de *Télé Bocal* s'organisait sur d'autres bars de la rue.

prend toutefois le temps de camper son contexte spatial. L'objectif visé par la réalisation de mon film était de transformer ce lieu/circonstance fictionnelle en circonstances scientifiques. L'idée était d'envisager, un peu à la manière du film, le lieu dans sa matérialité, mais aussi comme espace d'interaction et de rencontres possibles.

Figures 6 a et 6 b – **De *Télé Gaucho* à *Télé Géo*, la villa Riberolle**
(qui mène au local de *Télé Bocal*)
Télé Gaucho, 10'25 et *Télé Géo*, 0'15

Ainsi la vidéo réalisée met en scène deux entretiens *in situ* de spectateurs qui permettent de dégager des enseignements. Le premier, factuel, tient à la mesure de l'effacement des lieux fictionnels pour les deux personnes interrogées. Richard, fondateur de Télé Bocal qui a suivi le projet du film et l'a vu il y a alors cinq mois, mélange ainsi dans son propos, lieux du film et lieux de l'histoire authentique de Télé Bocal[24]. Quant à la deuxième personne interrogée (sur un autre lieu de tournage), Nathalie, elle ne parvient pas à se remémorer les lieux du film plusieurs mois après son visionnage. Bien qu'il soit, évidemment, impossible de dégager des conclusions définitives à partir de ces deux entretiens filmés, force est de constater le peu de traces laissées de la territorialité cinématographique construite par *Télé Gaucho*. Ce constat (qui ne correspondait pas aux réponses a priori attendues) permet ainsi de pointer ce que tendait à effacer l'exercice des cartes mentales : le poids du temps, la sensibilité variable aux dimensions spatiales du film, mais aussi les effets d'une moindre profondeur géographique de ces dernières sur l'expérience des spectateurs.

Le second enseignement s'est fait *a posteriori*. Il peut pourtant sembler évident. Il a trait à l'écart visuel et sonore entre les lieux mis en scènes par Michel Leclerc et ceux mis en scènes dans mon film. Si le choix a été fait de ne pas mimer les effets de mise en scène du cinéaste, force est de constater, *en négatif*, les différences entre le travail d'un professionnel et le travail d'un amateur. Les figures 6 a et 6 b illustrent bien cette idée : la lumière, la composition du plan, la position de la caméra, mais aussi le son concourent à mesurer la transformation des lieux par le cinéma, leur *altérité* (en termes de profondeur et même de texture urbaine) là encore, quand bien même leur « matière première concrète » est la même.

Corps : l'espace en partage, méthodologies exposées

Le film d'étude a surtout agi comme un révélateur de ma propre recherche. Du fait de son format vidéo, il permet ainsi de donner un régime de visibilité à quelques-unes des questions qui animent cette dernière.

Il interroge d'abord la place donnée aux autres spectateurs. L'hypothèse d'une « territorialisation cinématographique » impliquait de faire intervenir l'autre, son expérience et donc sa parole. La vidéo force à *montrer* la place qui lui est donnée. Le choix du lieu devait ainsi correspondre à un lieu du film et à un lieu fréquenté par les interviewés qui n'étaient donc pas *déplacés*. L'entretien dirigé me semblait le dispositif le plus approprié. Le film permet néanmoins de rendre visibles les biais assumés d'une telle formule frontale : il y a quelque chose de contre-nature – en tout cas pour ce film – à éluder l'histoire au profit de l'espace de la fiction, quelque chose de forcé dans l'entretien.

[24] Ce qui peut tout à fait se comprendre du fait même de son implication dans cette histoire authentique.

Figures 7 a et 7 b – **Sur les traces *de Télé gaucho* au bar de la Réunion** (rue de Bagnolet), **entretien avec Nathalie sur le lieu même d'une scène du film** (Éric Elmosnino dans le rôle de Richard, le fondateur de *Télé Bocal*)
Télé Géo, 3'20 et Télé Gaucho, 9'52

Corrélativement se posait donc la question de la place que je me donnais dans le film. Le propos introductif, en voix off, cherche ainsi à poser l'intrigue : au montage nous choisissions de doubler l'exploration en caméra subjective d'un lieu du film (figure 7 a) de la présentation spontanée de ma recherche lors de la rencontre faite avec Richard, premier interviewé. Refaire la séquence du film vue dans le film sous la forme d'une traversée avec un point de vue subjectivant (Figures 7 a et 7 b) permettait d'insister sur les lieux reconnus lors de la séance. Le but était là de traduire l'effet d'étrangeté/suspension produit chez le spectateur quand on reconnaît un lieu

« réel » lors du visionnage d'une fiction. Il s'agissait là de rendre compte de la manière dont les lieux se sont invités dans mon expérience spectatorielle et comment mon expérience spectorielle[25] se redéployait dans mon espace quotidien. Un peu plus loin, nous décidions de me faire apparaître devant la caméra pour figurer cette marche dans les pas de la fiction mais aussi pour m'assumer *acteur* du film en train de se jouer. Dans la conduite de l'entretien avec Nathalie, il nous a semblé plus pertinent d'assumer la direction dans laquelle je l'embarquais. Il m'apparaissait aussi juste (et *a posteriori* intéressant) d'exposer un relatif malaise devant la caméra, tel que le silence gêné face aux réponses – inattendues – de Nathalie.

Territorialités critiques : l'espace *en défaut* de Télé Gaucho, *un troisième lieu* ?

Entre espace filmique et espace matériel, entre moi et les autres, le film peut apparaître comme la tentative de circonscription d'un « troisième lieu » ou d'un « troisième espace ». Expliquons-nous sur ce terme : il nous semble une esquisse de *pratique* d'un espace de représentation, qu'Henri Lefebvre considère non pas comme code de l'espace mais « comme code des espaces de représentation » (Lefebvre, 2000 [1974]). Ainsi le film (ou du moins son programme), imparfait fondu enchaîné de l'espace fictionnel et l'espace matériel, peut apparaître comme un essai d'exploration de l'espace en *défaut du film*. Il brise en effet ce que Pascal Bonitzer (2016 [1972]) qualifie d'illusion de continuité du cinéma classique figuratif. Dans cette mesure, le film fait plus que montrer « l'envers du décor », il montre (en partie) l'« espace en défaut ». Il rend compte du caractère partiel du film (focalisation), de sa manière de découper l'espace-temps en s'y inscrivant de manière condensée (la rue de Bagnolet, non nommée est représentée dans sa texture et dans sa linéarité).

Ce film permet également, en dernière instance, de questionner les temporalités fictionnelles dans leur relation à l'espace. En suggérant la configuration spatiale et sociale de ce fragment urbain, il réinscrit de l'étrangeté géographique dans son propos : comment, en effet, installer un film « historique » dans un quartier qui, en quinze ans s'est profondément transformé, notamment parce qu'il constitue un front de gentrification notable du nord-est parisien ? C'est cet espace social, en défaut, rejeté dans la hors scène, *maquillé* par le travail sur les décors, les corps et les dialogues,

[25] Par expérience spectatorielle, nous entendons la manière dont les spectateurs vivent de manière différenciée l'univers fictionnel construit par les films. Cette expression prend appui sur les travaux du sociologue Emanuel Ethis qui a notamment travaillé sur la perception différenciée du temps par les spectateurs. Voir : Emmanuel Ethis, 1999, « Ce que le spectateur fait au cinéma, pour une sociologie de la réception des temps filmiques », *Communication et langage*, vol. 119, n° 1, p. 38-53.

qui est totalement absent du film, et qui pose de fait la question de son impensé idéologique. Ce dernier est d'autant plus paradoxal que le film traite justement du combat d'une télévision de quartier contre l'idéologie dominante. Ainsi le film échoue (en partie parce que ce n'est pas son objectif et parce qu'il s'agit d'une certaine manière d'un film « historique ») à faire émerger une territorialité critique de la représentation du quartier, c'est-à-dire de rendre compte par la mise en scène ou le propos des rapports de force sociaux se jouant dans et par l'espace.

FAIRE ÉCRIRE (LES ÉLÈVES) AVEC LA CAMÉRA UNE FICTION GÉOGRAPHIQUE : DÉBORDER LE CADRE SCOLAIRE ?

La troisième situation d'écriture envisage une autre position, celle du professeur de géographie et un autre type d'écriture vidéo, celle des élèves. Elle s'appuie concrètement sur un court-métrage de fiction « amateur » réalisé à la fois dans le temps scolaire et dans le hors-temps scolaire, mais dans le cadre de l'enseignement d'un chapitre de géographie de la classe de Seconde « Urbanisation et dynamiques urbaines dans le monde » (programme en vigueur entre 2002 et 2008) et des séances « méthodologiques » qui permettaient alors pour chaque chapitre de prendre les élèves en demi-classe une semaine sur deux. Réalisé par un groupe de cinq élèves, le film fait partie d'un corpus plus large de sept films.

Ce travail d'écriture est en quelque sorte préparé (dans un temps très court) par le recours à des supports cinématographiques dans le cadre de l'étude de cas portant sur Los Angeles appuyée sur des extraits de fiction contemporaine angeline à savoir, *Collateral* de M. Mann abordé plus haut, *Wassup Rockers* de Larry Clark (2004) et *Edward aux mains d'argent* de Tim Burton (1990), puis dans ce qu'on appelle la mise en perspective prenant appui notamment sur des séquences de *Lost in translation* de Sofia Coppola (2004). Cette première partie visait à les sensibiliser à la « géographie-caméra » et donc à orienter leur regard sur la dimension spatiale des films. L'ensemble de la séquence avait pour objectif de ne pas en rester à la position de spectateur et de les conduire à s'assumer acteurs et auteurs par une éducation – très rapide – aux gestes. Ce passage était pris en charge par deux séances « méthodologiques », l'une portant sur l'écriture du scénario et le plan de tournage, l'autre sur le montage en laissant une grande part d'initiative et de liberté aux élèves. Ces derniers prenant sur le hors temps scolaire pour tourner et monter leur film. En dernier lieu, le film de chaque groupe était présenté par l'équipe et projeté en fin de séance semaine après semaine en fonction du calendrier des rendus et des contraintes horaires.

Cette troisième situation fait écho aux deux premières tout en les déplaçant : elle met, en effet, *en friction* un espace conçu qui est la ville (ou les villes) de la culture scolaire en géographie, un espace vécu (l'habiter des élèves) et un espace perçu (les territoires à travers les œuvres de fiction étudiées comme support en classe).

Saint-Maur/ Châtelet : cadres traversés

Synopsis : *Thriller* narre la rencontre d'un banlieusard de Saint-Maur-des-Fossés et d'une habitante de Paris intra-muros dans le nœud de la station Châtelet, où ils assistent en tant que témoins et à leurs dépens à un crime perpétré par un mystérieux troisième personnage. S'ensuit une course-poursuite aboutissant dans la rame du métro 14.

Figure 8 – ***Tracking*, travelling depuis le RER A**
Tracking, 1'52

Tracking figure ainsi un *transect* urbain reprenant et transposant en images et en sons un certain nombre de « concepts » relevant de la géographie vus en classe. Saint-Maur-des-Fossés est caractérisé par les bords de Marne (la première image) le long desquels flâne le personnage ainsi que par la gare RER et marque une rupture visuelle et paysagère avec l'hypercentre parisien. Cette discontinuité est renforcée par le choix d'une bande musicale différente pour les deux types d'espaces. La première moitié du film se structure ainsi sur un modèle centre-périphérie transposé en son et en image. Centre-périphérie car c'est bien une relation dialectique qui est filmée : le lien entre ces deux lieux étant bien figuré par le trajet en RER qui prend la forme d'un travelling fragmenté donnant à voir un net gradient de densité. Ainsi les élèves ont travaillé, à leur manière, sur les « textures » urbaines. Une autre opposition structure la narration : elle intervient dans la deuxième moitié du film et oppose la surface à la ville souterraine (la plateforme de correspondance à la station Châtelet) où, dans une certaine logique géographique, les deux personnages se rencontrent accidentellement. C'est là, aussi, que se déroule la course-poursuite menant les trois protagonistes sur la rame de la ligne 14. C'est l'écriture même de ces lieux, qui a ici, à mes yeux, une valeur. Ils constituent à la fois le cadre des pratiques spatiales de ces élèves mais sont revisités à l'aune de leur scénario mais aussi à l'aune du vocabulaire travaillé en classe : mobilité, flux, paysage, haut lieu sont autant d'éléments de langage géographique (scolaires) repensés dans l'optique de faire cadre cinématographique : panorama, travelling, plan séquence caméra à l'épaule sont autant de formes cinématographiques qui dialoguent ici avec les formes géographiques. Ainsi le paysage de Saint-Maur est nettement marqué par l'horizontalité, tandis que les élèves soulignent nettement ensuite la verticalité parisienne. En cela, les élèves font bien usage, à travers leurs mouvements d'appareil, d'une « caméra-géographe », de manière expérimentale et en « amateurs ».

Corps : filmer l'habiter urbain fictionnel

La manière dont les auteurs de ce film font émerger les deux personnages du cadre spatial campé par différentes modalités de panorama traduit cette volonté. Cette expérience implique les corps des élèves. Ces derniers se placent en situation d'acteurs de cinéma tout en figurant comme acteurs ordinaires. Le travail qu'ils ont réalisé sur la mise en scène de leurs pratiques spatiales me semble intéressant dans ce film qui débute par des pratiques ordinaires (flânerie sur les bords de Marne, pour tourner à l'extraordinaire, la course-poursuite dans les escalators de Châtelet). Par ailleurs, la recherche de l'effet de réel les conduit à envisager ces pratiques dans des lieux qui les configurent en partie : la *chorégraphie quotidienne* des corps impatients à Châtelet permet la vraisemblance de la rencontre, les recoins (en l'occurrence les toilettes) rendent possible le crime, la fermeture automatique des portes permet la fuite, etc. Ainsi plus qu'un décor, l'espace urbain fait cadre et est dans *Tracking* exploité comme une ressource fictionnelle, il est partie prenante et vecteur de la narration. Ce travail d'inscription dans les lieux urbains, les conduit à esquisser des degrés d'ancrage différenciés des personnages. Le personnage du garçon du RER qui regarde la carte suggère au spectateur qu'il connaît mal soit l'espace de départ soit l'espace d'arrivée... L'ensemble de ces éléments traduisent le respect de la consigne, entendant par-là que les élèves ont bien réalisé une « fiction géographique » dans la mesure où ils ont investi les formes urbaines, leur ont donné une *épaisseur* tout en envisageant les lieux comme circonstances possibles et vraisemblables.

Parce que toute image cinématographique contient les conditions de sa fabrication, *Tracking* enregistre les difficiles conditions techniques auxquelles les élèves ont été soumis lors de cet exercice que j'expérimentais alors. Ces contraintes expliquent ainsi en partie le déploiement spatial de la narration qui s'effectue dans l'espace proche et dans l'espace connu, approprié. Néanmoins le tournage d'un film suppose évidemment un investissement supérieur dans l'espace que celui relevant de la pratique quotidienne. La construction des plans engage à un placement de la caméra supposant la recherche d'une vue surplombante sur les toits de Paris ou frontale dans les scènes d'escalator. Ce travail de production de leur scène cinématographique dans l'espace urbain relève d'une appropriation « sauvage » (tournée sans autorisation) en soi légalement et pédagogiquement fondamentalement problématique. Cette production, bien que *scolaire* (et donc œuvre de commande dans une certaine mesure) me semble toutefois intéressante car elle repose sur l'idée d'un droit à dire la ville, de l'investir corporellement (devant et derrière la caméra) et symboliquement.

Territorialité critique : entre imaginaire et imagination

Ces élèves ont fabriqué un *objet* qui m'apparaît hybride. Ils ont produit un « espace de représentation » ouvert par le dispositif pédagogique proposé. De cet espace de représentation est difficile de démêler la part de leur imaginaire urbain, de leur imaginaire cinématographique (les deux étant clairement liés), celle de l'« influence » du cours de géographie ayant précédé le travail et des extraits travaillés en classe. Mais ce montage des imaginaires par l'imagination des élèves m'apparaît comme digne d'intérêt. On peut, à ce titre, relever quelques « citations » plus ou moins directes aux films étudiés en classe, de *Lost in Translation* (figure 9 b) à *Collateral* en passant par *l'Arrivée d'un train à La Ciotat*.

Figures 9 a et 9 b – **Lost in Saint-Maur-des-Fossés**
Tracking, 0'50 et *Lost in Translation*, 11'37

Plus que son « contenu » et la manière dont le film reproduit ou discute des frontières urbaines, la manière dont les élèves se sont emparés du dispositif me semble peut-être le point le plus important. En effet, si le film a déplacé les lignes, c'est avant tout dans nos pratiques scolaires. Du point de vue

« didacto-pédagogique », ce qui me semble important ici est le travail d'imagination à l'œuvre (et de sonorisation) dans leur narration audiovisuelle autoproduite. Ce travail d'écriture « créative » autorise, en effet, un « déplacement » favorisant l'implication des élèves que l'on place (peut-être trop) rarement dans cette posture. Le dispositif amène aussi une manière de rendre visible et sensible un « espace de l'imaginaire » à l'articulation entre structures collectives et capacité d'écriture individuelle. En projetant le film à l'ensemble de la classe, le film donnait une matière sensible, à la fois personnelle et collective (car institutionnalisée) sur laquelle on pouvait travailler un peu à la manière d'une « carte mentale ». Les films des élèves invitaient cependant à aller plus loin : le film contient peut-être plus nettement que pour une carte mentale ces conditions de production et conduit ainsi à questionner les choix d'imagerie, de formes autant que les conditions de tournage et de filmage. Le statut de l'œuvre permettait de dépasser les phases de décryptage pour rejoindre des dispositifs plus proches de la production de cartes autoproduites. Enfin, le statut d'œuvre de fiction libérait dans une certaine mesure les élèves d'une recherche « documentaire », tout en autorisant une participation différente de celle du visionnage d'un documentaire de la part des élèves spectateurs. Les fictions audio-visuelles et les modalités (de la monstration au partage des courts-métrages) m'apparaissent ainsi comme un dispositif particulièrement riche pour faire entrer dans la classe les imaginaires négociés à l'aune des imaginations des élèves. En effet, dans ce cas précis l'espace autorise le film, il est instituant mais reste institué par les élèves et leur travail d'écriture.

Cet espace-temps (court et contraint) de créativité se déployant dans un cadre conceptuel lui-même contraignant et exigeant encourage ainsi à dégager un horizon cinématographique possible pour la géographie scolaire alors même qu'elle se tourne vers des concepts comme l'habiter. La dimension allégorique du cinéma (mise en scène d'un habiter fictionnel) associé au potentiel et aux limites de la fiction (le contrat fictionnel) offre ainsi un dispositif libérant l'énergie, permettant de sortir des ornières d'approches trop positivistes sans sortir de l'impératif de réalité qui incombe au professeur d'histoire-géographie, dans la mesure où il place – un temps – les élèves en situation d'écriture (ou de réécriture) du monde et non en simples spectateurs d'un dévoilement écrit d'avance.

CONCLUSION

De ces trois situations par rapport à la caméra et son travail géographique, celle du et des spectateurs, celle du réalisateur et celle du professeur, on retiendra, tout d'abord, qu'en dépit de leurs grandes différences de nature, elles questionnent toutes et avant tout la place du chercheur et de la production du savoir. Elles entraînent toutes trois *un déplacement* de l'espace aux spatialités nées des mises en formes cinématographiques ou audiovisuelles. Face au film, le géographe est amené à *faire avec* son expérience sensible, pour dire quelque chose du monde dont il est mise en forme et en ordre par le cinéaste et son équipe. Il se place en position de partager le sens de cette géographie faite par les autres (du cinéaste aux spectateurs). Avec la caméra (ou sans, voir Pleven, 2014), il peut être amené à questionner ou plutôt à prolonger ce partage[26]. En faisant prendre la caméra, le professeur de géographie du secondaire permet à d'autres encore (les élèves) de prendre possession de ce qu'il met en partage et de le fondre dans ce qu'ils savent et ce qu'ils veulent raconter des territoires et de leurs territorialités.

À bien des égards, ces trois situations questionnent la manière dont le cinéma produit son espace mais aussi, dans une certaine mesure, produit l'espace. Le film apparaît bien comme une « zone de friction » à plusieurs dimensions qui circonscrivent ce que l'on entend par territorialités cinématographiques, à savoir ces configurations d'habiter fictionnel construite par le travail de la caméra et venant partager le sensible géographique avec les spectateurs.

Bien loin de permettre d'accéder directement à d'hypothétiques « structures de l'imaginaire », ces trois situations qui envisagent l'art cinématographique (les « géographie-caméra » de M. Mann et M. Leclerc) en amont (son inscription dans le monde concret et matériel) et en aval (l'espace perçu et reçu des mondes fictionnels par les spectateurs et les élèves producteurs) conduisent plutôt à envisager ces formes d'expression comme une imagination à l'œuvre et en œuvre résultant d'un travail sur le monde permettant la production de mondes (ou quasi-mondes). L'ensemble de ces situations enjoignent à considérer ces *manières de faire* comme des processus. C'est alors le « montage » du réel par la fiction audiovisuelle qui peut être l'objet de la recherche appelant une grille de lecture qualitative qui, à des degrés divers, a été testée, ici sur des supports très différents en nature. L'étude du cadre (l'imagerie montée/montrée telle qu'elle est produite par le cadre/cache de la caméra), des corps (performativité fictionnelle) et des territorialités critiques (champs de force avec négociation potentielle avec les stéréotypes spatiaux) créées et portées par la fiction nous semblent trois entrées pertinentes pour envisager les dimensions géographiques des fictions mais aussi de leurs portées. Cette proposition de grille enjoint à envisager l'espace créé par le cinéma comme un « espace de représentation », un *espace vécu* dans une acception qui relève du cadre théorique de la triplicité

[26] Je remercie d'ailleurs chaleureusement habitants, élèves et étudiants pour leur participation à ce travail ainsi que les participants de la table ronde « géographie et cinéma » lors de la rencontre de Cerisy pour leurs remarques.

de l'espace d'H. Lefebvre. Dans l'œuvre, mais aussi dans sa fabrication et sa réception, se jouent des effets de condensation et une tension entre « la ville panorama » et « la ville transhumante », pour reprendre les catégories de B. Debarbieux et de M. de Certeau. C'est dans ces processus et dans la manière dont les met en formes le cinéma que prend le sens – la géographicité – de l'œuvre. Ainsi sont posés des jalons possibles (et parmi d'autres) d'un travail qui dépasse l'étude des territoires (urbains) *au* cinéma pour envisager les territorialités urbaines *à travers* le cinéma, programme d'une géographie des imaginations et des imaginaires cinématographiques et leur part dans la production de l'espace et des spatialités.

BIBLIOGRAPHIE

AUMONT Jacques, 2014, *Limites de la fiction, considérations sur l'état actuel du cinéma*, Paris, Bayard.

BERGALA Alain, 2002, *L'hypothèse cinéma, petit traité de transmission du cinéma à l'école et ailleurs*, Paris, Cahiers du Cinéma/essais.

BONITZER Pascal, 2016, *La vision partielle. Écrits sur le cinéma*, Paris, Caprici.

MALAUSA Vincent, 2014, « La nuit rayonne, entretien avec Dion Beebe », *Cahiers du Cinéma*, n° 702 « De la lumière ! », p. 14-16.

DEBARBIEUX Bernard, 1995, « Le lieu, le territoire et trois figures de rhétorique », *L'Espace géographique*, vol. 24, n° 2, p. 97-112.

BERQUE Augustin, 1990, *Médiance, de milieux en paysages*, GIP Reclus, Montpellier.

CADIEUX Axel, 2015, *L'horizon de Michael Mann*, Levallois-Perret, Playlist Society.

CASTRO Teresa, 2011, *La pensée cartographique des images. Cinéma et culture visuelle*, Lyon, Aléas.

CONLEY Tom, 2006, *Cartographic Cinema*. Minneapolis, London, University of Minnesota Press.

DE CERTEAU Michel, 1990 [1re éd. 1980], *L'invention du quotidien*, 1 : *Arts de faire*, éd. établie et présentée par Luce Giard, Paris, Gallimard.

GOTTMANN Jean, 1952, *La politique des États et leur géographie*, Paris, Armand Colin.

LEFEBVRE Henri, 2000 [1974], *La production de l'espace*, Paris, Anthropos.

JOUSSE Thierry et PAQUOT Thierry, 2005, *La ville au cinéma, Encyclopédie*, Paris, Cahiers du cinéma.

PLEVEN Bertrand, 2014, « Urbanités du spectacle, urbanité en spectacle. Paris, Je t'aime et New York, I love you : voyages impossibles en métropoles cinématographiques ? », *Annales de Géographie,* n° 695-696 « Géographie et cinéma », p. 763-783.

RANCIÈRE Jacques, 1998, « l'historicité au cinéma », in Antoine de Baecque, Christian Delage (dir.), *De l'histoire au cinéma*, Paris/Bruxelles, IHT-CNRS/Complexe, coll. « Histoire du temps présent ».

STASZAK Jean-François, 2014, « Géographie et cinéma : modes d'emploi » *Annales de Géographie,* n° 695-696 « Géographie et cinéma », p. 595-604.

THORET Jean-Baptiste, 2005, « Trajectoires incompatibles », *Panic*, n° 1, p. 32-40.

ZERNIK Clélia, 2010, *Perception-cinéma, les enjeux stylistiques d'un dispositif*, Paris, Vrin.

FILMOGRAPHIE

Collateral, 2004, États-Unis, réalisation : Michael Mann, scénario : Stuart Beattie, couleurs, Durée : 2h00, Paramount.

Lost in translation, 2004, États-Unis, réalisation : Sofia Coppola, scénario : Sofia Coppola, couleurs, durée 1h 42, Pathé.

Télé Gaucho, 2012, France, réalisation : Michel Leclerc, scénario : Michel Leclerc et Thomas Lilti, couleurs, durée : 1h51, 31 Films.

Télé Géo, 2014, réalisation : Clémence Bucher et Bertrand Pleven, montage : Clémence Bucher et Bertrand Pleven, 7 minutes, 2014.

Tracking, 2010, film d'élèves de Seconde du lycée d'Arsonval à Saint-Maur-des-Fossés, réalisation et scénario de Clara Le Carrié, Romain Postaire, Kadijetou Mint Ahmed, Axel Manuel, couleurs, 5'28.

L'AMBIANCE COMME CONCEPT DE LA GÉOGRAPHIE CULTURELLE FRANCOPHONE

DÉFIS ET PERSPECTIVES

Atmosphere as a concept for French-speaking cultural geography: challenges and research perspectives

Rainer KAZIG [1]
UMR 1563 Ambiances – Architectures – Urbanités (CRESSON)

Damien MASSON [2]
Laboratoire Mobilités, Réseaux, Territoires, Environnement (EA 4113), Université de Cergy-Pontoise

Résumé : Ce texte fait la proposition d'une prise en considération plus importante de la notion d'ambiance dans la géographie culturelle francophone en examinant les conditions de possibilités, les enjeux, et les défis issus de cette mise en relation. Pour cela, l'argumentation se structure en quatre temps. Premièrement, est fait le constat que la notion d'ambiance a trouvé récemment une place dans la géographie culturelle anglophone et germanophone pendant qu'elle reste essentiellement développée dans le monde francophone au sein de la recherche architecturale et urbaine. Deuxièmement, l'examen des travaux portant spécifiquement sur les ambiances issus de la géographie anglophone et germanophone montre assez peu de pistes relatives à l'apport de la notion d'ambiance pour la géographie culturelle, laissant par conséquent la question ouverte. De ce constat, nous construirons dans le temps suivant trois propositions pour une articulation heuristique de l'approche par les ambiances aux problématiques de la géographie culturelle. Enfin, le dernier temps sera consacré à l'esquisse de quelques perspectives de recherche que laisse entrevoir l'accueil de l'ambiance comme concept opératoire de la géographie culturelle francophone.

Mots-clés : ambiance, atmosphère, géographie culturelle anglophone, géographie culturelle germanophone, praxéologie

Abstract: *This text is proposing a greater consideration of the concept of ambiance in French-language cultural geography by examining the terms of opportunities, issues and challenges that emerge from this relationship. The argument is structured in four parts. Firstly, the observation is made that in the English-*

[1] Courriel : rainer.kazig@grenoble.archi.fr

[2] Courriel : damien.masson@u-cergy.fr

language and German-language contexts, the concept of ambiance has recently found its place in the field of cultural geography, whereas in the francophone world it has become situated mainly in the field of architectural and urban research. Secondly, a review of work on ambiance in English-language and German-language cultural geography shows that ultimately there is little work that explicitly addresses the contribution of the concept of ambiance for cultural geography, thus leaving this question open for further research. Starting from this observation, we will develop three suggestions for a heuristic linking of the concept of ambiance to issues of cultural geography. The last part provides an outline of some research prospects for ambiance as an operating concept within French-language cultural geography.

Keywords: *ambiance, atmosphere, English-language cultural geography, German-language cultural geography, praxeology*

INTRODUCTION

La notion d'ambiance est utilisée depuis plusieurs décennies en sciences humaines et sociales pour aborder le potentiel sensible des personnes. Elle met en avant la question du rapport plurisensoriel à l'environnement et le fait que l'état – d'esprit, d'âme, voire de *corps* (Thomas *et al.*, 2014) – d'une personne puisse évoluer avec le contexte sensible dans lequel elle se trouve. Dans le monde francophone cette notion trouve surtout sa place au sein du champ de la recherche architecturale et urbaine tandis qu'elle se positionne plus ou moins clairement dans la géographie culturelle dans les pays anglo-saxons et germanophones. En revanche, la géographie culturelle francophone fait très peu référence à la notion d'ambiance. Dans la troisième édition de la *Géographie culturelle* de Paul Claval le terme ambiance ne figure pas dans l'index du livre (Claval, 2012). Et une simple recherche en utilisant le moteur de recherche sur la revue *Géographie et cultures* témoigne d'une faible présence de la notion : certes on trouve cinquante articles qui font usage du terme dans leur texte, mais il y a seulement huit citations des auteurs porteurs de la notion (deux pour Jean-François Augoyard, six pour Jean-Paul Thibaud et aucune de Pascal Amphoux) sur l'ensemble du contenu indexé en ligne[3] de la revue, ce qui signifie une faible prise en compte explicite de la notion.

En partant de cette observation, l'enjeu de notre contribution est de discuter des perspectives et des défis relatifs à une prise en considération plus

[3] Soit le premier numéro de la revue, et les vingt-neuf publiés en ligne depuis l'année 2007. La recherche a eu lieu le 8 février 2015 via le moteur de recherche disponible sur le site Internet de la revue : http://gc.revues.org/

importante de la notion d'ambiance dans la géographie culturelle francophone. Dans un premier temps, nous donnerons un aperçu de l'émergence de la notion d'ambiance dans la géographie culturelle germanophone et anglophone. Ensuite, nous présenterons la notion et ses usages dans le champ de la recherche architecturale francophone, développerons trois propositions pour une rencontre du champ des ambiances et de la géographie culturelle, puis présenterons quelques perspectives relatives aux enjeux de l'intégration de la notion d'ambiance pour la géographie culturelle francophone. Inscrit au sein de certaines extensions qualifiables de sensualistes et phénoménologiques du tournant culturel en géographie, ce texte vise à proposer des développements à l'endroit de leur dimension praxéologique, par le croisement des champs mentionnés précédemment.

LA NOTION D'AMBIANCE DANS LA GÉOGRAPHIE CULTURELLE ANGLOPHONE ET GERMANOPHONE

Dans la géographie germanophone la notion d'ambiance – qui figure sous le terme *Atmosphäre* – fait clairement partie de la géographie culturelle depuis la publication de deux articles sur cette thématique (Bischoff, 2007 ; Kazig, 2007) au cœur de l'ouvrage collectif *Géographies culturelles* coordonné par Berndt et Pütz (2007). Ce livre est la deuxième publication germanophone majeure au sujet de la nouvelle géographie culturelle.

Néanmoins, le terme *Atmosphäre* était déjà présent dans la géographie humaine germanophone, en particulier avec les travaux de Jürgen Hasse (2002). Il est employé dans une approche phénoménologique : Hasse veut établir une meilleure prise en considération du sensible en géographie humaine et créer un contrepoids à la géographie de l'action, alors très présente dans la géographie sociale germanophone. Aussi, les articles de Bischoff et Kazig témoignent de l'absence d'une réflexion approfondie de nature à expliciter les rapports entre ambiance et culture, ou qui justifierait la présence de la notion d'ambiance en géographie culturelle. Plutôt d'ordre conceptuel, l'article de Kazig (2007) se réfère seulement au courant non-représentationel issu de la géographie humaine anglophone pour y situer la notion d'ambiance. Il manque cependant une argumentation théorique claire sur la contribution de la notion d'ambiance à la géographie culturelle. Il en va de même pour l'article de Bischoff (2007) sur les ambiances olfactives, qui pointe la nécessité d'une prise en compte des ambiances pour l'analyse des paysages urbains, sans aborder – sur le plan théorique – la question de l'apport de la notion à la géographie culturelle.

Dans la géographie anglophone la situation est un peu différente. Notons pour commencer les effets d'un *tournant sensible* qui marque la discipline au même titre que plusieurs autres des sciences humaines et sociales, dont témoigne notamment l'existence de la revue interdisciplinaire *The senses and society* lancée en 2006. David Howes, à l'origine de cette revue, note que la question sensible marque les géographes anglophones en particulier, pour modifier leurs manières de prendre en considération la question du *sense of place*, puis celle de paysage qui va progressivement sortir du domaine du visuel pour devenir sensible (Howes, 2013). Le même chercheur note néanmoins les effets clairs de ce *tournant* au moment où les géographes vont prendre en considération les phénomènes non visuels et plus focalisés sur les activités et les rythmes, pris comme points d'articulation du corps et des environnements dans lesquels ils se situent. Les géographes culturels anglophones, plus particulièrement, vont quant à eux mobiliser la dimension sensible pour critiquer la production fondée essentiellement au plan visuel des espaces urbains (Degen, DeSilvey, Rose, 2008 ; Degen, Rose, 2012), pour insister sur la dimension corporelle et incorporée du paysage (Wylie, 2002 ; 2006), ou encore pour s'intéresser à la production et aux usages des espaces de consommation et de vie nocturne (Malbon, 1998 ; Misgav, Johnston, 2014).

Bien que fondés sur une approche sensible visant à démonter la suprématie visuelle d'approches antérieures des questions qu'ils posent, ces travaux ne mobilisent pas la notion d'ambiance. Elle apparaît plus tardivement sous le terme *atmosphere*[4] et est utilisée d'abord dans la géographie culturelle (McCormack, 2008, p. 413) avant de se positionner plus clairement au sein de la géographie des affects (Anderson, 2009 ; Bissell, 2010). Cette dernière est un courant situé dans la *non-representational geography* ou – comme la nomme Lorimer (2005) de façon pertinente – la *more than representational geography*. Celle-ci s'est développée autour des années 2000 avec l'idée de rendre vivantes les « géographies mortes », comme l'indique un des articles clefs pour le développement de ce courant (Thrift, Dewsbury, 2000). Par rapport à la géographie culturelle anglophone, dominante à l'époque, orientée sur la production textuelle, les discours et le développement de significations, cette géographie s'intéresse au rôle des pratiques ordinaires et à leur dimension corporelle et matérielle dans le processus de création des lieux et des identités (Lorimer, 2005). Au cours des dernières années, cette *more than representational geography* s'est subdivisée et la géographie des affects en constitue l'un des courants. La notion d'*atmosphere* y arrive notamment avec les travaux de Anderson (2009) et Bissel (2010). Ces auteurs en font usage par le déploiement du syntagme *affective atmospheres*, qui vise à réancrer la relation entre le sujet, entendu comme sujet sensible

[4] Sans entrer dans un débat terminologique, Ben Anderson (2009, p. 78) indique que l'emploi du terme « *atmosphere* » peut, dans un contexte linguistique ordinaire, être échangé sans trop de conséquences avec les termes suivants : « *mood, feeling, ambience, tone* », et dans un contexte scientifique se retrouver sous les appellations : « *impersonal or transpersonal intensity* […], *qualified aura* […], *mimetic waves of sentiment*, […] *sense of a place* ».

(ou sentant) et la dimension atmosphérique, voire météorologique, de l'espace[5]. Aussi, bien que le lien entre *atmosphere* et *affect* soit rendu explicite dans les travaux cités, le rôle de la notion d'*atmosphere* pour la géographie culturelle anglophone reste difficile à saisir dans la mesure où ces travaux s'appuient plus explicitement sur la notion d'affect[6]. Une comparaison récente de l'usage de la notion d'*affective atmospheres* dans la géographie anglophone et de la notion d'ambiance utilisé dans la discussion francophone a montré de surcroît des différences non négligeables[7] entre les deux (Adey *et al.*, 2013, p. 302) de telle sorte que le passage de l'une à l'autre reste problématique.

Cette courte analyse de l'emploi de la notion d'ambiance – dans leurs traductions respectives – dans les géographies culturelles germanophone et anglophone nous donne finalement assez peu de pistes précises pour envisager un déploiement de cette notion dans la géographie culturelle francophone. Les travaux anglophones sont particulièrement stimulants au plan théorique – notons au passage la publication du récent chapitre de Ash et Anderson (2015) sur les *méthodes atmosphériques* qui s'intéresse davantage aux conditions de possibilité théoriques et épistémologiques de déploiement d'une analyse des ambiances et à ses problèmes afférents, plus qu'à la question des méthodes de terrain. Quant aux travaux issus de la sphère germanophone, ils sont très riches sur plan des investigations empiriques. Pour autant, leur apport reste limité quant à la démonstration des apports relatifs à une potentielle géo-culturalisation des ambiances. De fait, il apparaît nécessaire d'expliciter notre compréhension de la notion d'ambiance dans le champ francophone avant de présenter comment elle peut être utilisée en tant que concept de la géographie culturelle et selon l'idée qu'on se fait de cette dernière.

---

[5] Notons l'usage que Ben Anderson (2009) fait de la notion d'*atmosphere* utilisée seule, pour désigner « l'air du temps » en prenant pour inspiration un discours de Marx mentionnant l'idée d'une « ambiance révolutionnaire ».

[6] Derek McCormack (2008) fait un effort de positionnement des *atmospheres* au sein de la géographie culturelle par deux manières : d'une part en l'intégrant à la dimension matérielle de l'environnement, d'autre part en en faisant un support de développement des réflexions sur la notion d'affect. Pour autant, dans le développement de son article, cette articulation consiste surtout à indiquer le rôle du culturel à l'endroit du processus de formation et d'expression des émotions. Pour lui, ces dernières constituent un des trois piliers de son modèle de compréhension des *affective atmospheres* qu'il caractérise comme une « intensité » distribuée entre affects, sensations et émotions.

[7] Ces différences concernent notamment la question de l'antériorité du sujet percevant à l'existence des ambiances.

LA NOTION D'AMBIANCE ET LE CHAMP DES AMBIANCES ARCHITECTURALES ET URBAINES

En langue française, la notion d'ambiance revêt deux niveaux de compréhension indissociables qui concernent à la fois les dimensions phénoménales, sensibles, des phénomènes atmosphériques et leur appréhension par les individus. La définition du dictionnaire le Robert (*Le nouveau petit Robert*, 2002, p. 77) en rend très bien compte en désignant : « l'atmosphère matérielle ou morale qui environne une personne ». L'ambiance environne les corps, qualifie le milieu, forme un climat : elle est éminemment géographique[8], même si cette notion n'est pas centrale dans le vocabulaire de la géographie francophone et ne constitue pas l'un de ses concepts. Elle est également un construit individuel et social, conditionné par la présence des individus qui en font l'expérience et la qualifient en retour.

Posée en critique des approches sectorielles relatives à la prise en compte du sensible dans le champ architectural – thermique, acoustique, éclairagisme, etc. –, la recherche autour de la notion d'*ambiance architecturale et urbaine*[9], se déploie depuis une trentaine d'années en suivant un objectif de compréhension des ambiances au croisement de leur phénoménalité et de leur dimension vécue. Particulièrement heuristique pour notre analyse, l'approche de Jean-Paul Thibaud consiste à comprendre l'ambiance à l'endroit de son potentiel d'articulation des usages du corps et de l'espace vécu qui se manifeste, pour lui, dans les quatre dimensions suivantes : son indivisibilité, son immédiateté, son omniprésence, et sa diffusion (Thibaud, 2002). Ces dimensions insistent de fait sur le caractère global, immanent et subjectif de l'ambiance, sur sa capacité à toucher le corps avant la conscience et à véhiculer de l'affect et du sens.

On peut retenir de ces modalités de compréhension des ambiances une appréhension localiste et située de ces dernières. L'ambiance, ou les ambiances, ne sont jamais idéelles ou immatérielles. Elles sont matérielles et immanentes, qualifiées d'*architecturales et urbaines*, sont toujours mises en relation avec des situations et sont compréhensibles à l'interface de trois espaces – ou plans – de manifestation : sensibles, sociaux et construits (Amphoux, 1994). Deuxièmement, on comprend que l'ambiance se situe à l'interface du cognitif et du pré-cognitif (Thibaud, 2002) : elle est à la fois dicible en même temps qu'elle est un vecteur sensori-moteur. De fait,

---

[8] En témoigne l'entrée ambiance dans le *Dictionnaire de Géographie, de l'espace et des sociétés* (Lévy et Lussault, 2003).

[9] Nous faisons ici référence à une construction de cette notion développée au sein de l'UMR CNRS Ambiances Architectures Urbanités, en prenant en particulier appui sur les travaux de l'équipe Cresson, laquelle est une des deux équipes fondatrices de ce laboratoire.

l'ambiance ne constitue pas une extériorité vis-à-vis d'un sujet qui pourrait l'attraper et la disséquer pour la commenter : elle est une matérialité tout autant qu'une expérience, elle forme un filtre au travers duquel on sent, perçoit et agit.

Ainsi, la recherche sur les ambiances ne peut se limiter à viser leur caractérisation, en nommant leurs qualités. Elle permet surtout la création d'un mode d'attention spécifique aux faits étudiés. Alors d'objet, l'ambiance devient un mode d'approche. Comme percevoir l'ambiance revient à percevoir la situation à travers l'ambiance, cette dernière peut se comprendre comme un intermédiaire, tel un *dispositif* pour reprendre le vocabulaire de Foucault (1993 [1975]), lequel serait alors entendu comme étant sensible, soit une condition de possibilité d'avènement de l'expérience de la situation tout autant qu'un caractère de la situation. Prise en correspondance avec cette notion, la dimension d'intermédiation de l'ambiance devient manifeste : elle fait partie du monde phénoménal tout en mettant les individus en relation à celui-ci. La conséquence concerne alors une potentielle pratique de recherche *sur* les ambiances, susceptible d'être également une recherche *par* les ambiances. Par là, on désigne un mode d'approche spécifique du spatial au point de rencontre des trois registres d'intérêt mentionnés précédemment, situant la question de l'ambiance au croisement de trois spatialités : sociales, sensibles et construites. La conséquence est une appréhension nécessairement interdisciplinaire des questions sensibles situées pour ces travaux faisant l'effort de ne jamais « désintriquer » ces dimensions. Pour autant, la thématique culturelle n'émerge pas de ces dimensions alors que nous venons de montrer que l'ambiance est un concept spatial, qu'elle est conductrice de sens et d'affects et qu'elle est intimement liée aux corps situés : autant de qualités pour en faire un concept de la géographie culturelle. Comment alors avancer pour en rendre compte ?

PROPOSITIONS POUR UN CROISEMENT ENTRE AMBIANCES ET GÉOGRAPHIE CULTURELLE

De manière semblable à ce que nous venons d'exposer sur la notion d'ambiance, la notion de culture peut avoir des statuts différents dans la géographie culturelle : elle peut être un objet d'analyse comme une perspective de recherche en géographie humaine (Claval, Staszak, 2008 ; Crang, 2009). De fait, pour une géographie qui analyse des phénomènes de l'ordre du culturel, l'ambiance peut facilement y être prise en considération comme une dimension du phénomène analysé. En ce sens, elle peut être intégrée dans l'analyse de nombreux objets de recherche comme, par exemple, les espaces commerciaux ou touristiques, ce que nous développerons dans la dernière section de cet article. Pour l'instant, commençons par interroger le croisement entre ambiance et géographie culturelle, comme perspectives de recherche pouvant se déployer de trois façons qualifiées de la manière suivante : l'*émergence de représentations spatiales*, les *dispositions différenciées* et l'*articulation micro-macro.*

L'émergence de représentations spatiales

Une préoccupation des approches culturelles en sciences humaines et sociales concerne l'analyse de la construction sociale du monde, à laquelle la notion d'ambiance peut contribuer. En suivant la classification des approches culturelles données par le sociologue Andreas Reckwitz (2008), notre proposition peut s'ancrer dans la perspective de « contingence culturelle ». La recherche qui suit cette perspective vise à rendre explicite des ordres symboliques, des codes culturels ou des systèmes de représentations qui sont au fondement des pratiques humaines ainsi que leur émergence. Dans ce cadre, l'approche géographique s'intéresse en particulier à la construction de représentations spatiales. Deux approches permettent de conceptualiser cette « contingence culturelle » : la culture comme discours et la culture comme ensemble de pratiques. Sous la première approche se laisse résumer une géographie culturelle d'orientation sémiotique ou poststructuraliste qui était importante pour le développement de la nouvelle géographie culturelle (Crang, 2009). La deuxième approche, que nous qualifions d'approche praxéologique du culturel – et qui nous intéresse pour un croisement avec la notion d'ambiance – aborde le système de significations par les pratiques ordinaires. Elle se base sur l'idée que les représentations ne sont pas une réalité établie et stable, mais qu'elles émergent, se reproduisent, se modifient et se mettent en question par des pratiques et des incorporations quotidiennes dans lesquelles le sensible joue un rôle d'importance (Wylie, 2007, p. 164 *sq.* ; Harrison, 2000). L'enjeu relatif à cette première proposition consiste alors à articuler la thématique des ambiances avec celles des pratiques pour la constitution des représentations et de présenter des perspectives de recherche qui en découlent. Pour cela, trois modalités propres à la question des ambiances peuvent être mobilisées.

Premièrement, celle de l'*ouverture polysensorielle*, qui permet d'envisager de manière pragmatique la question de l'émergence du sensible dans le cognitif, en ne se focalisant pas sur un sens a priori. La prise en considération différenciée du sensible est sans doute la caractéristique la plus évidente dans une approche praxéologique du culturel que rend possible la notion d'ambiance. En ne donnant pas de primat à un sens, elle permet de questionner le rôle de la dimension sensible des pratiques, considérée comme un tout, dans l'émergence des représentations spatiales. Elle permet de surcroît de maintenir ouverte la question de la modalité sensible à privilégier là où, traditionnellement[10], la modalité visuelle prédomine dans la production des représentations géographiques. Pourtant, lorsqu'un objet géographique aussi fondamentalement visuel que le paysage se trouve traversé par des lectures procédant d'autres sens[11] on comprend tout l'intérêt et toute la diversité des géographies et des nouvelles catégories spatiales qu'il produit.

Deuxièmement, l'*engagement du corps*, qui rappelle l'importance du cours d'action dans la constitution de l'expérience. Se pose par là la question du rôle des pratiques ordinaires dans l'émergence des représentations. La thématique de la mobilité et les pratiques associées fournissent de bons exemples pour illustrer ce questionnement. Chaque forme de mobilité implique une rencontre sensible spécifique avec la matérialité et la socialité de la ville qui peut se traduire dans des expériences et émotions systématiquement différentes et alimenter ainsi différemment les représentations de celle-ci. Sans être ancré dans une perspective de géographie culturelle, Masson (2009) montre comment des représentations spécifiques de l'espace urbain émergent lors des traversées ordinaires de la ville en train[12]. De manière générale, la prise en considération des ambiances amène à une perspective de recherche qui vise à rendre explicite le rôle des pratiques situées dans l'émergence des représentations spatiales, sans – évidemment – être limitée aux pratiques de mobilité ni aux représentations de l'espace urbain.

Troisièmement, la *matérialité diffuse* des lieux et son rôle pour rappeler que l'espace n'est pas neutre, ni seul support de pratiques, mais contribue à la formation de nos dispositions individuelles au monde. Cette dimension portée par les ambiances a deux implications pour une approche praxéologique du culturel. La première se base sur le constat d'une variabilité de dispositions – ou, autrement dit, de formes d'attention – d'une personne au cours de ses activités. Elle soulève la capacité à déterminer et qualifier des moments qui, au cours d'une activité spécifique, « touchent » la représentation spatiale en question. Alors, l'enjeu consiste à décrire et comprendre les logiques « écologiques » de ces moments. La seconde implication

---

[10] Nous pourrions indiquer même « culturellement », en ce qui concerne le monde occidental depuis le Quattrocento, comme le montre Augoyard (1991).

[11] Donnant lieu à la production de paysages sonores, thermiques, olfactifs etc., mais aussi plus difficiles à se représenter, comme les versions tactiles ou gustatives, puis enfin ceux procédant de la question même de l'action, comme les *walkscapes*, les *taskscapes* etc.

[12] Certains « effets visuels dynamiques » témoignent de ce processus de création de représentations de l'espace traversé procédant de l'entremise du mouvement et du cadre matériel et social formé par le train. Voir par exemple les effets de *désaffection*, d'*ouverture*, de *paysage* et d'*abstraction géométrique* (Masson, 2009, p. 108-124)

concerne l'importance accordée à la *matérialité diffuse* dans la recherche francophone sur les ambiances. Elle se caractérise par une attention soutenue aux conditions matérielles de déploiement des expériences et est rendue possible par d'importants développements méthodologiques (Grosjean, Thibaud, 2001). Une approche praxéologique du culturel qui prend appui sur la notion d'ambiance doit ainsi viser l'analyse explicite des conditions matérielles qui contribuent à l'émergence des représentations spatiales.

Pour résumer, cette première proposition d'éléments contribuant à fonder une praxéologie sensible du culturel procède de la compréhension de l'articulation de la disponibilité sensorielle, cognitive et émotionnelle, de l'engagement corporel, et de la matérialité des situations, dans le processus de constitution de représentations. Une telle perspective nécessite le prolongement des travaux existants issu du champ des ambiances en mettant davantage l'accent sur la dimension consciente de leur expérience. Cet usage de la notion d'ambiance pour une géographie culturelle[13] visant l'explicitation des formes d'émergence des représentations spatiales revient en quelque sorte à inverser la perspective existante de recherche sur les ambiances. Dans le domaine de la recherche architecturale elle est en particulier utilisée pour questionner les effets sensibles des constructions matérielles pour les usagers ou habitants et vise *in fine* à qualifier des phénomènes volatiles, souvent considérés comme indicibles et ineffables. Ici, elle sert au contraire à comprendre et rendre explicite l'émergence des représentations par la rencontre sensible avec le monde.

Dispositions différenciées

Le deuxième croisement entre ambiances et géographie culturelle consiste à pointer le fait que la géographie culturelle peut apporter des idées et des enjeux à la recherche sur les ambiances en la culturalisant, ce qui a déjà été initié par Kazig (2013). Culturaliser la recherche sur les ambiances signifie ici de la rendre sensible aux différences culturelles dans l'expérience vécue des ambiances. Jusqu'à présent, la majorité des recherches sur les ambiances[14] mettent en œuvre une logique d'analyse de situations qui pose peu la question du partage, ou plutôt du non-partage, de l'ambiance considérée – exception faite d'un ouvrage récent sur ce thème (Thibaud, Duarte, 2013).

Ce manque de sensibilité par rapport aux différences perceptives se comprend en considérant l'historique du développement de la notion d'ambiance qui est marqué par un fort ancrage dans la phénoménologie. Sa méthode

[13] Nous pourrions éventuellement parler d'une « ambiantisation » du culturel, en écho à ce que nous nommons plus loin une culturalisation des ambiances.

[14] Celles issues du Cresson, pour le moins.

spécifique consiste à caractériser les phénomènes sensibles avant toute relativisation culturelle (Raab *et al.*, 2008, p. 12 *sq.*). De plus, les références à la perspective écologique de la perception, notamment aux travaux de Gibson (1979), et à l'ethnométhodologie (Thibaud, 2002), contribuent, à côté de la phénoménologie, à n'accorder que peu de place à une réflexion relative à une différenciation culturelle.

L'ouverture à la thématique de la différenciation est pourtant existante au moins chez le théoricien qui est à la base de cette notion dans l'espace germanophone. Hermann Schmitz mentionne explicitement l'idée que la biographie joue un rôle pour la disponibilité aux ambiances (Werhahn, 2011). Pour mieux expliciter sur un plan théorique la thèse d'une existence de différences dans les dispositions aux ambiances, nous nous appuyons sur la théorie de la pratique de Bourdieu, qui peut s'inscrire dans la catégorie des théories praxéologiques du culturel dont il est fait état plus haut.

Au cœur de son approche se trouve l'idée d'acteurs formant des corps socialisés. Bourdieu souligne que les pratiques sont toujours engendrées par des acteurs qui impliquent leur corps socialisé sous une forme spécifique. Les notions de sens pratique, d'*habitus* et d'*hexis corporelle* précisent cette appréhension de la corporéité socialisée. La notion de sens pratique est comprise comme une maîtrise de savoir-faire se basant sur la création de pratiques et produisant dans le domaine concerné une action considérée comme normale (Bourdieu, 1972 ; Reckwitz, 2006). Cette connaissance pratique n'est pas réflexive, mais incorporée et se fonde sur l'expérience. Bourdieu a utilisé sa théorie de la pratique notamment sur la thématique des inégalités sociales en montrant comment, dans des champs différents, des rapports de domination s'expriment sous des formes d'*habitus* inégaux et se répercutent dans un répertoire tout aussi inégal de pratiques disponibles. La théorie de la pratique peut aussi – comme cela est notamment le cas dans les usages qu'en font les chercheurs germanophones – être utilisée sous la forme d'une théorie culturelle générale des sciences sociales pour analyser la naissance et l'influence des pratiques dans les différents champs de pratique (Hillebrandt, 2009, p. 388 *sq.* ; Reckwitz, 2006, p. 309). C'est dans ce sens que la théorie de la culture de Bourdieu peut aussi servir de base pour la recherche sur les ambiances. Si l'on poursuit les réflexions précédentes, la question se pose pour une recherche culturalisée sur les ambiances de savoir dans quelle mesure, et dans quel cadre, des dispositions transmises culturellement interviennent lorsque les sujets ont à faire avec les ambiances.

Cette perspective de culturalisation de la recherche sur les ambiances permet de l'ouvrir à une approche différente des problématiques déjà développées. Elle permet par exemple de poser autrement la question de l'accessibilité et de l'ouverture des espaces publics à tous. Ce thème jouissait déjà d'une forme d'ouverture par la non-neutralisation du sujet percevant, tel que proposé dans les travaux de Rachel Thomas qui aborde la question du handicap en prenant en compte la variabilité de ses formes et leurs effets dans l'expérience de l'espace (Thomas, 2005). Prolongeant ce mouvement, la géo-culturalisation, en particulier, de la recherche sur les ambiances permet de comprendre comment des aménagements, des politiques de l'espace public et certaines pratiques dominantes sont susceptibles de toucher de manière différente des usagers aux habitus et dispositions distinctes, pour lesquels les mêmes espaces peuvent apparaître comme étant plus ou moins accueillants, intimes, praticables etc. En ce sens, cette ouverture rejoint certaines thématiques développées par la récente géographie sociale et culturelle francophone du corps, dont Di Méo (2010) dresse un certain panorama.

Un défi : articulation micro-macro

En posant la question de la culturalisation de la recherche sur les ambiances, on pose également le premier jalon d'une interrogation plus conséquente relative à la capacité des travaux sur les ambiances à s'inscrire dans un schème compréhensif élargi, en particulier à la question du contexte social et politique dans lequel les situations étudiées sont insérées. Comme indiqué plus haut, les travaux francophones inscrits dans le champ des ambiances trouvent leurs fondements dans la phénoménologie, ils se sont surtout déployés dans les écoles d'architecture et l'un de leurs enjeux principaux concerne la production d'une critique des situations construites et des expériences sociales et sensibles auxquelles elles participent. Ce paradigme des ambiances qui vise à mettre au jour les interactions entre espaces construits, sensibles et sociaux vient ainsi au service d'une logique d'aide à la conception de l'espace produit et prend, pour cela, en considération les situations et leurs ambiances *ici et maintenant*, ou autrement dit : nécessairement *in situ* et au temps présent. Si un tel mode d'attention est nécessaire en vue du déploiement de phénoménologies sensibles situées, il produit pour autant certaines difficultés quant à sa capacité d'articulation de ce qui est observable avec certaines de ses conditions de possibilité qui trouvent leur origine « en dehors » du lieu de manifestation desdites situations. Ainsi, l'approche par les ambiances procède par une sorte de mise entre parenthèses des conditions historiques, sociétales, politiques, idéologiques, juridiques (etc.) préalables à l'avènement des situations considérées pour se focaliser avec un maximum d'attention sur leurs modes (sensibles, interactionnels, matériels) d'actualisation. Un tel choix ne va pas sans générer de crispations, là où l'on voit parfois pointer le risque pour ces travaux d'évacuer la dimension politique de l'ambiance au profit d'une recherche relative à la seule question du confort – en faisant l'économie d'un positionnement sur la question des inégalités, par exemple[15]. Ces critiques laissent surtout la place à une remarque de fond que nous formulons sur les limites de l'approche des ambiances architecturales et urbaines quant à l'étude et à l'analyse de situations dans lesquelles les structures sociales et politiques sont prégnantes. Prenons l'exemple d'un travail récent qui interroge notamment les effets, en termes d'ambiance, des politiques de sécurisation et de pacification de l'espace public (Thomas *et al.*, 2014). Cette recherche a permis de rendre compte de certaines limites méthodologiques de l'approche en termes d'ambiances, en particulier pour la prise en compte des enjeux de pouvoir exprimés plus haut, mais également à l'endroit de l'articulation de ces modalités structurelles avec nos observations de terrain plus contingentes. De fait, la question du dépassement de l'analyse de micro-situations se pose en vue d'une remontée en généralité et invite à faire face aux mêmes défis qu'ont pu connaître certaines approches microsociologiques en d'autres temps. Ainsi, une telle proposition, qui part de l'intérieur de la recherche sur les ambiances, vise à réfléchir sur l'articulation d'une approche par les ambiances avec les enjeux plus larges des sciences sociales. Enfin, au-delà de fournir une contribution à la recherche dans le champ des ambiances, cette thématique de la culturalisation intéresse aussi la géographie culturelle en indiquant un de ses apports potentiels aux « géographies humanistes » parfois accusées – sans fondements, comme le montrent Bailly et Scariati (2004) – de manquer de capacité opérationnelle, voire de pertinence.

PERSPECTIVES POUR LA GÉOGRAPHIE CULTURELLE FRANCOPHONE

La prise en considération de la notion d'ambiance implique plusieurs perspectives pour la géographie culturelle francophone. Tout d'abord – comme nous venons de le développer dans les paragraphes précédents – elle peut contribuer à développer une perspective de recherche pour la géographie culturelle, qui s'intéresse à la compréhension de l'émergence des représentations spatiales. L'apport spécifique de la notion de l'ambiance serait alors d'y rendre intelligible le rôle des échanges sensibles avec l'espace dans la formation de ce processus complexe. Elle viendrait ainsi en complément d'autres approches qui s'inscrivent dans une tradition plutôt sémiotique ou d'analyse de discours. Un tel usage de la notion d'ambiance servirait également à conforter le positionnement de la géographie culturelle comme

---

[15] En témoignent de nombreux débats – en particulier avec des collègues brésiliens – ayant eu lieu au cours de certains séminaires organisés par le réseau international ambiances (http://www.ambiances.net).

une discipline à l'intérieur d'un champ plus large de recherche culturelle qui vise à comprendre la contingence du monde social.

Une deuxième perspective recherche – que nous n'avons pas traitée plus explicitement dans les parties précédentes du texte – consiste à envisager les ambiances comme un objet de la géographie culturelle et non plus seulement comme une approche. La géographie culturelle s'intéresse notamment aux espaces de consommation et de loisirs ou encore au problème de la sécurité, des thèmes pour lesquels la dimension sensible est de première importance. La création et le marketing des nouveaux espaces de consommation passe aujourd'hui, et de manière quasi-systématique, par la création d'ambiances pour justifier une spécificité sensorielle de ces lieux et pour les rendre attrayants. Ce recours aux ambiances peut être compris comme une dimension de « l'esthétisation du monde », qui caractérise selon Lipovetsky et Serroy (2013) le capitalisme contemporain. Une analyse, de même qu'une critique, de ces développements gagnerait en pertinence par la prise en considération explicite de leur dimension sensible. Gernot Böhme, un des fondateurs de la recherche germanophone sur les ambiances, avait indiqué le rôle à jouer par la recherche sur les ambiances pour pouvoir critiquer ce développement (Böhme, 2001) et la géographie culturelle pourrait contribuer à répondre à cet appel, par le déploiement de nouvelles recherches de terrain dans lesquelles l'ambiance serait une notion utile avec d'autres – comme celle de corps (Volvey, 2000 ; Di Méo, 2010 ; Barthe-Deloizy, 2011), ou celle d'affect (Feildel, 2013) – pour analyser de manière conjointe le vécu et la dimension sensible des espaces de consommation et de loisirs. Par ailleurs, avec son intérêt explicite pour la considération conjointe de l'environnement sensible et des affects corporels, la notion d'ambiance semble particulièrement appropriée pour analyser de manière située la dimension spatiale du sensible. En ce sens, les travaux sur la surveillance et la sécurisation des espaces communs (Adey *et al.* 2013) montrent qu'un recours aux ambiances permet de comprendre les effets des dispositifs sécuritaires urbains sur le sentiment de sécurité. *In fine*, cette seconde perspective rappelle qu'une prise en considération des ambiances est toujours utile pour comprendre le rôle du contexte matériel (entendu dans un sens large, en incluant notamment la présence humaine) dans l'expérience vécue et la construction de représentations situées.

Pour finir, la prise en considération de la notion d'ambiance dans la géographie culturelle francophone engage à des extensions méthodologiques pour l'étude des phénomènes micro-spatiaux. Une des spécificités de la recherche francophone sur les ambiances tient au développement d'approches empiriques qui permettent de saisir conjointement et de manière très fine les dimensions vécue, matérielle et phénoménale (sur le plan sensible) d'un espace (Grosjean, Thibaud 2001). Cela se traduit concrètement par la combinaison de plusieurs méthodes déplaçant la focale d'observation de l'expérience vécue à la caractérisation des dimensions construites et sensibles des lieux étudiés. Les résultats issus de ces approches multiples contribuent à contextualiser très finement la question du vécu de l'espace. Pour autant, ces méthodes aux résultats probants restent marginales au sein des sciences sociales et des études culturelles. De ce constat, nous ne pouvons qu'inviter les géographes culturels francophones à s'approprier et à développer cette piste d'innovation méthodologique de sorte à conforter les travaux de ce champ, qui compte parmi les rares à s'intéresser aux dimensions micro de l'espace vécu et à ses aspects matériels et sensibles.

BIBLIOGRAPHIE

ADEY Peter, BRAYER Laure, MASSON Damien, MURPHY Patrick, SIMPSON Paul, TIXIER Nicolas, 2013, « "Pour votre tranquillité" : ambiance, atmosphere, and surveillance », *Geoforum*, vol. 49, p. 299-309.

ANDERSON Ben, 2009, « Affective atmospheres », *Emotion, space and society*, vol. 2, n° 2, p. 77-81.

AMPHOUX Pascal, 1994, « Environnement, milieu et paysage sonores », *in* Michel Bassand, Jean-Philippe Leresche, *Les faces cachées de l'urbain*, Berne, Peter Lang, p 159-176.

ASH James, ANDERSON Ben, 2015, « Atmospheric Methods », *in* Phillip Vannini, *Nonrepresentational methods: re-envisioning research,* London, Routledge, p. 34-51.

AUGOYARD Jean-François, 1991, « La vue est-elle souveraine dans l'esthétique paysagère ? », *Le Débat*, n° 65, p. 51-59.

AUGOYARD Jean-François, 1995, « L'environnement sensible et les ambiances architecturales », *L'Espace géographique*, vol. 24, n° 4, p. 302-318.

BAILLY Antoine S., SCARIATI Renato, 2004, « L'humanisme en géographie », *in* Antoine S. Bailly (dir.), *Les concepts de la géographie humaine*, Paris, Armand Colin, p. 213-222.

BARTHE-DELOIZY Francine, 2011, « Le corps peut-il être "un objet" du savoir géographique ? », *Géographie et cultures*, n° 80, p. 229-247.

BERNDT Christian, PÜTZ Robert (dir.), 2007, *Kulturelle Geographien. Zur Beschäftigung mit Raum und Ort nach dem Cultural Turn*, Bielefeld, Transcript, 384 p.

BISCHOFF Werner, 2007, « Korrespondierende Ort. Zum Erscheinen olfaktorischer Stadtlandschaften », *in* Robert Pütz, Christian Berndt,

Kulturelle Geographien. Zur Beschäftigung mit Raum und Ort nach dem Cultural Turn, Bielefeld, Transcript, p. 189-212.

BISSELL David, 2010, » Passenger mobilities: affective atmospheres and the sociality of public transport », *Environment and Planning D: Society and Space*, vol. 28, n° 2, p. 270-289.

BÖHME Gernot, 2001, *Aisthetik. Vorlesungen über Ästhetik als allgemeine Wahrnehmungslehre,* München, Fink, 199 p.

BOURDIEU Pierre, 1972, *Esquisse d'une théorie de la pratique, précédée de trois études d'ethnologie kabyle*, Genève, Droz, 269 p.

CLAVAL Paul, 2012, *Géographie culturelle. Une nouvelle approche des sociétés et milieux*, Paris, Armand Colin, 352 p.

CLAVAL Paul, STASZAK Jean-François, 2008, « Où en est la géographie culturelle ? : introduction », *Annales de géographie*, n° 660-661, p. 3-7.

CRANG Mike, 2009, « Cultural Geography », *in* Derek Gregory *et al.*, *The dictionary of human geography (5th edition)*, Chichester, Wiley/Blackwell, p. 129-133.

DEGEN Monica, DESILVEY Caitlin, ROSE Gillian, 2008, « Experiencing visualities in designed urban environments: learning from Milton Keynes », *Environment and Planning: A*, vol. 40, n° 8, p. 1901-1920.

DEGEN Monica, ROSE Gillian, 2012, « The sensory experiencing of urban design: the role of walking and perceptual memory », *Urban Studies: an international journal for research in urban studies*, vol. 49, n° 15, p. 3271-3287.

DI MÉO Guy, 2010, « Subjectivité, socialité, spatialité : le corps, cet impensé de la géographie », *Annales de géographie*, n° 675, p. 466-491.

FEILDEL Benoit, 2013, « Vers un urbanisme affectif. Pour une prise en compte de la dimension sensible en aménagement et en urbanisme », *Norois*, n° 227, p. 55-68.

FOUCAULT Michel, 1993 [1975], *Surveiller et punir : naissance de la prison*, Paris, Gallimard, 340 p.

GIBSON James Jerome, 1979, *The ecological approach to visual perception*, Boston, Houghton Mifflin, 332 p.

GROSJEAN Michèle, THIBAUD Jean-Paul (dir.), 2001, *L'espace urbain en méthodes*, Marseille, Parenthèses, 217 p.

HARRISON Paul, 2000, » Making sense: embodiment and the sensibilities of the everyday », *Environment and Planning D: Society and Space*, vol. 18, n° 4, p. 497-517.

HASSE Jürgen (dir.), 2002, *Subjektivität in der Stadtforschung*, Frankfurt/Main, Selbstverlag Institut für Didaktik der Geographie, 313 p.

HILLEBRANDT Frank, 2009, « Praxistheorie », *in* Georg Kneer, Markus Schroer (dir.), *Handbuch soziologische Theorien*, Wiesbaden, VS Verlag für Sozialwissenschften, p. 369-394.

HOWES David, 2013, *The expanding field of sensory studies*, http://www.sensorystudies.org/sensorial-investigations/the-expanding-field-of-sensory-studies/

KAZIG Rainer, 2007, « Atmosphären – Konzept für einen nicht repräsentationellen Zugang zum Raum », *in* Robert Pütz, Christian Berndt (dir.), *Kulturelle Geographien. Zur Beschäftigung mit Raum und Ort nach dem Cultural Turn*, Bielefeld, Transcript, p. 167-187.

KAZIG Rainer, 2013, « Vers une culturalisation de la recherche sur les ambiances », *in* Jean-Paul Thibaud, Cristiane Rose Duarte (dir.), *Ambiances urbaines en partage*, Lausanne, MétisPresses, p. 37-48.

Le nouveau petit Robert : dictionnaire de la langue française, 2002, texte remanié et amplifié sous la dir. de Josette Rey-Debove et Alain Rey, Paris, Dictionnaires le Robert, 2949 p.

LÉVY Jacques, LUSSAULT Michel, 2003, *Dictionnaire de la géographie et de l'espace des sociétés*, Paris, Belin, 2003, 1033 p.

LIPOVETSKY Gilles, SERROY Jean, 2013, *L'esthétisation du monde. Vivre à l'âge du capitalisme artiste*, Paris, Éditions Gallimard, 493 p.

LORIMER Hayden, 2005, « Cultural geography: the business of being "more-than-representational" », *Progress in Human Geography*, vol. 29, n° 1, p. 83-94.

MALBON Ben, 1998, « The Club: clubbing: consumption, identity and the spatial practices of every-night life », *in* Tracey Skelton, Gill Valentine (dir.), *Cool places: geographies of youth cultures*, London, New York, Routledge, p. 267-289.

MASSON Damien, 2009, *La perception embarquée. Analyse sensible des voyages urbains*, thèse de doctorat en Urbanisme sous la dir. de Jean-Paul Thibaud, Grenoble, Université Pierre Mendès-France, Laboratoire Cresson (UMR CNRS 1563), 348 p. (vol. 1), 179 p. (vol. 2).

MCCORMACK Derek P., 2008, « Engineering affective atmospheres on the moving geographies of the 1897 Andrée expedition », *Cultural Geographies*, vol. 15, n° 4, p. 413-430.

MISGAV Chen, JOHNSTON Lynda, 2014 « Dirty dancing: the (non)fluid embodied geographies of a queer nightclub in Tel Aviv », *Social & Cultural Geography*, vol. 15, n° 7, p. 730-746.

RAAB Jürgen *et al.* (dir.), 2008, *Phänomenologie und Soziologie. Theoretische Positionen, aktuelle Problemfelder und empirische Umsetzungen*, Wiesbaden, VS Verlag für Sozialwissenschften, 409 p.

RECKWITZ Andreas, 2006, *Die Transformation der Kulturtheorien. Zur Entwicklung eines Theorieprogramms*, Weilerswist, Velbrück Wissenschaft, 728 p.

RECKWITZ Andreas, 2008, *Unscharfe Grenzen. Perspektiven der Kultursoziologie*, Bielefeld, Transcript, 358 p.

THIBAUD Jean-Paul, 2002, « L'horizon des ambiances urbaines », *Communications*, n° 73, p. 185-201.

THIBAUD Jean-Paul, DUARTE Cristiane Rose (dir.), 2013, *Ambiances urbaines en partage*, Lausanne, MétisPresses, 286 p.

THOMAS Rachel, 2005, *Les trajectoires de l'accessibilité*, Bernin, À la Croisée, 183 p.

THOMAS Rachel (dir.), CHELKOFF Grégoire, FIORI Sandra, MASSON Damien *et al.*, 2014, *Les énigmes sensibles des mobilités urbaines contemporaines*, Grenoble, rapport de recherche ANR MUSE, programme « Espace et Territoire », 350 p.

THRIFT Nigel, DEWSBURY John-David, 2000, « Dead geographies and how to make them live », *Environment and Planning D: Society and Space*, vol. 18, p. 411-432.

VOLVEY Anne, 2000, « L'espace vu du corps », *in* Jacques Lévy, Michel Lussault (dir.), *Logiques de l'espace, esprit des lieux. Géographies à Cerisy*, Paris, Belin, p. 319-332.

WERHAHN, Hans (dir.), 2011, *Neue Phänomenologie. Hermann Schmitz im Gespräch*, Freiburg, Alber, 192 p.

WYLIE John, 2002, « An essay on ascending Glastonbury Tor » *Geoforum*, vol. 33, n° 4, p. 441-454.

WYLIE John, 2006, « Depths and folds: on landscape and the gazing subject », *Environment and Planning D: Society and Space*, vol. 24, n° 4, p. 519-535.

WYLIE John, 2007, *Landscape*, London, New York, Routledge, 246 p.

QU'Y A-T-IL DE GÉOGRAPHIQUE DANS L'EXPÉRIENCE DE L'ÉCOUTE MUSICALE ?

RÉFLEXIONS AUTOUR D'UN PIANO

What is geographical about the experience of music listening?
Some thoughts on and around a piano

Serge WEBER [1]
Laboratoire Analyse comparée des pouvoirs,
Université Paris-Est Marne-la-Vallée

Résumé : Ce texte reprend une communication articulée autour d'interprétations de pièces de piano. La performance visait à interroger la manière dont quelques compositeurs de musique écrite ont exploré des thématiques traitées en géographie. Le rapport entre signes écrits et perception à l'audition implique d'aborder la sémiologie de même que la corporéité du geste de l'interprète. Les pièces analysées condensent musicalement des *topoi* géographiques comme le paysage, l'île, la paysannerie, la ville et les rapports sociaux situés.

Mots-clés : géographie et musique, perception, partition écrite, paysage sonore, écoute active

Abstract: *This paper relates a presentation I gave while performing somes pieces at the piano. The performance aimed at questioning the way some composers of written music have explored geographical topics. To understand the relationship between written signs and the type of perception involved in listening, it is necessary to mobilize semiology as well as the corporeal dimension of the performer's gesture. The pieces presented here provide a musical condensation of well known geographical topoi such as the landscape, the island, peasantry, the city and situated social relations.*

Keywords: *geography and music, perception, written score, soundscape, active listening*

INTRODUCTION

Autant les musicologues sont nombreux à avoir pointé l'importance de l'espace et de la spatialité dans la musique (Bayer, 1987 ; Chouvel, Solomos, 1998 ; Bosseur, 1999), autant la musique apparaît de plus en plus incontournable aux géographes pour rendre compte de l'espace et de la spatialité

[1] Courriel : serge.weber@gmail.com

(Guiu, 2006 ; Raibaud, 2009 ; Canova, 2014 ; Soubeyran, 2015). Les notions d'espace sonore et de paysage sonore se sont avérées être des passerelles transdisciplinaires, dans le sillage des travaux de Murray Schafer (2010 [1977]). La musique et la géographie, comme les autres disciplines académiques et scientifiques, ont été traversées par les mêmes changements de paradigmes et les mêmes courants de pensée, du structuralisme au poststructuralisme (Lévy, 2004). Les discussions entre compositeurs, musicologues et ethnomusicologues sur le statut des musiques non occidentales et non notées ne peuvent qu'inviter les géographes à enrichir les approches postcoloniales et la critique des rapports sociaux de domination ou de l'hégémonie (Bouët, Solomos, 2011 ; Lévy 2013b).

Dans la salle du premier étage, Cerisy
Photographie de Georges Barthe, septembre 2014

Les lignes qui suivent tentent de retracer une expérimentation particulière : il s'agissait de présenter une communication à un colloque de géographie, non pas seulement en parlant de musique, mais *en faisant* de la musique, au piano. J'ai vite renoncé à mon projet initial, qui était d'exécuter des morceaux au piano sans éclaircissements à l'oral, même si la musique se suffit parfois à elle-même pour faire de la géographie. Toute la difficulté était de faire des allers et retours entre écoute non avertie (écouter le morceau avant d'en décrypter ce qu'il contenait de géographique) et écoute active (comprendre d'abord et attendre quelque chose de l'écoute). De même, j'ai écarté après réflexion la projection d'images illustrant le propos des morceaux, pour éviter le réflexe visuel et représentationnel qui est commun aux géographes et mettre sur le devant de la scène une des propriétés de la musique : la condensation non visuelle d'idées.

INTERSUBJECTIVITÉ D'UNE COMMUNICATION SCIENTIFIQUE UN PEU PARTICULIÈRE

> « La description de Proust rappelle que l'expérience musicale ne se réduit pas à entendre et décoder des formes sonores. La musique elle-même ne se laisse pas aisément cerner [...]. Les ethnologues accumulent les descriptions de sociétés où le sonore est pensé au travers de catégories dont aucune ne recoupe celle que les cultures européennes distinguent comme "musique" » (Stoichita, 2011, p. 311).

Présenter une réflexion sur les dimensions géographiques de l'expérience de l'écoute musicale pose un épineux problème, du fait que nous (« nous » : par exemple les géographes académiques présents au colloque) ne soyons pas aisément en mesure d'entonner un chant, éventuellement accompagné de rythmes issus de notre corps (battements, pas de danse) sans partition, sans chef, sans texte. Si nous devions nous mettre à produire ensemble une musique, nous serions bien démunis. Il nous manque en effet un savoir-faire commun, celui d'improviser, de nous repérer les uns par rapport aux autres pour ce qui est de la production et la transformation de rythmes, l'énonciation de chants en polyphonie, monodie ou canon, refrains et couplets. Certains diraient qu'ils n'ont pas de voix ou qu'ils se croient « nuls » en musique parce qu'ils ont été traumatisés dans leur enfance par leurs années de solfège. Les uns proposeraient les chansons qu'ils connaissent, les autres des chorals, d'autres encore des psalmodies du Coran ou de la Torah, ou bien encore des danses ou berceuses traditionnelles et populaires, yiddish, occitanes, basques, flamencas... selon l'éducation qu'ils auront reçue et le milieu social où ils ont grandi – peut-être les chants politiques seraient-ils les mieux partagés ? Mais à nous tous, spontanément, nous peinerions à improviser une forme musicale commune, au mieux très maladroitement. En revanche, finir un repas en Géorgie, fêter des fiançailles en Roumanie, s'attarder dans un bar de Porto ou de Buenos Aires, moissonner en Anatolie, rentrer du repiquage en Indonésie, partir chasser en Amazonie ou dans le bassin du Congo etc., en d'autres termes, entonner un chant plus ou moins complexe qui se développerait sur un certain temps et selon des rythmes stables ou changeants ne laisserait personne dans le désarroi, et tout le monde trouverait cela très beau.

J'ai choisi de limiter ma présentation à quelque chose que j'ai – tant bien que mal – appris à faire : jouer du piano, en l'occurrence, des musiques écrites pour le piano dans la première moitié du XXe siècle, devant mes collègues et camarades, et cela dans un salon orné de boiseries d'un château à l'atmosphère intellectuelle chargée. Cela ne pouvait que renforcer les réticences de certains à se prêter à un rituel d'apparence aussi conservatrice et inactuelle. Rien ne garantissait donc que cela dut bien (se) passer.

Car c'était une prise de risque : combiner exécution publique de musiques au piano et communication scientifique devant une audience de pairs suscitait un trac renforcé et l'effet de la performance aurait pu être ravagé par une perte de moyens – d'autant plus que parmi les pièces choisies, certaines étaient, pour mon niveau de compétence, particulièrement difficiles. Heureusement il n'y a pas eu de perte de moyens, le pari a été tenu, pendant une présentation qui a duré deux heures de concentration collective soutenue.

J'ajouterai ici, ce que les auditeurs ne savaient pas, que cette exécution-interprétation m'a demandé deux années complètes de travail quotidien et des cours avec un pédagogue[2]. Ce n'était donc pas un projet à la légère ni une pirouette de salon : j'y ai investi beaucoup de moi, de mon temps, de ma réflexion. Si je m'y suis « engagé » pleinement, ce que j'ai mis en gage a été mille fois récompensé. Pour dubitatif que j'aie été jusqu'au bout du bien-fondé d'une telle tentative, j'ai eu la confirmation, une fois que le « concert » était fini, que la musique ouvrait bien des écoutilles dans des oreilles scientifiques et qu'elle invitait à défricher de nouveaux horizons pour enrichir nos pratiques de géographes.

Si on doit tenir compte des émotions, des affects et des réactions du corps dans les situations de recherche, cette expérience était une excellente illustration de la mise en jeu de la subjectivité entière dans la communication scientifique (il fallait arriver à se prémunir contre : tremblements, transpiration, crispation, surventilation, trou de mémoire, gêne au contact de l'instrument disponible qu'il fallait apprivoiser). Sortir des cadres finalement très balisés – pour ne pas dire standardisés – de la communication scientifique constituait une aventure.

J'ai axé cette présentation sur la confrontation entre signaux sonores perçus et signes graphiques écrits sur la partition de sept morceaux choisis (quelques extraits de mes partitions de travail, parfois annotées, ont été présentés à l'assistance), qui tournaient autour de certains *topoi* de la géographie : le paysage, le lieu et le jardin ; l'île ; la campagne et la ville.

S'ABSENTER DANS LE PAYSAGE : QUAND LE TEMPS S'ÉTIRE

Le corpus que j'ai constitué se composait de pièces où l'espace est explicitement traité, et pas exclusivement abstrait. Des traits d'union entre l'*imago* et le *rapresentamen*, comme le jardin, le lieu et surtout le paysage, promettaient d'être de bons points d'entrée.

---

[2] Je remercie Andrea Corazziari pour ses précieuses suggestions de travail de trois des œuvres présentées : *L'Isle joyeuse*, *Intermission 6* et *El Corpus en Sevilla*. Je remercie également Fabien Lévy pour les nombreuses pistes de réflexion qu'il m'a ouvertes.

Lili Boulanger : D'un jardin clair (« Villa Médicis, 1914 »)

Cette brève pièce permet de convoquer une des trop rares compositrices reconnues et publiées ; elle révèle un savoir et un savoir-faire aboutis dans l'écriture intégrant toutes les avancées antérieures à 1914 faites par Brahms, Debussy, Ravel, Albéniz et bien d'autres, pour faire de la miniature musicale un concentré d'impressions, de recherches sonores et d'audaces harmoniques portant très loin au sein de frontières si étroites. Évocation d'un jardin, celui de la Villa Médicis sans doute (Lili Boulanger a été la première femme compositrice à remporter le grand prix de Rome en 1913), et dans le lointain, Rome et ses cloches.

Ce sont à la fois un lieu (le jardin de la Villa Médicis) et un paysage (l'horizon des clochers de Rome et le Janicule au loin) qui sont mis en musique. La distance est évoquée par le lointain sonore, ce sont les échos de cloches qui sont utilisés pour marquer le proche et le lointain, à la manière de *La vallée des cloches* (1906) de Ravel. Par ailleurs, la perception du paysage suppose en général qu'on s'y attarde, qu'on oublie le temps qui passe, qu'on se laisse gagner par le paysage – ce qui est relativement peu pris en compte dans les descriptions géographiques : dans quelle mesure le paysage nous transforme-t-il ? Ainsi, l'objet, ou l'environnement (paysage), cesse d'être pris dans une relation d'objet mais devient un non-objet, c'est-à-dire qu'il est internalisé. Le temps est dilaté progressivement par les indications de tempo : « *Assez vite. Moins vite que le début. Plus lent. Très ralenti* ». À chaque changement de dynamique, c'est une répétition qui est proposée : le même motif, mais toujours plus lentement. L'absence de développement thématique permet l'intériorisation progressive de l'*imago*, c'est là qu'est la « brisure du signe » évoquée par Derrida (1967) et que Fabien Lévy analyse avec acuité dans le processus compositionnel (2013a). Enfin, la lumière romaine (un jardin « clair ») est rendue par des choix de hauteurs et des effets d'harmoniques (renversement des accords et superposition des extrémités de l'aigu et du grave) qui font vibrer l'air comme un ensoleillement. Rappelons ici que dans le traitement géographique du paysage dont nous avons l'habitude, peu de place est faite aux effets de la lumière sur notre perception. Cette luminosité est également rendue par une écriture sémantique : « *Clair* », qui interroge la position de l'interprète face à la nécessité de produire par son geste un timbre lumineux, ce qui ne va pas de soi. Enfin, le vent dans les arbres et les ombres mouvantes des pins parasols sont rendus par une inflexion de dynamique sur deux mesures : tension et détente se succèdent imperturbablement à chaque occurrence. À la première, c'est explicite (« *Animez un peu – Rall. [entando]* »), aux autres non, ce qui laisse encore une fois l'interprète libre de se couler dans le paysage, de s'absenter, ou pas. La dilatation du temps, c'est ce que la géographie ne peut pas faire : rendre compte de ce que cela fait d'être dans le paysage et sentir le temps se dilater.

Cette œuvre parvient donc à entrer dans le temps phénoménologique de la perception et à quitter la mesure linéaire et fractionnaire du tempo habituel. La coexistence de protention et de rétention (Lévy, 2013a) est rendue perceptible par la mémorisation immédiate dès la première audition de l'unique accord qui constitue le morceau. La dilatation et la contraction sont le procédé central du morceau, grâce à la périodicité de l'occurrence du motif unique, permettant à l'auditeur d'expérimenter le souvenir sur un laps de temps très court, de se sentir dans un environnement familier, d'internaliser le non-objet dès la première écoute.

À partir de ce morceau dénudé, d'une écriture sûre et nette, on peut donc tenter de distinguer ce qui est lié à la notation graphique et ce qui ne l'est pas, et je suivrai ici les pistes proposées par Fabien Lévy (op. cit.) en termes de grammatologie musicale. L'alphabet idéographique des hauteurs, composé de sept signes (les degrés) et assorti d'un alphabet monosyntaxique d'inflexions (altérations, octaviation), est discrétisé, « pur », réduit à l'harmonie avec la polarisation du son fondamental, par les relations ordinale et cardinale entre les éléments, il permet une combinatoire ordonnée. L'alphabet des valeurs (rythme et durées) est composé aussi de sept signes, et accompagné lui aussi d'un alphabet monosyntaxique d'inflexions à ces rythmes (prolongement, ralentissement, accélération, césure) qui a comme équivalent l'alphabet des silences. Ces alphabets ne proposent donc qu'un temps divisé et non additif. Lili Boulanger détourne ces alphabets (sans en changer pour autant) : le temps est additif (dilatation et répétition), les hauteurs, si elles sont polarisées par une pédale (une note basse récurrente), sont liées entre elles par les harmoniques d'un accord transposé plusieurs fois (modalité), non résolu, non par des relations ordinales, mais par des pédales (basses dont les harmoniques résonnent) et des surprises modales Enfin, l'alphabet sémantique des nuances est sous-utilisé : pas d'indication de pédale *sostenuto*, des indécisions à résoudre, notamment dans le dernier système.

Cette indécision, qui laisse toute sa place au geste de l'interprète, fortement sollicité par son imagination, fournit un bon exemple d'application des « trois niveaux de l'œuvre » analysés par Fabien Lévy (2013a). Le « niveau neutre » est constitué par la partition, dans sa dimension graphique et sémantique, c'est ce qui rend l'œuvre transmissible à la différence des musiques de tradition orale. Le « niveau poïétique » cerne les idées et l'activité du compositeur, constitué d'une « sémiose prospective », tranchant entre ce qui est représentable et ce qui ne l'est pas dans l'idée musicale ou métamusicale qu'avait le compositeur. Le « niveau esthétique » est rendu par la perception de l'auditeur, lorsque l'œuvre est exécutée, donc interprétée, c'est-à-dire lorsqu'elle existe vraiment. Elle oscille entre une « sémiose perceptive » et « a-perceptive » (ce qui est audible et intelligible par l'auditeur et ce qui ne l'est pas), elle est forcément limitée à une réduction du son et du rythme transparamétriques réels (les sons et rythmes naturels ne se laissent pas noter aisément), puisqu'elle est paramétrée. Ici on voit bien que l'idée de la compositrice, relativement peu mystérieuse mais très franchement transparamétrique, est rendue perceptible par le truchement d'une partition qui comporte des trous, des énigmes. La déconstruction du logocentrisme a donc commencé dans cette petite pièce d'apparence modeste mais en réalité très profondément réfléchie.

Claude Debussy : Des pas sur la neige, *extrait des* Préludes *(1910)*

Qu'est-ce que la subjectivité prend du paysage ? C'est ce que nous suggère Debussy dans *Des pas sur la neige*. « *Ce rythme doit avoir la valeur sonore d'un fond de paysage triste et glacé* » nous dit la didascalie liminale. Défi interprétatif : suggérer un « fond » de paysage, et non un paysage, par rapport à des traces qui seraient au premier plan, et donner une profondeur paysagère à un « rythme » plus qu'à un timbre demandent effectivement à l'interprète de se transporter dans un paysage imaginaire tenant compte de la distance perceptive entre proche et lointain.

Le travail du compositeur se situe ici dans la frontière entre le représentable et le non-représentable – entre le représentationnel et le non-représentationnel, pour nous situer dans des débats géographiques récents (Lorimer, 2005). L'indication métronomique est sans doute une des plus lentes jamais proposées (« noire à 44 ») : on est aux limites de la pulsation musicale (le métronome commence à 40). Le rapport entre paramétrisation stricte (le rythme en question est complexe : syncope de sextolets de doubles croches – qui sort des cadres du temps fractionné habituel) et temps non objectif (être dans un paysage de neige et touché par la solitude ou le rien, le vide que la neige suscite) est ici volontairement objectivé. Le temps est quasiment arrêté, comme par un matin d'hiver où la neige a tout immobilisé. Et pourtant c'est la précision arithmétique de la fraction, imperturbablement répétée, qui donne cette immobilité. La moindre inexactitude dans l'exécution instillerait un pathos et un mouvement inopportuns. De même, le rapport entre harmonicité et inharmonicité du son est élevé au rang d'objet d'étude : le timbre, ce timbre très particulier qui fait toute la beauté du morceau, est toujours composite : c'est l'assemblage de deux sons (ré + mi), parfois de presque trois (ré + mi + fa) selon la vibration qu'on choisit de laisser avec la pédale. Entre ces hauteurs très proches (ton + demi-ton) se mettent à jouer des frictions harmoniques propres à la matérialité sonore, des sons différentiels activant ce que les acousticiens ont nommé les partiels du son, mais plusieurs décennies avant que ne soit conduite une analyse spectrale du composite sonore. C'est par l'exploration de l'échelle micro du son que Debussy obtient cette réverbération si particulière. On est donc face à un phénomène plus physique que mathématique, de la même manière que pour le rythme. Les signes sont combinés en un *rapresentamen* correspondant, en d'autres termes renvoyant à une expérience vécue et partagée, cette *imago* interne (avoir vécu cette sensation de vide dans un paysage enneigé, ou s'être abîmé dans la contemplation d'un tableau de paysage de neige — il y a gros à parier que le « fond de paysage » puisse renvoyer aussi à un tableau, pourquoi pas de Claude Monet, ou à une estampe japonaise). Mais le signifié reste ouvert. On entendra la profondeur de champ, opposant un décor et une narration (les « pas »), dont le niveau poïétique reste caché (pourquoi des didascalies comme « *triste* » et « *douloureux* » ? – toutes les interprétations sont possibles).

En revanche, on ne peut rester indifférent à la mise en abyme : ces traces (les pas sur la neige) sont aussi bien matérielles dans l'espace (réel) que sonores dans l'espace partagé par l'auditeur et l'interprète (le silence qui suit dans la salle est encore habité de cet inlassable *perpetuum mobile*) tout autant qu'écrites (sur la page). Vu les énigmes graphiques, il est fort probable que Debussy ait réellement souhaité poser ce problème : comment représenter graphiquement une idée non représentable ? Le travail de l'interprète est donc d'explorer ce trou, cette béance entre le signe graphique et ses insuffisances.

Rappelons que Debussy avait le projet d'imaginer une composition pour jardin ou pour la nature, intégrant les bruits et les sons de l'environnement (Boucourechliev, 1998). S'il était encore trop tôt pour mettre en œuvre une graphie transparamétrique, c'est bien dans ces audaces que Debussy a motivé ses successeurs pour explorer d'autres manières de noter et d'assembler la musique. En tout cas cette « brisure du signe » évidente ici nous oblige à nous interroger : d'où vient cette limitation de l'écriture ? Il faut chercher la réponse à la fois dans le logocentrisme, le rationalisme, le progrès et la croissance, la colonisation, dans tout ce qui fait de la musique écrite académique occidentale une certaine « surdité » à l'expérience du monde et qui réduit les autres musiques, moins distantes de leur environnement et moins « objectives », au silence (Lévy, 2013b).

John Cage : In a landscape *(1948)*

Ce qu'on a appelé la « révolution cagienne » est aux origines du mouvement de l'expressionnisme abstrait aux États-Unis. Le timbre, le temps, le bruit, le silence et l'environnement remplacent les structures et les systèmes qui caractérisaient le structuralisme. John Cage s'est ouvert progressivement aux spiritualités orientales, adhérant au principe de non-obstruction (ou acceptation), vis-à-vis du temps et de l'événement (Kasper, 2005). Ainsi, la composition s'interdit de contraindre le matériau : c'est une façon de se départir du logocentrisme occidental et de la paramétrisation. Le silence, la non-musique : tout est musique.

Plusieurs de ses œuvres auraient leur place dans mon argumentation. Par exemple, *Imaginary Landscape n° 4* (1951), œuvre pour douze postes de radio dont la partition règle seulement la vitesse du curseur de changement de fréquence et celui du changement de volume, est un merveilleux exemple d'œuvre ouverte et de description passive d'un environnement national sur les ondes qui nous entourent. De même, *4'33''* (1952) est une œuvre de non-musique : le bruit (ou le silence) qui émane d'une salle contrainte à écouter un instrumentiste qui ne joue rien.

Ces œuvres environnementales ont laissé la place ici à une partition plus ancienne, *In a landscape*, qui essaie d'être-dans-le-paysage, cette expérience bien particulière proposée plus haut par Lili Boulanger et Claude Debussy. Le temps est intérieur, il s'agit du temps phénoménologique. L'immobilité est à peine striée par une périodicité presque imperceptible à l'oreille mais très clairement signalée sur la partition par une intervention sémantique (« 15x15, 3/7/5 ») précisant l'organisation de la composition par cycles partiels de mesures. L'immobilité est réalisée par le statisme absolu de la gamme modale, sans aucune permutation ni octaviation, comme si elle était gravée ou sculptée sur une stèle – elle se grave sans piège dans la mémoire de l'auditeur. Le temps est additionné et non fractionné, avec parfois de légères soustractions (inflexions). Les ornements, très rares, suffisent à nous transporter immédiatement au Japon car ils sont ceux du kôtô, et nous permettent, après leur occurrence, de décrypter le mode choisi comme un mode de gagaku. On pourrait ajouter que la ligne qui ressort de la vibration générale permettrait une comparaison avec une estampe, où la ligne du dessin ressort sur le fond.

ÎLES, CARTES, NAVIGATION : RIVAGES DE LA MODERNITÉ

Les approches géographiques de l'insularité et de l'îléité peuvent être opportunément éclairées par des propositions musicales qui ont été faites. Entre *L'Île des morts* (sombre Rachmaninov) et *L'Embarquement pour Cythère* (valse musette de Poulenc qui tourne en dérision le libertinage néoclassique de Watteau et les rivages de Poussin ou du Lorrain) en passant par les recherches abstraites de *L'Île de feu* de Messiaen, quoi de commun, sinon cette déraison de l'imaginaire continental et citadin pour les ailleurs insulaires et leur topologie intrigante ? Deux propositions se suivent ici, radicalement différentes l'une de l'autre.

Claude Debussy : L'Isle joyeuse *(1904)*

La première est du premier Debussy, qui explore là « toutes les façons d'attaquer le clavier » avant d'ouvrir de bien plus ambitieux horizons interprétatifs. *L'Isle joyeuse* s'ancre par l'orthographe de son titre dans les scènes de fêtes galantes verlainiennes, de Poussin ou du Lorrain, teintées de

Lumières libertines – est-ce lié, comme on l'a souvent supposé, à la transgression vécue par l'auteur en 1904 qui séjourne alors avec sa maîtresse à Jersey ? Il ne semble pas que cette explication platement biographique résiste à la critique, Riccardo Viñes attestant avoir entendu une première version l'année précédant la publication (et ledit voyage). L'écriture est un assemblage de traits caractéristiques de certaines îles, très précisément localisées. *L'Isle joyeuse* ouvre un certain nombre de pistes géographiques données par les inserts de vignettes sonores : la habanera de La Havane, la gigue canarie des Canaries, la tarentelle de Capri, les danses d'Irlande, les modes du Japon et de Bali. À la croisée de l'ethnomusicologie naissante et de la carte postale sonore, ce patchwork n'est donc pas une évocation ni même une « invitation au voyage » exotisant les fantasmes de lointain, c'est davantage un exercice de style. Le composite de la composition, collage ordonné et méthodique, donne une version sonore de l'insularité. L'assemblage multi-idiographique propose autre chose que des imitations ou métaphores musicales.

La habanera se présente comme le rythme principal dès la mesure 7. Le nom renvoie bien sûr à la Havane donc à Cuba ; mais l'histoire de cette danse est assez originale pour jouer le rôle d'indice dans l'analyse du projet compositionnel (Guilcher, 2003). Lorsque la *country dance* arrive d'Angleterre en France, elle a un grand succès au XVIIIe siècle comme danse de cour puis de salon, à tel point qu'on la baptise *contredanse* sans traduction. Les Français l'importent alors à Saint-Domingue, où elle rythme les soirées des planteurs. Elle se créolise progressivement en se mélangeant avec une danse pratiquée par les esclaves africains et descendants d'Africains, le *candomblé*. Au moment de la révolte des esclaves et de l'indépendance d'Haïti (1791-1804), les Français cherchent refuge à Cuba, en particulier à Santiago de Cuba où ils s'installent avec certains de leurs esclaves. Là, la *contradanza criolla,* au même titre que le *danzón* et la *tumba francesa*, va connaître un nouveau succès, à tel point qu'elle va se greffer sur les pratiques musicales de plusieurs pays neufs, en particulier à Buenos Aires et Montevideo, où elle deviendra le tango – cependant qu'à Cuba elle se dérivera plus tard en mambo. Lorsqu'elle revient en Europe sous le nom de habanera, en particulier en Catalogne, elle est popularisée en France par le fameux air de Carmen (1875) qui, ironie du sort, sous couvert d'espagnolade, chante une danse qui est bien loin d'être une danse d'Espagne.

L'utilisation de ce rythme active donc deux univers insulaires fortement marqués par la colonisation, l'esclavagisme et la traite : Haïti et Cuba. Son côté faussement authentique permet d'imaginer que Debussy lui-même s'engageait avant l'heure dans une posture de déconstruction postcoloniale et surtout ironique, jouant sur le double sens de l'exotique et de la révolte.

La troisième île, c'est Capri. Elle est évoquée par deux éléments : la mélodie « *improvvisando* » introductive, « *quasi una cadenza* », qui est réexposée dans la frénétique coda, et le rythme de tarentelle qui sert de mélodie superposée au rythme de habanera dès la mesure 9. Le premier matériau est similaire à celui du prélude *Les collines d'Anacapri*, c'est un air de flûte, des chalumeaux de bergers, et n'est pas sans rappeler d'autres compositions de Debussy comme *La flûte de Pan* dans les *Chansons de Bilitis* ou encore le *Prélude à l'après-midi d'un faune*. Le second, la tarentelle, renvoie à la mise en tourisme de Capri qui, au XIXe siècle, a commencé à folkloriser ses traditions (Di Mitri, 2006). Les touristes allemands ont été tellement friands de ces spectacles de tarentelle que certaines danseuses, comme Carmelina, sont devenues des figures locales de la touristification.

On ne saura donc pas – mais c'est quand même la deuxième fois qu'on se pose la question, si Debussy n'est pas en train de nous piéger avec des musiques soi-disant authentiques, dont on voit bien que l'authenticité a été reconstruite à des fins d'exotisation. Et si sa réflexion était déjà postcoloniale avant l'heure ?

Il semblerait que la quatrième île, l'archipel des Canaries, n'aille pas dans ce sens : la gigue canarie semble n'avoir qu'une fonction d'interlude. C'est une gigue rapide pratiquée à Las Palmas et importée en France dès le XVIIe siècle, référencée par Rousseau dans son *Dictionnaire de musique* (1767) : « Espèce de gigue dont l'air est d'un mouvement encore plus vif que celui de la gigue ordinaire : c'est pourquoi l'on le marque quelquefois par 6/16 : cette danse n'est plus en usage aujourd'hui. (Voyez Gigue) ». Elle constitue l'ossature de la partie centrale du morceau.

Restent deux archipels : le Japon et l'Indonésie. Cette œuvre est une des premières à intégrer l'influence des expositions universelles et coloniales de l'époque de Debussy. Les orchestres gagaku (de cour) japonais et de gamelans balinais ou javanais sont des découvertes d'une altérité radicale pour les oreilles du compositeur et plus généralement pour les oreilles occidentales. Le gamelan est un ensemble d'instruments métallophones et xylophones inharmoniques, dont les échelles sont modales (gammes pentatoniques et heptatoniques), et jouant sur des rythmes additionnés, dont le moteur est la périodicité (Basset, 2005 ; Wibisono, 2013). Les synchronisations entre instruments sont liées à la place qu'ils occupent dans l'espace de l'orchestre et à leur fonction rituelle (syllabes, bruits imitant ceux des crapauds etc.), selon les échelles choisies. En particulier, la forme *ladrang* est une « arborescence qui fige le temps » (Basset, 2005) : l'homologie avec le temps et l'espace naturels est fondamentale. De même, les modes japonais sont rendus – avec une relative simplicité – par des accords pentatoniques.

Ces emprunts sont le signe que *L'Isle joyeuse* est une des premières tentatives de déconstruction du logocentrisme occidental, mais son écriture reste prisonnière de la notation occidentale (Lévy, op. cit.). La sémiose réceptive, pour reprendre les termes de Fabien Lévy, est au premier plan de l'œuvre (elle renferme selon le compositeur « toutes les façons d'attaquer le clavier »). Les signifiants utilisés sont fortement correspondants, mais se révèlent finalement être d'une certaine manière « à secrets », cryptés. En d'autres termes, l'éducation cognitive de l'auditeur est mise à l'épreuve. D'autre part, les signifiants sont finalement des jeux de référentiels culturels (gigue, contredanse) métissés et subvertis.

Ce qui se déploie donc lors d'une écoute active de l'œuvre, c'est une carte du monde, une carte sonore, faisant d'une certaine manière clignoter tour à tour certains points en pleine mer sur le planisphère, et qui nous parle de l'expansion coloniale, des ambivalences de la créolisation et des mouvements inverses, lorsque les musiques coloniales et créolisées reviennent en Europe.

Morton Feldman : Intermission 6 *(1953)*

La seconde proposition est sans aucun doute la plus minimaliste des partitions dites « en îles », dont les deux plus monumentales sont les *Archipels* de Boucourechliev (*Archipel 4* pour piano date de 1970) et la *Troisième sonate* de Boulez (1955-57). Morton Feldman a étudié la composition avec Stefan Wolpe (compositeur communiste allemand ayant fait partie du Novembergruppe avant de s'exiler aux États-Unis) et régulièrement rencontré Edgar Varèse, il s'est radicalement démarqué de l'écriture académique notamment par la notation graphique qui laisse place à l'indétermination (des hauteurs des sons par exemple). Également peintre, il fréquente John Cage, Mark Rothko, Franz Kline, Robert Rauschenberg, Jackson Pollock ou encore Cy Twombly. Le courant de l'expressionnisme abstrait new yorkais, la fréquentation des arts plastiques et des recherches dans les pensées extraeuropéennes (notamment la spiritualité orientale) le conduisent à déconstruire la continuité musicale traditionnelle et à libérer le son.

> « Sa musique se situe entre des catégories (*Between Categories,* 1969), "entre temps et espace, entre peinture et musique, entre la construction de la musique et sa surface". N'ouvre-t-il pas par là la voie à une méditation, à une perception du temps proche des conceptions orientales ? En tout cas, à l'écoute du temps et de l'événement, Feldman exige de l'auditeur une disponibilité totale ».
>
> « Exactement comme les expressionnistes abstraits voulaient que les spectateurs se concentrent sur la peinture elle-même, sur sa texture et son pigment, Feldman voulait que les auditeurs absorbent le fait basique du son résonnant (Ross, 2006).

Le compositeur déclare lui-même :

> « Ce qui m'intéresse, c'est d'obtenir le temps dans son existence non structurée. Ce qui m'intéresse, c'est la manière dont cette bête sauvage vit dans la jungle – non au zoo. Ce qui m'intéresse, c'est la manière dont le temps existe avant que nous posions nos pattes sur lui – nos intelligences, nos imaginations, en lui » (Feldman, 1988, cité par Ross, 2006).

L'indétermination de la partition invite l'interprète à écouter plutôt qu'à exécuter et à laisser le son se déployer et finir de résonner. L'acceptation et la méditation, suggérées par l'œuvre ouverte, laissant une part à l'indétermination et au hasard (Bosseur, 1999), proposent une altérité radicale par rapport au temps téléologique et linéaire de la musique occidentale habituelle. La notation graphique tourne le dos aux canons : comme Earle Brown, Silvano Bussotti et John Cage (dans ses *Variations*), il propose des partitions qui relèvent davantage du plan, de l'œuvre graphique, du diagramme.

Cette partition est composée de quinze îles sonores séparées les unes des autres sur une page unique, comprenant chacune soit une note, soit un accord (de deux, trois ou quatre notes), soit une note d'agrément (dont une, la seule île des quinze, porte une accentuation), et ces sons sont parfois précédés d'un point d'orgue ou d'une respiration. L'interprète est invité à jouer sans ordre préétabli ces sons l'un après l'autre, avec l'attaque la plus douce possible (« *as softly as possible* ») et jusqu'à ce que chacun soit « à peine audible » (« *barely audible* »), ce qui sous-entend que le paysage sonore du contexte (bruits de la rue, bruits du public) doit être intégré à l'écoute de la limite de l'audible. La partition est donc une carte, l'interprète est un navigateur qui va d'île en île selon ce que la précédente l'invite à explorer, et l'auditeur un visiteur qui se laisse guider et extraire du bruit du monde continental, à l'écart de tout sentimentalisme, de tout romantisme et de toute prétention au système : on est débarrassé de la machinerie du processus compositionnel. Cette œuvre est donc doublement géographique : d'une part parce qu'elle est cartographique dans sa matérialité, d'autre part parce qu'elle offre le temps nécessaire pour entrer dans l'espace de l'écoute, qui contient à la fois l'espace du son (avec le vide et la profondeur qui s'y révèlent) et l'espace réel environnant, qu'il convient aussi d'écouter à mesure que le son s'y éteint, à mesure que la conscience s'y éveille.

Les deux attitudes conjointes, celle de l'interprète et celle de l'auditeur, sont en forte interaction. L'exécution requiert une concentration élevée car le cheminement d'une île à l'autre ne saurait emmener l'auditeur que s'il s'y retrouve, c'est-à-dire moyennant une logique de déplacement qui rende signifiante la succession et l'anticipation. Ainsi, l'interprète peut se fier sur le moment à une recherche sonore (qualité des timbres des intervalles renvoyant à une grammaire acoustique), à une recherche numérique (richesse ou pauvreté des accords, écarts entre les registres), des logiques de symétrie, de prolifération ou de dénuement. Tous ces parcours reposent alors sur l'espace proprement sonore, c'est-à-dire les échelles et qualités internes aux timbres. Il peut aussi se fier aux deux dimensions de la partition, vue comme carte, et calculer son itinéraire. Soit de manière cartésienne et économétrique (mesure des distances centimétriques entre les îles et voyage à l'économie ou au coût croissant), soit en y voyant des formes graphiques qui le guident (arcs, rosace, spirales). Libre à lui d'introduire de la centralité, de la polarisation (en réitérant par exemple un des îlots, qui deviendrait un port d'attache) et des réservoirs d'ailleurs pour se retirer. Son improvisation, une fois le cheminement entamé, a finalement quelque chose d'irréversible : il ne peut guère tergiverser, puisque le temps d'attente est contraint par le devenir « à peine audible » du son précédent (il manquerait l'horaire du caïque), surtout s'il a par mégarde attaqué un peu trop « *softly* » des notes très aiguës (auquel cas le temps se réduit et rend nécessaire la succession rapide). Sa maîtrise de la précision du geste est donc primordiale.

On voit donc se co-produire deux postures phénoménologiques : celle de l'interprète face à cette carte et aux contraintes matérielles et corporelles du voyage, celle de l'auditeur qui accepte de se laisser entrainer dans l'écoute du son pour défricher son espace interne. C'est un retour à l'objet qui s'opère, à la perception, mettant au premier plan la perception et le geste, qui font le temps, sans que celui-ci soit paramétré préalablement. Un processus en train de se faire, incluant l'environnement de l'auditeur.

MUSIQUES MINEURES, TIERS MUSICAL : LES COMPOSITEURS ET LES MUSIQUES VERNACULAIRES

L'ethnomusicologie et la retranscription, analyse et conservation des langages musicaux traditionnels (non notés) a sans doute été un moment clef de l'hybridation entre espace et musique. C'est par un décentrement, supposant déplacement plus ou moins lointain de l'écoute et du travail, que les musiques de l'Autre (colonisé ou folklorisé) ont occasionné un travail de dépassement des clichés. Jusqu'alors, un certain nombre de clichés pouvaient permettre d'épingler des rapports sociaux et politiques spatialisés, mais à partir du moment où le recueil des techniques musicales, vocales et chorégraphiques devient scientifique, où la supériorité supposée du langage musical savant, urbain et institutionnel vole en éclat, alors advient une véritable décolonisation du langage musical, un décentrement effectif. Bartók et Kodaly, Messiaen et Koechlin, Ligeti et un nombre croissant de compositeurs ont adopté une approche empirique sur un terrain, au gré de missions ethnographiques et de séjours d'immersion (que ce soit dans des espaces naturels ou humanisés, pour des chants humains ou animaux ; que ce soit en Afrique centrale, en particulier avec les musiques pygmées, en Asie de l'ouest ou du sud où les musiques traditionnelles peuvent être déjà institutionnalisées et être devenues des musiques « classiques » savantes, en Europe centrale ou ailleurs). Parallèlement, l'ethnomusicologie se développe comme discipline scientifique, notamment en Europe, avec des figures comme celle de Constantin Brăiloiu en Roumanie qui, en renonçant à la carrière de compositeur, attestait que la question cruciale de l'engagement du musicien dans le monde ne peut faire fi des rapports de domination.

La résistance du matériau sonore et rythmique (micro-intervalles, micro-polyphonies, diphonies, polyrythmie et irrégularité chaotique) à la formalisation par les canons savants occidentaux (noter les hauteurs de son, fractionner le temps, discrétiser les timbres) a prouvé les limites du savoir occidental. Cette résistance formelle de fait a interrogé les compositeurs : fallait-il la réduire voire la caricaturer pour la faire entrer dans le cadre de l'écriture savante occidentale, la diffuser telle quelle, avec une ambition conservatoire, ethnologique et patrimoniale (survie au musée de ce que la modernité et la mondialisation menace de faire disparaître), ou encore accepter les limites réciproques mais changer du tout au tout la manière d'écrire ?

> « Contrairement à d'autres cultures, où l'imperfection, l'inharmonicité et le bruit sont garants de la richesse et de "l'humanité" du son, la plupart des sons instrumentaux restent harmoniques, fixes et entretenus dans la musique occidentale jusqu'au début du XXe siècle. L'Occident a ainsi cherché à atteindre le son le plus pur, le moins bruité et le plus fort. L'intérêt pour les sons inharmoniques et transitoires n'apparaît qu'à la fin du XIXe siècle, au contact des musiques slaves, d'Afrique et d'Asie (via les expositions coloniales et universelles) » (Lévy, 2013a, p. 47).

C'est cette voie qu'un certain nombre de compositeurs ont choisie : vu l'impuissance de l'écriture occidentale à dépasser ses propres cadres et à « assimiler » les techniques musicales extra-occidentales, il fallait changer d'écriture ou du moins de canon formel. À ce titre, Bartók, Ligeti ou Cage ont compté parmi les pionniers d'une hybridation au sens strict du langage musical.

Ces décentrements, qui n'ont pas remis en question l'hégémonie des conservatoires et institutions musicales européennes, ont été intégrés comme des « progrès » dans la formation au métier de compositeur, et spontanément imbriqués dans les œuvres.

> « Bien des musiques locales révélées par l'ethnomusicologie sont déroutantes pour l'oreille et l'analogie avec les musiques contemporaines ou d'avant-garde est ici évidente : la nouveauté insolite de la création contemporaine déroute l'oreille de la même façon que l'éloignement civilisationnel ou géographique. Face à ce problème, contemporanéistes et ethnomusicologues sont placés devant la même nécessité : avec le "produit" (l'œuvre ou le document enregistré), ils doivent livrer des clés d'écoute sans lesquelles l'oreille risque de rester totalement béotienne, voire même incapable d'entendre ce qui est à écouter. Autrement dit, contemporanéiste ou ethnomusicologue, nous sommes tous contraints de travailler à la fois à une déconstruction systématique de l'oreille globale et à une reconfiguration propre à donner du sens à l'écoute de l'insolite. » (Bouët, 2011, p. 7-8).

Je propose d'explorer deux œuvres qui combinent musiques populaires et regard politique, l'une sur la campagne, l'autre sur la ville.

Heitor Villa-Lobos : Plantio do caboclo, *extrait du* Ciclo Brasileiro *(1936)*

Heitor Villa-Lobos est une figure marquante de l'émergence d'une institution musicale de grande ampleur à l'extérieur de l'Europe. Il a contribué à une déseuropéanisation et à une désoccidentalisation de la musique écrite. Figure marquante du modernisme brésilien, il a contribué à dépasser « l'imitation servile » (Guiramães Tadeu de Soares, 2013) des musiques autochtones et des musiques européennes, tout comme y invitaient le Mouvement anthropophage brésilien de l'entre-deux-guerres et le *Manifeste anthropophage* du poète Oswald De Andrade (2011 [1928]). Celui-ci préconisait non sans provocation la pratique traditionnelle de manger les forces de son ennemi en « mangeant » l'apport des artistes européens (notamment d'avant-garde) plutôt qu'en les imitant (Beaufils, 1988). Villa-Lobos a mené un travail acharné de collecte des chants et musiques populaire de toutes les régions du Brésil – qu'il a sillonné en long et en large tout au long de sa carrière –, après avoir été musicien de rue (« *seresteiro* ») et il a tout fait pour intégrer les musiques proprement brésiliennes, non-européennes, qu'elles soient amérindiennes, métisses, rurales ou urbaines (*música indígena* et *música folclórica*), dans l'enseignement des conservatoires et écoles de musique. Ceci explique sans doute qu'il se soit comparé dans la dernière pièce du *Ciclo Brasileiro* (1936) à un *Indio branco* (un Indien blanc). Il n'était pas le seul dans cette vaste entreprise de décentrement non-européen des institutions de connaissance et de pratique de la musique : on pourra citer entre autres le travail de l'ethnomusicologue argentine Isabel Aretz (Plisson, Aretz, 1994).

La « plantation de l'indigène » – ou selon la traduction du « métis » (portugais-amérindien) et par extension du « sang-mêlé », illustre à merveille cette absolue liberté du compositeur vis-à-vis des formes académiques. Pas de développement thématique, mais un *moto perpetuo* qui illustre simultanément trois éléments conjoints : la complainte du paysan, chantée (en rythme binaire) avec insistance à la main gauche, statique et à peine modulée, la pédale de triolets de noires accentuées à la main droite qui évoque le sillon inlassablement tracé et la monotonie du geste agricole, le scintillement des doubles croches dans l'aigu qui restituerait la vibration accablante d'un soleil de plomb dans le *sertão*. La surprenante partie centrale mélange des modulations pentatoniques du *lamento*, où on sent poindre une révolte sourde et contenue, avec une marche chromatique descendante si plaintive qu'elle se désolidarise rythmiquement de la mélodie et crée un moment d'irréalité et de déséquilibre profond – on serait sur le point de perdre soi-même l'équilibre : l'assemblage est dissonant, sans forme identifiable, d'une douleur presque insupportable, qui ramène au premier plan la souffrance du corps du travailleur.

C'est une des rares pièces écrites qui entrent dans l'expérience du travail agricole sans le folkloriser, dans les conditions de travail et dans les rapports sociaux et raciaux de domination du Brésil profond. La force évocatrice de la complainte de travail agricole, monotone, se présente comme une tactique pour supporter le travail harassant, oscillant entre résignation et rage. Elle pourrait être entendue comme un signe avant-coureur d'émancipation de l'assignation à résidence qu'évoque la main droite[3]. Le statisme répétitif et minimaliste est quasiment hypnotique à la réception, il transporte sans ménagement l'auditeur dans un ici de la marginalité et dans un partout de la pauvreté.

Isaac Albéniz : El Corpus en Sevilla, *extrait du cycle* Iberia *(1906)*

Albéniz puise largement dans le patrimoine populaire flamenco. Les pièces du cycle *Iberia*, sauf une, se réfèrent à des espaces urbains, en particulier des quartiers ouvriers ou gitans, (Lavapiés, El Albaicín…), presque tous situés en Andalousie.

El Corpus décrit l'atmosphère sonore des mouvements de foule et de fête dans la ville de Séville lors de la dernière procession du cycle pascal (fête du saint sacrement, qui a connu une vogue importante à partir du XVIIe siècle et qui a lieu soixante jours après Pâques). Les confréries de chaque église

[3] Je remercie Frédéric de Coninck pour cette suggestion.

quittent leur paroisse au même moment et confluent progressivement vers la *Carrera oficial*, la rue principale menant à la Cathédrale. Les habitants, aux balcons et sur les trottoirs, entonnent à pleins poumons avec les processionnaires une *saeta* (mélodie flamenca de plain-chant, héritée de la liturgie andalouse), majestueuse de religiosité. Après une pause de prière à la cathédrale, les confréries repartent vers leurs églises et se dispersent dans la ville. Rapprochement, convergence et éloignement sont magnifiquement restitués par une architecture fondée sur les nuances, allant du *ppppp* au *fffff* (cherchant l'extrémité de la nuance *piano* ou *forte*). Les pénitents marchent au rythme lent des tambours qui roulent et sans doute du fouet dans le cas des flagellants. Des effigies de démons grimaçants sont mises en fuite et brûlées, avec une pyrotechnie caractéristique aux feux de joie. Les *bandas* (fanfares et tambours) accompagnent les cortèges. À la fin, l'éloignement est maximal, on n'entend quasiment plus rien, à part quelques reprises de la *saeta* par des voix anonymes et quelques cloches qui émettent leurs derniers échos, dans une atmosphère presque magique d'extase et de mystère, comme si peut-être rien ne s'était passé – ce final est un des plus déroutants de la musique pour piano de cette époque tant il est appliqué à travailler l'impression de lointain par le quasi-imperceptible.

L'auditeur est littéralement dérouté car, en vérité, la pièce d'Albéniz est loin de communier avec cette ferveur collective. Le thème principal qui amorce la pièce, revient plus énervé que jamais après les génuflexions et les mortifications et contredit la *saeta* mystique avec une impertinence toujours plus accentuée, est un thème plus profane que jamais : une *tarara* (comptine) exprimant le désir des ouvriers agricoles cueilleurs d'olives pour les charmes d'une jolie jeune fille. L'anticléricalisme de l'auteur est bien là, lui qui s'est fait renvoyer de tous les conservatoires pour insoumission et indiscipline. On n'omettra pas de noter que cette *tarara* a été fixée par le poète (et musicien) Federico García Lorca dans son travail d'harmonisation et de transcription des mélodies populaires espagnoles ; elle est ici reprise en mode mineur.

Ainsi, la pièce construit un itinéraire dans la ville à partir de ce qu'on y entend un jour de fête, elle accuse la confrontation des groupes sociaux, entre dévots et contestataires anticléricaux du prolétariat rural, et rend palpable les distances, toutes les distances, qu'elles soient spatiales, sociales et politiques, au cœur de la frénésie ou, à l'opposé, le plus loin possible de ces délires mystiques.

CONCLUSION

Les musiques écoutées à Cerisy témoignent donc d'une préoccupation critique vis-à-vis de l'académisme et de l'hégémonie culturelle occidentale ; elles nous font comprendre que parmi les compositeurs de musique écrite, il y en a qui ont adopté un point de vue décolonial avant l'heure (Boidin,

Hurtado López, 2010), incitant l'auditeur à dresser l'oreille face à la domination.

Faire une incursion dans la transdisciplinarité supposerait légitimement d'être professionnel de deux disciplines : le défi que représente l'analyse de la musique (quelle qu'elle soit, notée ou non) est difficile à surmonter pour le géographe que je suis, non professionnel de musique ni de musicologie. Avoir au moins une pratique de la musique, même en dilettante (c'est-à-dire en bravant les mises en garde de Debussy à leur endroit) semble donc une condition nécessaire – et certainement pas suffisante – pour explorer les liens prometteurs que tissent les deux disciplines.

« J'aime mieux les quelques notes de la flûte d'un berger égyptien, il collabore au paysage et entend des harmonies ignorées de vos traités… » fait dire Debussy (1921) à Monsieur Croche. Apprendre à écouter le paysage, dresser ses oreilles pour débrouiller ce que la musique nous dit du monde et de l'espace des rapports sociaux, voilà une tâche qui intéresse autant les musiciens que les géographes et qui n'a pas fini de nous occuper.

Serge Weber au piano
Photographie de Georges Barthe, septembre 2014

BIBLIOGRAPHIE

BASSET Catherine, 2005, « Gamelan, architecture sonore (et Gamelan mécanique) », *Moussons*, n° 8, p. 157-170, http://www.citedelamusique.fr/gamelan/text_0intro.html

BAYER Francis, 1987, *De Schönberg à Cage. Essai sur la notion d'espace sonore dans la musique contemporaine*, Paris, Klincksieck.

BEAUFILS Marcel, 1988, *Villa-Lobos, musicien et poète du Brésil*, Paris, Éditions de l'IHEAL.

BOIDIN Capucine, HURTADO LÓPEZ Fátima, 2010, « La philosophie de la libération et le courant décolonial », *Cahiers des Amériques latines*, n° 62, p. 17-22.

BOSSEUR Jean-Yves, BOSSEUR Dominique, 1999, *Révolutions musicales. La musique contemporaine depuis 1945*, Paris, Minerve, Musique ouverte.

BOUCOURECHLIEV André, 1998, *Debussy, la révolution subtile*, Paris, Fayard.

BOUËT Jacques, 2011, « Introduction. Les musiques locales, la musique contemporaine et la globalisation », *in* J. Bouët, M. Solomos (dir.), *Musique et globalistaion. Musicologie, ethnomusicologie*, Paris, L'Harmattan, p. 5-11.

BOUËT Jacques, Solomos Makis (dir.), 2011, *Musique et globalisation. Musicologie, ethnomusicologie*, Paris L'Harmattan.

CANOVA Nicolas, 2014, *La musique au cœur de l'analyse géographique*, Paris, L'Harmattan, coll. Musique et sciences sociales.

CHOUVEL Jean-Marc, SOLOMOS Makis (dir.), 1998, *L'espace. Musique/philosophie*, Paris, L'Harmattan.

DE ANDRADE Oswald, 2011 [1928], *Manifeste anthropophage*, traduction et notes de Lorena Janeiro, Paris/Bruxelles, Blackjack éditions.

DEBUSSY Claude, 1921, *Monsieur Croche, antidilettante*, Libraire Dorbon-Aîné, Nouvelle Revue Française.

DERRIDA Jacques, 1967, *De la grammatologie*, Paris, Minuit.

DI MITRI Gino L., 2006, « Les lumières de la transe. Approche historique du tarentisme », *Cahiers d'ethnomusicologie*, n° 19, p. 117-137.

FELDMAN Morton, 1988, « Between Categories », *Contemporary Music Review*, vol. 2, n° 2, p. 1-5.

GUILCHER Jean-Michel, 2003, *La contredanse, un tournant dans l'histoire française de la danse*, Bruxelles, Complexe.

GUIRAMAES TADEU DE SOARES Alexandre, 2013, « Remarques sur l'idée d'anthropophagie. Montaigne et le mouvement anthropophage brésilien » *in* J.-C. Arnould et E. Faye (dir.), *Rouen 1562. Montaigne et les Cannibales*, CÉRÉdI, *Actes de colloques et journées d'étude*, n° 8, http://ceredi.labos.univ-rouen.fr/public/?remarques-sur-l-idee-d.html

GUIU Claire (dir.), 2006, *Géographies et musiques : quelles perspectives ?*, numéro thématique, *Géographie et Cultures*, n° 59.

KASPER Ulrike, 2005, *Écrire sur l'eau. L'esthétique de John Cage*, Paris, Herman.

LÉVY Fabien, 2004, « Le tournant des années 70 : de la perception induite par la structure aux processus déduits de la perception, » *in Le temps de l'écoute : Gérard Grisey ou la beauté des ombres sonores*, Paris, L'Harmattan, L'itinéraire, p. 103-133.

LÉVY Fabien, 2013a, *Le compositeur, son oreille et ses machines à écrire. Déconstruire les grammatologies du musical pour mieux les composer*, Paris, Vrin.

LÉVY Fabien, 2013b, « La musique occidentale et ses (ab)-surdités au monde : une autre consonance, venue de Bagdad », *in* M. Solomos, J. Caullier, J.-M. Chouvel, J.-P. Olive (dir.) *Musique et globalisation : une approche critique*, Paris, Delatour, coll. « Filigrane ».

LORIMER Hayden, 2005, « Cultural geography: the busyness of being 'more-than-representational' », *Progress in Human Geography*, vol. 29, p. 83-94.

PLISSON Michel, ARETZ Isabel, 1994, « Musique "folklorique" et musique savante en Amérique latine. Entretien avec Isabel Aretz », *Cahiers d'ethnomusicologie*, n° 7, p. 229-243.

RAIBAUD Yves (dir.), 2009, *Géographie, musique et post-colonialisme*, numéro thématique, *Copyright Volume !, vol.* 6, n° 1-2.

ROSS Alex, 2006, « American Sublime. Morton Feldman's Mysterious Musical Landscapes », *The New Yorker*, 19 juin, http://www.newyorker.com/magazine/2006/06/19/american-sublime.

SCHAFER Murray R., 2010 [1977], *Le paysage sonore, le monde comme musique*, Marseille, éditions Wild Project.

SOUBEYRAN Olivier, 2015, *Pensée aménagiste et improvisation. L'improvisation en jazz et l'écologisation de la pensée aménagiste*, Paris, Éditions des archives contemporaines.

STOICHITA Victor A., 2011, « Quand la mélodie ruse. L'enchantement musical et ses acteurs », *in Humains, non-humains*, Paris, La Découverte, p. 311-320.

WIBISONO Joss, 2013, « Avoir le gamelan dans le sang », *Le Banian*, n° 15, juin, p. 41-52.

PARTIE IV
APPROCHES CULTURELLES : ENGAGEMENTS ET RÉFLEXIVITÉ

LE CHERCHEUR ET L'ENGAGEMENT LOCAL

DU TOURNANT AUX TOURMENTS CULTURELS

Research and local commitments:
from the cultural turn to the cultural torments

Emmanuelle PETIT [1]
UMR 5319 PASSAGES

Résumé : À partir du récit d'une expérience de recherche-action avec des acteurs du monde chamoniard, ce texte propose un retour réflexif sur l'engagement du chercheur au sein d'une collectivité locale. Il traite à la fois des apports et des limites de cette co-construction, aussi bien du point de vue de la géographie culturelle que de la collectivité locale et des acteurs en jeu dans cette démarche. Au centre du propos, l'analyse de la ou les place(s) tenue(s) par le chercheur et celle(s) octroyée(s) par l'autre ou les autre(s) est ici considérée comme une façon d'assumer l'idée de savoir situé et de l'objectiver.

Mots-clés : recherche-action, engagement local, distanciation, réflexivité, approche culturelle, place, Chamonix

Abstract: *Drawing on an experience of action research with Chamonix City Council (French Alps), this paper unfolds as a reflexive note about the researcher's involvement in a local community. It critically looks at the contributions as well as the limits of such co-construction of knowledge from two different perspectives: the theoretical perspective of cultural geography and the practical perspective of the local community and its stakeholders involved in this process. The paper gives a central role to the analysis of the researcher's position and of the place assigned to her/him by others, which serves as a means of supporting and objectivizing the concept of situated knowledge.*

Keywords: *action research, local commitment, detachment, reflexivity, cultural approach, place, Chamonix*

Dans le cadre d'une thèse qui porte sur les constructions mémorielles et identitaires qui s'effectuent autour des matérialisations du souvenir mettant en scène l'idée de montagne (Petit, 2012), j'ai été amenée à conduire une recherche-action avec des acteurs de la commune de Chamonix-Mont-Blanc. L'objectif de cette commande consistait à mettre en valeur les *Lieux de*

---

[1] Courriel : emmanuellepetit@laposte.net

mémoire (Petit et Marin, 2003) de ce territoire, dont les structures ont été largement transformées par le développement précoce du tourisme porté en grande partie par la présence du mont Blanc (Debarbieux, [1991] 2001). Passant ainsi de 3000 habitants en 1900, à plus de 8000 cent ans plus tard, et accueillant plus de 2,5 millions de visiteurs par an, les questions d'identité et de mémoire se posent avec acuité dans cette commune aussi bien pour le politique que pour le scientifique et favorisent leur rencontre.

C'est dans ce contexte, où le scientifique est de plus en plus fréquemment convoqué par le politique pour légitimer l'action publique, qu'il apparaît nécessaire d'effectuer un retour réflexif sur une pratique de recherche qui se développe dans l'ensemble des sciences sociales. Car cette pratique soulève concrètement le débat ouvert par Norbert Elias ([1983] 1993) sur l'engagement de tout chercheur (tant à travers ses émotions que ses insertions sociales) et la question problématique de la distanciation, pourtant indispensable à la démarche scientifique.

À partir du récit de cette expérience de recherche-action menée pendant plus de deux années, ce texte propose donc à la fois une réflexion sur la nature et la nécessité même de l'engagement, et sur son impact tant du point de vue de l'approche culturelle que du point de vue de la collectivité locale. Cette démarche prend au sérieux la posture réflexive défendue aujourd'hui par de nombreux géographes quant aux pratiques de terrain (Volvey et al., 2012 ; Collignon et Retaillé, 2010), tout en s'appuyant sur les travaux du sociologue Philippe Corcuff (1999 ; 2002 ; 2011) et du socio-anthropologue Jean-Pierre Olivier de Sardan (2008), pour éclairer les apports et les limites pour la géographie culturelle de l'engagement public du chercheur au sein de la société.

RÉCIT D'UN ENGAGEMENT LOCAL : CONTEXTE ET DÉROULEMENT D'UNE RECHERCHE-ACTION À CHAMONIX

Au début des années 2000, il y a déjà plus de trois ans que je fréquente Chamonix. Les lieux me sont donc relativement familiers. J'ai alors identifié la plupart des objets commémoratifs qui mettent en scène de différentes façons l'idée de montagne sur les places publiques, au détour d'une rue ou encore dans les cimetières. J'ai également mené auprès des acteurs institutionnels, des habitants, des touristes et des guides de haute montagne, une série d'entretiens dans différents contextes et avec différentes techniques, au sujet de ces manières de rendre visibles les souvenirs. Ces manières de faire sont appréhendées selon une double approche : à la fois du point de vue de leur construction matérielle, mais aussi de leur réception individuelle et collective par les différents acteurs. Dans le cadre de ce travail, j'ai tissé des liens durables avec plusieurs employés municipaux en charge du cimetière où se trouve une bonne partie des matérialisations du souvenir en question dans ma recherche. C'est également le cas avec le responsable du service culturel de la mairie de Chamonix, passionné par l'histoire locale et alpinistique. Au fil du temps, il est devenu à la fois un précieux informateur et le confident de mes découvertes comme de mes premières interprétations. Il le devient plus encore, en défendant auprès du conseil municipal l'intérêt pour la commune de la mise en valeur de l'ensemble des matérialisations du souvenir liées à l'histoire de la montagne présentes sur son territoire. Et propose dans cette optique l'édition d'un livret destiné à un large public – Chamoniards de souche ou d'adoption, touristes de la région comme du monde entier, alpinistes aguerris ou non, spécialistes ou simples curieux... –, dont il compte me confier la réalisation avec le soutien d'un petit groupe de travail à constituer. Ainsi, du terrain lui-même surgissait une nouvelle manière de l'interroger et de le cerner. J'étais placée par d'autres au centre d'une recherche-action où les matérialisations du souvenir occupaient une place centrale.

Fallait-il se laisser porter par ce que le terrain m'offrait et accepter cette proposition ? Accepter de sortir du rôle de simple chercheur produisant une analyse sur des processus culturels pour la communauté relativement fermée des sciences sociales et s'engager dans une production destinée à un public potentiellement bien plus vaste en fabriquant un récit sur des pratiques culturelles d'une collectivité locale ? Était-ce ma place de scientifique ou outrepassais-je largement mon rôle ?

Refuser ce projet revenait à se couper d'une partie du monde chamoniard alors qu'il restait encore tant à découvrir des relations qui se nouent autour et avec ces matérialisations et qu'une immersion encore plus profonde pouvait peut-être permettre de déceler. Porter cette recherche-action revenait à quitter la confortable casquette d'observateur en apparence neutre et donc accepter le risque de la prise de position et de l'action. Le risque était à courir, je décidais de m'engager.

Un groupe de travail fut donc constitué autour de Chamoniards investis et reconnus dans la commune – soit par leur position, soit par l'ancienneté de leur ancrage familial dans la vallée –, pour leurs connaissances de l'histoire locale et du monde de l'alpinisme. La responsable du service de la communication, l'élue à la culture, l'élue en charge des cimetières, un guide de haute montagne et instituteur à la retraite, la conservatrice du musée alpin vinrent compléter le duo que nous composions avec le responsable du service culturel. Au fil des rencontres, les pistes de recherche qui émergeaient prenaient progressivement corps. Parallèlement, les places de chacun s'affirmaient : les uns, plutôt force de proposition ; d'autres, plutôt force de questionnement ; d'autres encore, force de décision. La sélection des monuments présentés dans le livret fut ainsi négociée, tout comme la maquette d'ensemble. En revanche, le travail final de mise en forme et d'écriture me fut confié et prit la forme d'un double récit : d'un côté un corps de texte proposant une petite histoire des mises en scène de la montagne au sein des lieux du souvenir ; de l'autre, une série d'encarts se focalisant sur des monuments et des histoires individuelles perçues comme marquantes par le collectif. Le tout étant agrémenté par un ensemble d'esquisses figurant monuments et lieux (document 1 : couverture du livret). Avant sa publication fin 2003, il reçut une double validation : celle du groupe de travail en tant que « représentants » du savoir vernaculaire et celle de deux universitaires, un historien, Paul Guichonnet et un sociologue, Jean-Olivier Majastre ayant écrit sur les Alpes et la Savoie pour le premier et sur la montagne et les cimetières pour le second. L'objectif était pour les commanditaires de donner une forme d'autorité et de légitimité à ce travail.

Document 1 – **Couverture du livret**

De prime abord, les enjeux de cette création pour la géographie culturelle peuvent apparaître mineurs voire anecdotiques, tant par sa nature – la mémoire et la montagne – que par son étendue – le monde chamoniard. Pour autant, cette expérience de recherche-action soulève un ensemble de questions qui semblent à même d'enrichir les démarches de recherches en géographie, non seulement d'un point de vue méthodologique et théorique sur la place du chercheur, mais aussi d'un point de vue disciplinaire sur la géographie culturelle comme productrice d'un mode de lecture à la fois identitaire et catégoriel de la société. Ce sont les deux objectifs que se donne ce texte à travers un retour réflexif sur cet engagement local.

RETOUR RÉFLEXIF SUR UN ENGAGEMENT

Polymorphe, l'engagement en question dans ce texte peut être défini comme une implication volontaire du chercheur dans les affaires de la cité, sans pour autant être antérieure, ou anticipée dans la construction du processus de recherche (Corcuff, 2013). Elle en découle. S'engager dans ce projet nécessitait d'aller au-delà des frontières de l'observation participante classiquement pratiquée dans les sciences sociales (Soulé, 2007), puisqu'il n'était pas question de s'insérer dans un groupe de travail déjà fonctionnel et d'observer son fonctionnement, puisqu'il ne fallait pas faire avec d'autres ce qu'ils font au quotidien. Il fallait à la fois appliquer, s'impliquer et s'engager (Mucchielli, 1996). Appliquer un savoir-faire et des connaissances acquises. S'impliquer dans des interactions et des choix, savoir parfois trancher lors des négociations sur les personnages, lieux et monuments à sélectionner pour rendre compte des lieux de mémoire à Chamonix. Et s'engager enfin par la production d'un document écrit, durable, proposant une interprétation d'une histoire. Il fallait donc créer une dynamique tout en observant sa construction, mais aussi créer tout en conservant un regard analytique sur les processus et les résultats de la construction. Une position proche du dédoublement statutaire tel que l'explicite Jean-Pierre Olivier de Sardan (2008, p. 188-190). À ce stade, trois questions peuvent être approfondies : pourquoi cette situation de recherche-action prend-elle forme ? Et pourquoi se saisir de cette situation dans son propre processus de recherche en répondant favorablement à cette interpellation du terrain et ce d'autant plus qu'en apparence le rôle qui m'était octroyé était plus celui d'une historienne que celui d'une géographe ? Pourquoi avoir pris ce risque d'être prise entre deux positions ?

L'ÉMERGENCE D'UNE SITUATION

Cette proposition de recherche-action constitue une situation, définie au sens de l'ethnométhodologie comme « quelque chose qui se révèle et se découvre progressivement en fonction d'un engagement dans un cours d'action, et à la lumière à la fois du développement des circonstances et de l'émergence des conséquences entraînées par les décisions prises, par les actions réalisées ou par les événements contingents qui se produisent » (De Fornel et Quéré, 1999, p. 13-14). À travers mes multiples questionnements sur l'évolution des manières de rendre visibles des souvenirs qui mettent en scène l'idée de la montagne, et ma volonté de saisir comment ces manières de faire ont pris forme aussi bien sur les places publiques que dans les cimetières à

Chamonix[2], l'intérêt que portent certains de mes interlocuteurs chamoniards à l'histoire locale monumentale semble se réveiller, s'activer ou se renforcer. Mes interrogations entrent peu à peu en résonance avec le terrain. En effet, à l'occasion des journées du patrimoine, une visite du principal cimetière de la commune avait été organisée à l'initiative du responsable du service culturel, juste quelques semaines avant notre première rencontre. Un concours de circonstances qui a largement facilité l'intersubjectivité nécessaire à toute mise en relation, d'autant plus que cette première expérience était considérée comme une réussite. Au fil des mois, ma présence et mes questions de scientifique, le partage de mes observations avec quelques-uns de mes interlocuteurs devenus bien plus que de simples informateurs, ont alors été l'occasion de confirmer la balbutiante prise de conscience côté politique de l'intérêt de ces lieux et ont permis à ce projet de mise en valeur d'être pensé.

Ce projet est donc né d'une situation fabriquée par la concordance d'une partie des préoccupations du scientifique et du politique dont les objectifs peuvent néanmoins diverger. Ceux du politique sont ici de mettre en valeur un territoire en inventant une nouvelle ressource patrimoniale et ce de façon convergente quelle que soit l'appartenance politique[3]. Pour ma part, il s'agissait de saisir et cerner l'importance de la matérialité et de l'espace dans les processus mémoriels et identitaires, donc plutôt d'enjeux théoriques. L'émergence d'une situation peut donc aussi naître d'intérêts divergents. Une émergence qui montre à quel point la présence du chercheur sur le terrain, quel que soit son mode d'engagement initial, a un impact sur celui-ci et l'affecte en quelque sorte. « Par sa présence, son comportement, ses questionnements, le chercheur entre en relation avec son terrain – autrement dit avec des "ils" –, et l'affecte tout comme il est affecté lui-même » (Alphandéry et Bobbé, 2014, p. 11). Sa présence n'est jamais neutre : le scientifique peut légitimer, même sans le vouloir ou le chercher, l'action politique et culturelle. Cette proposition de recherche-action invite à réfléchir aux liens entre « le savant et le politique », à cesser de les opposer mais plutôt à les envisager de façon dialectique comme le propose Philippe Corcuff (2011) en revenant sur les écrits de Max Weber (1963).

---

2 La commune de Chamonix-Mont-Blanc dispose de trois cimetières. Deux d'entre eux se situent dans la ville même : le cimetière principal, celui du Biollay et un petit enclos désaffecté à l'entrée du Temple protestant. Le troisième se trouve dans le plus gros bourg de la commune, à Argentière.

3 Seules quelques réticences furent exprimées par un élu de la majorité en place, non pas sur le principe de mise en valeur de la mémoire de Chamonix à travers ses monuments, mais sur l'idée de « toucher » aux cimetières, par peur d'heurter les familles des défunts dont il serait question ou non d'ailleurs.

SE SAISIR D'UNE SITUATION

Quel intérêt pour le chercheur de se saisir de cette situation d'entre deux, de risquer la confusion entre le politique et le scientifique ? Le terrain, en offrant au chercheur une nouvelle manière de l'appréhender, l'oblige à prendre position. Revenir sur les différentes raisons qui ont participé à la décision de mener cette action culturelle permet de contextualiser la production du matériau de recherche et donc de mieux le maîtriser pour l'interpréter le plus justement possible (Cefaï et Amiraux, 2002). Ces raisons sont de plusieurs ordres : ils relèvent à la fois de la posture théorique (qui s'affine avec le terrain voire se co-construit), de la place du chercheur au sein du dispositif qu'il étudie mais aussi de ses intimes convictions.

Au moment où cette proposition m'est faite, une bonne partie de l'enquête de terrain prévue est déjà réalisée. Il aurait donc été possible de clore à ce stade mes investigations et se lancer dans la rédaction définitive de la thèse. J'avais alors accumulé quantité de matériau me permettant de reconstituer la généalogie de la mise en scène de la montagne sur des objets commémoratifs. J'étais en capacité de produire une géographie de la diffusion d'un fait culturel. Paradoxalement, j'avais le sentiment de ne pas être allée suffisamment en profondeur pour cerner les constructions identitaires et les interactions qui se trament autour de ces artefacts du souvenir. Il manquait encore un maillon à mes recherches pour véritablement « analyser la façon dont l'*idée* de culture opère au sein de la société » (Houssay-Holzschuch, 2005), de façon à apporter ma pierre à l'édifice du tournant culturel en géographie.

Se saisir de cette proposition était une façon d'espérer « ouvrir l'espace mental de l'enquête » (Corcuff, 2002, p. 12) en abordant d'une autre façon que par l'entretien la question des significations, de saisir les interactions avec ces matérialisations du souvenir au plus proche de leur élaboration. Le rapprochement permis avec les acteurs par cette recherche-action était aussi un moyen d'assumer et de mettre en actes l'idée de savoir situé, produit en contexte ; un des éléments essentiels de l'approche culturelle que j'avais jusqu'alors uniquement pratiqué à travers la conduite des entretiens en m'appuyant sur les apports de l'interactionnisme symbolique (Le Breton, 2004) et l'ethnométhodologie (Quéré, 1985).

Augmenter le niveau d'engagement en tentant de saisir le sens dans *le faire* et plus seulement dans *le dire* correspondait à cette posture. Un choix qui visait à se donner la possibilité, peut-être, de produire une analyse bien plus fine des jeux identitaires autour et avec les artefacts du souvenir, même si cela posait de manière encore plus vive la question de la distanciation, rendant incontournable le temps du recul susceptible de désarmer « le piège de l'événement » (Merleau-Ponty, [1953] 2000, p. 148). En multipliant les techniques de recueil des discours, on pouvait aussi espérer être en mesure de corroborer et stabiliser une partie des interprétations déjà mises en évidence, un gage de rigueur dans toute démarche qualitative (Mucchielli, [1991] 1994, p. 113).

Si l'une des principales motivations à s'engager dans ce projet relevait donc d'une posture théorique que la pratique du terrain a largement renforcée, d'autres facteurs ont aussi participé à cette décision. En effet, à plusieurs reprises au cours du terrain, j'avais eu le sentiment de perturber mes interlocuteurs, me retrouvant dans la situation d'inconfort décrite par Martin de la Soudière et qui « provient d'une surestimation de l'impact de la recherche sur le milieu étudié, elle-même conséquence du sentiment d'inutilité sociale [...]. À défaut de parvenir à se donner un rôle, on s'en invente un, négatif celui-là » (De la Soudière, 1988). Jusque-là, ma place de chercheure en apprentissage « au terrain » (Retaillé, 2010, p. 84-96) avait beaucoup oscillé. Cette demande me fournissait une utilité sociale. Mes questionnements trouvaient alors une justification, colmatant ainsi les brèches du « trop de doutes ». S'engager avec d'autres dans la réalisation de ce livret me permettait de tenir un rôle, donc d'occuper une position stabilisant ma place sur le terrain. Sa poursuite en était alors à la fois facilitée et justifiée.

Au-delà encore, cet engagement venait aussi renforcer ma place de chercheure au sein de la discipline, dans le sens où par son existence même, ce projet légitimait les questionnements même de ma recherche. J'avais une preuve à fournir aux géographes doutant de l'utilité de ma quête : à Chamonix les constructions identitaires se jouaient (et se jouent toujours d'ailleurs) bien aussi autour de ces monuments qui évoquent la montagne, sinon pourquoi vouloir en faire le récit, et financer un tel projet ? Dans un contexte de restrictions budgétaires de plus en plus marqué, au risque d'une véritable standardisation de la science, les recherches en sciences sociales et tout particulièrement en géographie en phase avec les attentes et les besoins de la société sont globalement bien mieux perçues par une part grandissante de la communauté scientifique. Alors jeune chercheure, aux préoccupations marginales, le terrain m'offrait un véritable appui pour stabiliser et renforcer ma place sur le terrain et défendre celle de chercheur en géographie, même si pour cela il fallait en partie accepter de composer avec celle d'historienne ou d'ethnologue que m'octroyaient le plus fréquemment les acteurs auxquels et avec lesquels j'avais à faire. Malgré les nombreuses incertitudes sur l'impact d'un tel engagement, il apparaissait difficile de ne pas se saisir de ce confort pour pousser plus loin.

Un dernier élément enfin, de l'ordre de la conviction, s'est superposé à l'ensemble de ces arguments. L'émergence de ce projet se déroule dans un contexte marqué par l'évolution des pratiques touristiques. La commune de Chamonix cherche alors à diversifier son offre touristique tout en mettant en scène l'authenticité des lieux, et une certaine culture de l'alpinisme. Le patrimoine est en pleine invention. Mes préoccupations de recherches tombent en quelques sortes à pic. Je suis à ce moment-là convaincue, qu'avec ou sans moi, ce livret sera un jour écrit. Le champ est ouvert. Refuser cet engagement public au sein du monde chamoniard par peur de la confusion entre le politique et le scientifique, de devoir tenir ce statut d'entre-deux, revenait à laisser à d'autres la possibilité d'instrumentaliser mes recherches et de naturaliser encore un peu plus l'identité montagnarde qu'elle ne l'est déjà à Chamonix. Car j'avais le manque d'humilité de croire que je ferais « moins pire » que d'autres, que ma démarche ne serait pas nourrie d'une forme de marketing territorial. S'engager dans cette réalisation permettait d'espérer transmettre, au-delà du cercle des sciences sociales, une interprétation parmi bien d'autres possibles qui montre la construction d'une identité, mais obligeait d'assumer l'idée que cette interprétation soit aussi détournée, retournée, contournée. C'était donc, à mon tour, prendre le risque d'être à l'origine d'une surenchère identitaire, une position inverse à ma posture intellectuelle. Je tranchais pour l'action, en pleine conscience, en fixant un cadre auprès de mes commanditaires pour tenter de la maîtriser au mieux : ce livret devait être l'occasion de mettre en scène comment la mémoire se constitue en relatant la généalogie de chacune des matérialisations parallèlement au récit des souvenirs qu'elles véhiculent.

UN ENGAGEMENT ET DES EFFETS

Cette première phase réflexive est donc une manière de prendre de la distance quant au contexte et aux motivations de cet engagement local, afin de livrer à ses pairs les cadres de production du matériau de recherche ainsi que le contexte d'interprétation. La deuxième phase de ce retour réflexif s'intéresse aux effets de cet engagement, tant du point de vue de la recherche en cours que du point de vue de la collectivité locale, afin d'en rendre visible les apports mais aussi les limites.

Un engagement productif pour le monde académique…

Les effets de cet engagement sur le cours de mes recherches sont multiples. L'hypothèse d'accéder plus en profondeur au fonctionnement du monde chamoniard s'est révélée tout à fait juste. Les places de chacun au sein du groupe de travail sont très vite déterminées : tous les acteurs se connaissent, certains ont même l'habitude de travailler ensemble. Je suis l'unique « intruse », déjà en partie adoptée par trois des membres avec qui j'échange depuis trois ans et partage mes découvertes. Les interactions au sein du groupe sont plutôt simples : il ne faut pas grand-chose pour amorcer les récits sur la mémoire locale à partir des monuments présents dans la commune, même si des relances régulières s'imposent pour éviter que la dimension biographique ne prenne trop l'ascendant sur la manière dont les monuments ont été façonnés, par qui, pourquoi, dans quel contexte, etc. Ces récits, qui s'enchevêtrent et en stimulent d'autres, me permettent de largement étayer mes connaissances et constituent surtout une situation d'interaction à observer et décortiquer pour comprendre que la mémoire et les catégories qui la structurent se constituent en situation et en action, là, dans un présent et dans la négociation avec l'autre (Mondada, 1997) : qui valide le récit en cours, qui le complète, qui émet des doutes, qui propose des solutions pour combler les manques ? Comment des accords et des désaccords se forment ? Comment de nouvelles histoires viennent se greffer sur celles en cours ?

L'espacement temporel des réunions offre à chacun la possibilité de revenir la fois suivante sur les points incompris ou imprécis. Ce temps de réflexion est un élément essentiel pour le chercheur comme pour chacun des acteurs du projet. Il donne de la profondeur aux interactions et facilite l'interobjectivation des connaissances (Hoyaux et André-Lamat, 2014) qui est essentielle à la construction du livret. Cette interobjectivation peut être double ou triple : double, lorsque les récits produits au sein du groupe de travail concordent par ailleurs avec ceux que j'ai déjà pu recueillir en situation d'entretiens avec les guides de haute montagne essentiellement ; triple, lorsque mes recherches d'archives ont été fructueuses et vont aussi dans le même sens. Cette situation a par ailleurs permis d'identifier les matérialisations aux récits partagés voire normés, devenant alors les référents identitaires sur lesquels et avec lesquelles la mémoire collective prend forme.

En fin de compte, les apports de cet engagement pour ma démarche de recherche ne se situent pas réellement dans l'objet livret lui-même, mais plutôt dans sa préparation (l'acquisition des connaissances) et surtout dans l'ensemble des processus mis en œuvre pour le concrétiser (l'appréhension des interactions pour saisir les constructions). Les constructions mémorielles et identitaires se jouent en effet en actes au sein du groupe dans chacune des interactions liées aux choix des monuments à mettre en valeur. Si le consensus est total sur la plupart des monuments présents dans l'espace public, notamment ceux relatifs à la conquête du mont Blanc, la sélection des stèles funéraires, bien plus complexe, montre à quel point mémoire et identité s'auto-génèrent. Entre celles qui font évidence, celles qui devraient exister mais sont pourtant introuvables, celles qui sont ailleurs mais « devraient » être là et celles qui sont là mais vraisemblablement oubliées du récit collectif surgit la dimension politique de la mémoire à travers un ensemble de figures constituées comme structurantes de ce récit. Les discours produits sur les cimetières et les stèles révèlent par ailleurs la complexité de toute construction mémorielle enchevêtrée entre l'intime et l'extime (Lussault, [2003] 2013).

Plus encore, l'observation des interactions entre les différents membres du groupe a ouvert mon regard sur un nouvel angle d'analyse des matérialisations du souvenir qui structure aujourd'hui mes réflexions : comment les acteurs se saisissent d'un objet culturel pour dire qui ils sont, pour se placer dans le monde, dans leur monde tout en plaçant les autres, pour agir. Au fil du terrain, la question de la place est doublement devenue centrale. D'un point de vue théorique, elle structure l'analyse des relations des individus à ces matérialisations du souvenir (Petit, 2014) et permet d'articuler les approches sociales et culturelles. D'un point de vue méthodologique, elle permet de cerner ma propre place de chercheure dans son processus de recherche ainsi que celle à laquelle m'assignent mes différents interlocuteurs. Ce retour réflexif sur la/les place(s) tenue(s) et celle(s) octroyée(s) m'apparaît aujourd'hui être un élément essentiel des approches culturelles, qui se saisissent d'une situation en s'engageant dans l'action et tentent par ailleurs de la saisir – de l'analyser et la comprendre –, permettant d'assumer pleinement l'idée de savoir situé et de l'objectiver. Porter autant d'attention à la place pourrait être une façon de tenir cette « position d'équilibriste » défendue par Philippe Corcuff (2011) entre engagement et distanciation, à la suite des écrits de Norbert Elias ([1983] 1993).

… et quelques répercussions locales pratiques et symboliques

Si du point de vue des apports scientifiques, l'impact de cette recherche-action est tout à fait objectivable grâce à la production de la thèse, il n'en est pas de même concernant les effets de cet engagement, tant au sein même de la collectivité locale que du point de vue du regard que les touristes portent sur celle-ci. En liens directs avec la diffusion du livret, aucune enquête n'a véritablement été menée pour tenter de les cerner.

Quelques évolutions pratiques et symboliques ont néanmoins été relevées, exclusivement autour du cimetière. La première, tout à fait pratique, peut prêter à sourire. Peu de temps après la publication du livret où le cimetière du Biollay tient une place centrale, des toilettes adossées au mur d'enceinte sont construites. Cette demande, émise par des habitants du bourg de Chamonix, était pourtant en attente depuis de nombreuses années. Simple concours de circonstances ? Ou, comme certains me le suggéreront avec ironie, à travers le projet du livret, les acteurs locaux ont pris la mesure de l'importance de la fréquentation de ce cimetière par les touristes. Indispensable pour toute infrastructure accueillant du public, la mise en œuvre de cet aménagement s'impose alors enfin. Deux autres observations accompagnent cette transformation. De juin à septembre 2008, une gardienne des lieux est installée à l'entrée du cimetière pour guider les touristes dans leur découverte. Plus récemment, une guide conférencière propose sur son site Web une « visite insolite » : « venez découvrir les sépultures des alpinistes qui ont fait l'histoire de la montagne en parcourant les cimetières de

Chamonix et d'Argentière »[4]. Ces évolutions témoignent d'une transformation du statut symbolique de ces lieux dans l'image que les acteurs locaux, élus et professionnels du tourisme, construisent de la vallée, quelles que soient leurs obédiences politiques. Les cimetières deviennent ainsi une ressource patrimoniale parmi d'autres, sur laquelle un discours s'invente comme ciment collectif d'une histoire partagée de la montagne et de l'alpinisme. Un discours auquel le livret n'est sans aucun doute pas totalement étranger, car « l'écriture peut métamorphoser n'importe quel lieu en lui donnant du sens » (Bertho-Lavenir, 1999, p. 153), surtout lorsque le contexte s'y prête. La collectivité locale suggère et accompagne la curiosité naissante de nombreux touristes qui viennent, selon les propres mots de l'un d'entre eux, réaliser *« un pèlerinage au sein de La Mecque de l'alpinisme »*.

Mais, sans conduire une nouvelle enquête, il est impossible de cerner plus en profondeur les répercussions de l'ordre du récit mémoriel et identitaire. Ces « lieux de mémoire à Chamonix-Mont-Blanc » ont-ils participé à leur tour à forger un savoir partagé tout en conservant la complexité des constructions mémorielles ou n'ont-ils pas à l'inverse normé le champ d'interprétation monumental chamoniard en figeant définitivement les significations ? Ces « lieux de mémoire » ne risquent-ils pas de standardiser les pratiques commémoratives ? À l'issue de son engagement, le chercheur est rarement en mesure d'établir l'impact de son action pour de multiples raisons. Les effets de l'action ne sont bien souvent pas immédiats et le chercheur n'a pas toujours la possibilité de s'offrir ce temps de recul. Ses objectifs peuvent aussi se situer ailleurs. Par cette action, ont été semées les graines d'un nouvel objet de recherche tout à fait pertinent pour pousser plus loin l'appréhension du rôle du politique et de l'importance ou non de l'écrit dans les remaniements mémoriels et identitaires.

L'engagement public est donc bien une prise de risque, consciente, que le chercheur doit doublement assumer. D'une part, accepter que, comme n'importe quel autre créateur, la destinée de son « œuvre » au sein de la société ne puisse être véritablement maîtrisée (bien moins encore que chacune de ses productions au sein de son champ disciplinaire), même si d'autres scientifiques sont venus valider la démarche et le contenu. Et d'autre part, accepter en retour de situer la production du savoir scientifique en clarifiant le contexte de l'action (Cefaï et Amiraux, 2002) ainsi que les risques envisagés et/ou avérés par la suite.

[4] http://www.visites-guidees-74.fr/visites-guidees-chamonix.html

DES TOURMENTS MULTIPLES

Difficile de clore ce retour réflexif par des propos définitifs, tant l'engagement interroge les pratiques du géographe comme n'importe quel autre chercheur en sciences sociales, tant le contexte façonne l'engagement. Quête donc vaine de vouloir figer un protocole autour de procédures définitivement arrêtées.

Faut-il pour autant définitivement enterrer les questions qui se posent encore maintenant à l'issue de cet engagement ? Faire comme si elles n'existaient pas ? Les énoncer ne permettrait-il pas de penser collectivement une manière de maîtriser un peu mieux l'ensemble des incertitudes liées à l'action en géographie, notamment culturelle ?

La géographie culturelle en actes ou l'incontournable piège du culturalisme ?

Une manière de prendre au sérieux le tournant culturel en géographie pourrait donc consister à saisir dans l'action comment des individus et des collectifs opèrent avec l'idée de culture pour être dans le monde et agir avec le monde. C'est en partie ce que ma thèse a tenté de mettre en œuvre à partir de la question des matérialisations du souvenir. Une approche de ce type accorde une réelle importance à l'appréhension des processus à partir de l'observation des interactions : elle ne vise pas à établir définitivement les significations d'un fait culturel, mais plutôt à montrer comment elles se co-construisent dans l'interaction avec l'autre et avec l'espace. Cette conception invite finalement les géographes, à tenter de nouvelles expériences méthodologiques participatives pour saisir les constructions en actes, et donc possiblement, à être en prise encore plus directe avec la société à travers des recherches-actions qui mettent en exergue un fait culturel. Comment être certain alors de ne pas participer à le « transformer en une essence surplombante, en une catégorie naturalisée et tenue pour allant de soi, dominant les acteurs sociaux et leur imposant représentations et comportements » (Olivier de Sardan, 2008, p. 34) ? Est-il possible de penser et mener une action culturelle qui évite le piège du culturalisme et de la surenchère identitaire ? Ou est-ce l'envers d'un engagement pour une géographie culturelle en actes avec lequel le scientifique doit composer : déconstruire les catégories pour la science, tout en participant peut-être en retour à les renforcer au sein du monde qu'il étudie et analyse ?

Si s'engager conduit à définitivement assumer qu'« "être chercheur" est un rôle social en soi » (Buire, 2012, p. 613), et donc qu'avec d'autres acteurs le chercheur participe, lui aussi, de plain-pied à la construction des processus qu'il analyse, ces questions invitent aussi à imaginer de nouvelles formes de médiation pour tenter de diffuser au sein de la société l'idée que la culture est une fiction (Sapir, 1967). Une fiction qui facilite le vivre ensemble, mais qui est aussi sans cesse redéfinie par le/les collectif(s). Ne pas essentialiser la culture est un vrai défi pour la géographie culturelle dont les préoccupations de recherche (notamment autour du patrimoine) sont en phase avec les attentes de la société qui, en quête d'authenticité, a tendance à l'enfermer dans des cadres, à l'instrumentaliser comme valeur immuable.

L'enquêteur et la variabilité de la vérité ou l'effet boomerang de l'engagement

La réalisation de ce livret conduit à un autre questionnement, d'ordre éthique, sur la posture du chercheur par rapport au désir de vérité et qui a un impact tout à fait pragmatique sur la manière de conduire l'enquête. Ce questionnement, qui émerge de cette expérience de recherche-action, n'est pourtant pas spécifique à ce type de contexte. Il se pose de manière classique dans de nombreuses situations d'enquête qualitative, mais est d'autant plus crucial dans cette recherche qui s'intéresse à la construction de la mémoire en traquant tous les ajustements, tous les écarts, toutes les reconfigurations par rapport à des événements établis en vérité historique. Ce questionnement rejoint celui de l'ethnologue Sergio Dalla Bernardina. Dans *les confessions d'un traître*, il expose les raisons de l'indécence de l'enquête ethnographique : « lorsqu'on s'aperçoit que l'informateur, en toute bonne foi, est en train de nous présenter une lecture de la réalité locale idyllique et très éloignée de ce que l'on a appris par le recoupement des sources, comment conjuguer son désir de vérité avec le nôtre ? » (2014, p. 101). Quelle doit donc être l'attitude du chercheur en situation d'interaction ? S'interposer pour rétablir « la » vérité et obliger son interlocuteur à se positionner par rapport à une vérité qui diffère de la sienne ? Ou au contraire se réjouir de collecter un matériau permettant d'analyser les ajustements, les recompositions de la vérité et se taire ?

Force est de reconnaître qu'au cours du terrain et de la mise en œuvre des différentes techniques pour l'appréhender, mon attitude a largement varié selon les situations. Hormis mon bon sens et mon honnêteté, j'ai abordé le terrain sans posture pré-établie, sans code éthique comme de nombreux géographes en France (Collignon, 2010). Au sein du groupe de travail, ma posture a toujours été explicite : l'objectif commun était de recomposer un récit sur la mémoire au plus près de « l'histoire », avec le plus possible de recoupements (récits, ouvrages, archives). Je me suis systématiquement interposée lorsque j'avais les « preuves » ou les doutes d'une vérité autre. Il fallait pouvoir se mettre d'accord, vérifier si nécessaire. En revanche, lors de la phase d'entretiens avec des guides de haute montagne, des habitants et des touristes qui précédaient cette recherche-action, j'ai souvent laissé dire. Sauf, lorsque la curiosité ou l'instance de mes interlocuteurs à maîtriser l'histoire des matérialisations m'apparaissait trop forte. *A posteriori*, pourrait-on arguer du regard phénoménologique qui consiste à restituer, à partir des récits produits sur les matérialisations du souvenir, le monde tel qu'il est vécu et énoncé par ses interlocuteurs. L'objectif du chercheur n'est alors pas de rétablir la vérité auprès de ses interlocuteurs. Mais, de façon bien plus pragmatique, mon attitude était plutôt due à la temporalité de l'enquête : pour bon nombre de matérialisations, j'étais encore loin de maîtriser l'ensemble des recoupements qui permettent de fixer « une » certaine forme de vérité. Je ne savais pas (et ne suis d'ailleurs pas toujours sûre de savoir) distinguer le vrai du faux, en caricaturant à l'extrême, l'« histoire » de la « mémoire ». Dans quelques cas, j'ai même pu véhiculer du faux, en toute bonne foi bien entendu, pensant les recoupements plus solides qu'ils ne l'étaient !

Attitudes divergentes pour une posture balbutiante que ce livret est venu bousculer puisqu'il rend public un savoir commun. Un savoir minutieusement constitué et vérifié, et qui plus est, a été validé par d'autres scientifiques. Un savoir qui acquière pourtant de la valeur, car il est à la fois officiel et « véritable ». Par son existence même et sa circulation dans le monde chamoniard, ce livret entérine à la fois l'idée d'un récit plus vrai que d'autres et la nécessité de rétablir cette vérité. De ces tâtonnements « invisibles » du chercheur sur le terrain, qui avance à vue, à l'action publique qui prend forme avec et visibilise une « vérité », le chercheur a-t-il d'autres choix que de composer avec la multiplicité des vérités ? Un constat, non seulement qui témoigne de la difficulté à établir une éthique de l'engagement, mais qui interroge aussi sur la capacité du chercheur à faire face à « ce sentiment de malpropreté morale » (Dalla Bernardina, 2014, p. 102) et de malpropriété scientifique.

En effet, une forme de malaise, imaginé ou réel, peut alors s'installer entre l'enquêteur et ses enquêtés, s'estimant doublement trahis. Trahis par la production bien ultérieure d'un document qui leur est en partie destiné et qui rend compte d'une vérité autre que celle qu'ils avaient livrée. Ils ne savent pas qu'au moment de leur rencontre le chercheur était dans l'incapacité de les avertir de cette démarche, puisque celle-ci n'était même pas encore imaginée. Aussi peuvent-ils être affectés par ce qu'ils croient être un manque de courage, là, dans l'interaction. Trahis enfin par les productions scientifiques, qui analysent – même de la façon la plus humble – les écarts, leurs écarts à cette vérité pour montrer comment la mémoire se constitue. Car aujourd'hui le chercheur n'est plus dans une tour d'ivoire : il n'est pas rare que ses informateurs ou témoins lisent ses écrits. Et la liste des trahisons au fil de la recherche pourrait encore s'allonger. Bien entendu, ce sentiment de trahison peut être parfois plus fortement imaginé par l'enquêteur que vécu par les enquêtés. Certains d'entre eux sont très fiers de participer aux avancées d'une recherche. Malgré tout, cette réflexion montre à quel point ce livret, qui pourrait être présenté comme « un don contre don », celui que le chercheur peut offrir à « ses » témoins qui lui ont tant offert, n'est pas sans continuer d'interroger le chercheur sur ses pratiques, tant d'un point de vue pragmatique qu'éthique, tout en l'obligeant à renégocier une nouvelle fois sa place sur le terrain. Une belle illustration de l'effet boomerang (Bobbé, 2014, p. 129) auquel tout chercheur est confronté et encore plus celui qui produit avec et pour un collectif, même aux contours malléables : assumer les retours de son action.

CONCLUSION

À l'issue de cette expérience de recherche-action et de ce retour réflexif, il ne s'agit sûrement pas d'ériger l'engagement public du géographe au sein de la société comme la technique de terrain idéale de l'approche culturelle, mais plutôt de mettre en évidence sa complexité. Une complexité liée tout d'abord à la nature même de l'engagement, car la convergence des acteurs vers un même objectif repose bien souvent sur des motivations fort divergentes. Ensuite, cette complexité relève de la question temporelle. En effet, elle peut provoquer l'allongement du temps de la recherche, à la fois pour sa mise en œuvre et pour la prise de distance nécessaire à son objectivation. Enfin, cette complexité est liée à la difficulté d'anticiper ses effets, encore plus sur le ou les collectifs concernés que pour la recherche en cours. S'engager, c'est donc accepter de naviguer dans cette complexité et tenter de se fixer des repères pour accoster dans un port ; c'est aussi accepter que la destination ultime diverge parfois de celle imaginée.

Ce retour réflexif propose ainsi de prendre au sérieux l'idée de savoir situé en l'abordant à partir de la question de la place – celles que le chercheur se donne et celles que ses divers interlocuteurs lui octroient –, comme moyen de distanciation, donc d'objectivation du savoir produit, comme moyen de tenir cet équilibre instable et ténu entre « engagement et distanciation » (Elias, [1983] 1993). Au fil de l'engagement, il montre ainsi que la place du chercheur n'est jamais définitivement acquise, ni définitive, mais essentielle à l'appréhension de la construction de la connaissance.

Au-delà encore, si ce texte met en évidence la nécessité et les apports de la réflexivité du point de vue de la démarche de recherche, il soulève parallèlement l'incapacité de cette approche à penser et parer l'ensemble des effets d'un engagement public sur la société. Tout en invitant les chercheurs qui font ce choix d'engagement à se saisir dans leur propre recherche des effets de leur action sur la société, et à penser plus en amont la question de la restitution comme une éthique de la réciprocité de l'engagement, ce texte s'interroge sur la capacité de la géographie culturelle à se départir de toute forme de déterminisme.

BIBLIOGRAPHIE

ALPHANDÉRY Pierre et BOBBÉ Sophie, 2014, « La recherche au subjectif imparfait », *Communications*, n° 94 « Chercher. S'engager ? », p. 5-14.

BERTHO-LAVENIR Catherine, 1999, « Suivre le guide ? », *Les Cahiers de médiologie*, n° 7, p. 150-163.

BOBBÉ Sophie, 2014, « L'"autre" de l'ethnologue », *Communications*, n° 94 « Chercher. S'engager ? », p. 125-134.

BUIRE Choé, 2012, « Les arts-de-faire du terrain », *Annales de géographie*, n° 687-688 « Terrains de Je. (Du) sujet (au) géographique ? », p. 600-620.

CEFAÏ Daniel et AMIRAUX Valérie, 2002, « Les risques du métier », *Cultures & Conflits*, n° 47, p. 15-48.

COLLIGNON Béatrice, 2010, « L'éthique et le terrain », *L'information géographique*, n° 1, vol. 74, p. 63-83.

COLLIGNON Béatrice et RETAILLÉ Denis, 2010 (coord.), « Terrain », *L'Information géographique*, n° 1, vol. 74, 106 p.

CORCUFF Philippe, 1999, « La sociologie et les acteurs : épistémologie, éthique et nouvelle forme d'engagement », *L'Homme et la société*, n° 131, p. 135-148.

CORCUFF Philippe, 2002, « Engagements publics d'un sociologue. Quelques enseignements épistémologiques à partir d'expériences plurielles », *Carnets de bord*, n° 3, p. 5-18.

CORCUFF Philippe, 2011, « Le savant et le politique », *SociologieS* [en ligne], *La recherche en actes, Régimes d'explication en sociologie ?*, http://sociologies.revues.org/3533

CORCUFF Philippe, 2013, « Statut de la critique et de l'engagement dans les sciences sociales », *L'aire d'U, le Webmedia de l'Université Rennes 2*, http://www.lairedu.fr

DALLA BERNARDINA Sergio, 2014, « Les confessions d'un traître. Du caractère indécent de l'enquête ethnographique et de la manière de s'en sortir », *Communications*, n° 94 « Chercher. S'engager ? », p. 91-107.

DE LA SOUDIÈRE Martin, 1988, « L'inconfort du terrain », *Terrain : Carnets du patrimoine ethnologique*, n° 11, p. 94-105.

DE FORNEL Michel et QUÉRÉ Louis (dir.), 1999, *La logique des situations. Nouveaux regards sur l'écologie des activités sociales*, Paris, Éditions de l'EHESS, p. 7-32.

DEBARBIEUX Bernard, [1991] 2001, *Chamonix Mont-Blanc 1860-2000. Les coulisses de l'aménagement*, Servoz, Edimontagne.

ELIAS Norbert, [1983] 1993, *Engagement et distanciation*, Librairie Arthème Fayard.

HOYAUX André-Frédéric et ANDRÉ-LAMAT Véronique, 2014, « Construction des savoirs et enseignements de l'écologie politique : du conformisme à l'interobjectivation de la nature », in F. Flipo (dir.), *Penser l'écologie politique. Sciences sociales et interdisciplinarité*, Paris, Actes du Colloque, p. 152-155, http://events.it-sudparis.eu/ecologiepolitique/rub2/Actes.pdf

HOUSSAY-HOLZSCHUCH Myriam, 2005, « La géographie culturelle, émergence et enjeux », in Martin Laurent et Venayre Sylvain (dir.), *L'histoire culturelle du contemporain*, Nouveau Monde Éditions.

LE BRETON David, 2004, *L'interactionnisme symbolique*, Paris, PUF.

LUSSAULT Michel, [2003] 2013, « Espace public », in J. Lévy et M. Lussault (dir.), *Dictionnaire de la géographie et de l'espace des sociétés*, Paris, Belin, p. 360-364.

MERLEAU-PONTY Maurice, [1953] 2000, « Sartre, Merleau-Ponty : les lettres de rupture, *Parcours deux 1951-1961*, Lagrasse, Éditions Verdier, p. 129-169.

MONDADA Lorenza, 1997, « La construction discursive des catégories », in D. Dubois (ed.) *Catégorisation et cognition : de la perception au discours*, Paris, Kimé, p. 291-313.

MUCCHIELLI Alex, [1991] 1994, *Les méthodes qualitatives*, Paris, PUF, coll. « Que sais-je ? », n° 2591.

MUCCHIELLI Alex (dir.), 1996, *Dictionnaire des méthodes qualitatives en sciences humaines et sociales*, Paris, Armand Colin/Masson.

OLIVIER DE SARDAN Jean-Pierre, 2008, *La rigueur du qualitatif. Les contraintes empiriques de l'interprétation socio-anthropologique*, Louvain-la-Neuve, Academia-Bruylant.

PETIT Emmanuelle et MARIN Claude, 2003, *Lieux de mémoire à Chamonix-Mont-Blanc*, Chamonix, Imprimerie Nouvelle.

PETIT Emmanuelle, 2012, *Matérialisations du souvenir en montagne. Les enjeux identitaires des places et des placements*, Di Méo G. (dir.), thèse de doctorat en géographie, Université Bordeaux 3.

PETIT Emmanuelle, 2014, « Faire avec l'espace. Pour une lecture micro-géographique des artefacts du souvenir », *Géographie et cultures*, n° 91-92, p. 83-108.

QUÉRÉ Louis (dir.), 1985, *Problèmes d'épistémologie en sciences sociales : arguments ethnométhodologiques*, Paris, Centre des Mouvements Sociaux.

RETAILLÉ Denis, 2010, « Au terrain, un apprentissage », *L'information* géographique, n° 1, vol. 74, p. 84-96.

SAPIR Edward, 1967, *Anthropologie*, Paris, Minuit.

SOULÉ Bastien, 2007, « Observation participante ou participation observante ? Usages et justifications de la notion de participation observante en sciences sociales », *Recherches Qualitatives*, n° 1, vol. 27, p. 127-140.

VOLVEY Anne et *al.*, 2012 (dir.), « Terrains de Je. (Du) sujet (au) géographique ? », *Annales de géographie*, n° 687-688.

WEBER Max, 1963, *Le savant et le politique*, Paris, Éditions Plon.

DE LA PEUR ET DU GÉOGRAPHE À JOHANNESBURG (AFRIQUE DU SUD)

RETOUR SUR DES EXPÉRIENCES DE TERRAIN ET PROPOSITIONS POUR UNE GÉOGRAPHIE DES ÉMOTIONS

Fear and geography in Johannesburg (South Africa): looking back at field experiences in order to build a geography of emotions

Pauline GUINARD [1]
UMR LAVUE – Laboratoire Mosaïques, UMR IHMC (associée)
École normale supérieure de Paris

Résumé : À partir d'expériences de terrain menées à Johannesburg (Afrique du Sud) depuis 2009, je me propose de réfléchir à la place des émotions, et notamment de la peur – émotion particulièrement prégnante dans le cas johannesburgeois –, dans les savoir-faire et les savoirs géographiques. Domaine encore relativement peu exploré en géographie française, je m'interrogerai sur les causes de ce manque de considération en envisageant les résistances et réticences des géographes français quant à l'étude de la peur en particulier, et des émotions en général. Je proposerai ensuite quelques pistes, notamment méthodologiques, en vue d'une meilleure prise en compte de ces questions en géographie.

Mots-clés : peur, Johannesburg, terrain, géographie, émotions, réflexivité

Abstract: *Based on fieldworks I have being doing in Johannesburg (South Africa) since 2009, I will reflect on the role of emotions – and especially of fear that is particularly present in this city – in the making and doing of geographical knowledge. I will argue that this issue is still undervalued by geographers in France. Consequently, I will investigate the reasons of the resistances and reluctance expressed by French geographers regarding the study of fear in particular and emotion in general, before presenting several methodological approaches in order to better take into account these questions in geography.*

Keywords: *fear, Johannesburg, fieldwork, geography, emotions, reflexivity*

[1] Courriel : pauline.guinard@gmail.com

INTRODUCTION

Depuis plusieurs années, je m'intéresse en géographe à Johannesburg, capitale économique de l'Afrique du Sud à défaut d'en être sa capitale politique. Le choix de cette ville comme terrain d'étude n'a rien eu d'évident pour moi. Plus que d'une volonté ou d'un désir de ma part, il est né d'une proposition de mon directeur de mémoire de Master 2. Cette proposition a immédiatement suscité en moi, et peut-être plus encore chez mes proches, une certaine réticence eu égard à la dangerosité (supposée ?) de ce qui allait devenir mon terrain, en même temps qu'elle éveillait chez la chercheuse en construction que j'étais alors, une certaine envie de comprendre ce qu'était cette ville au-delà de l'image uniformément dangereuse et violente qui était et est encore largement présentée par les médias, les guides touristiques ou la littérature (Guyot et Guinard, 2015). Pourtant, ni le sentiment d'insécurité ni la peur n'ont initialement constitué mon sujet de recherche. Au contraire, pendant longtemps, j'ai appréhendé ces émotions plus comme une contrainte que comme un sujet ou un objet d'étude à part entière. Or, au-delà de mon cas personnel, cette mise sous silence des émotions des chercheurs, et notamment des géographes français, par les chercheurs eux-mêmes me semble révélatrice des difficultés de ces derniers à évoquer non seulement leur rapport au terrain (Volvey *et al.*, 2012), mais aussi leur relation *émotionnelle* au terrain et à l'espace en général. Ceci est d'autant plus problématique que, comme l'ont mis en évidence nombre de sociologues, d'anthropologues ou d'ethnologues, certaines émotions comme l'empathie (Olivier de Sardan, 2009) ou la surprise (Weber et Beaud, 2010) sont au fondement même de toute enquête de terrain, en ce qu'elles permettent aux chercheurs d'accéder à la parole de l'autre dans le premier cas ou d'analyser une situation dans le second cas. En ce sens, la prise en compte des émotions en sciences humaines et sociales ne serait pas accessoire mais bien essentielle pour comprendre la relation du chercheur à son terrain et aux autres, et par là même saisir les situations d'enquêtes dans lesquelles il se trouve et dont il prétend rendre compte.

Je me propose donc de revenir ici sur les expériences de terrain que j'ai menées à Johannesburg depuis 2009 dans une visée réflexive afin de questionner le rôle des émotions, et en particulier de cette émotion à première vue constitutive du cas johannesburgeois qu'est la peur, dans la production des savoir-faire et des savoirs géographiques. La peur est-elle nécessairement une contrainte, un biais à évacuer, pour le géographe qui travaille à et sur Johannesburg ? Peut-elle, au contraire, être un outil pour comprendre la manière dont la ville est produite, voire constituer un objet d'étude en elle-même ? Quel est alors le statut des émotions dans la démarche géographique : seraient-elles un révélateur, un prisme, permettant au géographe de saisir par son intermédiaire d'autres processus à l'œuvre dans l'espace (tels l'exclusion par exemple), ou constitueraient-elles un phénomène spatial à étudier en tant que tel ? Si la peur m'intéresse particulièrement en tant que géographe, c'est bien parce que, si cette émotion peut être ressentie individuellement, y compris par le chercheur lui-même, elle est aussi – comme je le montrerai à partir du cas de Johannesburg – une construction sociale qui évolue dans l'espace, le temps et en fonction des groupes de personnes considérés. À ce titre, la peur comporte une dimension spatiale indéniable qu'il s'agit précisément d'examiner. Ceci suppose de s'interroger sur l'approche privilégiée pour saisir cette émotion, ainsi que sur la méthodologie adaptée pour l'appréhender et l'analyser. Parce qu'elle est particulièrement prégnante dans le cas étudié, la peur peut en outre être envisagée comme un cas-limite en vue de proposer une réflexion plus large sur ce que pourrait être une approche géographique *des* émotions à Johannesburg, et au-delà. Pour ce faire, je mettrai tout d'abord en évidence la manière dont la peur se manifeste à Johannesburg en interrogeant le lien quasi indissociable qui semble se dessiner entre cette émotion et cette ville et qui fait de cette émotion un élément incontournable de la compréhension de celle-ci. Je me demanderai ensuite pourquoi la peur, et en particulier celle du géographe, reste pourtant le plus souvent un non-dit, si ce n'est un indicible en géographie. Enfin, j'envisagerai dans une perspective prospective diverses méthodes en vue d'étudier la peur en géographe.

JOHANNESBURG, UNE VILLE DE LA PEUR ?

Comme évoqué ci-dessus, Johannesburg est réputée pour être une ville dangereuse et violente. Cette vision repose assurément sur un certain nombre de données statistiques (les taux d'homicides et de viols sont particulièrement élevés[2]), mais elle se nourrit aussi de rumeurs, d'écrits (journalistiques, documentaires ou romanesques) comme des représentations et des fantasmes des populations, que celles-ci y vivent ou non. La violence, réelle

[2] Des chiffres fiables pour la métropole de Johannesburg sont particulièrement difficiles à obtenir dans ce domaine, d'une part, parce que les autorités publiques fournissent des statistiques à l'échelle nationale, provinciale et locale mais non métropolitaine, et d'autre part, parce que toutes les agressions – notamment sexuelles – ne sont pas signalées. Selon les services de police sud-africains, le taux d'homicides volontaires en 2013-2014 s'élevait ainsi à 32,2 pour 100 000 personnes en Afrique du Sud, 26,2 dans le Gauteng (province dans laquelle se situe Johannesburg) et 66 dans le centre-ville de Johannesburg, alors que le taux d'agressions sexuelles pour la même période s'élevait à 118,2 pour 100 000 personnes en Afrique du Sud, 86,8 dans le Gauteng et 137 dans le centre-ville de Johannesburg. Si ces chiffres sont particulièrement élevés, ils sont néanmoins en baisse sur les dix dernières années. Pour autant, le sentiment d'insécurité tend à se maintenir et même à augmenter. Ainsi, selon le « Baromètre du Gauteng » de 2014, si 65,2% des personnes se sentaient en sécurité lorsqu'ils marchaient la nuit dans leur quartier en 2009, ils ne sont plus que 59 % dans ce cas en 2011. La baisse des taux de violence ne se traduit donc pas nécessairement par une baisse du sentiment d'insécurité, ce qui souligne le poids des représentations dans la fabrique de ce sentiment.

et imaginée (Dirsuweit, 2002 ; Guillaume, 2004), produit ainsi des peurs multiples et multiformes qui façonnent et hantent la ville. Comme j'ai pu le constater lors de mes séjours répétés à Johannesburg, « *Is it safe ?* » (« Est-ce sûr ? ») est une question qui ponctue de façon récurrente les conversations les plus ordinaires entre habitants de Johannesburg, mais qui – quand elle m'est adressée – vise également à mettre en garde, de façon plus ou moins explicite, l'étrangère que je suis quant à ce qu'il est possible de faire, dans quels lieux et à quels moments, quand on est une jeune femme blanche et seule à Johannesburg. Si Johannesburg peut faire peur pour qui ne s'y est jamais rendu, ses usagers et ses habitants – loin de toujours démentir le bien-fondé de cette peur – contribuent le plus souvent, par leurs recommandations et leurs conseils, à l'entretenir et à la produire chez celui ou celle qui est sur place, révélant par là même la dimension socialement construite de cette émotion. Ainsi, l'approfondissement progressif de ma connaissance de Johannesburg n'a pas eu pour conséquence de dissiper mes appréhensions premières ; il m'a conduit, par contre, à apprendre – à l'instar des Johannesburgeois et par leur intermédiaire – à associer ces peurs à des lieux, des moments et des corps particuliers. De cette façon, j'ai pu éprouver et mesurer à quel point la peur n'est pas répartie uniformément ni dans l'espace, ni dans le temps, ni dans les corps de ceux qui pratiquent et habitent la métropole johannesburgeoise. Tout comme d'autres émotions (Davidson *et al.*, 2007) mais de façon peut-être plus frappante, la peur s'incarne effectivement dans des lieux, des temps et des corps.

Les espaces de la peur : une géographie à géométrie variable

À partir des enquêtes de terrain que j'ai menées de 2009 à 2011 sur les espaces publics dans trois quartiers à l'histoire et aux dynamiques socio-spatiales particulièrement différentes de Johannesburg (le centre-ville, Sandton et Soweto[3] – figure 1), mais aussi à partir de mes propres pratiques dans la ville en tant que chercheuse habitant de façon temporaire et discontinue mon espace d'étude de 2009 à aujourd'hui, j'ai progressivement

[3] Municipalité blanche pendant l'apartheid et ancien centre économique de Johannesburg, le centre-ville a connu à partir de la fin des années 1970 une dynamique de déclin et un bouleversement de son profil démographique, du fait du départ progressif des populations blanches vers les *suburbs* du nord de la ville et de l'arrivée de populations noires en provenance des *townships* de Johannesburg et d'Afrique du Sud, puis du reste de l'Afrique (Guillaume, 2001 ; Beavon, 2004). Sandton, également ancienne municipalité blanche, est le nouveau centre économique de la métropole ; il accueille aujourd'hui des populations relativement aisées mais non exclusivement blanches. Soweto (*SOuth WEst TOwnships* – « *townships* du sud-ouest ») constitue le plus grand ensemble de *townships* réservé aux populations noires pendant l'apartheid ; il est célèbre pour avoir été le théâtre d'importants mouvements de résistance au régime oppresseur.

pu identifier les lieux qui cristallisent de manière privilégiée les peurs des usagers et des habitants de Johannesburg, et ceci à plusieurs échelles.

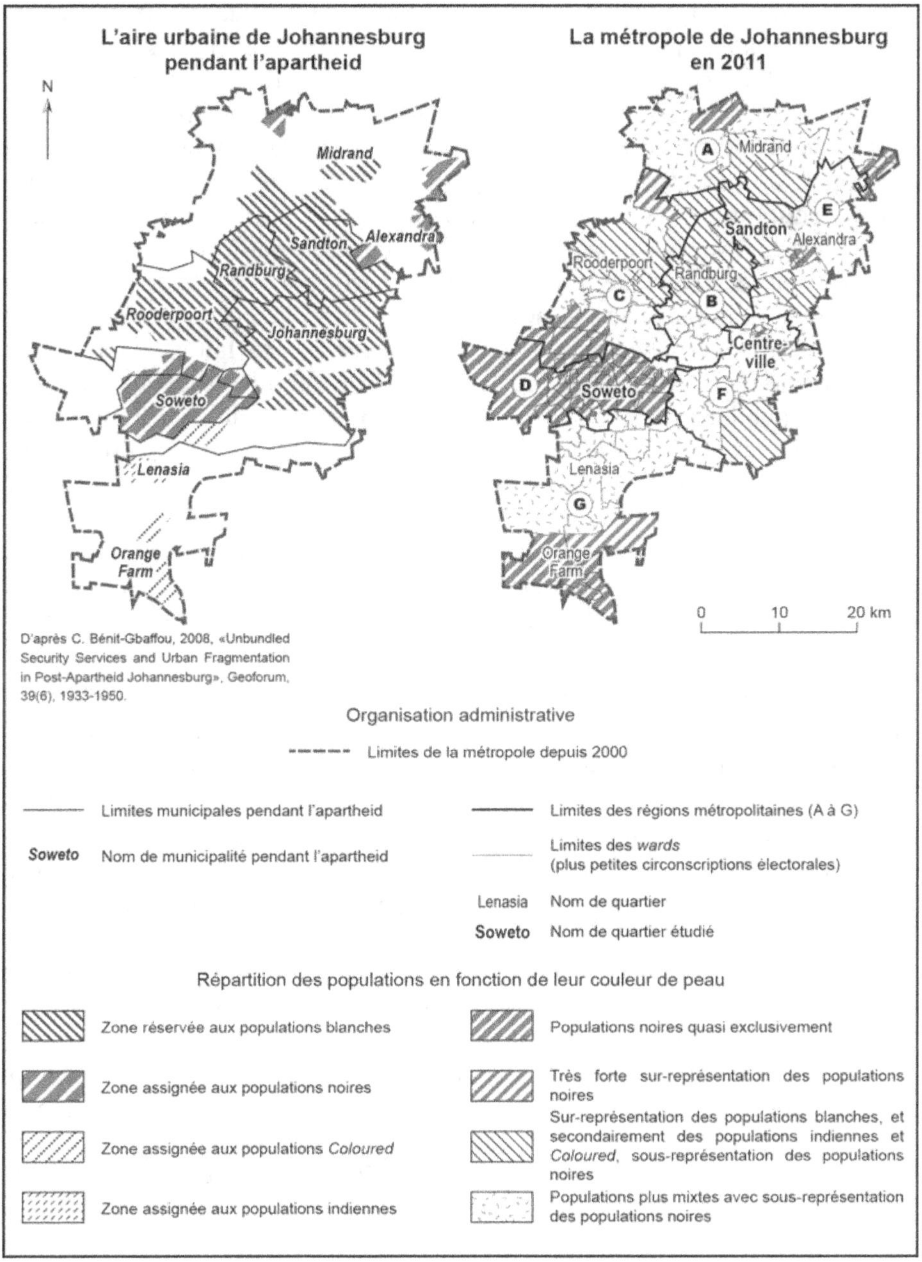

Figure 1 – **La métropole de Johannesburg, hier et aujourd'hui**
© P. Guinard, 2015

À l'échelle de la métropole, le centre-ville apparaît comme l'espace anxiogène par excellence, et ce particulièrement pour les populations qui ne fréquentent pas ou plus cet espace. Comme l'ont mis en évidence les entretiens que j'ai conduits à Sandton, cette représentation est particulièrement prégnante parmi les populations blanches, ainsi que les classes moyennes et aisées, qui disent éviter cet espace par crainte d'y être agressés. La vision de cet espace est d'autant plus négative, que ces personnes ou leurs parents ont connu le centre-ville du temps de l'apartheid et que ce dernier est le support de reconstructions nostalgiques qui tendent à déprécier l'espace actuel pour mieux glorifier l'espace passé, et inversement (Gervais-Lambony, 2012). Pour autant, cette vision du centre-ville est plus largement répandue et partagée. Je l'ai également retrouvée dans le discours des populations plus modestes et noires de Soweto pour qui le centre-ville de Johannesburg est également un espace dangereux du fait de la présence menaçante de « *tsotsis* » (« voyous »), souvent confondus avec les migrants. Si les justifications varient d'un groupe de populations à un autre, l'image du centre-ville comme d'un espace de la peur n'en est pas moins dominante. Elle constitue même une sorte de *topos* dans la littérature sud-africaine contemporaine. Ainsi, dans *Zoo City* de Lauren Beukes (2010), c'est bien le centre-ville de Johannesburg qui sert de modèle à l'espace fictionnel dans lequel sont relégués les criminels du roman, ainsi que les animaux qui leur sont attachés en signe de leur culpabilité. Dans les imaginaires, le centre-ville de Johannesburg semble donc concentrer et refléter les peurs contemporaines des usagers et habitants de la métropole.

Mais si l'on change d'échelle et qu'on ne considère plus que le centre-ville, de nouvelles différenciations apparaissent. À cet égard, Hillbrow, quartier résidentiel du nord du centre-ville, et *Joubert Park*, plus ancien parc de la ville, catalysent en grande partie les peurs associées à cet espace. Figurant parmi les premiers quartiers à avoir connu un mouvement de déségrégation à partir de la fin des années 1970, ils sont aujourd'hui réputés pour être des espaces dangereux et insalubres (Guillaume, 2001 ; Beavon, 2004). Une des consignes qui m'avait été donnée avant que je me rende pour la première fois à Johannesburg en 2009, notamment par des chercheurs français qui connaissaient la ville, était précisément de me tenir à distance ou du moins de me méfier de ces espaces, et y compris du parc qui présentait pourtant un intérêt potentiel pour mes recherches sur les espaces publics. Avant même d'avoir foulé le sol johannesburgeois, *Joubert Park* faisait pour moi figure d'espace interdit, et par là même sans doute d'espace intriguant. Pour que cet espace devienne par la suite une de mes études de cas, il m'a fallu parvenir à surmonter les peurs qui m'avaient été transmises et que j'avais intériorisées, en me familiarisant peu à peu avec cet espace, en m'y immergeant par paliers (Guinard, 2014). Une fois parvenue à entrer dans ce parc et à y trouver ma place, j'ai pu découvrir une nouvelle micro-géographie de la peur. Les observations et les entretiens que j'ai réalisés au sein de *Joubert Park* et dans ses environs, m'ont en effet permis de mettre en évidence l'existence de zones perçues par la majorité des usagers du parc comme particulièrement dangereuses parce que les personnes qui s'y trouvaient étaient vues comme suspectes en elles-mêmes (les sans-abri, les personnes étrangères, etc.) ou par les activités supposées qu'elles y pratiquaient (trafics de drogues, de faux papiers, etc.). Finalement, plus l'espace considéré est restreint, plus les espaces de la peur tendent à se circonscrire.

Bien évidemment, ces considérations générales quant aux espaces associés à la peur dans les imaginaires des citadins, et ce à différentes échelles, ne sont pas fixes. Elles évoluent aussi bien dans l'espace que dans le temps.

Les temporalités de la peur : une histoire au long cours

Figure 2 – ***Joubert Park* en 1908 : un espace associé au plaisir et non à la peur**
© Museum Africa

Preuve que la peur à Johannesburg est aussi fonction du temps, ni le centre-ville ni *Joubert Park* n'ont toujours été perçus comme des espaces menaçants, bien au contraire. Au début du XXe siècle, le centre-ville en général et *Joubert Park* en particulier étaient connus pour être des lieux de loisirs et de détente, synonymes de plaisir et non d'anxiété. Les cartes postales de Johannesburg de cette époque, que j'ai pu consulter dans les archives du *Museum Africa*[4], exaltent la beauté et l'attractivité du centre-ville et de

[4] Le *Museum Africa* est un musée de Johannesburg qui entend, depuis 1994, retracer l'histoire de tous les Sud-Africains, et non uniquement celle de la colonisation européenne comme le faisait précédemment le musée, connu alors sous le nom d'*Africana Museum*.

Joubert Park, celui-ci étant même présenté par l'auteur de l'une de ces cartes (figure 2) comme « *our fashionable park* » (« notre parc le plus à la mode »).

L'incarnation spatiale de la peur évolue donc au cours de l'histoire de la ville, et ces évolutions ne sont d'ailleurs pas nécessairement linéaires. Ainsi, l'image du centre-ville est aujourd'hui à nouveau en train de se transformer. Ce dernier n'est en effet plus seulement perçu comme un espace uniformément dangereux ; certains bars, rues ou quartiers du centre-ville, à l'image du Maboneng – quartier à l'est du centre-ville dans lequel les acteurs privés utilisent l'art et la culture à des fins de régénération urbaine voire de *gentrification* (Gregory, 2015) –, s'imposent depuis la fin des années 2000 comme des lieux branchés, ce qui tend à rejaillir sur l'image de l'ensemble de cet espace. Si la peur s'inscrit et évolue dans le temps long de Johannesburg, elle varie aussi selon des temporalités plus courtes.

Figure 3 – **Le centre-ville de Johannesburg la nuit : un espace de peur diffuse**
© P. Guinard, *Commissionner Street*, mercredi 5 mai 2010, 22h

La peur à Johannesburg connaît des variations journalières. Comme l'a montré notamment Chrystel Oloukoi à partir du cas du Maboneng (2015), la peur, qui s'incarne dans des lieux relativement bien identifiés par les usagers et habitants de la ville le jour, tend à s'étendre spatialement la nuit. Elle gagne alors tous les espaces, et en particulier les espaces publics du centre-ville. Conséquence et reflet de cette appréhension, les rues des espaces centraux se vident à la tombée du jour (figure 3), les citadins allant trouver refuge chez eux ou bien dans des lieux sécurisés (centres commerciaux, bars, restaurants, etc.).

Se déplacer en ville, y compris en voiture et particulièrement quand on est seul, est alors appréhendé comme un risque, contre lequel les Johannesburgeois n'ont d'ailleurs eu cesse de me mettre en garde. Et de fait, comme j'ai pu le constater à plusieurs reprises en traversant malgré tout le centre-ville en voiture seule la nuit, peu d'automobilistes osent alors s'y aventurer. Cette peur peut paraître d'autant plus paradoxale qu'il n'y a *a priori* personne, qu'il n'y a aucun danger apparent dans les rues. De quoi a-t-on alors peur ? Si je m'en fie à mon expérience personnelle, il me semble que ce qui fait peur c'est que ce vide apparent masque la présence d'un autre invisible, dont l'invisibilité même est justement ressentie comme une menace. Ainsi, pour éviter le face-à-face avec cet autre indiscernable, pour éviter à la fois de rencontrer le corps de celui qui fait peur et d'éprouver la peur dans leur propre corps, les usagers et habitants de Johannesburg préfèrent, autant que faire se peut, ne pas se déplacer seuls la nuit.

Les corps face à la peur : une incorporation différenciée

La peur s'incarne en effet littéralement dans le corps des usagers et habitants de Johannesburg. Elle prend corps comme le décrit ici avec force la poétesse sud-africaine, Lebo Mashile :

> « Sometimes I say to myself I just want to walk around at night. I want to live in a city where I don't want to worry, I don't want to check if the alarm is on, making sure that my doors are locked. I don't want to pray every night for... life. […] I don't want to be thankful that today I haven't been hijacked, today I was not rapped, today my house was not broken into, no one in my family was shot. Those are the kind of fears that we live with, the kind of stress we live with. Even when nothing is happening, even when nothing as bad has happened, that stress is still here. It lives in your body. When I travel, sometimes it takes me […] two or three days to really become comfortable in a place. And I feel the difference in my body. I feel like my shoulders are taking some weight off, my spine is a little bit longer and I can breathe. But, for the first couple of days when I arrive in a new place, even in a place I know it's safe, I am still looking over my shoulder, I am still have to tell

> myself that I can walk around at night alone. For most of my adult life, I haven't been able to walk around at night in the city that I live in. That's terrifying[5]. »
>
> (Extrait de la seconde partie de l'émission « Villes-Mondes » de France Culture consacrée à Johannesburg et diffusée le 7 octobre 2012)

La peur induit ainsi tout un ensemble de manifestations physiques (tensions, difficultés respiratoires, etc.) et de pratiques urbaines (enfermement volontaire, évitement, etc.) qui contraignent les corps des citadins.

Parmi ces corps qui ont peur, ceux des femmes sont sans doute les plus marqués. Du fait des taux très élevés de viol et de violence contre les femmes en Afrique du Sud en général et à Johannesburg en particulier, celles-ci tendent en effet à (se) vivre comme des victimes potentielles et des cibles privilégiées dans la ville. Leur peur est d'ailleurs d'autant plus inscrite dans leur corps que c'est précisément lui qui est l'objet même de la convoitise en cas d'agression sexuelle. Si les discours des classes anciennement dominantes tendent à faire de la femme blanche dans l'espace public la cible privilégiée de ces attaques, les paroles de Lebo Mashile rappellent que toutes les femmes ressentent cette peur. Pour autant, si toutes les femmes ont peur, toutes ne sont pas autant également victimes de ces violences. Les plus forts taux d'agressions sexuelles concernent effectivement des femmes noires, attaquées non dans les espaces publics, mais dans des espaces domestiques (Jewkes *et al.*, 2012). Reste que la peur ne fait pas que contraindre les corps de celles (ou de ceux) qui ont peur, elle marque également les corps de ceux (ou de celles) qui font peur.

Si la femme (blanche) est le plus souvent appréhendée comme une victime potentielle, le (jeune) homme noir est, à l'inverse, le plus fréquemment associé dans les imaginaires au criminel, à celui qui suscite la peur. Plusieurs

---

[5] « Parfois je me dis que je voudrais juste pouvoir me promener la nuit. Je voudrais vivre dans une ville où je n'ai pas à m'inquiéter, où je n'ai pas besoin de vérifier si j'ai branché l'alarme, si j'ai bien fermé à clef. Je voudrais ne pas avoir à prier tous les soirs pour… ma vie. […] Je voudrais ne pas avoir à être reconnaissante du fait que, aujourd'hui, je n'ai pas été agressée, je n'ai pas été violée, je n'ai pas été cambriolée, personne de la famille n'a été tué. On vit avec ce genre de peurs, ce genre de stress. Même quand il ne se passe rien, quand rien d'aussi horrible est arrivé, ce stress est toujours là. C'est inscrit dans votre corps. Quand je voyage, je mets au moins […] deux ou trois jours pour me sentir à l'aise. Et je sens la différence dans mon corps. Je sens un poids qui tombe de mes épaules, ma colonne vertébrale s'allonge et je respire mieux. Mais, les premiers jours, quand j'arrive dans un nouvel endroit, même dans un endroit qui est sûr, je ne peux pas m'empêcher de regarder par-dessus mon épaule, je suis obligée de me dire que je peux marcher seule dans la rue la nuit. J'ai passé presque toute ma vie d'adulte dans une ville où je ne peux pas marcher seule la nuit. C'est terrifiant. » Traduction de l'auteur d'après celle de l'émission.

auteurs ont en effet montré qu'en Afrique du Sud (voir notamment : Bremner, 2010 ; Houssay-Holzschuch, 2010 ; Marais, 2013) comme aux États-Unis (voir par exemple : Day, 2006), le jeune homme noir dans les espaces publics est non seulement source d'angoisse pour les autres usagers mais sait qu'il l'est, ce qui se répercute dans son propre corps, dans son rapport à l'espace et induit fréquemment des processus et sentiments d'exclusion. Finalement, que ce soit sa propre peur ou celle des autres, tous les usagers et habitants de Johannesburg ont, à un moment ou à un autre, dans un lieu ou dans un autre, ressenti la peur. Qu'en est-il alors du géographe travaillant et vivant, ne serait-ce que temporairement, à Johannesburg ? Son statut de chercheur le protège-t-il de cette peur ? Lui permet-il de la surmonter plus facilement ?

Le géographe, un être sans peur ?

Tout comme elle affecte plus ou moins fortement selon qui on est, où l'on est et à quel moment on se trouve les usagers de Johannesburg, la peur peut aussi – comme je l'ai mentionné précédemment – affecter le géographe qui habite et cherche à comprendre cette métropole. Et de fait, en travaillant dans cette ville, j'ai plusieurs fois eu peur, comme en cette matinée de février 2009 alors que je rentrais d'un entretien avec un artiste, Moise, en traversant à pied le centre-ville :

> « Moise m'indique le chemin pour rentrer… et je sais que ce n'est pas une bonne idée de rentrer seule d'Ellis Park à Newtown avec un sac, un appareil photo, un dictaphone et un portable ! […] Je marche vite. Je surveille mon sac. À un croisement, une femme noire d'une cinquantaine d'années m'accoste : « *It's not a street for White* » (« Ce n'est pas une rue pour Blanc »). Je ne sais que lui répondre. Elle ajoute : « *Keep it in mind* » (« Garde ça en tête »). Et bizarrement, c'est à partir de ce moment-là que j'ai eu peur. »
>
> (Extrait de carnet de terrain de l'auteur, 17 février 2009, 11h)

Bien que cette femme cherchât sans doute davantage à me protéger qu'à m'effrayer, sa mise en garde a néanmoins contribué à révéler la peur que je tentais jusque-là de contenir et de réfréner. Elle m'a fait prendre conscience de ma propre peur et l'a actualisée. Si le géographe peut donc avoir peur sur son terrain, le plus souvent, il se contente de refouler cette émotion, de la passer sous silence ou, au mieux, de l'évoquer de façon plus ou moins périphérique. Ainsi, si j'ai évoqué dans ma thèse mes difficultés à approcher *Joubert Park* du fait de cette peur généralisée que j'avais fini par intérioriser, je l'ai fait dans un « Chapitre 0 », placé entre l'introduction et le premier chapitre. Le statut particulier de ce chapitre témoignait à la fois de mon envie d'intégrer ces considérations qui me semblaient nécessaires à la compréhension de l'ensemble de mon propos dans le corps du texte et d'un certain inconfort à évoquer un tel sujet, puisque la peur du chercheur est de fait encore bien souvent un impensé, si ce n'est un indicible de la géographie, notamment française.

Même si la peur est un sujet souvent évoqué par les chercheurs s'intéressant à Johannesburg et plus largement à l'Afrique du Sud, c'est – à de notables exceptions près (voir en particulier : Houssay-Holzschuch, 2010) – avant tout celle des autres que ces derniers analysent. Pourquoi ce silence ? Serais-je la seule chercheuse à avoir eu peur à Johannesburg ? Serait-ce d'ailleurs parce que je suis une femme que je suis plus sensible à cette question ou plus désireuse d'en parler ? Serait-ce aberrant, incongru, déplacé de parler de sa peur quand on est géographe ? Pire. Cette peur ressentie, serait-elle l'indice d'une incapacité à faire (correctement) du terrain ? Ce non-dit renvoie vraisemblablement en creux à une certaine vision du géographe et de son rapport au terrain. Il existe en effet dans la géographie française, comme l'a montré Yann Calbérac (2010), une injonction à faire du terrain – de préférence d'ailleurs lointain dans le cas de la géographie dite anciennement tropicaliste, aujourd'hui des Suds –, et plus encore à l'aimer sans réserve, si ce n'est à en « tomber amoureux » (Gervais-Lambony, 2010). Le « bon » géographe serait alors celui qui irait et aimerait aller partout, qui aborderait toute sorte d'espaces, sans peur et sans *a priori*, y compris voire surtout dans les contrées éloignées et à première vue hostiles. Que faire quand on n'apprécie pas son terrain ou plus exactement, comme dans mon cas, quand il nous attire et nous effraie ? Sauf à être masochiste, l'idée même qu'on affectionne un terrain tout en en ayant peur peut d'ailleurs paraître contradictoire. Pourtant, Johannesburg suscite ce genre de contradictions, ce type d'émotions antithétiques. Plus fondamentalement, la métropole semble même produite par ces contradictions, décalages et dissonances (Guillaume, 2001 ; Nuttall et Mbembe, 2008 ; Bremner, 2010 ; Murray, 2011 ; Kruger, 2013 ; Guinard, 2014). L'attrait – en particulier des chercheurs – pour cette ville, en dépit et à cause de la peur qu'elle suscite, serait donc une des dimensions, une des manifestations de ses contradictions constitutives. La peur, dont celle du géographe qui prétend la cerner, serait par conséquent non seulement un élément de compréhension du rapport du chercheur au terrain, mais aussi – et sans doute plus essentiellement – de la ville elle-même et mériterait, à ce titre, d'être étudiée et non éludée. Comment dès lors accepter et prendre en compte la peur *sur* ou *de* son propre terrain ? Dans quelle mesure cette peur éprouvée par le géographe comme celle ressentie par les citadins est-elle un élément de compréhension de la ville ?

DE LA PEUR DU GÉOGRAPHE…

La peur : un biais à évacuer ?

Comme le dénonçaient Rebekah Widdowfield (2000) puis Liz Bondi (2007), les émotions dont la peur sont encore un aspect en grande partie inexploré de la *pratique* des géographes, et plus encore des géographes français. Ceci est d'autant plus surprenant que, d'un côté, nombre de travaux anglophones puis francophones s'évertuent, depuis la fin du XXe siècle, à questionner la subjectivité et la positionnalité du chercheur, notamment dans son rapport au terrain (Blidon, 2012 ; Volvey *et al.*, 2012), et que, d'un autre côté, le « tournant émotionnel » amorcé dans les années 2000 a conduit les géographes à s'intéresser aux émotions comme *objets* de recherche (Davidson *et al.*, 2007 ; Smith *et al.*, 2009). Pourquoi les émotions du géographe sont-elles si rarement analysées ? Si Rebekah Widdowfield (2000) évoquait plusieurs raisons notamment d'ordre institutionnel, telle que la crainte d'être déconsidéré par ses pairs, il faudrait sans doute prendre en compte dans le cas de la géographie française une inertie et une résistance particulières de l'héritage rationaliste et universaliste à l'égard des courants anglo-saxons, et notamment de ceux d'influence post-moderniste (Staszak, 2001 ; Collignon et Staszak, 2004). Dans une perspective positiviste, la peur comme n'importe quelle autre émotion en tant qu'elle perturbe la neutralité du chercheur, en tant qu'elle parasite son jugement, est un biais à évacuer. Et, de fait, en ce qui me concerne, j'ai pu constater que la peur influence et contraint mes pratiques de terrain à Johannesburg. Contrairement à ce que j'ai pu faire dans d'autres villes que j'ai étudiées, quand je suis à Johannesburg, je me déplace le plus souvent en voiture, et non en transports en commun ou à pied ; j'évite, la nuit, de me rendre dans certains quartiers ou de me déplacer seule. La peur qu'il m'arrive quelque chose, la peur de m'exposer à un danger inutile, est donc à cet égard une limite : elle m'empêche d'avoir accès à certains espaces mais aussi à certains temps de la ville. Puis-je pourtant dépasser cette contrainte ? Puis-je rêver de ne jamais avoir peur à Johannesburg ? La négation ou le refoulement de ma peur est-elle d'ailleurs non seulement envisageable mais souhaitable ?

Je me souviens, à cet égard, d'une chaude journée de la fin du mois de mars 2011. Je roulais dans *Pritchard Street*, en plein cœur du centre-ville, pour me rendre à un entretien. La chaleur dans ma vieille Mazda non-climatisée était insupportable. Alors pourquoi ne pas ouvrir la fenêtre, ne serait-ce qu'un tout petit peu ? Après tout, voilà deux ans que je vivais et travaillais à Johannesburg et il ne m'était rien arrivé jusque-là. J'ai alors entrouvert la fenêtre côté conducteur. Je me suis arrêtée au feu rouge, savourant cette sensation de liberté inhabituelle et comme volée à la ville. Soudain, j'ai perçu une voix sur ma droite. Sur le moment, je n'ai pas saisi ce que l'homme me demandait ; je le prenais pour un des nombreux vendeurs informels qui essaient d'écouler leurs marchandises aux carrefours. Je me suis excusée et lui ai demandé de répéter. L'homme, cette fois plus brusquement, s'est écrié : « *Your phone or I shoot you!* » (« Ton portable ou je te tue ! »). Je ne comprenais pas ce qui arrivait ou plutôt je refusais de le comprendre. J'ai regardé l'homme à ma fenêtre et lui ai répondu le plus naturellement du monde : « *No, thanks* » (« Non merci »), avant de remonter ma vitre. L'homme incrédule a quand même jeté un œil à l'intérieur de la voiture – désespérément vide – à la recherche d'un butin quelconque, avant de partir en courant. Le feu est passé au vert. J'ai démarré. Ce n'est qu'au feu suivant que je me suis rendu compte de ce qui venait de se passer. Ce n'est qu'au feu suivant que mes mains se sont crispées sur le volant.

Malgré ma volonté de me moquer de mes propres peurs et de celles des autres ce jour-là, de tourner en ridicule cette paranoïa constante qui plane sur la ville, la réalité johannesburgeoise ne s'en est pas moins rappelée à mon bon souvenir. Cet incident m'a fait me souvenir que la peur qui hante Johannesburg est le fruit d'une violence qui n'est pas *que* fictive. Si je suis incapable de ne pas avoir peur à Johannesburg ou si ne pas avoir peur me met en danger, serais-je condamnée à ne pas pouvoir produire un savoir géographique valable ? Ou, à l'inverse, la peur ressentie par le géographe serait-elle à comprendre non pas uniquement comme une limite mais aussi comme la preuve d'une certaine sensibilité de celui-ci vis-à-vis d'une émotion qui n'est pas à nier mais à étudier parce qu'elle fait partie de l'expérience urbaine ? Parce que la peur apparaît comme une composante de la citadinité à Johannesburg, en faire l'expérience permettrait au chercheur qui enquête et vit sur son terrain de mieux comprendre ce que peuvent ressentir les citadins.

La peur, un attrape-sujet et un faiseur de terrain

La peur peut aussi être vue comme un rappel violent que le chercheur n'est pas qu'un être rationnel. Il est aussi une subjectivité, un « sujet-cherchant » (Volvey, 2012 ; Volvey *et al.*, 2012) et un corps engagé dans l'espace. La peur, comme d'autres émotions, est tout à la fois une manifestation de la subjectivité du chercheur et une invitation à interroger celle-ci pour mieux comprendre son rapport au terrain, pour mieux rendre compte de sa pratique et de sa place vis-à-vis de ce terrain qu'il construit comme sien (Widdowfield, 2000). Dès lors, mettre à distance sa peur en particulier et ses émotions en général reviendrait pour le chercheur à se couper d'une partie de sa subjectivité et, à travers elle, de son humanité, c'est-à-dire de ce qui le constitue en tant que sujet et de ce qui le relie aux autres. Ce qui est en jeu ce n'est donc pas seulement la construction de la subjectivité du chercheur dans sa relation au terrain, mais c'est aussi – et plus fondamentalement – son rapport aux autres, et avec lui la possibilité même que ce « sujet-cherchant » développe des relations intersubjectives (Thien, 2005), sans lesquelles le terrain ne saurait précisément exister. Faire taire sa peur ferait courir le risque au chercheur de se couper (de celles) des autres, (de celles) des usagers de la ville qu'il prétend pourtant comprendre. Au contraire, appréhender la peur non comme un biais mais comme une expression de ce qui le relie au monde et aux autres, lui permettrait de mieux rendre compte de la manière dont il produit son terrain mais aussi et surtout d'explorer la dimension sensible, affective et émotionnelle de la réalité (urbaine) qui, si elle est encore en grande partie ignorée ou du moins minorée, n'en est pas moins constitutive de tout rapport à l'espace en général (Straus, 1989) et à l'espace urbain en particulier (Thrift, 2004).

Une fois reconnue l'importance d'accepter ses émotions, même celles que l'on préférerait ne pas éprouver, reste à savoir comment faire du terrain tout en éprouvant et en prenant en compte ces émotions, tout en ayant – par moments et par endroits – peur. La conduite du terrain est alors faite de « bricolages » et de « petits arrangements » (Guyot, 2006), destinés à mener au mieux son terrain *avec* ces peurs éventuelles. Il s'agit de trouver un équilibre subtil (mais toujours instable) entre d'une part, les risques – effectifs et fantasmés – engendrés par l'adoption de telle pratique de terrain et la peur qu'ils induisent et, d'autre part, les savoirs géographiques que l'on espère produire à partir de ces prises de risques. Bien évidemment, de tels arbitrages ne sauraient répondre à un simple calcul coût/bénéfice. Ils sont modelés par la personnalité et la subjectivité du chercheur ; ils dépendent de la capacité de chacun à faire avec sa peur dans un espace, à un instant et dans des circonstances donnés. Cette considération des choix personnels, subjectifs et émotionnels du chercheur n'empêche pas pour autant la généralisation ultérieure du propos, pas plus qu'elle ne conduit nécessairement à un enfermement dans un point de vue singulier (Vivet et Ginisty, 2008 ; Blidon, 2012). Évoquer, expliciter ces choix au lieu de les occulter, c'est s'offrir la possibilité d'en dire quelque chose, de comprendre par et au-delà d'une situation d'enquête ce que cette situation révèle du terrain lui-même, et ainsi de construire de nouveaux savoirs géographiques ou de nouvelles façons de construire ces savoirs. Après avoir accepté sa peur de et sur son terrain, il convient alors d'en rendre compte, certes pour en évoquer les effets sur la construction et la conduite de ce terrain, mais surtout pour saisir de manière sensible et non uniquement théorique la ville.

Étudier les espaces publics à Johannesburg suppose ainsi d'apprendre à renoncer. Comme Lebo Mashile et tant d'autres femmes, je n'ai qu'exceptionnellement marché seule la nuit dans les rues de Johannesburg et plus encore dans celles de son centre-ville. Quand je l'ai fait, je l'ai d'ailleurs souvent déploré, non seulement parce que ma peur prenait souvent le dessus sur toute autre considération et me tenait irrémédiablement à distance de l'instant, du lieu et d'une rencontre avec les éventuels publics de cet espace, mais aussi parce que la peur ressentie par les autres usagers de la ville les maintenait hors de ces lieux qui n'avaient plus de publics que le nom. Quels publics observer, rencontrer ou avec qui échanger dans les rues désertées du centre-ville la nuit ? Parcourir ces espaces dans de telles conditions n'était pas uniquement source de danger et de peur, cela me semblait également inutile, absurde. Pourquoi chercher à se faire peur ? Ces expériences tout comme le fait que j'ai choisi de renoncer à les poursuivre n'en ont pas moins été riches d'enseignement. Cela m'a permis, d'un côté, de prendre pleinement la mesure du poids de la peur dans les pratiques urbaines nocturnes des citadins et, d'un autre côté, de m'interroger sur la temporalité des espaces publics. Comment penser et qualifier des espaces qui ne sont publics que le jour, que par intermittence ? Sont-ils d'ailleurs encore des espaces ? Si l'on en croit Jacques Lévy (dans Lévy et Lussault, 2003), parce que l'espace est fait de relations sociales, un espace sans public ne pourrait même plus être qualifié d'espace. Il ne serait qu'une simple étendue. La nuit et la peur qui lui est associée à Johannesburg hypothèquent à la fois la publicité (au sens de caractère public) et la spatialité des espaces. Avoir à renoncer à fréquenter les espaces publics du centre-ville la nuit du fait de la peur (la mienne et celle des autres) est dès lors à comprendre comme le reflet et la conséquence des processus de dé-publicisation et de dé-spatialisation à l'œuvre dans ces espaces à certains moments. Le renoncement a donc été un de ces arrangements qui m'ont permis de faire avec mais aussi d'apprendre de ma peur et de celles des autres. En ayant moi-même peur et en constatant la peur des autres, j'ai pu acquérir un savoir géographique qui ne pourrait être atteint par une réflexion purement abstraite. Dès lors, parce que la peur est un élément d'appréhension et de compréhension de ce qu'est Johannesburg et de la manière dont elle est vécue par ses usagers et habitants, il ne s'agit plus seulement de se demander comment faire du terrain en ayant peur et comment en rendre compte, mais il importe également de s'interroger sur la possibilité de faire de la peur – et peut-être à travers elle d'autres émotions – un sujet d'étude. Outre un élément de compréhension de notre rapport à la ville et plus largement à l'espace, la peur peut-elle être aussi un *objet* géographique à part entière ?

… À LA GÉOGRAPHIE DE LA PEUR

La peur en géographie : un défi méthodologique

Si la peur du chercheur à Johannesburg n'est guère abordée dans la littérature géographique, celle de ses habitants ou visiteurs l'est fréquemment. Dans cette perspective, la peur est principalement traitée selon trois modalités : soit comme un élément de mise en contexte à la fois spatiale et historique, soit, le plus souvent, dans ses traductions et manifestations paysagères comme architecturales, à travers les questions de privatisation, de militarisation ou de fortification des espaces (Bremner, 1998, 2010 ; Lipman et Harris, 1999 ; Dawson, 2005 ; Murray, 2008, 2011), soit, de manière plus récente, en tant qu'elle affecte plus spécifiquement certains groupes de population, définis en fonction de leur couleur de peau, de leur genre ou de leur sexualité (Vetten et Dladla, 2000 ; Allen, 2002 ; Reid et Dirsuweit, 2002). Si la peur est un thème courant voire récurrent de la production scientifique sur Johannesburg, certains de ses aspects pourtant essentiels restent encore dans l'ombre.

Le numéro spécial d'*Urban Forum* consacré à cette question visait précisément à proposer une approche plus ethnographique de la peur qui viendrait compléter les études précédemment menées sur les conséquences matérielles de celle-ci dans l'environnement urbain (Dirsuweit, 2002). Cette initiative trahissait déjà une certaine difficulté des géographes à saisir la peur, non pas uniquement dans les formes urbaines qu'elle induit, mais aussi dans les représentations individuelles et collectives qui lui sont attachées ou qu'elle génère, ainsi que dans les comportements et manifestations corporelles qu'elle provoque. Plus que par manque d'intérêt, cette difficulté semble d'ailleurs surtout tenir à des problèmes d'ordre méthodologique. Comment saisir en géographie les émotions telle que la peur, et ce dans toutes leurs dimensions, y compris les plus subjectives ? Si Teresa Dirsuweit proposait pour ce faire de porter une attention plus grande aux discours (2002), on peut se demander si une telle approche permet de cerner, dans sa complexité et sa globalité, la peur et ses rapports à l'espace. La peur et plus largement les émotions, qu'il s'agisse de celles de l'enquêté ou de l'enquêteur d'ailleurs, peuvent-elles toujours être *dites* ? Les mots sont-ils suffisants pour décrire, appréhender et retranscrire les émotions ressenties ? Si ce n'est pas le cas, comment faire pour aborder la peur dans et au-delà de ce qui est dicible ?

Les méthodes communément et historiquement utilisées par les géographes, telles que l'observation, le questionnaire, l'entretien ou la cartographie, font principalement appel à certains de nos sens (la vue en premier chef) et s'appuient largement sur le langage (verbal et cartographique). Or, non seulement la peur ne peut pas toujours être exprimée par des mots, mais le fait même que l'on ressente la peur, que celle-ci puisse modifier nos sens (trouble de la vue, de l'ouïe, etc.), souligne sa dimension multi-sensorielle. Dès lors, comment saisir la peur dans toutes ses dimensions à partir de méthodes essentiellement visuelles et verbales ? À ce titre, la peur peut précisément être appréhendée comme une invitation à inventer ou à réinventer les approches géographiques, en portant une attention particulière aux méthodes multi-sensorielles et non exclusivement verbales.

La peur, un facteur de renouveau méthodologique

En termes de méthodes non-verbales, l'observation est sans aucun doute la plus communément utilisée par les chercheurs en sciences humaines et sociales, et ce également dans le cas de la peur. Comme évoqué ci-dessus, la peur a jusqu'ici été essentiellement, même si non exclusivement, abordée à Johannesburg – comme ailleurs (voir par exemple : Blakely, 1997 ; Low, 1997 ; Davis, 1999 ; Caldeira, 2000 ; Pain et Smith, 2008) – à travers les formes urbaines particulières qu'elle suscite, à travers les productions concrètes et visibles dans lesquelles elle s'incarne. Les grilles, barbelés et autres systèmes de sécurité qui enserrent les habitations, bureaux et centres commerciaux constituent ainsi les figures urbaines emblématiques de la peur. Elles ont donné lieu à de nombreux d'articles, le plus souvent illustrés, voire à de véritables essais photographiques (Bremner, 2010), qui tentent de retranscrire par l'image ces paysages et architectures de la peur observables dans la ville. Ce travail de documentation iconographique s'accompagne le plus souvent d'enquêtes ethnographiques, associant observations et entretiens, en vue de rendre compte des processus de production de ces formes urbaines, ainsi que de la manière dont la peur s'inscrit dans des contextes socio-spatiaux particuliers.

En complément de cette approche et pour aller plus loin dans cette étude des conséquences spatiales de la peur non seulement sur les infrastructures matérielles de la ville mais aussi sur ses « infrastructures sociales » (Simone, 2004), c'est-à-dire sur ceux qui la peuplent et la font vivre, on pourrait également envisager d'avoir recours à l'observation pour saisir l'incarnation de la peur aussi bien dans des objets et dans des groupes sociaux, que dans des corps individuels. Comme évoqué par Lebo Mashile, la peur a en effet des traductions corporelles ; elle modifie les pratiques, les déplacements ou bien encore les interactions des citadins comme des chercheurs. Les manifestations corporelles de la peur, comme celles d'autres émotions (Boudreau *et al.*, 2009 ; Aranguren, 2013), sont de fait potentiellement observables par un tiers et peuvent dès lors être cruciales pour comprendre les différentes spatialités de la peur à Johannesburg, notamment à l'échelle de l'individu. À cet égard, l'étude de la manière de se mouvoir des usagers dans les espaces publics, à commencer par celle du géographe travaillant sur ces questions, pourrait se révéler particulièrement féconde. Une marche plus ou moins rapide, plus ou moins crispée peut en effet traduire une peur associée à un espace et à ses usagers. Selon une approche cette fois non-représentationnelle telle qu'elle a pu être développée par Nigel Thrift (2007) et reprise par des géographes anglophones comme francophones (voir notamment : Hancock, 2011 ; Chapuis, 2012 ; Volvey, 2012), il s'agirait de s'intéresser non pas uniquement aux discours ou images de la peur à Johannesburg mais à ses *pratiques*, à la performativité des corps qui ont/font peur. L'observation de ces corps en mouvement viendrait alors compléter la saisie visuelle de la peur dans la ville. Toutefois, on peut d'ores et déjà relever deux limites majeures à cette approche uniquement visuelle de la peur : premièrement, sa difficulté à rendre compte dans sa totalité de l'expérience physique, notamment sensorielle, de cette émotion en ville, et deuxièmement, son incapacité à saisir les représentations associées à celle-ci.

Tout d'abord, l'observation ne semble pas pouvoir restituer à elle seule la dimension multi-sensorielle de la peur en ville. Si la peur s'observe chez soi comme chez les autres, si elle peut même découler d'une perception visuelle (la vue d'un jeune homme noir la nuit dans une rue est, comme évoqué précédemment, particulièrement anxiogène à Johannesburg), elle est aussi véhiculée par d'autres sens dont l'ouïe. Dans un film à suspense ou d'horreur par exemple, la peur sera suscitée tout à la fois par un certain cadre visuel (une rue déserte de préférence de nuit, un pont abandonné, etc.) et par une ambiance sonore (musique angoissante ou absence subite de musique, son obsédant répété à de multiples reprises, etc.). La bande-annonce de *District 9*[6], film de science-fiction de 2009 de Neill Blomkamp relatant l'arrivée à Johannesburg d'extraterrestres, suffit à s'en convaincre. La musique, les bruits des hélicoptères patrouillant au-dessus des quartiers informels, les sirènes, le feu, le rythme des images qui s'accélère, tout contribue à faire de Johannesburg et plus spécifiquement des espaces dans lesquels sont confinés les extraterrestres, qui ne sont autres qu'une figure des migrants contemporains (Le Poullennec, 2012), des lieux de la peur. Parce qu'ils associent par l'image et par le son certaines émotions à certains lieux, et réciproquement, les films peuvent être des outils pertinents pour comprendre tout à la fois les représentations spatiales et émotionnelles que l'audiovisuel (re)produit, véhicule ou dénonce. De même qu'au cinéma, les sons de et dans la ville peuvent également être associés à des émotions ou en générer. Pour essayer de déterminer quels sont les ambiances ou paysages sonores anxiogènes dans la ville, on pourrait se livrer à des séances d'écoute urbaine dans différents quartiers de la métropole, à différents moments de la journée. La géographie sonore de la peur à Johannesburg viendrait ainsi compléter celle visuelle, déjà plus développée.

Ensuite, l'observation n'offre pas seulement une restitution incomplète parce que mono-sensorielle de la peur en ville, elle est aussi inadaptée pour saisir certains phénomènes comme les représentations. Le développement des cartes mentales à l'initiative de Kevin Lynch (1960) est précisément né de ce désir d'appréhender la ville telle qu'elle s'imagine et se vit, et non uniquement telle qu'elle se pratique et s'observe. Les cartes mentales pourraient-elles alors permettre d'accéder aux représentations de la peur à Johannesburg ? Le *Safe City Map Workshop* (« atelier de cartes pour une ville sûre ») organisé en 2010 par l'équipe de Keleketla!, bibliothèque et centre culturel constitués par des artistes à proximité de *Joubert Park*, avaient été conçus à cette fin. Les enfants de ce quartier particulièrement

[6] Voir : https://www.youtube.com/watch?v=DyLUwOcR5pk

défavorisé et réputé dangereux avaient été invités à dessiner leur espace quotidien en faisant apparaître les lieux qu'ils aimaient et ceux qu'ils n'aimaient pas, ceux dans lesquels ils se sentaient à l'aise et ceux qu'ils craignaient. À partir des dessins produits et de discussions avec les enfants, le but était de constituer une carte présentant les lieux perçus par eux comme anxiogènes et non-anxiogènes, en veillant à choisir des signes immédiatement compréhensibles par d'autres enfants du quartier. La carte réalisée devait, par la suite, être diffusée dans les environs. La carte non seulement mentale mais aussi participative est donc ici utilisée tout à la fois comme un support de médiation non-verbale permettant d'appréhender les espaces où s'incarnent les peurs urbaines des enfants et comme un outil de sensibilisation, destiné à mettre en garde l'ensemble des enfants du quartier. Elle tente ainsi de répondre aux lacunes de la pure observation en matière de saisie des représentations des citadins associées la peur, tout en prétendant agir sur la ville.

À travers le cas de l'observation et de la carte, on s'aperçoit alors qu'il est possible de faire évoluer des méthodes existantes, en renforçant leur dimension participative par exemple, ou bien encore de les combiner de façon à mieux appréhender la peur. Mais même de cette façon, la peur est encore largement abordée à travers ses conséquences (spatiales, corporelles, mentales). Peut-on alors imaginer d'autres approches en vue de saisir plus directement les émotions ? Le fait que ce soit des artistes qui organisent les ateliers cartographiques ci-dessus mentionnés n'est pas anodin. De plus en plus d'auteurs soulignent en effet le rôle des arts et des artistes dans la compréhension des phénomènes spatiaux en général (Volvey, 2012 ; Grésillon, 2014 ; Guinard, 2014), et dans la saisie des émotions en particulier (Thrift, 2000, 2007 ; Olmedo, 2015). Parce qu'ils sont faits et font appel à notre sensibilité, à notre capacité à ressentir et à s'émouvoir, les arts seraient à la fois reflets et producteurs d'émotions. Les arts seraient-ils alors un prisme privilégié pour saisir ces émotions, dont la peur, que le géographe peine à appréhender autrement ? Tous les arts permettent-ils d'avoir accès également à ces peurs urbaines ? En travaillant sur l'art dans les espaces publics à Johannesburg, c'est-à-dire sur l'art qui se déploie directement dans la ville, qui fait de l'espace urbain son support et sa matière, j'ai montré que cette forme d'art pouvait être un medium pour dépasser ou à défaut pour révéler les peurs et les appréhensions des citadins (Guinard, 2014). Reste alors à envisager cette question dans le cas d'autres arts, et notamment dans le cas d'arts qui ne sont pas présents dans la ville mais qui, à l'instar de la littérature et du cinéma, représentent cette dernière. Il s'agirait alors, comme j'ai commencé à le faire ici, d'appréhender les arts comme un outil pour révéler et comprendre les processus de construction et déconstruction des peurs urbaines voire d'autres émotions.

CONCLUSION : LA PEUR ET AU-DELÀ, VERS UNE GÉOGRAPHIE DES ÉMOTIONS ?

Si la peur – qu'il s'agisse de celle des citadins ou du géographe – est sans doute l'émotion aujourd'hui la plus aisément identifiable dans la métropole johannesburgeoise, et par là même la plus facilement saisissable, il s'agirait néanmoins de porter, à terme, une attention plus grande aux autres émotions (désir, plaisir, colère, etc.) qui, si elles sont moins immédiatement tangibles et bien souvent occultées par la peur, n'en sont pas moins présentes et constitutives de la ville. La peur constituerait à cet égard une sorte d'émotion-matrice qui serait l'occasion de poser, à partir et au-delà d'elle, les premières bases d'une géographie *des* émotions à Johannesburg, dans laquelle les arts pourraient occuper une place privilégiée.

La peur comme l'ensemble des émotions urbaines ne seraient alors plus à considérer comme des biais contraignant et limitant la compréhension de la ville, mais bien comme des phénomènes indissociables de son saisissement. Étudier les émotions à Johannesburg ouvrirait ainsi des pistes de recherche qui pourraient enrichir la compréhension des espaces urbains, en y intégrant une dimension sensible et émotionnelle qui fait encore souvent défaut aux analyses géographiques, en particulier en France, alors qu'elle est pourtant constitutive de *notre* rapport à l'espace (celui des autres comme celui du chercheur). Proposer une géographie de la peur et des émotions à partir de Johannesburg permettrait alors peut-être aux géographes de ne plus avoir peur d'être émus sur et à cause de leur terrain.

BIBLIOGRAPHIE

ALLEN Danielle Burger, 2002, « Race, crime and social exclusion: a qualitative study of white women's fear of crime in Johannesburg », *Urban Forum*, vol. 13, n° 3, p. 53-79.

ARANGUREN Martin, 2013, *La transaction émotionnelle comme unité d'action : une méthodologie pour l'étude des émotions situées*, thèse de doctorat, EHESS, Paris.

BEAVON Keith, 2004, *Johannesburg: the making and shaping of the city*, Pretoria, Unisa Press.

BEUKES Lauren, 2010, *Zoo city*, Johannesburg, Jacana.

BLAKELY Edward J., 1997, *Fortress America: gated communities in the United States*, Washington Cambridge, Brookings Institution Press.

BLIDON Marianne, 2012, « Géographie de la sexualité ou sexualité du géographe ? Quelques leçons autour d'une injonction », *Annales de géographie*, n° 687-688, n° 5, p. 525-542.

BONDI Liz, 2007, « The place of emotions in research: from partitioning emotion and reason to the emotional dynamics of research relationships », *Emotional geographies*, Aldershot, Ashgate, p. 231-245.

BOUDREAU Julie-Anne, Boucher Nathalie et Liguori Marilena, 2009, « Taking the bus daily and demonstrating on Sunday: Reflections on the formation of political subjectivity in an urban world », *City*, vol. 13, n° 2-3, p. 336-346.

BREMNER Lindsay, 1998, « Crime and the emerging landscape of post-apartheid Johannesburg », in H. Judin et I. Vladislavic (ed.), *Blank: architecture, apartheid and after*, Rotterdam, NAI Publishers, p. 48-63.

BREMNER Lindsay, 2010, *Writing the city into being*, Johannesburg, Fourthwall Books.

CALBÉRAC Yann, 2010, *Terrains de géographes, géographes de terrain. Communauté et imaginaire disciplinaires au miroir des pratiques de terrain des géographes français du XXe siècle*, thèse de doctorat, Université Lyon II.

CALDEIRA Teresa P.R., 2000, *City of walls: crime, segregation, and citizenship in Sao Paulo*, Berkeley, Los Angeles, London, University of California Press.

CHAPUIS Amandine, 2012, *Performances touristiques et production des identités spatiales individuelles à Amsterdam*, thèse de doctorat, Université Paris 1 Panthéon-Sorbonne, Paris.

COLLIGNON Béatrice et STASZAK Jean-François, 2004, « Que faire de la géographie postmoderniste ? », *L'Espace géographique*, vol. 33, n° 1, p. 38-42.

DAVIDSON Joyce, BONDI Liz et SMITH Mick, 2007, *Emotional geographies*, Aldershot, Ashgate.

DAVIS Mike, 1999, *Ecology of fear: Los Angeles and the imagination of disaster*, New York, Vintage.

DAWSON Ashley, 2005, « Geography of fear: crime and the transformation of public space in post-apartheid South Africa », in S. Low et N. Smith (ed.), *The politics of public space*, New York, Abingdon, Routledge, p. 123-142.

DAY Kristen, 2006, « Being feared: masculinity and race in public space », *Environment and Planning: A*, vol. 38, n° 3, p. 569-586.

DIRSUWEIT Teresa, 2002, « Johannesburg: fearful city? », *Urban Forum*, vol. 13, n° 3, p. 3-19.

GERVAIS-LAMBONY Philippe, 2010, « Glissements amoureux », session organisée lors du *2e Congrès du RTP Études Africaines*, Bordeaux.

GERVAIS-LAMBONY Philippe, 2012, « Nostalgies citadines en Afrique Sud », *EspaceTemps.net* [en ligne], http://www.espacestemps.net/document9459.html.

GREGORY James J., 2015, « Creative industries and urban regeneration: the Maboneng precinct, Johannesburg », *Local Economy,* December 6.

GRÉSILLON Boris, 2014, *Géographie de l'art*, Paris, Economica.

GUILLAUME Philippe, 2001, *Johannesburg : géographies de l'exclusion*, Johannesburg, Paris, IFAS-Karthala.

GUILLAUME Philippe, 2004, « La violence urbaine à Johannesburg. Entre réalité et prétexte », *Geographica Helvetica*, n° 3, p. 188-198.

GUINARD Pauline, 2014, *Johannesburg : l'art d'inventer une ville*, Rennes, Presses Universitaires de Rennes.

GUYOT Sylvain, 2006, « Une méthodologie de terrain 'avec de vrais bricolages et plein de petits arrangements'... », *Études*, vol. 405, n° 9, p. 165-177.

GUYOT Sylvain et GUINARD Pauline, 2015, « L'art de (ré)imaginer l'Afrique du Sud », *L'Information géographique,* n° 79, p. 70-96.

HANCOCK Claire, 2011, *Pour une géographie de l'altérité. Corps de l'Autre et espaces de subjectivation politique*, HDR, Université Paris-Diderot.

HOUSSAY-HOLZSCHUCH Myriam, 2010, *Crossing boundaries,* t. 3 : *Vivre ensemble dans l'Afrique du Sud post-apartheid*, HDR, Université Paris 1 Panthéon-Sorbonne.

JEWKES Rachel *et al.*, 2012, « What we know and what we don't: single and multiple perpetrator rape in South Africa », *SA Crime Quarterly*, n° 41, p. 11-19.

KRUGER Loren, 2013, *Imagining the edgy city: writing, performing, and building Johannesburg*, Oxford, Oxford University Press.

LE POULLENNEC Annael, 2012, « Le corps étranger : autre et alien dans District 9 », in M. Prum (dir.), *Racialisations dans l'aire anglophone*, Paris, L'Harmattan.

LÉVY Jacques et LUSSAULT Michel, 2003, *Dictionnaire de la géographie*, Paris, Belin.

LIPMAN A. et HARRIS H., 1999, « Fortress Johannesburg », *Environment and Planning B: Planning and Design*, vol. 26, n° 5, p. 727-740.

LOW Setha M., 1997, « Urban fear: building the fortress city », *City & Society*, vol. 9, n° 1, p. 53-71.

LYNCH Kevin, 1960, *The image of the city*, Cambridge, MIT Press.

MARAIS Ingrid Estha, 2013, *Public space/public sphere: an ethnography of Joubert Park, Johannesburg*, PhD, University of Johannesburg.

MURRAY Martin J., 2011, *City of extremes: the spatial politics of Johannesburg*, Johannesburg, Wits University Press.

MURRAY Martin J., 2008, *Taming the disorderly city: the spatial landscape of Johannesburg after apartheid*, Ithaca, London, Cornell University Press.

NUTTALL Sarah et MBEMBE Achille, 2008, *Johannesburg: the elusive metropolis*, Durham, London, Duke University Press Books.

OLIVIER DE SARDAN Jean-Pierre, 2009, *La rigueur du qualitatif : les contraintes empiriques de l'interprétation socio-anthropologique*, Louvain-la-Neuve, Academia-Bruylant.

OLOUKOI Chrystel, 2015, *Nuits : objets de peur, objets de désir. Maboneng « Place of Light » au prisme des imaginaires et pratiques nocturnes*, mémoire de Master 1, Université Paris 1 Panthéon-Sorbonne, Paris.

PAIN Rachel et SMITH Susan J., 2008, *Fear: critical geopolitics and everyday life*, Aldershot, Burlington, Ashgate Publishing Limited.

REID Graeme et DIRSUWEIT Teresa, 2002, « Understanding systemic violence: homophobic attacks in Johannesburg and its surrounds », *Urban Forum*, vol. 13, n° 3, p. 99-126.

SIMONE AbdouMaliq, 2004, « People as infrastructure: intersecting fragments in Johannesburg. », *Public Culture*, vol. 16, n° 3, p. 407-428.

SMITH Mick *et al.*, 2009, *Emotion, place and culture*, Farnham, Ashgate.

STASZAK Jean-François, 2001, *Géographies anglo-saxonnes : tendances contemporaines*, Paris, Belin.

STRAUS Erwin, 1989, *Du sens des sens : contribution à l'étude des fondements de la psychologie*, Grenoble, J. Millon.

THIEN Deborah, 2005, « After or beyond feeling? A consideration of affect and emotion in geography », *Area*, vol. 37, n° 4, p. 450-454.

THRIFT Nigel, 2000, « Afterwords », *Environment and Planning D: Society and Space*, vol. 18, n° 2, p. 213-255.

THRIFT Nigel, 2004, « Intensities of feeling: towards a spatial politics of affect », *Geografiska Annaler: Series B, Human Geography*, vol. 86, n° 1, p. 57-78.

THRIFT Nigel, 2007, *Non-Representational theory: space, politics, affect*, New Ed edition, Milton Park, Abingdon, Oxon ; New York, NY, Routledge.

VETTEN Lisa et DLADLA Joy, 2000, « Women's fear and survival in inner-city Johannesburg », *Agenda*, vol. 16, n° 45, p. 70-75.

VIVET Jeanne et GINISTY Karine, 2008, « Les biais, terrain de savoirs ? Expériences africaines », communication, colloque *À travers l'espace de la méthode : les dimensions du terrain en géographie*, Arras.

VOLVEY Anne, 2012, *Transitionnelles géographies : sur le terrain de la créativité artistique et scientifique*, Université Lumière Lyon II.

VOLVEY Anne, CALBÉRAC Yann et HOUSSAY-HOLZSCHUCH Myriam, 2012, « Terrains de je. (Du) sujet (au) géographique », *Annales de géographie*, n° 687-688, n° 5, p. 441-461.

WEBER Florence et BEAUD Stéphane, 2010, *Guide de l'enquête de terrain*, Paris, La Découverte.

WIDDOWFIELD Rebekah, 2000, « The place of emotions in academic research », *Area*, vol. 32, n° 2, p. 199-208.

TAKING A LINE FOR A WALK

DISPOSITIFS DE POUVOIR, ILLUSIONS DE FERMETURES ET LIGNES D'HORIZON SUR LES PLAGES DE RIO

"Taking a line for a walk":
power dispositifs, illusions of closure and vanishing lines on the beaches of Rio

Claire BRISSON [1]
ENeC UMR 8185 CNRS,
Université Paris-Sorbonne

Résumé : Les plages de la *zona Sul* de Rio de Janeiro cristallisent différentes échelles de discours qui participent de la définition de corps légitimes d'une part, illégitimes d'autre part sur le sable. Cette construction discursive, qui met en adéquation une portion d'espace et un discours identitaire dominant, est territorialisante et contribue à la définition de régimes de visibilité très normés. La plage, pourtant, reste un espace pluri-vocal qui autorise paradoxalement des formes de micro-résistance pour les corps non normés. C'est là toute l'ambiguïté de l'espace même de la plage, dont les limites sont aussi voire surtout des seuils qui rendent possibles les contournements.

Mots-clés : plage, corps, pouvoirs, performativité, résistance

Abstract: *The beaches of zona Sul in Rio de Janeiro crystallize different levels of discourses which help define both legitimate and illegitimate bodies on the sand. This discursive construction, matching a specific section of the space with a prevailing identity discourse, creates territories and shapes these very normative visibility regimes. Yet, the beach remains a pluri-vocal space that paradoxically enables forms of micro-resistance for non-normative bodies. There lies the ambiguity of the beach space in Rio, the limits of which are also – if not first and foremost – thresholds making subversion possible.*

Keywords: *beach, body, powers, performativity, opposition*

Resumo: As praias da *zona Sul* do Rio de Janeiro cristalizam diferentes escalas de discursos que participam da definição de corpos legítimos por um lado, ilegítimos por outro lado sobre a areia. Esta construção que põe em adequação uma porção de espaço e um discurso identidade dominante é territorialisante e contribui para a definição de regimes de visibilidade muito normalizados. A praia no entanto, permanece um espaço plurivocal que autoriza paradoxalmente formas de micro-resistência para os corpos não normalizados. E cá toda a ambiguidade do espaço

[1] Courriel : brisson.clr@gmail.com

mesmo da praia, cujos limites são também ou mesmo sobretudo, limiares que tornam possíveis os desvios.

Palavras chaves: Praia, corpo, poderes, performatividade, resistência

Cet article entend explorer les pouvoirs qui marquent le corps et sa présentation sur un espace, voire un espace-temps particulier – les plages de la *zona sul* à Rio de Janeiro – et démontrer combien ce lieu, parce qu'il est mis en discours, pèse sur une certaine forme de publicité du corps. En filigrane, la lecture souvent proposée des plages comme espace-temps en rupture avec les normes régissant la vie quotidienne et autorisant un retournement cathartique (Lageiste, 2008) de l'ensemble des contraintes sociales se trouve questionnée, sinon déconstruite.

L'article axe d'abord l'étude des plages de Rio sur le mode de la signification en considérant qu'elles sont un espace de sémentisation et que les discours cristallisés participent d'un marquage de la plage et des corps et de l'élaboration de régimes de visibilité (Lussault, 2003) très normés, aux conséquences concrètes sur la façon dont un individu se porte au public. Cependant, à partir de l'exemple de la *Farme* d'Ipanema et de la *Bolsa* de Copacabana, portions de plages LGBTQ[2], j'essaie de montrer qu'il existe des opportunités spatiales, dépendantes souvent de la situation, de rendre visibles les invisibilisés et de déborder l'ordre existant.

PLAGES ET POUVOIR(S) : DU STÉRÉOTYPE AU PAYS DU CORPS NORMÉ ET HÉTÉRONORMÉ

De la plage aux discours sur les corps à la plage : performativité territorialisante

La posture scientifique emprunte ici à deux paradigmes scientifiques majeurs ayant fortement appuyé le tournant culturel de la géographie : celui, foucaldien, du pouvoir ; et celui de la construction discursive. Une des hypothèses de ce travail consiste à dire que la plage, en tant que productrice et objet de discours[3], est « performative ». Les discours qu'elle cristallise sont capables de produire des actions sur l'espace et d'en modifier temporairement ou durablement les pratiques sociales, puisqu'ils sont territorialisant : ils mettent en adéquation une portion d'espace et un discours identitaire sur

[2] Relatif à la communauté lesbienne, gay, bisexuelle, transgenre, queer.

[3] Et par discours, est également entendu l'ensemble des images (publicitaires notamment) relatives à la plage, puisque je considère qu'elles véhiculent également un message.

cette même portion. Cette posture se justifie par le caractère hypermédiatique de l'espace d'étude. Ipanema et Copacabana, plages de la *zona sul*[4], sont peut-être avant tout des noms qui véhiculent un imaginaire quasi mythique et bon nombre de fantasmes. Elles portent en elles-mêmes des référentiels et des attributs qui échappent à la cohérence du lieu. Ces discours participent d'un marquage de la ville, de la plage et du corps par le pouvoir et forment un canevas, un cadre par lequel toute interaction publique est conditionnée. Marquer la plage, c'est par exemple énoncer des règles officielles, à l'image de l'interdiction du nudisme considéré comme un attentat à la pudeur conformément au Code pénal brésilien datant de 1940, mais ce marquage ne provient pas nécessairement, ou en tout cas pas seulement des autorités officielles ou politiques. La définition du pouvoir en place se situe dans une perspective plus englobante, qui implique d'une part une redéfinition de ce pouvoir et d'autre part de ces modes de saisie, relevant de mécanismes spécifiquement modernes qui échappent à la théorie traditionnelle du pouvoir souverain (Foucault, 1975, 1976). D'où une prise en compte des discours publicitaires et médiatiques sur la plage à Rio et sur les corps à la plage. Une analyse de ces discours médiatiques montre un saut scalaire d'un espace à un corps : la totalité d'un espace, la plage (et peut-être la ville), vient construire l'image d'un corps devenu métaphorique de cet espace. Cette normativité corporelle associée à un environnement urbain spécifique est soulignée par Pitanguy (1988), non sans un dommageable déterminisme naturel qui occulte le rôle des discours dans le processus de (con)fusion corps/espace : « les gens sont eux aussi le fruit du cadre géographique dans lequel ils évoluent ; à Rio, cet aspect géographique colle parfaitement au côté libéré du carioca », et réciproquement, la ville serait « presque femme par ses rondeurs et ses volumes ». La ville, à la faveur d'un climat tropical qui fait osciller les températures annuelles entre 20 et 40°C et d'un cadre naturel exceptionnel luxuriant conduit, par métaphore, à une exotisation des corps, principalement du corps féminin. Le cliché accompagnant l'article « Brasil for beginners » publié dans la revue *Fifa Weekly* le 21 mars 2014 à l'approche de la Coupe du monde de football[5] illustre ce phénomène. Au premier plan, deux femmes métisses, en string coloré et en formes, orientées face, au second plan, à six jeunes hommes affutés à la couleur de peau variable (du noir au blanc) jouant au football, et en arrière-plan, le *morro Dois Irmão*s qui renseigne sur le lieu de prise du cliché : la plage d'Ipanema. L'incurvation du trait de côte et la distance, bien

---

[4] La *zona sul* est îlot de prospérité que l'on oppose traditionnellement au nord de la ville à Rio.

[5] L'article qui consistait en dix conseils aux étrangers attendus pour le Mondial a finalement été retiré de *Fifa Weekly* suite aux vives critiques, mais il est très facilement consultable car la trace a été gardée sur de nombreux réseaux sociaux.

qu'approximative, par rapport au bloc montagneux permettent de préciser la localisation, à proximité du *posto* 9[6]. Ce cliché offre ainsi une typification somme toute assez classique de la femme brésilienne autour de la figure de la *mulata*, et une essentialisation du corps de la femme *carioca*, de manière à traduire à la fois un idéal esthétique et un imaginaire sexuel racialisé. La richesse du cliché est toutefois bien plus grande ; les hommes jouant au ballon témoignent d'abord de la prégnance de l'idée d'une société brésilienne fondée sur le mélange réussi des noirs, blancs et indiens, corroborant de fait le mythe de la démocratie de plage qui serait scène majeure de la vie publique carioca car accessible à tous sans distinction. Ils servent aussi un discours sur le beau corps, masculin cette fois, légitime sur le sable, et dans leur rapport aux corps féminins, ils sont évocation de la division et de la hiérarchie traditionnelle entre les sexes. Ces corps idéaux s'affichent sur la plage la plus prestigieuse de la ville, au niveau du *posto* 9, portion célèbre et huppée d'Ipanema, traditionnellement fréquentée par la jeunesse dorée. Le cliché de la Fifa véhicule de fait l'image européano-centrée d'une grande ville-plage envahie par de beaux corps jeunes et presque nus, où se trouvent surjouées féminité et masculinité. De façon plus générale, les discours étrangers produits sur Rio de Janeiro et ses plages sont marqués par la fixité dans la construction idéologique de l'altérité et par un mode de représentation de l'Autre passant par le stéréotype. Dans cette perspective, les identités sont perçues de façon très simpliste, et marquées notamment par la binarité féminin/masculin et la reconduction d'une norme hétérosexuelle. Mais c'est aussi l'image bien souvent choisie par la société brésilienne elle-même pour se présenter aux yeux du monde. Une analyse des discours nationaux et locaux, notamment via la télévision, la presse écrite et certaines revues féminines montre un télescopage des échelles du discours médiatique sur la ville, la plage et les corps. Le discours publicitaire souligne donc le culte de la bonne forme physique et présente la plage comme une scène en partie hygiénisée dans la mesure où sont invisibilisés les enfants, les personnes âgées, les touristes, les vendeurs ambulants, le public LGBTQ, etc. Cette médiatisation des corps légitimes à la plage, c'est-à-dire ceux auxquels on donne accès à la visibilité, trouve peut-être son acmé dans la production nationale de revues, principalement féminines mais pas seulement, relatives à l'apparence physique. Une presse spécialisée constituée de revues aux noms évocateurs de *Corpo*, *Corpo Ideal*, *Boa Forma* ou encore *Corpo e Beleza* (figure 1), relayée par la télévision, construit et renforce le cliché de la femme tonique mais pulpeuse, aux courbes généreuses au niveau des hanches et des fesses. Ce cliché est ensuite véhiculé (sinon partagé) à (par)

[6] À Rio de Janeiro, les *postos* renvoient à des points de repère pour les occupants de la plage. Sur une même plage existent donc plusieurs *postos*, bien visibles puisque le numéro est affiché en grand et en couleur sur un bloc de béton faisant office de sanitaires.

l'ensemble de la ville, que l'on pense aux sculptures de sable en bordure de promenade sur Copacabana dont certaines assument explicitement la représentation de femmes allongées sur le ventre, fesses nues et rebondies mises en valeur ou encore aux différents graffitis (figure 2).

Figure 1 – **Revues nationales brésiliennes célébrant le culte de la « bonne forme »**, C. Brisson, 13 février 2014

Figure 2 – **Graff dans le quartier de Santa Theresa, Rio de Janeiro,** C. Brisson, 22 mars 2014

En dépit de ce télescopage des échelles de discours sur la question du corps visible et légitime sur les plages de Rio, un glissement s'opère sur celle des corps illégitimes. Alors que ce thème n'est pas abordé dans les médias étrangers, un type de corps illégitime sur les plages cariocas est défini par les discours nationaux et locaux, le rendant certes visible, mais par la négative. Le phénomène des *arrastões*[7], apparu au début des années 1990 et devenu redondant dans les médias depuis le 18 octobre 1992, dans les décisions politiques qu'il a motivées, participe grandement à sa définition. L'accès par autocar des suburbains et des habitants des favelas à la *zona sul* a été soumis à un contrôle plus strict, avec des restrictions spécifiques pour tout individu ne portant pas de chemise, n'ayant pas d'argent sur soi, pas de document officiel et présentant un « délit de sale corps ». Les troubles, les violences sur le sable sont alors associés directement à un modèle corporel et comportemental, une forme de présentation de soi (Goffman, 1973) qui renvoient au stéréotype du *funkeiro*, lui-même diabolisé (Vianna, 1988 ; Herschmann, 1997). Pendant les mois de décembre 2013, janvier et février 2014, les *arrastões* ont été largement médiatisées, alors que le phénomène était, cet été-là, de l'ordre de l'anecdotique. Le discours médiatique local, principalement par le canal de *Globo*, participe donc d'une stigmatisation en fixant un corps illégitime, mais également des espaces potentiellement dangereux, corps et espace fusionnant presque. Le recensement en cours d'articles parus dans les journaux *Globo* et *O Dia* sur le phénomène des *arrastões* montre à ce titre que 80 % des occurrences relatives sur les plages cariocas renvoient à la portion de plage Arpoador-*posto* 8 d'Ipanema. L'été, en fin de semaine, le choix de faire stationner et patrouiller de façon plus marquée qu'ailleurs la police en des lieux précis provoque, par rétroaction, une peur justement du fait de cette présence. Se dessine un jeu du pouvoir, sur le plan émotionnel, pour imposer sa géographie et définir ce qui est plus ou moins fréquentable, ceux qui sont plus ou moins fréquentables.

Ce qu'une étude des corps sur les plages de Rio souligne, ce sont finalement les enjeux de pouvoir de la visibilité, les rapports de force à l'œuvre dans la dialectique du visible et de l'invisible.

La plage à Rio : dispositif panoptique intrusif et « tyrannies de la visibilité »

Une première forme de pesanteur exercée sur le corps réel, c'est-à-dire le corps de l'individu qui se rend à la plage, s'explique donc par la cristallisation de discours (principalement publicitaires, mais pas exclusivement) à

[7] Les *arrastões* consistent en l'irruption d'une bande d'individus qui provoque la panique et la désertion de la plage par les personnes présentes, dont les affaires sont alors aisément dérobables. Le phénomène repose donc sur la peur mimétique dans le processus de désertion et apparaît comme une rupture dans la normalité, comme un moment de suspension de l'ordre.

tendance identitaire, via des corps idéaux, sur la portion d'espace que représente la plage. Une autre forme de contrôle très puissant exercé sur les corps, et surtout sur les comportements, passe par l'auto-contrôle. Elias le premier (1939) aborde cette question de l'incorporation des contrôles mués en auto-contrôle, en interrogeant les conditions de possibilité d'une intériorisation de contraintes extérieures agressives pour l'individu. Il invite à penser les rapports existant entre l'immédiateté du corps à corps et la fonction prescriptive de l'institution (la société de cour par exemple) dans l'intériorisation des contraintes et contrôles. Le poids du regard, relativement à cette problématique de l'auto-contrôle, est souligné dans des travaux ultérieurs, notamment à partir de l'analyse foucaldienne (1975) de la prison panoptique de Bentham : dans cette surveillance panoptique, les détenus, à force de s'observer, surveillent eux-mêmes leurs faits et gestes, même en l'absence de surveillance réelle de la part des autres. C'est précisément ce que Deleuze (1972) met en lumière lorsqu'il affirme que la contemporéanité serait caractérisée par la société de contrôle et non plus par le pouvoir disciplinaire : de l'injonction à la visibilité à l'impératif du voir et être vu, les sujets ne seraient plus victimes de la discipline, mais seraient réellement des acteurs permanents de la construction de leur propre prison panoptique (Birman, 2011). La plage, dans la forme qu'elle revêt à Rio de Janeiro, fonctionne comme un dispositif panoptique intrusif, entendu comme régime de visibilité centralisé et capable de modifier ou d'exercer une contrainte sur les comportements. Chacun se sent alors surveillé à tout moment, se pénètre de cette représentation et intériorise ce rapport, transforme le contrôle en auto-contrôle, l'œil panoptique en regard intérieur. Ipanema, Copacabana présentent la spécificité d'être des plages éminemment urbaines, dont la topographie même a des conséquences sur le voir et l'être vu (figure 3). Aucun obstacle au regard sur ces espaces en effet, *a contrario* de nombreuses plages isolées, ou qui, sans être à l'écart, présenteraient toutefois des massifs dunaires ou encore une végétation abondante – autant d'éléments permettant des espaces en retrait, de soustraction au regard d'autrui. C'est d'ailleurs bien cette logique de panotique, ou plutôt de son contournement, qui sous-tend la localisation des plages gays étudiées par Jaurand (2005, 2010).

La disposition même sur les sables est d'ailleurs, à cet égard, très éclairante. La configuration spatiale des occupants est très majoritairement ouverte, la plupart du temps sous forme d'un cercle semi-ouvert, et les serviettes et chaises de plage s'orientent dans tous les sens – pas forcément, voire rarement en direction de la mer. L'espace aquatique est d'ailleurs délaissé ; aller à la plage, à Rio, ne signifie pas aller à la mer comme c'est souvent le cas en France, et l'une des occupations favorites, comme les entretiens l'ont confirmé, consiste à déguster autrui. Le « mateur-voyeur », individu de sexe masculin dans la plupart des cas, seul et debout sur le sable, tournant sur lui-même au gré de son voyeurisme, en est une figure archétypale.

Figure 3 – **Ipanema (en haut) et Copacabana (en bas), des plages urbaines ouvertes au regard**, C. Brisson, 2014

LIMITES ET SEUILS SUR IPANEMA ET COPACABANA : DE LA FIXITÉ À LA FLUIDITÉ

Les corps pour limites : des plages segmentées

L'espace de la plage est donc marqué par un pouvoir déjà-là établi par une logique discursive elle-même articulée à des mécanismes socio-cognitifs qui conduisent à une intériorisation. Les normes de paraître ont des conséquences sur les régimes de visibilité : autrement dit, ce qui est dit et intériorisé a des conséquences sur la publicité, cette fois comprise comme la façon dont un individu se porte au public.

Il existe dans l'injonction à la visibilité de certains corps (beaux, jeunes, en forme) un impératif de performance qui transforme la plage en un lieu de construction et d'exposition de ce beau corps, au sens de corps modèle. Malysse affirme : « les corps, tous les types de corps, envahissent l'espace visuel de la plage sans que personne n'y fasse attention ». Certes, on peut effectivement trouver une grande variété de corps à la plage à Rio. Loin de nous l'idée d'affirmer que sur le sable, ne s'exhiberaient que les corps idéaux des magazines. Cependant, tous les corps n'accèdent pas à la même publicité, et de fait à la même légitimité. Il y a des corps rois, et d'autres invisibilisés. Il s'agit bien sûr moins d'une invisibilité réelle – la personne en question ne serait pas vue du tout – que d'un déni de regard et de reconnaissance, manifeste par le « regard en travers », l'opprobre qui ne peuvent qu'être vécus comme des signes d'humiliation. On ne trouve par ailleurs pas tous les types de corps, ni les mêmes modèles comportementaux partout, en tout point de la plage.

Monsieur Jordão est un habitant du centre de Rio de Janeiro, issu d'un milieu populaire, qui, chaque fin de semaine, se rend à la plage en famille ou avec des amis, au niveau du *posto* 7, à Arpoador donc. Il ne connaît pas les autres portions de la plage, puisqu'il ne s'éloigne jamais de sa place traditionnelle et de la *barraca*[8] *da Fatima.* De carnation assez claire, il arrive toujours les bras chargés : parasol, chaises et glacière pour les boissons et le repas du déjeuner. Préparer un repas chez lui, destiné à être consommé ensuite à la plage n'est pas, de son point de vue, une nécessité financière, mais un réel plaisir. Cette attitude fait de lui un *farofeiro* dans le vocable local, ce terme dérivant de *farofa*, mets d'accompagnement traditionnel préparé avec de la semoule de manioc frite à laquelle peuvent être ajoutés des ingrédients très divers et surtout plat connotant le monde du travail et le mélange. Au Brésil, le *farofeiro* est donc associé à une personne issue des

---

[8] À Rio de Janeiro, les *barracas* sont les stands de location de chaises et parasols installés directement sur les plages. Elles portent la plupart du temps le prénom de leur gérant – ici, *barraca da Fatima.*

couches populaires dont le comportement est perçu comme inadéquat par rapport aux normes comportementales dominantes. D'autres éléments de définition du *farofeiro* sont progressivement venus se greffer à la caractéristique initiale (apporter sa nourriture sur le sable), renvoyant également au corps ou à une attitude corporelle : peau noire (ou inversement, carnation claire), voix qui porte, musique trop forte, agitation, contribuant au caractère stigmatisant (Goffman, 1975) de l'appellation. Le *farofeiro* devient progressivement corps impur (Douglas, 1966), le terme de *sujeira* étant maintes fois mobilisé dans les discours sur ces *outsiders* de Copacabana et d'Ipanema. Comme cette saleté n'offense pas seulement les canons esthétiques, mais qu'elle est aussi associée à l'idée de contagion, elle devient exclusive et justifie une segmentation de la plage. Cette segmentation procède par évitement-concentration sur un double plan spatio-temporel. Ainsi sur Ipanema le week-end, lorsque la plage est fortement fréquentée par les classes populaires suburbaines, les classes moyennes et aisées délaissent les *postos* 7 et 8 à proximité directe des arrêts de métro, au profit des *postos* 9 et 10, plus difficilement accessibles en transports en commun ; à plus petite échelle, ces mêmes classes aisées délaissent Ipanema pour des plages plus au sud de Rio comme Barra ou Recreio. Le profil des occupants de la plage évolue aussi à une échelle temporelle fine : tôt le matin, et en fin d'après-midi, en fin de semaine, les « locaux », c'est-à-dire les habitants d'Ipanema et de Copacabana sont surreprésentés, tandis que la plage est davantage investie par les milieux populaires en milieu de journée. Les régimes de visibilité sont donc variables tant spatialement que temporellement.

La ségrégation sur les sables a déjà été analysée à maintes reprises (Freeman, 2002 ; Gomes, 2002 ; Kallmann et Silva, 2007) mais toujours dans une perspective de classes sociales, notamment avec la reconduction de l'opposition entre habitants de la *zona sul* / habitants de la *zona norte* ou suburbains. Cette division entretient pourtant des liens significatifs aux types de corps – même si le corps lui-même est bien souvent un « corps de classe » (Bourdieu, 1977). L'un des constats le plus simple est visuel, lors d'une promenade le 19 janvier 2014 entre Arpoador et Ipanema, bande de sable *a priori* uniforme, sans rupture physique ou paysagère, du *posto* 7 au *posto* 10 : de façon simplifiée, car il existe des portions spécifiques de plage qui contredisent la tendance globale, s'observent une baisse progressive de la densité d'occupation, une évolution de la couleur de peau (figure 4), des peaux noires aux peaux plus claires bien que bronzées (Farias, 2003), mais aussi une évolution des pratiques et comportements, marqués par la diminution du volume sonore, du nombre de baigneurs, par la disparition des corps entièrement recouverts de sable, avec bien au contraire, un évitement au maximum du contact avec le sable.

Figure 4 – **Arpoador, entre *postos* 7 et 8, un dimanche midi, plage « noire » ?**
C. Brisson, 19 janvier 2014

Cette analyse de la segmentation des plages au prisme des modèles comportementaux et des différences corporelles permet d'échapper à une lecture sur le mode de la différence de classes sociales. Sans la renier complètement, elle met davantage en lumière le rôle du corps dans le positionnement social, la façon dont il est perçu, dans la société brésilienne et *a fortiori* dans la culture carioca, comme potentiel atout pour s'élever socialement (Malysse, 2010). La presse féminine fourmille d'ailleurs d'exemples de ces *self made women* qui ont réussi socialement en se modelant un nouveau corps, à l'image de Luiza Ambiel par exemple. Lys B., femme de 37 ans résidant à Ipanema et fréquentant quotidiennement l'académie de musculation Bodytech, *rua Barão do Torre*, peut être perçue comme une figure archétypale des liens entre ségrégation et corps à la plage puisque transformation corporelle et dynamiques spatiales sont étroitement imbriquées sans son cas : elle fréquente assidûment l'académie depuis huit années, et a perdu 25 kilos. Elle évoque également une prise de conscience de sa féminité, un attachement croissant aux soins de la peau, des ongles, des cheveux, et décrit ces années comme celles de sa « renaissance ». Son espace vécu généralement, et sa fréquentation de la plage spécifiquement, s'en sont trouvés sensiblement altérés. Elle ne fréquente désormais plus que la plage d'Ipanema à Rio, entre le *posto* 9 et le *posto* 10 face à la rue Maria Quitera, alors qu'elle ne s'y rendait jamais auparavant car elle y ressentait un « malaise » et une « pression », et a complètement délaissé son ancien point d'ancrage, la plage de Leme.

Cette légitimité différenciée de la présence sur les sables de Rio ne se lit pas seulement de façon verticale, le long des *posto*. Elle est redoublée par une division de la plage selon des axes parallèles à la mer. Ainsi, les corps les plus invisibilisés obéissent à une logique spatiale de retranchement, à proximité directe de la promenade et donc très en retrait par rapport au front de mer, en arrière des *barracas*. Ironiquement, ils sont souvent localisés sous les rares arbres présents, à l'ombre et dans l'ombre (figure 5).

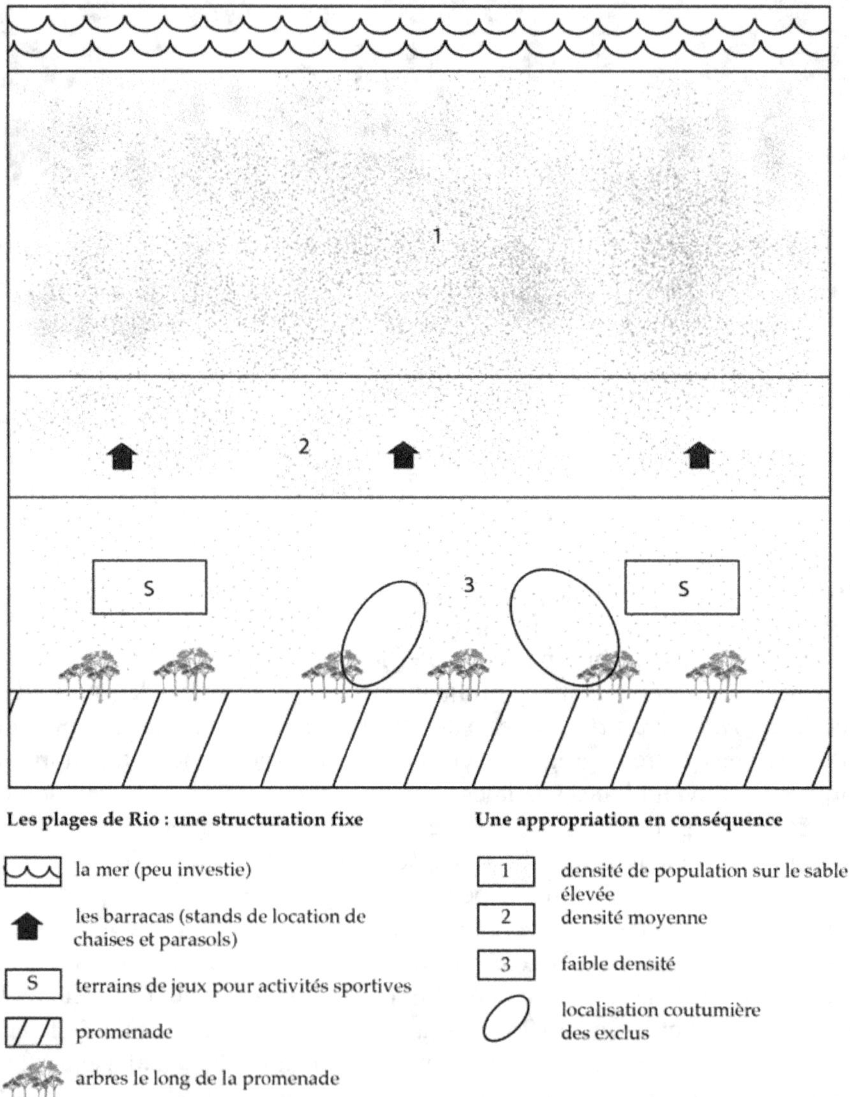

Figure 5 – **Modèle d'organisation spatiale type d'une plage de la *zona sul* de Rio**
C. Brisson, 2014

Jeux de seuils et micro-résistances : l'exemple de la *Farme* et de la *Bolsa*

La géographie des plages de la *zona sul* est donc marquée très fortement par les représentations et par la fixité. Cette perspective fait de la plage un espace clos et immobile. À cet égard, il me semble intéressant de questionner la nostalgie exprimée par plusieurs personnes interrogées qui comparent la plage, aujourd'hui, à celle de leur souvenir. Cette comparaison s'exprime souvent sur le mode de la dépréciation, avec l'idée que *« c'était mieux avant »*. João, par exemple, installé pour des raisons professionnelles aux États-Unis depuis six ans pensait revenir « *à la maison* » en se rendant à Ipanema – littéralement dans son propos, *going home* – et il témoigne de sa déception. Cette déception, je l'interprète comme un décalage entre le lieu et les représentations de ce lieu. Simplement, on ne peut pas *revenir quelque part*, parce que lorsque l'on revient, l'espace (en l'occurrence, les plages) a changé – et la personne également. Puisque le zonage de l'utilisation de l'espace des plages cariocas est autant spatial que temporel, les jeux de limites s'apparentent davantage à des jeux de seuils, fluctuants, qui intègrent dans leur raison d'être la possibilité d'un débordement. Certes, les acteurs à la plage sont insérés au sein d'un cadre de discours dominants, mais ils ont aussi la possibilité d'opposer des micro-résistances à ce discours. La plage est un espace pluri-vocal, où les pratiquants peuvent réussir à produire et à faire entendre leur propre discours sur le territoire, à rebours de ceux issus des canaux politiques et médiatiques, ou en les court-circuitant selon un jeu d'échelles complexe. Il existe ainsi des opportunités spatiales de faire voir des absences qui sinon risqueraient d'être invisibles et indicibles, de déborder l'ordre existant.

L'analyse de la revendication (pas automatiquement consciente[9]) de visibilité, en cas d'écart à la norme – corporelle et hétérosexuelle – par le corps et les comportements, peut être approchée à partir d'une focale sur la scène carioca LGBTQ et plus spécifiquement gay. Le conflit, l'exclusion et/ou la stigmatisation sont très largement inhérents à ces positionnements décalés : au Brésil, en effet, l'homosexualité demeure un stigmate (Goffman, 1975), même si la ville de Rio est fréquemment citée dans le classement des meilleures destinations gay du monde. L'ONG *Grupo Gay da Bahia*, qui défend les droits des homosexuels depuis trente ans au Brésil, a récemment mis en avant des chiffres inquiétants : la moitié des meurtres de transsexuels et de gays commis dans le monde en 2013 l'ont été au Brésil, situation d'autant plus préoccupante que ce nombre serait en hausse de plus de 14 % depuis l'arrivée au pouvoir de la présidente Dilma Rousseff début 2011. Être

[9] Toute pratique qui ne se conforme pas aux injonctions du pouvoir en place n'exprime en effet pas nécessairement une résistance (Fassin et Memmi, 2004).

homosexuel, c'est déroger à la règle normative hétérosexuelle de la société, bien que des nuances existent : les pratiques sexuelles ne sont pas, au Brésil, nécessairement pensées selon des catégories (homosexuel, hétérosexuel), alors que cette dualité semble aller de soi dans la plupart des pays occidentaux contemporains. Ces pratiques ne renvoient donc pas forcément à une identité sexuelle, puisque les rapports sont davantage fondés sur le genre (associé aux pratiques sexuelles qui lui sont culturellement et idéalement liées : activité et passivité) que sur les sexes (Mendes-Leite, 1993 ; Gontijo, 1998). La multiplicité de la terminologie témoigne d'une grande diversité de la population homosexuelle à Rio. Cette pluralité des situations et des processus d'identification rend délicate, à première vue, l'utilisation de l'expression « communauté », et doit rappeler que toute généralisation est potentiellement réductrice.

Le terme « scène LGBTQ » ici convoqué renvoie pour sa part à une forme de « jeu », pour reprendre la terminologie goffmanienne : un art de pratiquer l'espace pour créer un espace d'émancipation. La question des marges d'autonomie qui peuvent être dégagées à travers la mobilisation d'une *intelligence pratique* ou des *situations* se pose ici avec insistance. Deux auteurs accompagnent cet examen : Balandier (1977), dont la terminologie mobilisée pour son anthropologie politique de la ruse – « conformité, stratégie, manipulation et contestation » – recouvre une très grande diversité d'attitudes et de situations ; et de Certeau (1980) en tant que théoricien des ruses et tactiques du faible, des arts de *faire avec* un ordre contraignant. À Rio, la *Bolsa* de Copacabana d'abord, puis la *Farme* d'Ipanema se sont imposées comme des portions de plages investies et revendiquées par la mouvance LGBTQ, questionnant le caractère hétéronormatif des plages cariocas. La singularité de ces deux espaces réside dans leur configuration spatiale similaire, à savoir l'absence la plus complète de fermeture ou de stratégies de discrétion – à l'inverse de la plupart des plages gays dans le monde. Bien au contraire, les points LGBTQ à Rio empruntent davantage à la logique des hauts lieux (Augé, 1992), puisqu'ils sont localisés sur les plages et portions de plages les plus célèbres, à proximité du Copacabana Palace pour la *Bolsa*, du *posto* 9 pour la *Farme*. Comment donc est rendue possible l'existence de tels territoires au cœur même d'un espace éminemment public ? José, 27 ans, homosexuel fréquentant la *Farme* depuis son emménagement à Rio il y a 5 ans et très actif au sein de la sphère, l'explique surtout par les marques d'extériorité. Une « scène » LGBTQ s'impose, se rend visible au sein d'un territoire, mais en sur-signifiant sa paradoxale déterritorialisation. Ainsi de la fonction des drapeaux arc-en-ciel flottant de part et d'autre de la *Farme* d'Ipanema comme de la *Bolsa* de Copacabana (figure 6). Ces derniers ménagent des seuils qui signifient autant l'appartenance au mouvement LGBTQ que la limite avec les autres espaces de la plage. Ils permettent par ailleurs l'identification à une communauté internationale gay, dont la *Farme* a adopté les codes corporels : musculature imposante, tatouage, virilité surjouée. Ici, la conformité du « corps-apparence » à la valorisation de tout ce qui est masculin permet de justifier et de rendre tolérable une sexualité qui échappe à la norme, malgré, ou plutôt grâce à tout ce qu'elle comporte de divisions internes de classe et de genre et de recréation de normes et de hiérarchie au sein de la minorité LGBTQ.

Figure 6 – **La *Farme* d'Ipanema, une scène LGBT qui surjoue la déterritorialisation,** C. Brisson, 26 janvier 2014

La scène LGBTQ fonctionne sur des logiques différentes sur la *Bolsa* de Copacabana. Je m'appuie ici sur les conclusions de Gontijo (1998) dans le cadre de sa socio-anthropologie des homosexualités, actualisées par une série d'observations personnelles et d'entretiens menés entre janvier et mai 2014. Le territoire de la *Bolsa* s'étend sur environ 200 mètres de long, au bord de la mer, et 100 à 150 mètres de large, entre l'avenue Atlantica et la mer. On distingue 4 zones distinctes à la *Bolsa*, parallèles au trait de côte, de la plus éloignée de l'eau à la plus proche, définies par des densités de population variables (figure 7) : une première zone de sable chaud, entre l'avenue et les *barracas* où personne ne s'installe à cause de la température élevée du sable et l'éloignement de l'eau, et où l'on peut seulement observer, le temps du week-end, des installations de beach-volley ; une seconde zone de *barracas*, qu'on appelle « derrière » où se trouvent les travestis, les *miches* (prostitués masculins), les touristes plus âgés, les femmes homosexuelles et les dealers/consommateurs de drogues. Comme cette partie est un peu surélevée, on peut y avoir une vision générale du territoire de la *Bolsa*. Elle constitue donc un endroit propice pour quiconque chercherait quelqu'un ; une troisième zone constitue le centre le *Bolsa*, qu'on appelle aussi « le milieu » où se regroupe la plupart des habitués et les jeunes touristes. La densité est ici plus élevée qu'ailleurs et les distances inter-personnelles moindres ; enfin, la dernière zone est celle tout près de l'eau, investie par quelques couples hétérosexuels et femmes avec enfants, les vieux homosexuels appelés les *mariconas* et quelques homosexuels très musclés. Cette partie sert de barrière, puisque les passants du bord de l'eau ne se rendent pas compte qu'il s'agit d'un point gay.

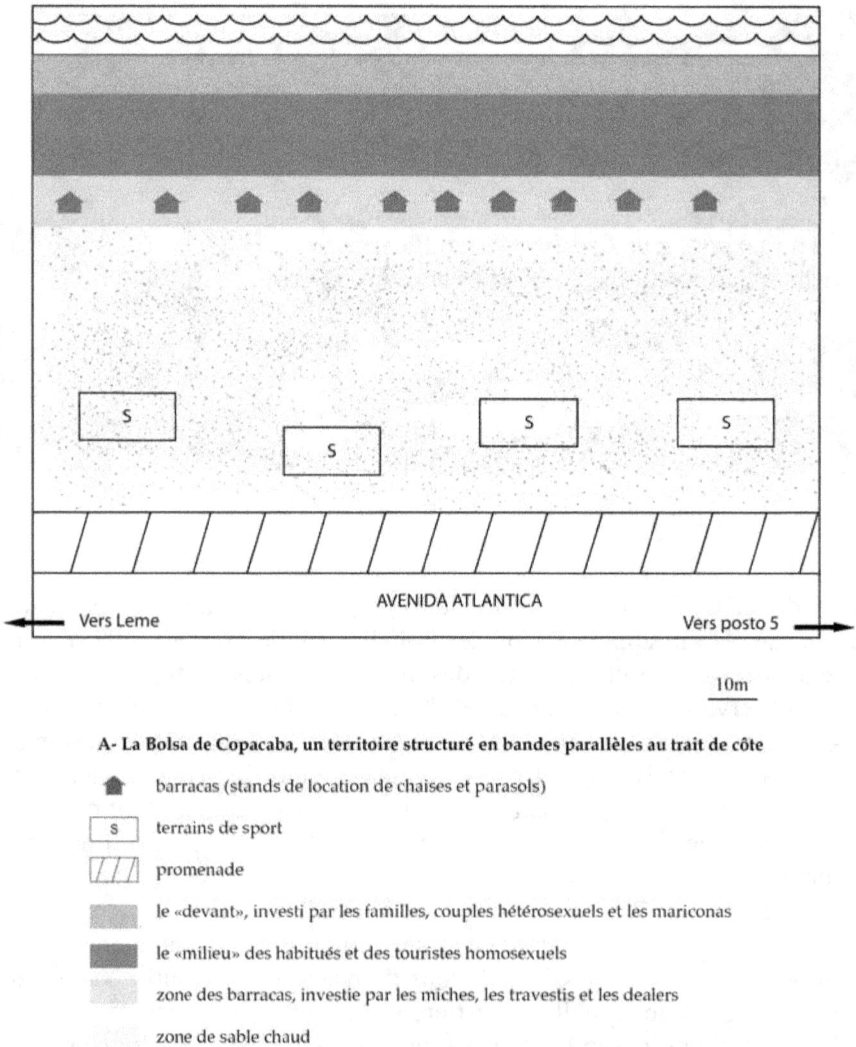

Figure 7 – **Le territoire de la *Bolsa* de Copacabana (1) : jeux de seuils et d'apparences comme conditions de débordement de l'ordre,**
C. Brisson, août 2014

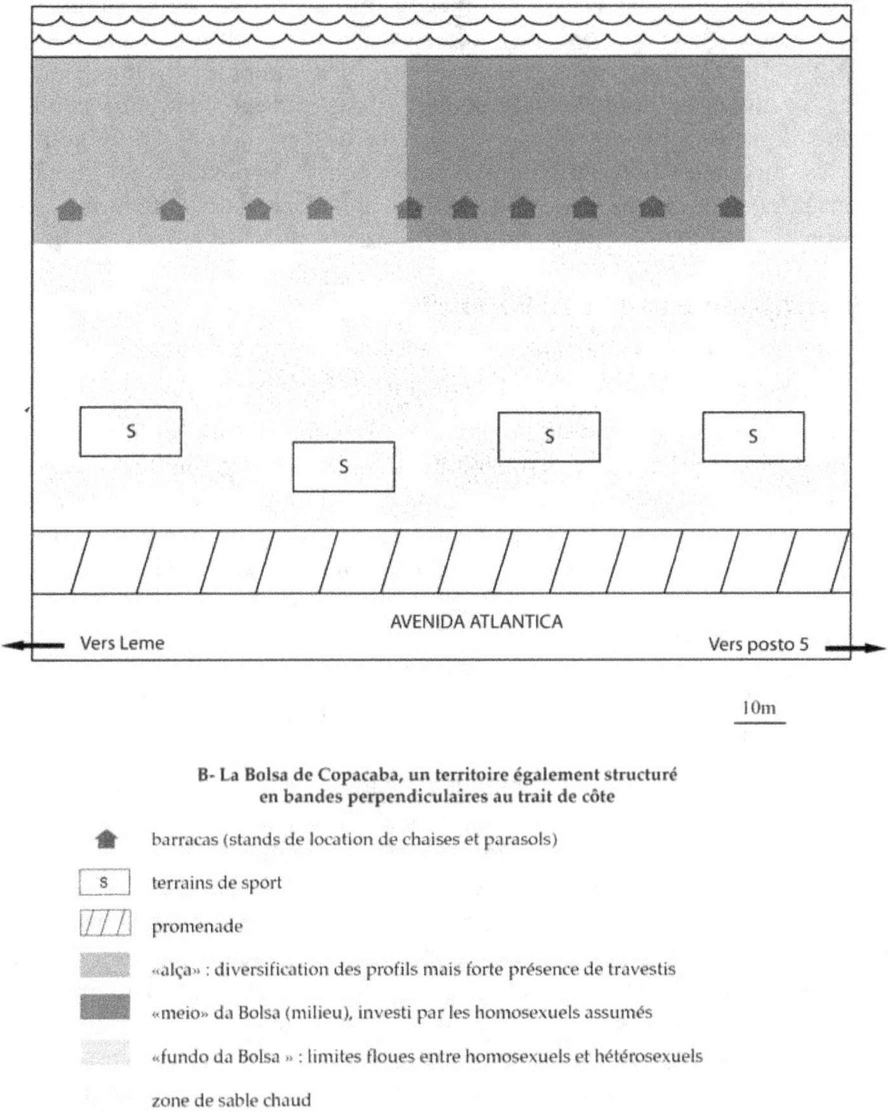

Figure 8 – **Le territoire de la *Bolsa* de Copacabana (2) : jeux de seuils et d'apparences comme conditions de débordement de l'ordre,**
C. Brisson, août 2014

Ce jeu avec l'espace est redoublé par une organisation verticale, c'est-à-dire perpendiculaire au trait de côte (figure 8) : une tranche centrale, appelée *meio* où se trouvent les homosexuels qui ont le moins de mal à assumer leur homosexualité ; une tranche de 20 m à l'ouest, le *fundo da bolsa*, où les limites entre homosexuels et hétérosexuels sont floues, et où se placent aussi les homosexuels les plus virils ; enfin, une tranche à l'est de la première, nommée *alça*, en face du Copacabana Palace, portion la plus diversifiée et la plus énigmatique, regroupant des travestis, des couples d'homosexuels discrets, beaucoup d'homosexuels seuls. À partir d'un cœur, un centre, s'observe donc un gradient de décroissance : des groupes les plus homosexualisés aux plus hétérosexualisés selon leur composition, et où les apparences corporelles ménagent des seuils qui sont autant de formes de protection.

Franchissements et lignes d'horizon

Davantage qu'à une conclusion, c'est à une ouverture que se prête cet article : un débat sur la nature de l'espace qu'est la plage.

Il existe une forme physique de la plage (dans sa matérialité) et un discours sur cette forme, qui renvoie à un contenu, un dispositif de pouvoir. Ce discours procède souvent par fusion et confusion d'un corps et d'une portion de plage (corps noir, masculin associé aux espaces dégradés, dangereux de la plage par exemple). Ce qu'une étude des corps sur les plages de Rio souligne finalement, ce sont bien les enjeux de pouvoir de la visibilité, les rapports de force à l'oeuvre dans la dialectique du visible et de l'invisible, et l'existence de territoires *a priori* centraux associés à une ou des corporéités légitimes, opposés à d'autres territoires davantage périphériques et liés à des corporéités marginales.

Il serait toutefois réducteur de penser les plages de Rio uniquement comme des agrégats de micro-territoires juxtaposés et séparés. Le dispositif de pouvoir qui marque les plages de Rio est équivoque : il est répressif, lorsqu'il distingue un dedans d'un dehors, et donc des inclus et des exclus, mais il est aussi créatif, puisqu'il entraîne des formes de contestations et de (micro-)résistances (celles du mouvement LGBTQ présenté dans cet article par exemple) à ces mêmes distinctions normatives. Ces résistances produisent un espace en mouvement. Elles questionnent aussi la possibilité, pour des périphéries, d'utiliser leur caractère périphérique comme une ressource, pour parvenir à se recréer comme centre. L'espace de la plage, on l'a dit, autorise des franchissements, et par un jeu de seuils, doit être pensé comme hétérogène. Ce qui se joue à la plage à Rio, ce sont l'ensemble de ces stratégies quotidiennes de déplacement – glissement, pourrait-on dire – des périphéries sociales, spatiales, symboliques, par rapport à un centre des pouvoirs (spatial, social, idéologique). Les frontières n'y sont pas des lignes de division. Les tentatives de contrôle de la plage et des corps par les discours sont vouées à être court-circuités. J'appelle lignes d'horizon, pour reprendre la terminologie de Deleuze, ces tentatives de délimitation de territoires normatifs ainsi que les possibilités de subvertir ces délimitations sur les sables à Rio.

Une ligne rencontre une ligne. Une ligne évite une ligne. Aventures de lignes.
Une ligne pour le plaisir d'être ligne, d'aller, ligne. Points. Poudre de points.
Une ligne rêve.
On n'avait jusque-là jamais laissé rêver une ligne.

Aventures de lignes, Henri Michaux, 1954

BIBLIOGRAPHIE

AUGÉ Marc, 1992, *Non-lieux. Introduction à une anthropologie de la surmodernité*, Paris, Seuil, 150 p.

BALANDIER George, 1977, « Ruse et politique », in *Cause commune : la ruse*, Paris, Union générale d'éditions, coll. « 10/18 », p. 21-31.

BIRMAN Joël, 2011, « Je suis vu, donc je suis : la visibilité en question », in Nicole Haubert, Claudine Haroche (dir.), *Les tyrannies de la visibilité*, Paris, ERES, p. 39-52.

BOURDIEU Pierre, 1977, « Remarques provisoires sur la perception sociale du corps », *Actes de la recherche en sciences sociales*, vol. 14, p. 51-54.

CERTEAU Michel de, 1980, *L'invention du quotidien,* Paris, Gallimard, 350 p.

DELEUZE Gilles, GUATTARI Felix, 1980, *Capitalisme et schizophrénie. Mille plateaux,* t. 2, Paris, Éditions de Minuit, 645 p.

DELEUZE Gilles, 1990, *Pourparlers*, Paris, Minuit, 249 p.

ELIAS Norbert, 1939, *La civilisation des moeurs*, Paris, Calmann-Lévy, 342 p.

FARIAS Patricia, 2003, *Pegando uma cor na praia : relações raciais e classificação de cor na cidade de Rio de Janeiro*, Rio de Janeiro, Divisão de Editoração.

FASSIN Didier et MEMMI Dominique (dir.), 2004, *Le gouvernement des corps*, Paris, Éditions de L'EHESS, 269 p.

FOUCAULT Michel, 1975, *Surveiller et punir*, Paris, Gallimard, 360 p.

FOUCAULT Michel, 1976, *Histoire de la sexualité. 1. La volonté de savoir*, Paris, Gallimard, 211 p.

FREEMAN James, 2002, « Democracy and danger on the beach: class relations in the public space of Rio de Janeiro », *Space and Culture, the Journal*, p. 9-28.

GOFFMAN Erving, 1973, *La mise en scène de la vie quotidienne. 1. La présentation de soi.* Paris, Éditions de Minuit, 256 p. ; *2. Les relations en public*. Paris, Éditions de Minuit, 396 p.

GOFFMAN Erving, 1975, *Stigmate. Les usages sociaux des handicaps.* Paris, Éditions de Minuit (Ed. originale : 1963, Prentice Hall), 175 p.

GOMES, Paulo Cesar Da Costa, 2002, *A condiçao urbana : Ensaios de geopolıtica da cidade*, Rio de Janeiro, Bertrand Brasil.

GONTIJO Fabiano, 1998, *Corps, apparences et pratiques sexuelles. Socio-anthropologie des homosexualités sur une plage de Rio de Janeiro*, Lille, Éd. GKC, 196 p.

HERSCHMANN Micael, 1997, *Abalando os anos 90: funk e hip-hop, globalização, violência e estilo cultural*, Rio de Janeiro, Rocco, 218 p.

JAURAND Emmanuel, 2005, « Territoires de mauvais genre ? Les plages gays », *Géographie et cultures*, n° 54, p. 71-84.

JAURAND Emmanuel, 2010, *Construire des territoires d'un autre genre ? Perspectives de recherche sur des territorialités marginales dans l'espace touristique*, HDR préparée sous la dir. de Jean-Christophe Gay, université de Nice-Sophia Antipolis, 3 vol., 183 p.

KALLMANN Daniela, SILVA Flavia, 2007, *Faixa de areia : Um filme sobre as praias do Rio,* Brasil, Film Connection.

LAGEISTE Jérôme et RIEUCAU Jean, 2008, « La plage : un territoire singulier : entre hétérotopie et antimonde », *Géographie et cultures*, n° 67, p. 3-6.

LUSSAULT Michel, 2003, « Régime de visibilité », in Jacques Lévy et Michel Lussault (dir.), *Dictionnaire de la géographie et de l'espace des sociétés*, Paris, Belin, 1032 p.

MALYSSE Stéphane, 1997, « À la recherche du corps idéal : culte féminin du corps dans la zone balnéaire de Rio de Janeiro », *Cahiers du Brésil Contemporain*, n° 31, p. 157-174.

MALYSSE Stéphane, « Le gringo et l'anthropologue : apparence physique, subjectivités et sensualités dans la recherche de terrain », *Sociedade e Estado*, 2002, vol. 17, n° 2, p. 487-506.

MALYSSE Stéphane, 2010, *Anthropologie musculaire : regards français dans les coulisses de la corpolâtrie carioca*, Éditions Universitaires Européennes, 140 p.

MENDES-LEITE Rommel, 1990, « Genres et orientations sexuelles : une question d'apparences ? », in Greh *et al.*, *Homosexualités et lesbianisme :*

mythes, mémoires, historiographies. Actes du colloque international (3 vol.), Lille, Cahiers GKC, p. 109-147.

MENDES-LEITE Rommel, 1993, « Des vicissitudes d'être un "authentique macho », *Les Cahiers de l'imaginaire. Les frontières de l'imaginaire,* vol. 9, p. 23-38.

MICHAUX, Henri, 1963, *Passages*, Paris, Gallimard, 166 p.

PITANGUY, Ivo, 1988, *Les chemins de la beauté*, Rio de Janeiro, Éd. Graal, 230 p.

URBAIN Jean-Didier, 1994, *Sur la plage : moeurs et coutumes balnéaires (XIX-XXe siècles)*, Paris, Payot, 375 p.

VIANNA Hermano, 1988, *O mundo funk carioca*, Rio de Janeiro, Zahar, 115 p.

QUELLE PLACE POUR LE « CULTUREL » EN GÉOGRAPHIE DES MIGRATIONS INTERNATIONALES ?

Cultural issues in French geography of international migration

Hadrien DUBUCS [1]
ENeC UMR 8185 CNRS,
Université Paris Sorbonne

Résumé : L'article part du constat paradoxal que la géographie francophone des migrations internationales n'est que minoritairement le fait de chercheurs se rattachant explicitement à la géographie culturelle, et qu'elle entretient souvent des liens plus affirmés avec la géographie sociale. L'hypothèse envisagée dans cet article est que ce paradoxe signale une difficulté profonde, de nature théorique, à trouver la place pertinente que doit occuper le culturel, c'est-à-dire à la fois une approche et une dimension culturelle des phénomènes sociaux, dans une recherche en géographie des migrations. Cette hypothèse est envisagée à travers un retour sur plusieurs travaux de recherche, individuels ou collectifs, auxquels l'auteur a participé : un travail d'enquête mené auprès des migrants japonais à Paris ; une enquête collective sur les mobilités circulaires en Europe, mobilisant une approche biographique ; une enquête collective sur les migrations italiennes en France. Un premier temps est consacré à l'examen de la manière dont le champ francophone des migrations internationales a discuté l'appréhension de notions telles que « distance culturelle » ou « identité culturelle ». Dans un deuxième temps l'article envisage comment les identifications culturelles peuvent constituer des opérateurs de l'expérience migratoire, abordée dans une perspective géographique. L'exemple des migrants japonais montre que l'espace domestique ou encore les pratiques alimentaires sont des lieux privilégiés pour saisir des jeux d'identification culturelle. Cet exemple permet ensuite de montrer comment les migrants peuvent entretenir un rapport distancié voire instrumental à l'identification culturelle, en jouant de représentations souvent stéréotypées pour accéder à des opportunités résidentielles ou professionnelles par exemple.

Mots-clés : migration internationale, géographie sociale et culturelle, approche culturelle, approche biographique, stéréotype, migrant japonais à Paris

Abstract: *The starting-point of this paper is that paradoxically very few of the French geographer working on international migration relate themselves specifically to cultural geography rather than to social geography. The paper assumes that this statement relay on a heated theoretical debate about how and to what extent 'culture' should be involved in the international migration issues. 'Culture' is here understood as referring both to a research approach and to the*

[1] Courriel : Hadrien.dubucs@paris-sorbonne.fr

cultural dimension of the migration phenomenon. This hypothesis is investigated through a look back at several fieldworks and research programs in which the author has been involved: a PhD research on Japanese migration to Paris, a research on circular mobility in Europe, and another one on Italian migration to France. The paper first discusses how French-speaking geography of international migration has been influenced by the debates that have taken place in social sciences about concepts such as 'cultural distance' and 'cultural identities'. Then through the case of Japanese migrants living in Paris it enlightens how process of cultural identity negotiation should be considered as playing a peculiar and significant role in migration experience. In a geographic perspective the housing places and the domestic life, as well as food consumption habits, appear to be stimulating research topics. Finally, the paper describes how cultural identity negotiation and more particularly French stereotypes about Japanese people can be used as a tool by migrants for access to housing as well as for professional purposes.

Keywords: *international migration, social and cultural geography, cultural approach, biographical analysis, stereotype, Japanese migrant in Paris*

La migration se définit classiquement comme le transfert durable ou définitif de la résidence d'un ménage depuis un lieu vers un autre. Le qualificatif « international » ne change donc pas en soi la nature du phénomène, ni n'oblige à utiliser un outillage conceptuel spécifique, différent de celui qui est utilisé pour décrire d'autres échelles de mobilités, telles que les mobilités résidentielles par exemple. Ainsi, les problèmes classiques de la mesure des mobilités spatiales, liés notamment à la nécessaire articulation entre un référentiel spatial et un référentiel temporel, ne diffèrent pas fondamentalement selon que l'on s'intéresse à une migration « interne » (c'est-à-dire ayant lieu à l'intérieur d'une même entité administrative) ou à une mobilité « externe », y compris internationale.

Pourquoi dès lors observe-t-on de longue date une spécialisation des laboratoires, des revues, des réseaux de chercheurs[2] dans l'étude de migrations internationales ? On peut postuler que des mobilités résidentielles qui franchissent une frontière nationale soulèvent des enjeux spécifiques à la fois comme défi pour les acteurs politiques, comme expérience individuelle de confrontation à un environnement sociétal inédit, et comme contribution à la fabrication des territoires, sur les plans sociaux, économiques, politiques et

[2] Entre autres exemples, dans le seul champ des sciences sociales francophones on peut notamment citer les laboratoires Migrinter (CNRS-Poitiers) et Urmis (CNRS-Nice / Paris VII), les revues *Revue européenne des migrations internationales*, *Hommes et migrations* et *Migrations Société*, le portail documentaire *REMISIS*.

symboliques. En première analyse cette spécificité pourrait reposer sur les différences entre les contextes d'origine et de séjour des migrants, du point de vue des normes sociales, des codes linguistiques ou encore des croyances et systèmes de représentations collectivement partagées, bref de la culture dominante dans chacun d'eux si l'on définit le terme comme un ensemble de traits culturels objectivables et singularisant un groupe par rapport à d'autres. À cette singularité de la migration internationale comme mise en relation de deux territoires culturellement distincts se combine la spécificité d'une figure sociale du migrant telle qu'elle est construite de manière plus ou moins stéréotypée dans les sociétés d'accueil par des individus comme par des institutions et qui résulte d'un processus d'identification culturelle de soi, par soi et par autrui, à travers les interactions sociales. Ainsi, que la culture soit prise dans une acception objectiviste (un ensemble de traits partagés par un groupe) ou subjectiviste (un processus d'identification d'un groupe), elle paraît constituer un angle d'analyse qui singulariserait à la fois l'expérience vécue d'une migration internationale par rapport à celles d'autres formes ou échelles de mobilités spatiales et la place des migrants dans les sociétés où ils séjournent par rapport à d'autres profils d'individus mobiles.

Autrement dit, l'autonomisation précoce d'un champ de recherche en sciences sociales sur les migrations internationales, et la pérennité d'un cloisonnement fort entre les recherches sur les mobilités dites résidentielles et les mobilités dites internationales (Imbert *et al.*, 2014) peut être éclairée par la part accordée dans les secondes à la dimension culturelle des phénomènes sociaux, au-delà des profondes inflexions qu'a connues le concept de culture dans l'histoire récente des sciences sociales, depuis une acception objectiviste et à vocation descriptive jusqu'à des approches subjectivistes insistant sur les processus sociaux d'identifications culturelles (Cuche, 2010).

Dès lors il peut sembler paradoxal que la géographie francophone des migrations internationales ne soit que minoritairement le fait de chercheurs se rattachant explicitement à la géographie culturelle, et entretienne souvent des liens plus affirmés avec la géographie sociale. Ce paradoxe tient sans doute en grande partie au flou même de la délimitation théorique et académique entre la géographie culturelle et d'autres « familles » de la géographie[3]. L'hypothèse envisagée dans cet article est que ce paradoxe signale également une difficulté profonde, de nature théorique, à trouver la place pertinente que doit occuper le culturel, c'est-à-dire à la fois une approche et une dimension culturelle des phénomènes sociaux, dans une recherche en géographie des migrations.

[3] Le débat sur les liens entre géographie culturelle et géographie sociale a été notamment développé dans le numéro spécial des *Annales de géographie,* n° 660-661, 2008 : « Où en est la géographie culturelle ? »

S'agit-il d'une notion encombrante voire aveuglante, ou le recours à une dimension culturelle peut-il être pertinent et heuristique ? La contribution à cette discussion évidemment très large esquissée dans cet article repose sur une démarche réflexive de retour sur quelques étapes du travail de recherche de l'auteur qui s'inscrit dans le contexte institutionnel et épistémologique de la géographie sociale francophone des migrations internationales. Ce point de départ explique que la discussion théorique proposée ici s'appuie principalement sur des références francophones et laisse relativement hors champ certaines approches disciplinaires (l'anthropologie notamment) ou transdisciplinaires (*postcolonial studies*, travaux sur le cosmopolitisme) qui peuvent aborder la question de la culture dans la compréhension des phénomènes migratoires.

Un premier temps sera consacré à l'examen de la manière dont le champ francophone des migrations internationales a mis à mal et complexifié l'appréhension de notions telles que « distance culturelle » ou « appartenance culturelle » sans pour autant clore le débat sur la question culturelle. Sera ensuite envisagé comment les identifications culturelles peuvent constituer des opérateurs de l'expérience migratoire, abordée dans une perspective géographique. Pour illustrer cette réflexion plusieurs matériaux de recherche seront mobilisés : une thèse de doctorat en géographie portant sur les migrations japonaises contemporaines en France (Dubucs, 2009) croisant notamment le traitement de données de recensement et l'analyse d'un matériau qualitatif issu d'entretiens approfondis auprès de migrants japonais résidant dans l'agglomération parisienne ; un programme pluriannuel collectif sur les circulations entre les métropoles européennes[4], articulant les résultats d'enquêtes quantitatives et qualitatives auprès d'individus pratiquant des mobilités d'échelle européenne à partir de Lisbonne (Imbert, Dubucs, Dureau, Giroud, 2014) ; une recherche collective en cours sur les recompositions des migrations italiennes contemporaines à Paris[5] fondée sur l'analyse de données consulaires et de recensement et des entretiens approfondis auprès de migrants italiens (Dubucs, Pfirsch, Schmoll, 2016).

CULTURES ET MIGRATIONS : UN COUPLE CONCEPTUEL EN DÉBATS

Si l'on définit *a minima* la culture comme un ensemble de traits et de représentations qui identifient un individu à un groupe ou un territoire de

[4] Programme MEREV, (Mobilités entre métropoles européennes et reconfigurations des espaces de vie), Agence Nationale de la Recherche, UMR Géographie-Cités, UMR Migrinter, Université Libre de Bruxelles (2007-2010).

[5] Recherche menée depuis 2012 avec Camille Schmoll et Thomas Pfirsch (UMR Géographie-Cités).

référence, les migrations internationales constituent à l'évidence un terrain particulièrement propice à l'observation des articulations entre des phénomènes culturels et les traductions territoriales de processus socioéconomiques.

La place croissante des migrations dans l'analyse des sociétés contemporaines

On peut noter que dès le début du XXe siècle l'anthropologie anglo-saxonne a accordé une place significative à l'étude des migrations, interprétées comme l'un des facteurs du processus de changement culturel et intégrées à ce titre dans les cadres théoriques du diffusionnisme (Boas, 1940) et surtout de l'acculturation (Herskovits, 1938, 1952), lui-même hérité de l'École de Chicago (Cuche *et al.*, 2009). L'évidence des interrelations entre le culturel (abordé sous l'angle du sentiment d'appartenance, des normes et pratiques collectives, ou encore de la production symbolique) et le phénomène migratoire (en tant qu'il est créateur d'une mise en minorité pour les individus migrants et d'une confrontation à l'altérité pour les sociétés où ils séjournent) a conduit au développement de branches spécialisées dans l'étude des migrations internationales : sociologie et anthropologie des migrations, psychologie interculturelle, etc. Par ailleurs les sciences sociales sur les migrations internationales ont joué un rôle majeur dans le glissement de l'acception même de la culture, depuis une catégorie descriptive d'une entité plus ou moins homogène à l'appréhension de phénomènes de diffusions, frictions, recompositions liées à la mise en présence sur un même territoire – et notamment un territoire urbain – de groupes mobilisant des références culturelles différentes. Enfin le fait migratoire, au sens large, constitue à la fois un objet central des *cultural studies* et une source d'inspiration théorique, comme l'illustre cette formule de S. Hall (1987) : « En réfléchissant à ma propre idée de l'identité, je me suis rendu compte qu'elle a toujours reposé sur le fait d'être un *migrant*, qu'elle a toujours reposé sur le fait d'être différent de vous » (Hall, 2013, p. 19).

Si les géographes n'ont pas été particulièrement précoces dans la prise en considération des questions migratoires, il faut souligner que la géographie des migrations a, dans le champ anglo-saxon notamment, clairement opéré un glissement depuis la géographie de la population vers la géographie culturelle, et que le *cultural turn* a profondément influencé ses approches, ses méthodes et ses objets (King, 2012). Les réseaux diasporiques, les minorités religieuses et linguistiques dans les sociétés urbaines des grandes métropoles, les expériences de recompositions sociales et familiales en mobilité internationale constituent désormais des objets de recherche au moins autant travaillés que les déterminants économiques et politiques des flux migratoires.

Dans le champ francophone les dernières décennies ont été marquées par ce que G. Simon a appelé une « spatialisation du regard » porté par les géographes sur les migrations internationales (Simon, 2006). Selon cette analyse, les recherches dans le champ migratoire tendraient à rompre avec une analyse mécaniste des causes de la migration (à fondement économique principalement) et une description simpliste de leurs configurations spatiales (un point A de départ précédant un point B d'arrivée). Comme processus géographique, les migrations internationales sont abordées comme créatrices de territoires complexes, réticulaires et transnationaux. Le vocabulaire scientifique s'est enrichi d'une série de termes liés aux notions de « systèmes », de « réseaux », de « circulation », afin de décrire et de comprendre des formes complexes de territorialisation. Parallèlement à cette appréhension de plus en plus multi-scalaire et multi-située des mobilités internationales, les analyses se sont attachées à dépasser l'échelle macroscopique fondée sur le traitement de données agrégées au profit d'une approche plus attentive aux individus, à travers le recours à des notions telles que trajectoires, parcours, expériences, pratiques migratoires, « savoir-circuler » (Tarrius, 2000). Enfin, en reconsidérant la façon d'appréhender les « lieux » de la migration, ces travaux ont inévitablement été obligés de repenser les « liens » qui associent les individus entre eux et avec les lieux qu'ils pratiquent au sein de leur espace de vie (Capron *et al.*, 2005). Par conséquent cette spatialisation du regard est intimement liée à la manière dont sont saisis les processus d'identification sociale et d'ancrage territorial opérés par les migrants. En témoigne la diffusion désormais très large dans le champ de la géographie des notions de diaspora, de transnationalisme, de minorités, d'ethnicité, qui relèvent d'un corpus conceptuel constitutif du tournant culturel (Glick Schiller *et al.*, 1992).

La culture, une « pré-notion » mise à mal dans les études migratoires

Cependant la notion même de culture n'est que très rarement centrale dans les travaux francophones contemporains en géographie des migrations. À titre d'illustration on peut ainsi noter que le mot-clé « culture » ne réfère qu'à deux articles dans les numéros de la *Revue européenne des migrations internationales*, et qu'à un peu plus d'un millier de références parmi les 26 000 que compte la base documentaire *REMISIS* (où la géographie n'est représentée que de façon très minoritaire). La géographie francophone des migrations, qui s'est structurée à partir des années 1980, a hérité d'une tradition scientifique (sociologique notamment) très critique vis-à-vis d'une analyse des migrations centrée sur la dimension culturelle. Un bon exemple en est donné par les travaux de V. De Rudder et son analyse de l'« obstacle culturel » (1985) : le terme d'obstacle renvoie ici à la fois à la difficulté implicitement désignée dans un processus d'intégration, et au filtre culturaliste qui empêcherait le chercheur de comprendre pleinement les réalités sociales qu'il observe. Cette analyse offre une formulation particulièrement claire de certaines des principales limites dans l'usage à vocation scientifique de l'adjectif « culturel », lorsqu'il qualifie la distance ou la différence entre les contextes sociaux successivement pratiqués au cours d'un parcours migratoire. La première limite est que l'idée même de distance ou de différence culturelle est tautologique : elle ne fait que paraphraser le fait que « est différent ce qui n'est pas identique » et occulte la question centrale de « la production et du traitement social de la différence » (De Rudder, 1985).

Une deuxième limite est celle du simplisme, qui consiste à attribuer tendanciellement à des individus des traits collectifs et réduits à un dénominateur commun (des pratiques religieuses par exemple). Est ici occultée la complexité des manières dont des individus peuvent se référer à des codes, et leurs variations en fonction des circonstances sociales, des projets et expériences personnelles, etc. Ainsi, dans l'expression « distance culturelle » les éventuelles tensions ou écarts sont – à tort – traités comme une sorte de matériau mesurable, solide, cohérent.

Une troisième critique est celle de l'acception trop mécaniste qui sous-tend souvent l'utilisation de l'idée de distance culturelle dans l'analyse des processus de l'intégration, au sens où l'emploie le langage commun, médiatique et politique. Cette critique vaut à la fois pour le processus (recomposition des traits et identifications en vertu d'un contact avec d'autres codes) et pour les conséquences sociales. Contre l'idée d'une transformation mécaniste et prévisible, V. De Rudder insiste sur le fait que « la différence culturelle, l'altérité peuvent être inventées. Et même lorsqu'elles ne le sont pas, ou pas complètement, elles sont interprétées. Toutes les différences ne font pas l'objet d'une différenciation sociale, et toute différenciation sociale ne s'appuie pas sur une différence réelle » (*ibid.*, p. 34).

La quatrième critique renvoie au caractère idéologique de la notion, qui tend souvent à référer moins à l'idée de contact entre entités culturelles qu'à l'idée d'une altération légitime de l'une au contact de l'autre : « Dans ce schéma, ce ne sont pas deux réalités culturelles qui se rencontrent, mais une réalité culturelle et une réalité politique. À la culture (plus ou moins simplifiée et rigidifiée) qu'on attribue aux immigrés s'oppose une réalité d'ordre national. Là où les immigrés sont définis comme dépositaires de cultures traditionnelles, les Français (par exemple) se présentent comme une entité sociopolitique, structurée en classes, dotée d'institutions... Les maintiens, les modifications, les abandons de traits culturels chez les immigrés apparaissent ainsi comme les fruits réussis ou ratés de la pression de la société tout entière. Le culturel et l'ethnique s'opposent au social et au national comme le passé au présent, le traditionnel au moderne, le sous-développé au développé. » (*ibid.*, p. 26).

La critique porte ici sur la dissymétrie de l'analyse, avec d'un côté l'appréhension des traits culturels des immigrés et l'analyse de leurs évolutions, et d'un autre côté les caractéristiques socio-politiques de la société d'accueil. Cette dissymétrie se fonde implicitement sur un déséquilibre axiologique dans l'interprétation des caractéristiques respectives des migrants et de la société d'accueil. On retrouve ici une tension décrite par P.-J. Simon à propos de la notion d'« ethnicité », qui oscille selon sa plus ou moins grande charge idéologique « entre l'attribution d'une ethnicité aux seuls groupes ethniques minoritaires, placés en situation de minorité – avec ce que cela comporte de différence, de domination, de dépendance et d'exclusion – dans une société globale (immigrants, régionaux, périphériques…) ou bien l'extension du mot (et de la chose) également aux majoritaires, aux dominants qui sont alors considérés eux aussi comme des « ethniques » » (Simon, 1994, cité par Cuche, 2010, p. 102).

Au final tout se passe comme si l'usage du « culturel » rendait paradoxalement difficile de penser efficacement l'altérité culturelle comme constamment inventée, construite, interprétée à la fois par les migrants et les individus avec lesquels ils sont en interaction.

L'entrée culturelle dans l'étude des migrations : résistances, redéfinitions et débats

Le champ académique est néanmoins marqué par la récurrence et la vivacité des débats théoriques sur la pertinence du recours au culturel pour aborder les questions migratoires. Sans viser à l'exhaustivité on peut évoquer deux exemples très récents dans le champ francophone.

Un premier débat a accompagné bien au-delà des cercles académiques[6] la parution en 2010 de l'ouvrage *Le déni des cultures*, du sociologue Hugues Lagrange. Il s'agit pour l'auteur d'analyser les conflictualités sociales qui se manifestent notamment dans les quartiers pauvres et immigrés des grandes villes françaises, en associant aux facteurs socio-économiques usuels des facteurs culturels liés à l'origine géographique, comme les structures familiales par exemple. Comme le titre l'énonce clairement, une telle démarche s'oppose à une tradition politique et scientifique « de refus de considérer la dimension culturelle des questions sociales » (Lagrange, 2010, p. 19). Les

[6]« Hugues Lagrange, le sociologue des banlieues par qui le scandale arrive », *Marianne*, février 2013 ; « Déni des cultures ou culture des poncifs ? À propos de l'ouvrage de Hugues Lagrange », article d'un blog hébergé par le journal en ligne *Médiapart*, mai 2012 ; « Débat Hugues Lagrange, Pap Ndiaye : délinquance et origines ethniques sont-elles liées ? », *Télérama*, octobre 2010.

discussions vives qui ont accompagné la publication de l'ouvrage, impliquant principalement des sociologues des migrations, ont porté sur l'écueil d'une essentialisation des identités culturelles d'autant plus problématique politiquement que l'analyse porte ici sur les pratiques délinquantes[7].

Depuis le milieu des années 2000 un deuxième débat, de plus grande ampleur, porte sur les « statistiques ethniques ». Il s'agit de discuter la pertinence ou nom de doter la statistique officielle française d'un outil permettant de saisir des identifications sur la base de catégories ethniques[8]. Dans une perspective sensiblement différente de celle du travail de H. Lagrange l'argument principal en faveur d'un tel dispositif est que la définition de soi par soi ou par les autres sur une base phénotypique et d'identification culturelle joue un puissant rôle social, avec des traductions par exemple en termes de discrimination, et que les chercheurs sont relativement démunis pour analyser ces processus. Des positions très antagonistes se sont établies, là encore bien au-delà des revues scientifiques[9], et le débat s'est progressivement centré sur trois problèmes qui concernent moins la légitimé scientifique de ces catégories que leur mise en œuvre empirique et linguistique : « D'abord celui du vocabulaire : comment nommer ces catégories que certains appellent « ethniques », d'autres « d'origine », ou encore « d'origine culturelle » ? Ensuite, celui du lien entre les catégories de pensées, scientifiques ou communes, et leur construction empirique dans des catégories statistiques aptes à saisir des variations, observer des inégalités, révéler des pratiques d'ordre éventuellement discriminatoire. Enfin, le problème de la comparaison, dans le temps et dans l'espace, des résultats montrant le poids des caractéristiques ethniques des individus sur leur destin individuel et social » (Felouzis, 2008).

Ces débats dessinent une toile de fond qui rend délicate l'utilisation de la référence culturelle bien au-delà du seul champ de la sociologie et y compris pour la mobilisation d'autres sources que les données statistiques, telles que les enquêtes qualitatives utilisées dans l'analyse de parcours et de territorialisation de migrants internationaux. Il est d'ailleurs notable que ces débats n'ont que très marginalement impliqué les géographes, alors que certains des enjeux concernés (ségrégations urbaines, systèmes migratoires) comportent

[7] Pour un compte-rendu nuancé de l'ouvrage, voir par exemple Michel Kokoreff, « Quartiers et différences culturelles », *La Vie des idées*, 11 janvier 2011. URL : http://www.laviedesidees.fr/Quartiers-et-differences.html

[8] Pour une présentation des arguments opposés à l'établissement de statistiques ethniques, voir Badinter *et alii*, 2009.

[9] Comme illustration de deux tribunes contradictoires parues dans la presse : « Engagement républicain contre les discriminations », *Libération*, 23 février 2007 et « Des statistiques contre les discriminations », *Le Monde*, 13 mars 2007 (citées par P. Simon, 2008).

une dimension éminemment géographique et que le regard « spatialisé » évoqué *supra* pourrait très vraisemblablement apporter une contribution théorique originale à ces questions. Cependant la géographie des migrations, y compris lorsqu'elle ne mobilise pas explicitement une approche fondée sur la culture ni sur l'origine géographique des migrants, reste souvent confrontée à une forme de « forçage » du culturel dans l'analyse. L'expérience des travaux de recherche évoqués en introduction montre notamment le rôle de l'outil statistique utilisé pour contextualiser des enquêtes qualitatives auprès de migrants. Ainsi, les publications régulières de l'INSEE sur l'immigration en France sont très marquées par la prégnance de catégorisations selon les pays ou aires régionales d'origine. Il n'est certes pas impossible de réaliser des traitements graphiques et cartographiques sur d'autres bases (classe d'âge, catégories socioprofessionnelles, année d'arrivée en France, etc.) mais plus facilement pour étudier les éventuelles disparités à l'intérieur d'un groupe défini par une origine migratoire commune que pour élaborer des catégorisations transversales (les migrants d'âge actif dotés d'un diplôme universitaire, par exemple). Ainsi, la recherche en cours menée sur les Italiens très qualifiés en France appelle des développements sur la notion de « jeunesse » européenne et l'examen d'une hypothèse selon laquelle il pourrait exister des similitudes voire une conscience collective parmi les jeunes immigrés très qualifiés. Or les limites bien connues des sources de recensement pour capter une population migrante rendent le chercheur très dépendant de sources statistiques propres à chaque État. Dans le cas de l'Italie en l'occurrence il s'agit de données nationales produites par l'Istat, des registres communaux de population (*Anagrafe*), de données consulaires (*Anagrafe Italiani residenti all'estero*) ou de rapports ministériels (*Italiani nel Mondo*) qui tendent à forcer une lecture très italiano-centrée des processus migratoires étudiés. Bien qu'elle ne coïncide pas strictement avec une description culturelle des individus, la variable de l'« origine », souvent résumée au territoire national de naissance, reste ainsi une catégorie structurante à l'intérieur de laquelle on peut mettre au jour des compositions hétérogènes mais dont il est assez difficile de sortir au profit de catégorisations transversales et alternatives.

Précisons d'emblée que la construction usuelle d'un objet de recherche sous la forme « les Italiens en France » ou « les Japonais à Paris » n'engage évidemment pas nécessairement une approche culturaliste postulant l'existence d'un grand nombre de traits communs aux individus ainsi catégorisés sur la base de leur lieu de naissance, et passant sous silence les autres variables (parcours, position professionnelle, sexe, etc.). En pratique, cependant, une telle approche contrainte par la nature des données secondaires disponibles fait courir le risque de surévaluer l'hypothèse du « dénominateur commun », au détriment d'autres caractéristiques individuelles et collectives des migrants. Dès lors quelles approches géographiques permettent-elles d'éviter cet écueil ?

Déculturaliser l'appréhension des migrations internationales ?

Des éléments de réponse peuvent être trouvés dans les approches centrées sur le mouvement lui-même c'est-à-dire par les formes spatio-temporelles des pratiques de mobilités dans un espace donné. C'est tout le défi tenté par le programme MEREV : saisir des « circulants » entre plusieurs grandes villes européennes (Berlin, Londres, Paris, Bruxelles, Lisbonne) et comprendre les liens entre leurs pratiques de mobilités et leurs ancrages territoriaux. Centrée sur la notion de circulation, une telle démarche présente l'intérêt de traiter les territoires de naissance et de résidence ou les caractéristiques socioprofessionnelles des individus comme des facteurs explicatifs parmi d'autres, et non comme des catégories induisant a priori une homogénéité de pratiques et de représentations. Soulignons ici que la proposition d'une « anthropologie du mouvement » formulée par Alain Tarrius à la fin des années 1980 constitue une référence fondatrice dans cette démarche. Sa mise en œuvre dans *Les nouveaux cosmopolitismes* (Tarrius, 2000) notamment montre comment les recompositions économiques en Europe se traduisent par des formes renouvelées de mobilités impliquant des savoir-faire et des formes originales de multi-appartenance territoriales que partagent des groupes aussi divers par leurs positions socioprofessionnelles et leurs identifications culturelles que des ouvriers lorrains de la sidérurgie, des commerçants africains, ou encore des cadres très qualifiés du secteur tertiaire. Une telle démarche a des implications méthodologiques fortes : elle suppose que les enquêtés soient rencontrés dans des lieux de mobilité (aéroports, gares, gares routières) et que la construction des échantillons au cours des phases successives de l'enquête intègre d'abord le critère des formes de la mobilité, et non pas de la nationalité, du pays d'origine ni des caractéristiques sociales (Imbert *et al.*, 2014). À cette règle de définition de la population s'ajoute une règle de saisie des territorialisations : plutôt que de saisir le simple binôme origine-destination, il importe de capter la diversité des ancrages territoriaux en tenant compte de l'entourage, des situations de multi-résidences et des circulations.

L'approche biographique des migrations internationales constitue une réponse très pertinente à ce défi. Mobilisée anciennement dans la lignée des travaux de l'École de Chicago et « redécouverte » en sciences sociales à partir des années 1970 (Bertaux, 1980), cette approche consiste à reconstituer à l'échelle de la vie de l'individu les événements résidentiels, familiaux, personnels et professionnels qui l'ont structurée. Elle va de pair avec un paradigme privilégiant l'individu « qui parcourt, tout au long de sa vie, une trajectoire complexe, qui dépend, à un instant donné, de sa trajectoire antérieure et des informations qu'il a pu acquérir dans son passé » (Courgeau et Lelièvre, 1996, p. 648). Rompant clairement avec tout déterminisme par l'origine (géographique, culturelle ou sociale), l'approche biographique permet de collecter les preuves empiriques du caractère fondamentalement dynamique des espaces de vie, des pratiques et des identifications qui caractérisent un individu au moment de l'enquête. C'est ce qu'illustre la figure 1 représentant graphiquement le parcours biographique et le système de lieux pratiqués par Suzana, une Portugaise retraitée de 75 ans, qui réside principalement à Lisbonne mais effectue de fréquents séjours chez son fils à Londres, au Mozambique dont elle est originaire, et chez sa fille à Torres Novas. Elle met au jour la complexité et les recompositions des ancrages résidentiels et des circulations qui lui sont associées au sein d'un espace de vie construit dans le temps biographique et dépendant des lieux de résidence de l'entourage. Elle constitue aussi un support essentiel pour la réalisation d'entretiens approfondis au cours desquels l'enquêté, confronté visuellement à son propre parcours, tend à développer des propos plus riches et nuancés sur les identifications territoriales (attachement viscéral à Londres et très bonne connaissance de la ville, liée à une fréquentation régulière depuis que son fils y réside) que lorsque ces questions lui sont adressées de manière abstraite.

Au final l'intérêt de l'approche biographique est de déconstruire les associations attendues entre d'un côté l'origine et les caractéristiques socioprofessionnelles, et de l'autre les pratiques de mobilités internationales et les définitions de soi. L'enquête MEREV tend ainsi à montrer qu'il n'y a pas une « migration portugaise en Europe » : un ouvrier mozambicain parcourant les chantiers de la péninsule ibérique se définit comme européen et portugais ; un cadre portugais marié à une Anglaise et bi-résident à Londres et Lisbonne se définit comme portugais, etc. (Imbert *et al.*, 2013). Si ces résultats contribuent à nuancer fortement la portée heuristique de l'origine géographique des individus dans l'analyse de leurs pratiques, ils n'épuisent évidemment pas l'ensemble des manières dont on peut appréhender la question culturelle. Quelle place lui accorder par exemple dans une recherche géographique centrée sur les pratiques en situation de migration ?

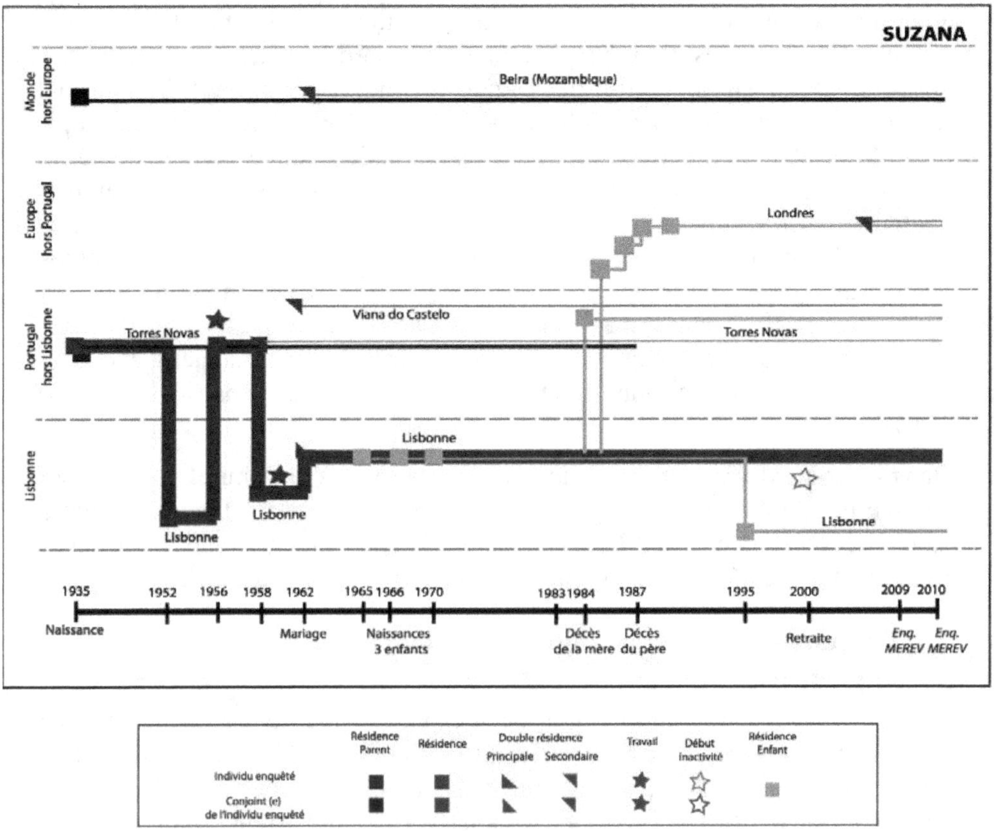

Figure 1 – **Trajectoire résidentielle de Suzana,**
d'après l'enquête MEREV à Lisbonne (2009)
Source : Imbert, Dubucs, Dureau, Giroud, *D'une métropole à l'autre*, Paris, Armand Colin, 2013

L'IDENTIFICATION CULTURELLE COMME OPÉRATEUR DE L'EXPÉRIENCE MIGRATOIRE

La réflexion se fonde ici sur un travail de thèse abordant les manières d'habiter des Japonais à Paris (Dubucs, 2009). Précisons d'emblée que le cas des migrations japonaises, parce qu'il s'agit d'une migration lointaine et que la recherche sur le Japon constitue un champ relativement autonome, induit peut-être davantage que pour d'autres populations l'écueil d'une acception très essentialiste et figée de la culture à laquelle se référeraient les individus. Il importe également de noter la grande diversité socioprofessionnelle parmi les 10 à 20 000 résidents japonais[10] de l'agglomération parisienne : salariés

[10] Les chiffres varient notamment en fonction des seuils temporels des séjours enregistrés qui diffèrent entre l'INSEE et le Ministère japonais des Affaires extérieures.

en expatriation accompagnés de leurs familles, étudiants et stagiaires (environ 2500 entrées d'étudiants japonais par an depuis les années 1990), à quoi s'ajoute un ensemble très hétérogène de migrants d'âge actif, majoritairement des femmes, aux parcours et positions socioprofessionnelles extrêmement variés. On y retrouve des professionnels indépendants dans le domaine artistique, mais aussi des diplômés occupant des postes précaires et peu qualifiés dans des restaurants ou des sociétés japonaises. Une autre caractéristique importante de cette population est que sa diversité socio-démographique est renforcée par des clivages sociaux et générationnels très forts, formulés en des termes véhéments parmi certains enquêtés du troisième groupe qui expriment une volonté de fuir le Japon, la société japonaise et, partant, leurs représentants en France que sont les expatriés (Dubucs, 2014).

Dans ce contexte, comment et dans quelle mesure « le culturel », défini ici comme une identification en parole ou en pratique à des référents culturels japonais, joue-t-il un rôle dans la territorialisation des migrants ? Plusieurs registres de pratiques apparaissent plus particulièrement concernés.

L'espace domestique, lieu d'observation de l'expérience migratoire

On sait grâce à l'anthropologie de l'espace[11] que le domicile et plus largement la sphère domestique sont un lieu où l'identification culturelle se joue avec une intensité particulière, dans les codes sociaux, la langue ou encore le décor. Il est frappant de constater une récurrence dans certains usages domestiques malgré la grande diversité de profils individuels. Par exemple le fait de se déchausser et d'organiser sur le seuil un espace où le visiteur peut déposer ses chaussures et emprunter des chaussons se retrouve chez un très grand nombre d'enquêtés. Pour autant la question des identifications culturelles dans et *via* l'espace domestique peut se heurter à deux formes d'essentialisation culturelle. Premièrement il serait vain de chercher l'actualisation d'un « modèle » japonais de l'espace domestique, lui-même étant très diversifié singulièrement dans les grandes métropoles dont sont originaires les migrants japonais à Paris. Deuxièmement l'hypothèse d'une « continuité » du modèle résidentiel dans le parcours migratoire apparaît beaucoup trop réductrice et mécaniste. L'enquête multi-située, dans les lieux antérieurs et actuels de résidence, permet précisément de rendre compte de la grande complexité dans l'enchaînement des pratiques et contextes résidentiels successifs (figure 2).

---

[11] M. Segaud, 2007, *Anthropologie de l'espace. Habiter, fonder, distribuer, transformer*, Paris, Armand Colin, Coll. « U », 223 p.

Musashi-Kosugi (Kawasaki, 20 km du centre de Tokyo), immeuble des années 2000, appartement de 35 m², occupé en collocation avec son frère

Passy (16e arrondissement de Paris), immeuble haussmannien, appartement de 93 m², occupé seule

Figure 2 – **Les logements successifs à Tokyo et à Paris de Miko, étudiante japonaise**
Source : Dubucs, enquête 2008-2009

De la grande similitude au changement complet de conditions résidentielles, les cas de figure apparaissent particulièrement variés et dépendent à la fois de facteurs extérieurs (opportunités et contraintes dans l'accès au logement, structure du parc résidentiel) et des significations associées au séjour à Paris. Ainsi un changement de conditions résidentielles (surtout quand il est considéré comme ascendant, comme c'est le cas dans l'exemple illustré par la figure 2) joue beaucoup dans l'effet de « parenthèse » associée à l'expérience migratoire (Dubucs, 2011). Dans cet exemple en effet l'enquêtée, qui séjourne un an à Paris pour étudier à Sciences Po dans le cadre d'un échange avec son université à Tokyo, expérimente une spectaculaire amélioration de ses conditions de logement grâce à l'opportunité qui lui est offerte *via* une amie française de ses parents de disposer seule d'un vaste et confortable appartement dans un beau quartier de l'ouest parisien. Véritable leitmotiv dans le récit personnel de son expérience parisienne, ses conditions de logement à Paris ont des effets très significatifs tant sur sa manière d'apprécier le séjour que sur l'organisation spatiale de ses sociabilités et de ses pratiques citadines plus largement, très centrées sur l'espace domestique et l'échelle du quartier.

Les pratiques alimentaires, registre-clé de l'identification culturelle

Les pratiques alimentaires des migrants internationaux, incluant ce qu'ils consomment et comment ils le consomment, ont été depuis longtemps envisagées comme des postes d'observation privilégiés des recompositions culturelles en situation de migration. Certains chercheurs ont fait des comportements alimentaires un indicateur d'« intégration » (Calvo, 1982), et dans une perspective plus contemporaine les choix alimentaires et pratiques sociales associées aux repas sont mobilisés pour comprendre la complexité des processus de contacts interculturels, d'influences réciproques de modèles de consommation, ou encore de transmission familiale (Crenn et *al.*, 2010). De fait il est frappant de constater que dans le discours des enquêtés japonais la nourriture japonaise (riz et assaisonnements notamment) apparaît comme un élément très constant d'identification. Ces discours sont d'autant plus notables qu'ils peuvent être produits par des individus qui se déclarent citoyens du monde et revendiquent un fort détachement affectif vis-à-vis du Japon. C'est le cas de Setsuko, une musicienne japonaise résidant à Paris depuis 1991 : « C'est vrai que, malgré que je suis occidentalisée et que j'ai passé plus de la moitié de ma vie en France, j'ai très bien compris que mon corps est constitué par l'alimentation japonaise, mon corps en a besoin. Et ça c'est malgré l'immigration, là il y a quelque chose qu'on ne peut pas changer. Bien sûr je mélange aussi un peu dans la cuisine, mais manger japonais c'est quelque chose de très important, sinon c'est contre nature » (Source : Dubucs, mars 2005).

Le rôle des professionnels de la « non-friction » migratoire

Paraphrasant la formule célèbre de Georges Perec (« vivre c'est passer d'un espace à l'autre, en essayant le plus possible de ne pas se cogner ») beaucoup de travaux sur les mobilités spatiales ont eu recours à la métaphore de la rugosité et de la friction pour exprimer les difficultés pratiques et affectives constitutives en partie au moins de l'expérience migratoire. La plupart des études sur les migrations internationales soulignent l'importance des réseaux à base sociale, villageoise ou familiale élargie dans l'atténuation de ces difficultés. S'y ajoutent parfois, comme dans le cas des Japonais, des acteurs économiques de l'accès au logement : agences immobilières, sociétés de *relocation*, journaux, guides d'aide à l'expatriation. La contrainte majeure de la langue rend ces structures presque incontournables dans les parcours résidentiels des Japonais à Paris, qui sont ainsi à la fois facilités et encadrés en fonction d'une série de critères concordants. Ils sont formulés par les professionnels de l'immobilier qui prétendent anticiper des besoins, puis réappropriées par les migrants eux-mêmes. La sécurité apparaît ainsi comme une variable-clé des choix résidentiels, et se dessine souvent le stéréotype des Japonais comme groupe particulièrement visé par les auteurs d'agressions verbales ou physiques : « Parce que, vous qui connaissez, vous le savez, les Japonais sont toujours visés par les voleurs » (Sumichika, cadre du public, 52 ans, à Paris depuis 2003) ; « Il faut dire que c'est spectaculaire, ils marchent dans la rue en regardant leur plan, ils se baladent avec mille euros en liquide, forcément il leur arrive des trucs ! » (Entretien avec le responsable d'une agence immobilière japonaise à Paris, 2008). Le guide le plus fréquemment cité parmi les enquêtés, *Chikyu no kurashikata*, comprend ainsi une section intitulée « Vivre en sécurité » qui hiérarchise les quartiers en fonction du risque supposé, et les agences immobilières contribuent à nourrir ce discours en affichant des critères tels que « calme », « présence de familles », « espaces de promenade sans risque », etc.

Ces observations suggèrent que l'identification culturelle d'un groupe peut aider à comprendre les localisations résidentielles (en l'occurrence une concentration relative dans les quartiers valorisés de l'ouest parisien), mais de manière indirecte : il s'agit moins ici d'aspirations résidentielles homogènes que de la co-construction d'un stéréotype et sa réappropriation par les individus.

Un rapport instrumental à l'identification culturelle : la référence japonaise comme ressource

Un certain nombre de propriétaires français adoptent explicitement la stratégie consistant à ne diffuser leur offre que dans les journaux japonais, afin de « filtrer » les candidats potentiels. Les locataires japonais semblent en effet bénéficier d'une réputation très favorable concernant leur fiabilité financière et plus largement leur qualité de « bons locataires ». Comme pour la sécurité, il serait sans doute vain de tenter d'apporter des éléments d'évaluation objective de ce stéréotype, car c'est son existence même qui importe. Relayé aussi bien par les agents immobiliers, les diffuseurs d'annonces immobilières, les bailleurs concernés, que par certains migrants japonais, il permet la perpétuation et le renouvellement des offres locatives à destination des Japonais à Paris. Un tel stéréotype se retrouve en effet également dans le discours de certains enquêtés eux-mêmes lorsqu'ils se décrivent en tant que locataires :

> « Oui, je crois que les gens ont confiance. Déjà on ne salit pas. Quand j'ai trouvé mon appartement dans *le Figaro*, la propriétaire était dessinatrice de piano, je crois. L'appartement était tout neuf. Il y avait plusieurs candidatures, et elle m'a choisie moi parce que j'étais japonaise, elle me l'a dit. Je me déchausse, je suis soigneuse, et elle a confiance pour le loyer [...]. Et puis par rapport aux Français, on ne fait pas de grandes fêtes non plus, on n'est pas bruyant. Oui, parce que vous, vous faites souvent ça : crémaillères, anniversaires, vous enterrez les vies de jeunes filles, et puis on est debout, on grignote, on salit. Nous, pas du tout. Mais par contre on va dans un bar, on dépense. Donc il y a aussi des côtés négatifs, mais pour l'appartement c'est mieux » (Nami, 52 ans, restauratrice, à Paris depuis 1990).

Le rapport des enquêtés avec ce stéréotype est souvent distancié mais toujours très conscient, ce qui rend possible sa réappropriation sur un mode instrumental, dans la négociation d'un logement par exemple.

Un autre registre de réappropriation instrumentale des stéréotypes est la construction de parcours professionnels dans le monde de l'art et de la création (Dubucs, 2010). Ces parcours ne sont pas linéaires ni aisés, mais rendus possibles par un marché de la consommation culturelle à Paris très favorable aux références japonaises à la fois dans un registre traditionnel et dans un registre plus contemporain, autour de la « pop culture » notamment. Les entretiens menés avec des artistes japonais montrent une grande conscience et une maîtrise certaine de cet « horizon d'attente », ainsi qu'une capacité à en jouer pour formuler des propositions artistiques auprès des directions de lieux artistiques ou organisateurs d'événements. C'est ce qu'illustre ces propos d'Ikumi, un danseur et plasticien japonais de 35 ans résidant à Paris depuis 1997 : « Je pense que pour faire de l'art c'est plus facile en France qu'au Japon, franchement, pour les jeunes artistes et les débutants. [...] Mais nous en plus ici on a l'avantage d'être japonais, on est des jeunes artistes japonais, donc déjà pour les Français c'est intéressant. Je pense vraiment, mais d'ailleurs c'est assez normal. Parce que par exemple si tu es un artiste français et que tu veux démarrer en France ou au Japon, si tu es au Japon tu as une étiquette : je suis Français, et ça c'est énorme, comme avantage. Et c'est vrai qu'en France, la culture japonaise, on en parle vachement. Je le sens quand je cherche une salle. Par exemple, le Butô, en France c'est bien accueilli, alors que quand j'étais au Japon je n'en ai jamais entendu parler, je ne connaissais pas, parce que c'est vraiment *underground*. Et ici il y a beaucoup de spectacles de Butô, je ne dis pas plus qu'au Japon, mais ici il y a plein de danseurs japonais qui viennent. Et puis il y a toujours l'exotisme, pour les Français, ça attire ». Là encore l'identification culturelle intervient donc moins comme matrice comportementale que comme ressource mobilisable ponctuellement dans le contexte singulier de la société de séjour.

CONCLUSION

L'attention médiatique et politique très forte accordée aux enjeux culturels – religieux notamment – de l'immigration rend particulièrement actuelle la réflexion théorique sur la place que les chercheurs doivent accorder au « culturel » dans les études migratoires. Dans le champ de la géographie francophone celles-ci se rattachent volontiers à la géographie sociale. Est désormais abandonnée l'idée d'une culture conçue comme un simple « bagage » ou « héritage » dont le contenu serait peu ou prou déterminable à partir d'une connaissance générale du territoire d'origine, et dont on postulerait une influence mécanique sur les pratiques individuelles en situation de migration. La géographie des migrations reste relativement à l'écart des débats actuels sur les enjeux sociaux des processus de « déstructuration » culturelle et sur l'intégration par la statistique des identifications ethnoculturelles. Plus largement, la place de la culture n'a que rarement été questionnée frontalement dans la reformulation théorique menée en géographie des migrations, qui s'est plutôt centrée sur l'approche des territorialisations complexes et dynamiques : parcours migratoires, ancrages résidentiels multiples, systèmes de lieux construits dans le temps biographique et animés par des circulations humaines, matérielles et immatérielles, interactions entre les stratégies individuelles des migrants et des champs de contraintes et de ressources relevant de la famille, des réseaux et des acteurs économiques et politiques. Pour autant l'approche ainsi spatialisée des migrations peut apporter une contribution à la réflexion sur la place du culturel. Trois pistes se dégagent ainsi du retour sur les recherches empiriques présentées *supra*.

Premièrement l'analyse qualitative de parcours biographiques et de pratiques individuelles de mobilités permet de dé-culturaliser efficacement l'interprétation des processus migratoires, dans le sens d'une dés-essentialisation de leur dimension culturelle. Elle permet plus précisément de relativiser le poids de l'aire culturelle d'origine, en mettant au jour la diversité des cas au sein d'une population migrante – que les contraintes de la statistique tendent à définir sur une base nationale (sur le modèle « les ressortissants du pays X immigrés dans le pays Y ») –, et en ouvrant la voie à des catégorisations transversales – par genre, par métier, par niveau de qualification, etc. – qui apportent un éclairage décisif sur les migrations contemporaines.

Deuxièmement l'appréhension globale des territorialisations en situation migratoire met au jour des registres de pratiques où les références culturelles, qu'il s'agisse de la langue, de normes sociales ou encore de représentation de soi, agissent avec une acuité particulière. C'est par exemple le cas des pratiques alimentaires et des pratiques résidentielles, à la fois au moment des choix résidentiels et dans l'appropriation de l'espace domestique.

Enfin, loin de toute détermination par l'origine culturelle, ces pratiques relèvent bien plutôt de jeux de représentations, souvent stéréotypées, associées aux identités culturelles. Leur relative stabilité dans le temps et parmi les acteurs qui les construisent s'explique aussi par le rapport distancié voire instrumental que les migrants peuvent entretenir avec elles pour accéder à des opportunités résidentielles ou professionnelles par exemple. Ainsi, paradoxalement, c'est bien l'accent mis sur les territorialisations individuelles en migration et leurs enjeux très pratiques qui peuvent conduire la géographie sociale des migrations à rencontrer certaines approches des *cultural studies*, dans lesquelles le culturel définit un environnement symbolique, un ensemble de signes entre lesquels les individus circulent et qu'ils contribuent à créer et à rendre visibles.

RÉFÉRENCES BIBLIOGRAPHIQUES

BADINTER Élisabeth, AMSELLE Jean-Loup, DOZON Jean-Pierre, et Commission Alternative de Réflexion sur les Statistiques Ethniques et les Discriminations (CARSED), 2009, *Le retour de la race : contre les « statistiques ethniques »*, La Tour d'Aigues, Éditions de l'Aube.

BERTAUX Daniel, 1980, « L'approche biographique : sa validité méthodologique, ses potentialités », *Cahiers Internationaux de Sociologie*, vol. LXIX, p. 197-225.

BOAS Franz, 1940, *Race, language and culture,* New York, Macmillan Company.

CALVO Emmanuel, 1982, *La connaissance de l'alimentation des groupes immigrés dans le processus d'insertion sociale*, Paris, IEDES.

CAPRON Guénola, CORTES Geneviève, GUÉTAT-BERNARD Hélène, 2005, *Liens et lieux de la mobilité. Ces autres territoires*, Paris, Belin, coll. Mappemonde.

COURGEAU Daniel et LELIÈVRE Éva, 1996, « Changement de paradigme en démographie », *Population*, vol. 51, n° 3, p. 645-654.

CRENN Chantal, HASSOUN Jean-Pierre et MEDINA François-Xavier, 2010, « Repenser et réimaginer l'acte alimentaire en situations de migration », *Anthropology of food,* n° 7, URL : http://aof.revues.org/6672

CUCHE Denys, 2010, *La notion de culture dans les sciences sociales*, Paris, La Découverte.

CUCHE Denys, KUCZYNSKI Liliane, RAULIN Anne, RAZY Élodie, 2009, « Éditorial », *Revue Européenne des Migrations Internationales*, vol. 25, n° 3, p. 7-12.

DE RUDDER Véronique, 1985, « L'obstacle culturel : la différence et la distance », *L'Homme et la société*, n° 77-78, p. 23-49.

DUBUCS Hadrien, 2009, *Habiter une ville lointaine. Le cas des migrants japonais à Paris*, Poitiers, Université de Poitiers, thèse de doctorat en géographie. URL : https://tel.archives-ouvertes.fr/tel-00441142/

DUBUCS Hadrien, 2010, « Entre culture *in* et culture *off* : les trajectoires spatiales et professionnelles d'artistes japonais dans l'agglomération parisienne », *Territoire en mouvement,* n° 19/20, vol. 2, p. 60-76.

DUBUCS Hadrien, 2011, « Les pratiques spatiales des migrants japonais dans l'agglomération parisienne, reflets d'identités en reconstruction », in RAMADIER Thierry et DEPEAU Sandrine (dir.), *Se déplacer pour se situer. Places en jeu, enjeux de classes*, Rennes, PUR, p. 73-88.

DUBUCS Hadrien, 2014, « Les Japonais à Paris : entre invisibilité résidentielle et hyper-visibilité commerciale », *Hommes et migrations,* n° 1308, p. 45-54.

DUBUCS Hadrien, PFIRSCH Thomas, SCHMOLL Camille, 2016, « Talking about my generation: emigration and a "sense of generation" among highly skilled young Italians in Paris », in Leslie Murray et Sue Robertson (dir.), *Intergenerational mobilities: relationality, age and life-course*, London, Ashgate (à paraître).

FELOUZIS Georges, 2008, « L'usage des catégories ethniques en sociologie », *Revue française de sociologie*, n° 1, vol. 49, p. 127-132.

GLICK SCHILLER Nina, BASCH Linda et BLANC-SZANTON Christina, 1992, *Towards a transnational perspective on migration: race, class, ethnicity, and nationalism reconsidered*, New York, New York Academy of Sciences.

HALL Stuart, 2013, *Identités et cultures. Politiques des différences*, Paris, Editions Amsterdam.

HERSKOVITS Melville J., 1938, *Acculturation, the study of culture contact*, New York, JF Augustin.

HERSKOVITS Melville J., 1952 [1948], *Les bases de l'anthropologie culturelle*, Paris, Payot.

IMBERT Christophe, DUBUCS Hadrien, DUREAU Françoise, GIROUD Matthieu, 2014, *D'une métropole à l'autre. Pratiques urbaines et circulations dans l'espace européen*, Paris, Armand Colin.

KING Russel, 2012, « Geography and migration studies: retrospect and prospect », *Population, space and place,* vol. 18, n° 2, p. 134-153.

LAGRANGE Hugues, 2010, *Le déni des cultures*, Paris, Éditions du Seuil.

SIMON Pierre-Jean, 1994, « Ethnicité », *Pluriel recherches. Vocabulaire historique et critique des relations interethniques*, cahier n° 2, p. 14-20.

SIMON Gildas, 2006, « Migrations, la spatialisation du regard », *Revue Européenne des Migrations Internationales*, vol. 22, n° 2, p 9-21.

TARRIUS Alain, 2000, *Les nouveaux cosmopolitismes : mobilités, identités, territoires*, Éditions de l'Aube.

RETOUR RÉFLEXIF SUR LA CONSTRUCTION D'UN OBJET GÉOGRAPHIQUE MÉMORIEL

TOURMENTS, ANCRAGES ET CIRCULATIONS DES MÉMOIRES DOULOUREUSES DE LA SHOAH

Revisiting and discussing the intellectual construction of the Holocaust as a spatial object. Torments, places and circulations of the Holocaust's painful memories

Dominique CHEVALIER [1]
EVS UMR 5600,
Université Lyon 1-ESPE

Résumé : Cet article propose un retour réflexif sur la construction intellectuelle d'un objet géographique mémoriel (la Shoah) comme objet spatial. Il s'agit d'en raconter la genèse, de montrer les références et les enjeux que cette thématique mobilise dans la discipline, et de voir dans quelles mesures cette réflexion se trouve (ou non) infusée par le tournant culturel.

Mots-clés : Shoah, géographie, matérialité, agentivité, performativité

Abstract: *This paper seeks to revisit and discuss the intellectual construction of the Shoah as a spatial object. We endeavor to hark back to its genesis, to delineate the references and stakes that topic raises in the geographical field as well as to find out wether or not that intellectual process is infused with the cultural turn.*

Keywords: *Holocaust, geography, materiality, agency, performativity*

Écrit au crayon dans un wagon scellé[2]
Ici dans ce transport
Je suis Ève
Avec mon fils Abel
Si vous voyez mon grand fils
Caïn fils d'Adam,
Dites-lui que je

Le champ mémoriel occupe, depuis le tournant des années 1970-1980, de nouvelles fonctions sociales et politiques, à l'échelle individuelle et collective, au point que cette période se trouve qualifiée de *Memory Boom* par de nombreux auteurs (David Berliner, 2005 ; Jay Winter, 2000). Au cours de ces décennies, l'expression « devoir de mémoire » s'est d'ailleurs progres-

[1] Courriel : chevalier.dom@wanadoo.fr

[2] Poème de Dan Pagis.

sivement imposée en France, dans le discours social et politique (Sébastien Ledoux, 2016). Selon Marie-Claire Lavabre (2007), cette ère mémorielle est marquée par la cohabitation de trois problématiques centrales et de trois paradigmes fondamentaux : celui des « lieux de mémoire » développé par Pierre Nora dans son œuvre magistrale (1984 ; 1986 ; 1993), celui du « travail de mémoire » auquel Paul Ricoeur a notamment contribué (2003) et celui des « cadres de la mémoire », issu des réflexions de Maurice Halbwachs sur les conditions sociales de la production et de l'évocation des souvenirs (1925). Toutefois, pour chacun de ces auteurs, la problématique géographique reste généralement tout à fait secondaire dans leurs analyses. Cette timidité dans la prise en compte du spatial est quelque peu déconcertante pour celles et ceux qui cherchent à comprendre les interactions complexes qui se nouent entre le social et le spatial. En effet, les mémoires, en raison de leur caractère foncièrement polysémique (à court ou long terme, collectives ou individuelles, liées aux faits ou aux émotions) nuancent, façonnent et transforment plus ou moins vivement les espaces dans lesquels elles s'enracinent, se logent ou trouvent asile.

Depuis quelques années je m'intéresse à l'inscription des mémoires douloureuses de la Shoah dans les espaces urbains métropolitains. Ce questionnement a été l'objet d'un volume de recherche dans le cadre d'une Habilitation à Diriger des Recherches, soutenue en novembre 2012 (Chevalier, 2012).

Dans cet article, je propose de revenir sur la construction intellectuelle de cet objet comme objet spatial, d'en raconter de manière réflexive la genèse, le cheminement et les différents agencements, de montrer les références et les enjeux que cette thématique mobilise dans la discipline, avant de revenir sur le questionnement qui traverse ce numéro thématique : dans quelle mesure le tourment de la Shoah comme objet géographique se trouve-t-il infusé (ou non) par le tournant culturel ? En effet, par la prise en compte des dispositifs muséographiques et architecturaux, je m'inscris dans la perspective d'un monde social constitué d'assemblages d'actants humains et non-humains pris dans une dynamique de réseau (Latour, 1991).

RETOUR SUR OBJET

Genèse

Comme pour tout objet scientifique, mon intérêt pour la spatialisation de la mémoire de la Shoah s'inscrit dans une histoire, un contexte entre le.la chercheur.e et son objet de recherche. Là, il s'agit d'une rencontre avec un lieu, Yad Vashem. J'évoque ici une rencontre, mais dans le mémoire d'HDR je décris plutôt un « choc géographique ». Une rencontre donc, ou un choc *géographique* qui pourrait sembler paradoxal dans ce lieu où tout portait à s'intéresser à l'histoire, « l'histoire avec sa grande hache » pour parler comme Georges Pérec. À l'automne 2007, j'ai en effet eu l'opportunité de participer à un séminaire organisé conjointement par l'Institut National de Recherches Pédagogiques[3] de Lyon et l'École Internationale pour l'enseignement de la Shoah à Yad Vashem, à Jérusalem, autour de la thématique de la Shoah, cette « césure dans l'histoire humaine » pour reprendre l'expression de Georges Bensoussan (2000). Une semaine de formation, par une fin de mois d'octobre particulièrement ensoleillée, et voilà que sur la Colline du Souvenir (en hébreu *Har Hazikaron*), Yad Vashem et ses déchirures de l'histoire m'aspiraient vers des questionnements spatiaux, politiques et géopolitiques. La perte de six millions de Juifs, d'une langue et de cultures spécifiques, de racines filiales, familiales tout autant que spatiales se matérialisaient ici par la production d'un espace distinctif, mélange de sacré et de profane, juxtaposition de plusieurs lieux en un seul emplacement. Au déracinement initial succédaient de nouveaux enracinements, faits de racines et rhizomes, et ces multiples ancrages spatiaux et temporels évoquaient et produisaient des mémoires, polymorphes. Les « réflexes » de géographe que tout enseignant.e demande à ses étudiant.e.s de mobiliser s'imposaient ici, pour donner du sens à cet agencement spatio-mémoriel, cet espace-autre, cette hétérotopie (Foucault, 1984) que constituent le musée-mémorial et son complexe. « Quoi », « qui », « où », « comment », « pourquoi là ? » et « pourquoi pas ailleurs ? ». Des hypothèses affleuraient ; il fallait désormais approfondir ces premières intuitions. J'avais le projet, encore vague, de me lancer dans une HDR. Je savais désormais que je voulais travailler, en géographe, les mémoires de la Shoah véhiculées par les musées et mémoriaux érigés après guerre, au cœur des métropoles occidentales. C'est ainsi que cette recherche a commencé.

La construction de l'objet comme objet géographique

Il convenait dès lors de faire des choix et surtout de bien arrimer mes questionnements aux problématiques scientifiques de ma discipline, la géographie. Revenir sur les conditions d'élaboration de ce travail, sur les choix et sur les doutes qui les ont accompagnées paraît essentiel pour comprendre la construction de l'objet.

Ma première décision a consisté à partir vérifier si mes intuitions géographiques et mes hypothèses s'appliquaient ailleurs, à commencer par Paris, première ville à avoir érigé un mémorial après guerre, et Washington, où se trouve l'autre grand musée mémorial mondial, le *United State Holocaust Memorial Museum* (USHMM). Je fus rassurée au-delà de mes espérances.

---

[3] Institut National de Recherches Pédagogiques. Dissout en 2010, cet organisme est devenu l'Institut Français de l'Éducation, intégré à l'École Normale Supérieure de Lyon.

Bien loin de l'Europe où s'était déroulée la destruction des Juifs d'Europe[4], le prestigieux musée-mémorial américain de l'Holocauste s'enracinait au cœur du centre de l'espace public fédéral, à la jointure du *Mall* où se concentrent à la fois les grands musées nationaux et les grands mémoriaux. L'onde de choc des traumatismes et de ses réfugiés a affecté l'ensemble des continents et l'existence d'une diaspora juive, pré et post-Shoah, n'est bien sûr pas étrangère à la mondialisation de cette mémoire. Je décidai donc de diversifier les contextes politiques et géopolitiques dans lesquels les projets d'édification de ces musées et mémoriaux urbains, hors sites, différés dans le temps et dans l'espace des horreurs de la Shoah, avaient vu le jour.

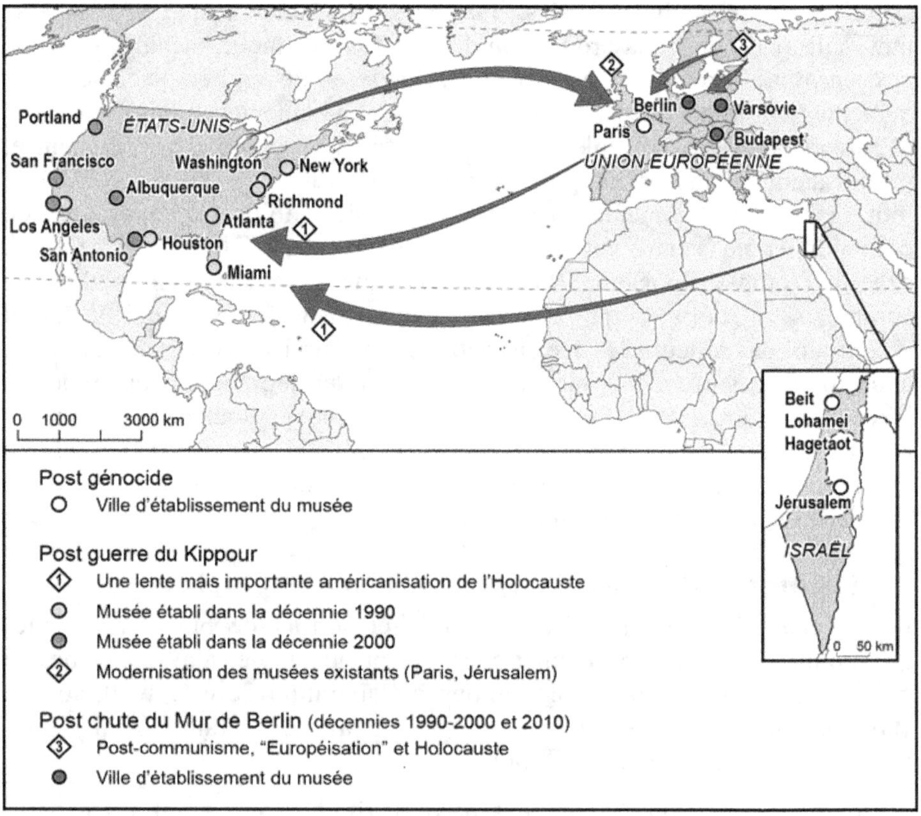

Carte 1 – **Temporalités et périodes d'établissement des principaux musées consacrés à la Shoah**

Au tournant des années 1990, l'Amérique du Nord, pour différentes raisons, s'est passionnée pour l'Holocauste (Novick, 2001 ; Chevalier 2014).

[4] R. Hilberg, *La destruction des Juifs d'Europe*, Paris, Gallimard, coll. « folio » n° 38/39 ; rééditions 1988, 1991.

Washington était bien sûr incontournable compte tenu de la présence de l'USHMM, tout comme New York, Miami, Los Angeles et San Francisco en raison de l'importance des communautés juives. L'exemple canadien de Montréal, troisième plus grand centre mondial de survivants de la Shoah après Israël et New York, était également pertinent pour venir compléter cette analyse nord-américaine. Mais il aurait été totalement incongru de ne pas s'intéresser aussi à la mémoire de la Shoah dans les espaces qui furent aux premières loges de la destruction des Juifs d'Europe, d'autant que les concurrences mémorielles y demeurent vives et prégnantes. Berlin et Budapest sont donc venus compléter le corpus de cette réflexion sur la mise en place des différents récits mémoriels au sein des espaces urbains[5]. Selon quelles matérialités, quelles agentivités, quelles performativités, avec quels jeux d'acteurs et quels discours les différents musées et mémoriaux présents dans ces espaces urbains avaient-ils été érigés ?

Si le musée, en tant qu'espace clos, n'était pas un centre d'intérêt majeur pour les géographes habitués plus généralement à travailler avec des espaces extérieurs, il offrait la possibilité de réfléchir à ses différentes interfaces et à ses collections en tant qu'expressions d'un collectif. D'un point de vue méthodologique, j'ai privilégié l'observation flottante (Pétonnet, 1982). Mon entrée sur le terrain n'était pas très compliquée, j'avais pu le tester rapidement. « Touriste », visiteur anonyme et ordinaire parmi d'autres touristes et visiteurs anonymes et ordinaires, j'ai pu fréquenter à plusieurs reprises chaque musée du corpus et observé à loisir les dispositifs muséographiques et les réactions de mes semblables. Je n'avais pas à justifier ma présence, et l'usage de mon carnet de terrain restait particulièrement discret. Il y eut parfois quelques échanges de mots, mais rarement en réalité car les interactions langagières et physiques, excepté lorsque les visiteurs suivent un.e guide, restent faibles. Les témoignages et narrations, les expositions et monstrations pétrifient, d'une certaine manière, les corps specta(c)teurs des visiteurs, évasivement mobiles, généralement malmenés par les volumes scénographiques du parcours muséal. Les échanges de regards, incrédules, consternés, sidérés ou embués sont un peu plus fréquents, bien que là aussi les stratégies d'évitement avec autrui orientent généralement les déplacements. Les visiteurs des musées consacrés aux mémoires douloureuses intériorisent en effet des modes d'expressions symboliques, des comportements spatiaux construits autour d'une *mimesis corporelle* (Bourdieu, 1979) qui privilégie la lenteur des déplacements, le respect des proxémies intimes et personnelles (Hall, 1978) et une économie des interactions verbales. On touche, à cet endroit, à la question méthodologique et réflexive du chercheur et sans doute aussi aux limites de l'investigation scientifique

[5] Depuis la soutenance de mon HDR en 2012, je me suis également intéressée au cas du musée des Réfugiés de Shanghai et commencé un terrain au Cambodge et au Vietnam.

dans le domaine des émotions et des sensibilités propres à un thème comme celui des mémoires douloureuses. En revanche, les responsables des différents musées ont été longuement enquêtés. Mon travail s'ancrerait donc dans une approche où la pratique du terrain serait privilégiée, terrain qui, selon l'expression d'Anne Volvey (2012), joue « le rôle de totem identificateur pour tous les géographes ».

Le cadre spatial, géopolitique et méthodologique était posé. Il importait désormais d'appréhender cette hétérogénéité de matériaux, de terrains et de lieux selon plusieurs approches scalaires, à la manière de Julien Brachet (2012) ; en effet, de manière dynamique, ces terrains sont pluriels : à la fois sédentaires dans la mesure où ils sont constitués par les musées eux-mêmes et les espaces dans lesquels ils s'insèrent, mais aussi archipélagiques et multisites étant donné qu'ils entretiennent des relations entre eux et avec les musées érigés sur les sites des centres de mises à mort, et enfin terrains rhizomiques pour autant que les pratiques se construisent dans des interactions dialogiques avec les objets. Les approches allaient donc être à la fois multiscalaires (les espaces nationaux et urbains dans lesquels les musées s'insèrent, les musées eux-mêmes, et des échelles infra comme les reconstitutions de ghettos, l'intérieur d'un train, etc.) et transcalaires (aborder simultanément la compréhension d'un lieu à différentes échelles dans un rapport de va-et-vient permanent). Ces jeux d'échelles, associés à la multiplicité des acteurs concernés promettaient de belles articulations pour comprendre la complexité du réel.

Enfin, la découverte des travaux d'Anne Hertzog (2004), d'Anne Gaugue (1997) ou encore de Christine Chivallon (2006) confirmait que l'étude des musées avait bien toute sa place dans le champ de la géographie contemporaine. L'espace du musée n'était pas trop petit pour saisir l'objectivation d'un fait et comprendre les réseaux d'acteurs. Finalement, rassurée par l'assise théorique et pratique de ces divers paramètres, je décidais de m'engager pleinement dans ce travail qui consistait à saisir les dimensions spatiales de la mémoire de la Shoah, par le truchement des pratiques, productions, représentations, instrumentalisations et conflits d'usages liés à cette dernière. Est-il nécessaire de préciser que le chantier m'a parfois paru immense, à la fois en raison de l'étendue physique du terrain et de la violence de la thématique ?

LE TOURMENT DES MÉMOIRES DE LA SHOAH : UN (NOUVEL) OBJET (SUBVERSIF) DE LA GÉOGRAPHIE ?

« Subversif » ?

« Subversif » : la définition donnée en ligne du Centre National de Ressources Textuelles et Lexicales de subversif est intéressante : *qui est susceptible de bouleverser, de détruire les institutions, les principes ; qui menace l'ordre établi.*

Au regard des différentes précautions méthodologiques, épistémologiques et scientifiques évoquées précédemment, travailler sur un objet comme les mémoires de la Shoah en géographie, était-ce « subversif » ? L'humour, cette « impolitesse du désespoir » (Noguez, 2000) m'incite à penser que, vu les difficultés rencontrées auprès du Conseil national des universités (CNU)[6] pour finalement parvenir à la qualification en 23e section[7], on peut sans doute faire l'hypothèse que cette thématique avait quelque chose de « subversif », ou du moins de perturbateur, de déstabilisant. Plusieurs collègues m'ont rapporté les réticences de certain.e.s géographes à considérer une mémoire historique comme légitime sur le plan scientifique, en géographie. Sans doute faudra-t-il écrire un jour de manière plus développée sur les façons dont un groupe « disciplinaire » comme le CNU, qui, comme tout lieu social ordinaire, se trouve tiraillé, travaillé par des rapports de forces, des clivages, des rivalités et des intérêts plus ou moins divergents, finit par encadrer les frontières des savoirs, et d'une certaine manière contraindre ces savoirs.

Ici/ là-bas ; avant/pendant/après : conjugaison spatio-temporelle des tourments mémoriels

La géographie de la mémoire de la Shoah questionne les représentations collectives, communautaires, individuelles et symboliques, les systèmes de valeurs et les enjeux politiques voire géopolitiques. Indubitablement le tournant culturel infuse en grande partie ma volonté de comprendre les diverses dimensions spatiales liées aux mémoires de la Shoah, mais est-il cependant suffisant pour en cerner tous les enjeux ? À la suite de Marc Augé (2001, p. 47), nous considérons que les symboles servent à l'interprétation interne de l'action et que le symbolique permet de donner à l'action une *lisibilité* ».

La Shoah représente, dans le monde occidental, le paroxysme des tourments : tourments en tant que supplices et tortures, tourments en tant que souffrances physiques, affectives, morales, et, enfin, tourments en tant que son souvenir continue de hanter nos sociétés contemporaines. Elle mobilise

[6] Comme le remarque à juste titre Christine Chivallon, « Plus qu'un symbole, cette instance unificatrice est l'outil de préservation d'un territoire disciplinaire où ce qui circule repose bien moins sur un langage conceptuel commun que sur la volonté de ne pas remettre en cause l'héritage garant de la frontière des savoirs ». Chivallon Christine, « L'espace, le réel et l'imaginaire : a-t-on encore besoin de la géographie culturelle ? », *Annales de géographie*, 2008/2, n° 660-661, p. 67-89, p. 72.

[7] 23e section : « Géographie physique, humaine, économique et régionale ». La qualification a été obtenue en 2014.

et conjugue des registres significatifs tels que valeurs, mémoires, identités. À différentes échelles, la mémoire des lieux et les lieux de mémoire constituent un élément clef de cette mémoire collective ; spatialisation et historicisation s'y entremêlent pour lutter contre l'oubli. Parmi les critères d'adhésion relevant du respect des valeurs démocratiques, la reconnaissance et la mémoire de la Shoah représentent en effet un critère implicite d'entrée dans l'Union européenne. Dès 1995, le Parlement européen a demandé que soit instaurée une journée européenne commémorant le souvenir de l'Holocauste dans l'ensemble des (futurs) États membres de l'Union européenne. Lors du forum international sur la Shoah, qui s'est tenu à Stockholm en janvier 2000, les pays membres de la *Task force for International Cooperation on Holocaust Education* ont décidé de faire du 27 janvier, date anniversaire de l'ouverture du camp d'Auschwitz par l'Armée rouge, une journée commémorative de la Shoah. Depuis 2003, cette dernière est désormais célébrée dans tous les pays de l'Union (Droit, 2007, p. 105). En 2015, pour les soixante-dix ans de l'ouverture de ce centre de mise à mort, sans doute la dernière commémoration décennale qui s'est faite en présence d'ancien.ne.s déporté.e.s, une cérémonie officielle a rassemblé rescapé.e.s et représentant.e.s de quarante-deux États, entre recueillements, émotions et inquiétudes alors que les haines religieuses, réelles ou amplifiées, semblent refaire surface dans l'espace public. Politique intérieure et politique extérieure deviennent difficiles à disjoindre entre le contexte mondialisé, ou du moins occidentalisé, des commémorations de la Shoah et les circonstances nationales où des attaques terroristes amènent les chefs d'État à condamner avec force la résurgence de l'antisémitisme.

Le cas de la Hongrie représente un parfait exemple d'instrumentalisation de la mémoire et de l'espace. La Hongrie n'est malheureusement pas le seul pays où l'antisémitisme reste fort, mais une succession d'édifications mémorielles montre combien la mémoire de la Shoah peut être à la fois réifiée et instrumentalisée à des fins politiques. L'érection contestée du mémorial appelé « Hongrie victime de l'Allemagne », sur la place de la Liberté à Budapest, s'inscrit dans la suite logique de la victoire du *Fidesz* lors des dernières élections législatives d'avril 2014, tout comme la construction du musée de l'Holocauste (Holokauszt Emlékközpont) s'inscrivait initialement dans le désir d'intégrer l'Union européenne. Dans les deux cas, la Hongrie se présente comme une victime ; la responsabilité du régime de Horthy et des Croix Fléchées dans la déportation et l'assassinat des Juifs hongrois (Karsai, 2001) se trouvent très largement minorés, voire occultés[8]. De nombreux

[8] Des milliers de fiches (61 kg de liasses de papier) écrites à la main, jaunies mais parfaitement lisibles formant une partie du recensement effectué par la Hongrie, alliée à Hitler, en juin 1944 pour préparer la déportation des juifs de la capitale ont été découvertes en novembre 2015 derrière le mur d'un appartement. Elles permettent d'établir de manière claire

Hongrois opposés à cette vision simplifiée et révisionniste de l'histoire ont manifesté leur désapprobation au cours de l'édification du mémorial, contraignant ainsi le gouvernement à en repousser l'inauguration (Slim, 2014), puis finalement à l'annuler.

La question des identités, construites, fantasmées, instrumentalisées, plus ou moins tiraillées et travaillées par des clivages politiques et culturels et par des ressorts nationaux et européens reste centrale pour appréhender l'acuité des liens sociaux et politiques.

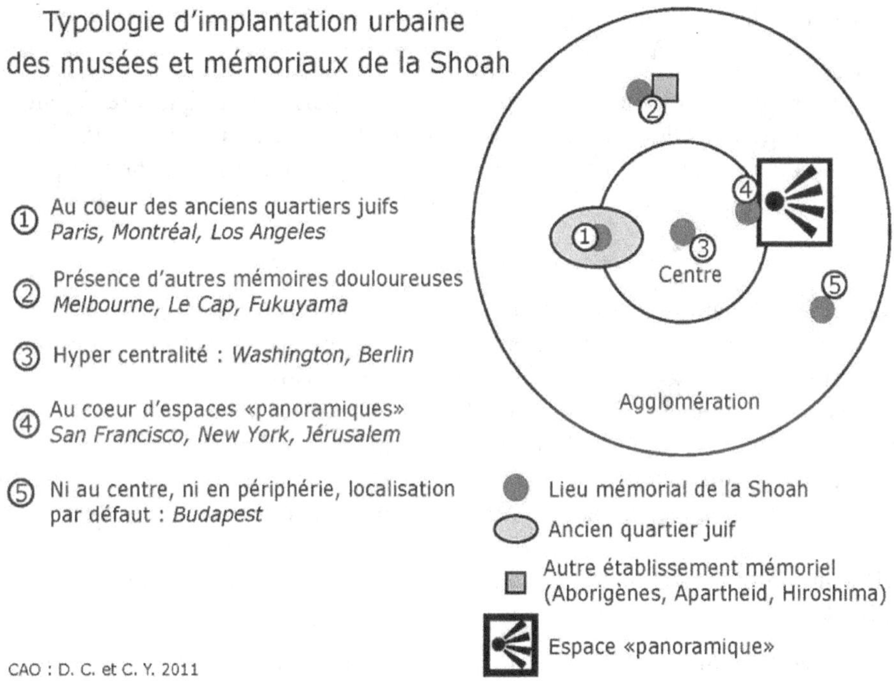

Carte 2 –**Typologie d'implantation urbaine des musées et mémoriaux de la Shoah**

Les musées s'insèrent dans des situations locales et des espaces urbains pluriels, et « font avec » des contextes nationaux. Dans une logique « sédimentaire », ils ont parfois été édifiés au cœur de l'ancien quartier juif de la ville. Pour des raisons politiques, ils peuvent également s'ancrer dans l'hyper-centre d'un espace public, ce qui leur confère une polarisation et une légitimation maximales. Certains d'entre eux bénéficient d'une plus-value situationnelle liée aux espaces panoramiques avec lesquels ils composent.

---

ce que de nombreux historiens avaient déjà mis en évidence : la responsabilité du régime de Horthy et des Croix Fléchées dans la déportation des Juifs hongrois.

Enfin, l'implantation peut également résulter d'une localisation opportunément par défaut.

Ces musées s'appuient sur des mémoires multiples d'avant, pendant et après le génocide, sur des représentations et des géosymboles au sens où Joël Bonnemaison (1992) emploie ce terme, c'est-à-dire expressions de la mémoire définie comme un lieu, un itinéraire ou une construction et qui, pour différentes raisons, religieuses, politiques ou culturelles, prend une dimension symbolique qui (s')ancre dans une identité héritée. Ainsi, par exemple, la figure omniprésente du train, des rails et du wagon, ou la récurrence du chiffre six contribuent-ils à la symbolisation du processus de destruction des Juifs d'Europe ; certains wagons constituent à eux seuls des mémoriaux, comme à Drancy, Auschwitz ou Yad Vashem…

Pour évoquer les mémoires de la Shoah, les périodes qui la précèdent et celles qui lui succèdent, il convient certes d'évoquer, de manière dynamique et non manichéenne, les questions d'ancrages, d'enracinements et de circulations ; mais il est indispensable de penser aussi de façon réticulaire.

Enracinements et circulations

Éléments substantiels et auxiliaires de la mondialisation et de la métropolisation, les musées, généralement dessinés et imaginés par des architectes renommés de la « starchitecture », jouent à travers de subtiles mises en scènes à assembler les échelles locales, mondiales et temporelles. Le musée de New York, au sud de Manhattan, embrasse et intègre la statue de la Liberté dans son champ de vision ; celui de Washington jouxte les autres grands mémoriaux et musées nationaux, sur le célèbre *Mall* ; le Mémorial aux Juifs assassinés d'Europe, *Denkmal für die ermordeten Juden Europas*, à Berlin, côtoie, au cœur de la capitale réunifiée, la porte de Brandebourg et le bunker d'Hitler.

L'ancrage territorial s'effectue par le biais de marqueurs, visibles et symboliques à la fois. Les arbres constituent une figure récurrente de cet enracinement. À Yad Vashem, l'œuvre du sculpteur Zadok Ben-David évoque un arbre particulier au cœur du *Panorama des partisans*. Haut de six mètres, il est composé de 600 figures d'hommes, de femmes et d'enfants (illustration 1).

Illustration 1 – **L'Arbre des Partisans**, Yad Vashem, 2008
© Dominique Chevalier

Chaque figure sculptée à la main est unique ; les personnages se tiennent les uns les autres comme si chacun dépendait de l'autre. Le nom de l'œuvre suggère que cet arbre symbolise le combat des partisans dans les forêts qui servaient de refuge. Mais le visiteur peut également y voir les multitudes d'arbres généalogiques amputées de leurs branches, ou la matérialité, pour les rescapés et leurs descendants, de venir s'enraciner sur la terre israélienne. En retour, l'évocation de Jérusalem constitue le fondement de bien des édifices ; le mémorial de Miami Beach, créé par Kenneth Treister représente une main tendue, ceinte par un mur bâti de pierres de Jérusalem. On retrouve également la présence de ces pierres dans la dernière salle du musée de Washington ainsi qu'au musée de Budapest. Semblablement, le *Mur des Noms* du Mémorial de la Shoah parisien est entièrement taillé dans des pierres provenant de Jérusalem. Le mémorial des enfants accolé au *Los Angeles Museum of the Holocaust*, quant à lui, évoque le Mur des

Lamentations, mur de soutènement de l'esplanade du Temple de Jérusalem, également intégré au mur d'enceinte de l'Esplanade des mosquées.

La figure de l'arbre symbolise à elle seule celle des Justes, dans le *Jardin des Justes* de Yad Vashem (illustration 2), créé en l'honneur des milliers de non-Juifs qui ont risqué leur vie pour sauver des Juifs pendant la Shoah. Elle a également été utilisée par le sculpteur Imre Varga (illustration 3) pour rappeler la mémoire des Juifs hongrois victimes du nazisme et des Croix fléchées. Plus de trois mille noms sont aujourd'hui gravés sur les feuilles de cet arbre.

Illustration 2 – **Allée des Justes**, Yad Vashem, octobre 2011
© Dominique Chevalier

Le marronnier qu'Anne Frank[9] entrevoyait furtivement par une fenêtre de l'Annexe, seul élément lui permettant de rester en contact avec le monde extérieur et le rythme des saisons, exprime également avec force la manière dont les sociétés « font avec » la douloureuse mémoire de la Shoah. « *Notre marronnier est totalement en fleur ; de haut en bas, il est bourré de feuilles et beaucoup plus beau que l'an dernier* » écrit la jeune fille dans son *Journal*, le 13 mai 1944. En 2007, âgé de 150 ans, rongé par des parasites, le

[9] La Maison d'Anne Frank ne faisait pas partie de mon corpus initial. Il s'agit d'un exemple que j'ai travaillé par la suite, et qui évoque formidablement cette idée de circulation (Chevalier, 2015a).

vieil arbre aurait dû être abattu. Risquant de tomber à tout moment, le propriétaire du jardin dans lequel il se trouvait en avait expressément fait la demande ; pour cette raison, la mairie d'Amsterdam en avait autorisé l'abattage. Cependant, cette décision fut contrariée par une importante mobilisation citoyenne qui en empêcha la réalisation. Le « marronnier d'Anne Frank » avait acquis pour diverses raisons une sorte de dimension sacrée ; sans doute en raison du succès planétaire du *Journal*, sans doute aussi en raison de la mauvaise conscience d'habitants d'un pays où la grande majorité des Juifs (84 %) a été déportée vers Sobibor et Auschwitz-Birkenau. Le nombre de Juifs hollandais ayant survécu est en effet l'un des plus faibles pourcentages parmi les pays touchés par la Shoah. L'arbre « témoin » a finalement été consolidé par une armature en acier. Dans son sillage, la médiatisation de cette affaire provoqua des mises aux enchères, sur Internet, de marrons prélevés pour permettre la culture de jeunes arbres issus du « marronnier d'Anne Frank ». Certaines enchères ont dépassé 10 000 dollars sur la Toile. Une tempête a pourtant fini par le casser, le 23 août 2010. La Maison d'Anne Frank a distribué des boutures à travers le monde. Plusieurs arbrisseaux ont à ce jour été plantés ; en 2010, devant le Centre commémoratif de l'Holocauste de Montréal, en 2007 dans la première partie du jardin Anne Frank, à Paris, et, plus récemment, en mai 2014, sur une des pelouses du Capitole à Washington. Les paroles tenues par Eric Cantor, chef de la majorité républicaine à la Chambre des Représentants, à l'occasion de cette cérémonie de mise en terre de l'arbuste, montrent bien l'étendue symbolique et idéologique d'un tel acte : « cet arbre rappellera à ceux qui vivent à l'étranger la bénédiction qui est la nôtre de vivre aux États-Unis ». À travers l'agentivité des arbres et des marrons susceptibles d'« engendrer » d'autres arbres descendants « *du* Marronnier d'Anne Frank », l'histoire d'Anne Frank et des autres occupants de l'Annexe et plus globalement la mémoire de la Shoah circulent à travers le monde. Mais, pour reprendre l'expression de Raymond Queneau, « Il y a deux sortes d'arbres : les hêtres et les non-hêtres ». Le symbole du « marronnier-hêtre » n'a de sens que s'il est étayé par du langage, du témoignage.

Si l'enracinement et la récurrence de l'ancrage paraissent incontestables, semblablement la symbolique de la circulation n'en reste pas moins d'une grande capacité évocatrice, qui comme pour les boutures et les fruits, n'est pas qu'une simple métaphore. Les jumelages entre les musées métropolitains et les musées installés sur les centres de mise à mort, les prêts et dons d'archives et d'objets, les multiples échanges et connexions effectués à partir des sites Internet des trois plus importants musées-mémoriaux (Yad Vashem, Washington et Paris), la circulation des visiteurs, devenus témoins, passeurs et porteurs de mémoires à l'issue de leurs visites permettent de mieux appréhender cette circulation des mémoires à travers des emboîtements d'échelles. La dissémination de la mémoire de la Shoah, associée à l'édification de grands musées-mémoriaux prestigieux (dotés de sites Internet efficients et remarquables) au cœur des métropoles les plus importantes du monde occidental, la mobilité croissante des individus et le développement du tourisme mémoriel et patrimonial contribuent à produire des territoires circulatoires de cette mémoire, eux-mêmes producteurs de mémoires collectives. À l'idée d'insertion et d'intégration se juxtapose celle de logiques circulatoires.

Illustration 3 – **Arbre de Vie**, Budapest, décembre 2011
© Dominique Chevalier

Ces dynamiques spatiales et temporelles évoquent et ce faisant atténuent la distance spatiale avec les lieux d'annihilation, entre « ici », le musée et « là-bas » les camps, mais aussi entre « ici » le musée et « là-bas » les *shtetls* ou les centres urbains selon qu'il est fait référence à la vie communautaire ou aux politiques d'intégration. Elles estompent également, au moins le temps de la visite, la distance temporelle entre « maintenant » et « avant », la période de la Shoah et celle qui la précède. Ces abîmes spatiaux et temporels sont travaillés, réduits et abrogés au sein de l'espace muséal. Différents langages, verbaux et non verbaux, témoignages, archives, objets, dispositif architectural, agencements matériels et artefacts permettent une mise en visibilité et lisibilité de la Shoah. Une salle de réflexion ponctue le parcours muséographique chronologique. Cette pièce, qui joue le rôle de sas, favorise le recueillement, la réflexion, et étaye le retour spatio-temporel à « ici » et « maintenant ». La distinction arbitraire entre humain et non-humain est désormais obsolète. Les dispositifs mémoriels intègrent et incorporent des matériaux parfois hybrides, des connaissances et des pratiques expérientielles pour approcher la Shoah qui reste « la matrice mémorielle à laquelle on se réfère pour analyser des faits passés ou pour poser, au sein des réalités contemporaines, les bases du récit historique futur » (Wieviorka, 2004).

Tourments de la mémoire, désa-corps et *emotional turn*[10]

Les émotions occupent depuis peu une place particulière dans le champ des sciences sociales (Bernard, 2015 ; Davidson, Bondi, Smith, 2013). L'évolution expérientielle des mises en tourisme repose sur une immersion des touristes dans un milieu où ils expérimentent et éprouvent le lieu, mobilisant ainsi les registres du sensible et de l'émotion. Les corps, les sentiments et les vertiges sont mis à l'épreuve. L'agencement des musées s'appuie sur ces capacités des espaces à rendre compte et à produire des émotions pour évoquer le processus de destruction des Juifs d'Europe, précisément parce que la dimension spatiale se situe au fondement même de l'expérience humaine. Si la prise en compte du « sensible » et de l'émotion varie selon les musées, et plus globalement selon les pays, elle n'en reste pas moins essentielle pour comprendre la performativité des édifices muséaux.

Cette composante sensible inclut la prise en compte des objets. Objets personnels ou objets ayant appartenu à des personnes mortes assassinées dans les chambres à gaz, chaque objet raconte une histoire qui s'inscrit dans la grande histoire, à la manière des pièces d'un puzzle (Chevalier, 2015b). Leur valeur essentielle réside dans le fait qu'ils ont été, comme le marronnier d'Anne Frank, témoins involontaires. En tant que tels, ils sont uniques et non « reproductibles », contrairement aux musées « hors site » dans lesquels ils sont exposés. Une fois encore, ces non humains se révèlent de puissants actants. Le *teddy* de Selma, petite fille juive polonaise, confident de ses plus fortes angoisses est à la fois exposé au musée de Washington avec toutes les explications qui permettent de le contextualiser, puis dupliqué et mis en vente dans la boutique du musée et sur le site Internet pour $ 12.95 afin qu'il apporte, « réconfort et camaraderie à quelqu'un[11] ».

Cette dimension sensible suppose également de prendre en considération l'enveloppe même des musées en tant qu'écrin, l'architecture du bâtiment et ses divers agencements parce que, précisément, ils cherchent à promouvoir

[10] Joyce Davidson, Liz Bondi, Mick Smith, *Emotional Geographies*, Ashgate, 2013.

[11] http://web.ushmm.org/site/apps/ka/ec/product.asp?c=ftILI5PMKoG&b=2264499&en=ajKJIXODL9KSJ7NGJ8IOI9OXLkKVIePRIlJTJaNYLxE&ProductID=420727, page consultée le 27 juillet 2012.

l'expérience. Les sens, la vue, l'ouïe, l'odorat, le toucher sont sollicités pour percevoir et pour comprendre, plutôt que l'observation et l'analyse d'une (froide) présentation d'objets accrochés au mur ou placés dans des vitrines. Cette mise en scène repose sur la notion « d'expérience vécue ». Les corps des visiteurs, engagés *dans* et *avec* l'espace qui les enveloppe et les environne, se trouvent au cœur des expériences spatialisées. Pour évoquer la Shoah, des corps meurtris, tourmentés, ravagés par les maltraitances sont exposés, à travers photographies et sculptures.

Illustration 4 – San Francisco, ***The Holocaust* de George Segal**, 2011
© Dominique Chevalier

CONCLUSION : DE QUOI CETTE GÉOGRAPHIE EST-ELLE LE NOM ?

Les mémoires de la Shoah, telles qu'elles sont évoquées, exposées, produites et institutionnalisée dans les musées métropolitains nationaux confirment que les dimensions spatiales, toutes échelles confondues, occupent une place de choix. Elles expriment des liens puissants et subtils qui tissent les relations entre passé, présent et projets des sociétés qui portent l'édification de ces musées, lesquels sont à la fois sujets et objets, actants et agents, matériels et idéels, particuliers et universels, symboles et discours, médiatisés et médiatisants. Si l'on considère la culture comme processus par lequel le monde social est (ou peut être) interprété, doté de sens et dans lequel la transmission et le partage des multiples communications jouent un rôle fondamental, alors cet objet géographique hybride que constitue la spatialisation des mémoires de la Shoah s'inscrit sans doute pleinement dans le champ de la *New Cultural Geography*. Trois fils peuvent nous permettre de tisser cette trame du raisonnement qui nous incite à exprimer cela. Le premier de ces fils est celui de la performativité, dans le sens ou Judith Butler (2006) l'utilise. Lorsque les visiteurs, par le biais des agencements des dispositifs architecturaux et muséographiques, jouent sérieusement leur rôle de visiteurs, ils et elles performent leur rôle et deviennent (symboliquement) ce que ce rôle sous-tend. À l'instar de la célèbre formule d'Arthur Rimbaud dans sa lettre à Paul Demeny, un.e visiteur.e d'un musée (performatif) devrait pouvoir affirmer que désormais « je est un autre ». Le second fil est sans doute celui du matériel et de l'idéel. La matérialité du terrain et des infrastructures épouse avec constance les perceptions, les informations et les figurations. Idéel et matériel interagissent en permanence, et réciproquement (Groupe Dupont, 2002). De ce constat procède le dernier fil, celui de l'agentivité des objets et de leur capacité d'actions qui, comme les actes de langage, se décomposent en actes locutoires (qui ont une signification), illocutoires (qui ont une signification) et perlocutoires (qui ont des effets).

BIBLIOGRAPHIE

ANDERTON Frances, 1997, « Les musées de Los Angeles : le commencement ou la fin des "dinosaures" ? », *Museum International*, n° 196 « Architecture et musée ».

AUGÉ Marc, 2001, *Les formes de l'oubli*, Rivages poche, Payot.

BENSOUSSAN Georges, « Comment enseigner la Shoah ? », conférence débat du 24 mai 2000 avec l'Amicale des déportés d'Auschwitz et l'APHG. http://aphgcaen.free.fr/cercle/bensoussan.htm

BERLINER David, 2005, « The Abuses of Memory: Reflections on the Memory Boom in Anthropology », *Anthropological Quarterly*, vol. 78, n° 1, p. 197-211.

BERNARD Julien, 2015, « Éclairer un point aveugle », *Terrains/Théories* [en ligne], n° 2. http://teth.revues.org/268

BONNEMAISON Joël, 1992, « Le territoire enchanté. Croyances et territorialités en Mélanésie », *Géographie et culture*, n° 3, p. 72-88.

BOURDIEU Pierre, 1979, *La distinction. Critique sociale du jugement*, Éditions de Minuit, coll. « Le sens commun », 672 p.

BRACHET Julien, 2012, « Géographie du mouvement, géographie en mouvement. La mobilité comme dimension du terrain dans l'étude des migrations », *Annales de géographie*, n° 687-688, p. 543-560.

BUTLER Judith, 2006, *Trouble dans le genre*, La Découverte.

CHEVALIER Dominique et LEFORT Isabelle, (à paraître), « Le touriste, l'émotion et la mémoire douloureuse », *Carnets de géographes* [en ligne], n° 9 « Géographies, géographes et émotions ».

CHEVALIER Dominique, 2015a, « Anne Frank : une voix singulière, collective et mondialisée des mémoires douloureuses », *in* Claire Kaczmarek et Olivier Rota (dir.), *Conflit et minorités religieuses, du XVIe siècle à nos jours*, actes du colloque des 24-25 octobre 2013 tenu à l'Université d'Artois, *Revue du Nord*, hors-série n° 32, p. 161-176.

CHEVALIER Dominique, 2015b, « *Sunt lacrymae rerum et mentem mortalia tangunt*. Quels objets pour signifier la Shoah ? », *Géographie et cultures,* n° 91-92 « Géographie des objets », p. 65-82.

CHEVALIER Dominique, 2014, « Les musées urbains de la Shoah comme objets d'enjeux géopolitiques et espaces-temps de l'entre-deux », *Revue EspaceTemps.net* [en ligne], mis en ligne le 18 avril 2014. http://www.espacestemps.net/articles/les-musees-urbains-de-la-shoah-comme-objets-denjeux-geopolitiques-et-espace-temps-de-lentre-deux/

CHEVALIER Dominique, 2013, « Les musées urbains de la Shoah : entre souvenirs, promotion de la paix et marketing territorial », *Espace Tourisme et Loisirs*, n° 313, p. 120-129.

CHEVALIER Dominique, 2012, *Musées et musées-mémoriaux urbains consacrés à la Shoah : mémoires douloureuses et ancrages géographiques. Les cas de Berlin, Budapest, Jérusalem, Los Angeles, Montréal, New York, Paris, Washington*, Habilitation à diriger des recherches, École Nationale Supérieure d'Architecture, Lyon. https://tel.archives-ouvertes.fr/tel-00811670/document

CHEVALIER Dominique, 2011, « Yad Vashem, un lieu entre mémoires et espoirs », *Territoires en mouvement*, n° 13 « Visibilité et invisibilité, emplois et réemplois du religieux », p. 56-69.

CHIVALLON Christine, 2008, « L'espace, le réel et l'imaginaire : a-t-on encore besoin de la géographie culturelle ? », *Annales de géographie*, n° 660-661, p. 67-89.

CHIVALLON Christine, 2006, « Rendre visible l'esclavage : muséographie et hiatus de la mémoire aux Antilles françaises », *L'Homme*, n° 180, p. 7-41.

CLAVAL Paul, 1995, *La géographie culturelle*, Paris, Nathan.

DROIT Emmanuel, 2007, « Le Goulag contre la Shoah. Mémoires officielles et cultures mémorielles dans l'Europe élargie », *Vingtième siècle*, n° 94, p. 101-120.

DAVIDSON Joyce, BONDI Liz, SMITH Mick, 2013, *Emotional geographies*, Ashgate.

FOUCAULT Michel, 1984, « Des espaces autres » (conférence au Cercle d'études architecturales, 14 mars 1967), *Architecture, Mouvement, Continuité*, n° 5, p. 46-49.

FRANK Anne, 2013, *Le journal d'Anne Frank*, Le Livre de Poche, coll. Littérature & Documents, réédit.

GAUGUE Anne, 1997, *Les États africains et leurs musées. La mise en scène de la nation*, L'Harmattan, coll. « Géographie et cultures », 230 p.

Groupe DUPONT, 2002, *Géopoint 2002. L'idéel et le matériel en géographie*, actes du colloque GÉOPOINT 2002 tenu à la Faculté des Lettres d'Avignon les 30 et 31 mai 2002, Avignon, Université d'Avignon.

HALBWACHS Maurice, 1994 [1925], *Les cadres sociaux de la mémoire*, Paris, Albin Michel.

HALL Edward T., 1978, *La dimension cachée*, Paris, Points, 254 p.

HERTZOG Anne, 2004, « Quand les géographes visitent les musées, ils y voient des objets... de recherche », *L'Espace géographique*, n° 33, p. 363-368.

HERTZOG Anne, 2004, *Là où le passé demeure. Les musées de Picardie : étude géographique. Une contribution à l'étude des lieux géographiques de mémoire*, thèse de doctorat, Université Paris VII Denis-Diderot.

KARSAI Lászlò, 2001, « History, Holocaust and Politics », in András Gero, Lászlò Varga, Mátyás Vince (eds), *Anti-semitic discourse in Hungary in 2000*, Budapest, p. 147-154.

LATOUR Bruno, 1997 [1991], *Nous n'avons jamais été modernes. Essai d'anthropologie symétrique*, Paris, La Découverte.

LAVABRE Marie-Claire, 2007, « Paradigmes de la mémoire », *Transcontinentales* [en ligne], n° 5. http://transcontinentales.revues.org/756

LEDOUX Sébastien, 2016, *Le devoir de mémoire. Une formule et son histoire*, Paris, CNRS Éditions.

NOGUEZ Dominique, 2000, *L'arc-en-ciel des humours*, Le Livre de Poche.

NORA Pierre, 1984, *Les lieux de mémoire*, t. 1 *La République*, Paris, Gallimard.

NORA Pierre, 1986, *Les lieux de mémoire,* t. 2 *La Nation*, Paris, Gallimard.

NORA Pierre, 1992, *Les lieux de mémoire,* t. 3 *Les France*, Paris, Gallimard.

NOVICK Peter, 2001, *L'Holocauste dans la vie américaine*, Paris, Gallimard, coll. « Bibliothèque des histoires ».

PÉREC Georges, 1975, *W ou le souvenir d'enfance,* Paris, Gallimard.

PÉTONNET Colette, 1982, « L'observation flottante. L'exemple d'un cimetière parisien », *L'Homme*, vol. 22, n° 4, p. 37-47.

PIVETEAU Jean-Luc, 1995, *Temps du territoire*, Carouge-Genève, Éditions Zoë.

RACINE Jean-Bernard, 1995, *La ville entre Dieu et les hommes*, Genève/Paris, Presses bibliques et universitaires/L'Harmattan.

RICŒUR Paul, 2000, *La mémoire, l'histoire, l'oubli*, Paris, Editions du Seuil.

SLIM Assen, 2015, « Budapest : lieux de tensions mémorielles », *Regard sur l'Est* [en ligne], http://www.regard-est.com/home/breve_contenu.php?id=1509

VOLVEY Anne *et al.*, 2012, « Terrains de je. (Du) sujet (au) géographique », *Annales de géographie*, n° 687-688, p. 441-461.

WIEVIORKA Annette, 2003, « Eichmann, un procès inaugural », *Le Nouvel Observateur*, hors-série n° 53 « La mémoire de la Shoah », p. 30.

WINTER Jay, 2000, « The generation of memory. Reflections on the memory book in contemporary historical studies », *German Historical Institute,* n° 27.

EMPIRIES ARTISTIQUES À PROPOS DU LIEU

An empirical, artistic approach to place

Joseph RABIE [1]
Lab'Urba (École d'Urbanisme de Paris) / Paris Métropole / Atelier International du Grand Paris

Deux photographies de l'exposition des œuvres de Joseph Rabie
à la Laiterie durant le colloque

[1] Courriel : joe@joetopia.org / joseph.rabie@ateliergrandparis.fr

Résumé : Dire *qu'on habite quelque part* est une tautologie, tant que l'acte même d'exister dépend de *là où on se trouve*. Une approche purement scientifique de la notion de lieu nous semble inadéquate pour rendre compte de l'emprise totalisante des lieux sur nos esprits, loin au-delà de la seule performativité de la pratique opérationnelle de l'espace. Par nos perceptions, par nos affects, par le plus profond va-et-vient entre nos identifications et appropriations spatiales et notre for intérieur – le lieu s'impose au-delà de toute raison. C'est ainsi que nous proposons d'explorer ici la place, que nous pensons essentielle, d'une *posture artistique* dans la construction d'*un savoir sur les lieux*. À Cerisy-la-Salle, nous avons été amenés à exposer deux séries de travaux artistiques, présentées comme autant d'*études psychogéographiques*, où il s'agit de sonder, par l'intermédiaire de l'expression artistique, cette *chose singulière* qui semble fonder chaque situation spatiale particulière.

Mots-clés : lieu, art, posture artiste, cartographie, chorographie, vraisemblance, topographie, topopoésie, dessin, photographie, photographie interactive, algorithme, vision englobante

Abstract: *Saying that we live somewhere is a tautology, in the sense that the very act of existence hinges upon where we are. A purely scientific approach to the notion of place seems inadequate for taking into account the totalising hold that places exercise over our minds, over and beyond the sole performativity of the operational practise of space. By our perceptions, our feelings; by the to-and-fro between our spatial identifications and appropriations and our deepest heart – place asserts itself beyond the bounds of reason. Thus we propose to explore the status, which we consider essential, of an artistic posture in the establishment of a corpus of knowledge about place. At Cerisy-la-Salle, we had the opportunity to exhibit two series of art works, presented as so many psychogeographical studies. Our objective is to fathom, by the intermediary of artistic expressivity, that singular thing which appears to found each particular spatial situation.*

Keywords: *place, art, artistic posture, cartography, chorography, verisimilitude, topography, topopoetics, drawing, photography, interactive photography, algorithm, global vision*

INTRODUCTION

Les questionnements exposés ici posent leur regard sur la nature, la place et la légitimité de la *démarche artistique* dans la construction d'*un savoir sur les lieux*. À quel point un travail artistique, et notamment photographique, dont les visées artistique et documentaire s'entremêlent en mettant en œuvre des interprétations du territoire, pourrait contribuer à une recherche scientifique ?

Ces questionnements se trouvent au fondement des différentes œuvres artistiques que nous avons exposé lors du colloque, « *Le tourment culturel* », à Cerisy-la-Salle, imprégnant leurs contenus, leurs formes esthétiques, les sens véhiculés – leur discours propre, en somme. Il s'agit de travaux composites dont la photographie constitue la matière première, indissociablement incorporant dans le premier cas du texte, et dans le deuxième cas la mise en interactivité par la programmation informatique. S'y ajoute mon travail actuel sur *une cartographie sensible des lieux du Grand Paris faite par ses habitants*[2], où le regard chorographique inhérent à une telle carte sera informé par un matériel photographique omniprésent.

Il est très important de spécifier au préalable le statut de l'œuvre artistique au sein du travail de recherche. Il ne s'agit nullement d'aborder une œuvre d'art particulière, (ou l'œuvre partielle ou complète d'un artiste), en tant qu'*objet* d'étude – qui serait auscultée à l'intérieur d'une démarche visant à analyser son contenu, ses attributs formels, et ses intentions, délibérées ou collatérales, le tout présidant à sa création aux mains de l'artiste puis à sa réception autonome par son public.

Dans notre cas il s'agit de la volonté d'utiliser notre propre production artistique comme modalité d'investigation *en tant que telle*, servant, à travers l'acte de création, de produire des connaissances valables. Ainsi, notre article se présente *en compagnon* d'un corpus d'œuvres traitant du lieu – d'une part en explicitant leurs conditions de création en tant qu'expression sensible revendiquée, et d'autre part par une réflexion théorique visant à les contextualiser au sein du travail de recherche.

Cette question de légitimité est imposée par la démarche scientifique, qui de nos jours « règne en maître » sur la recherche académique en tant que modalité normée régissant la production de connaissances valides vérifiables. Légitimité, par rapport à laquelle la démarche artistique est forcément suspecte et sommé de se justifier, dans la mesure où l'intuition, la créativité, la poésie, l'imaginaire, la (dé)raison, voire l'instinctuel font partie de sa règle de jeu, dans des œuvres où le recours au fictif côtoie le documentaire... là où l'artiste est l'instrument de son immersion sensible au monde. C'est ainsi que la démarche artistique incorpore une espèce de réflexivité qui est jugée antinomique au regard de l'exigence de factualité absolue qui constitue le fondement même de la démarche scientifique – et par rapport à laquelle la subjectivité inhérente à l'acte artistique serait en porte-à-faux.

C'est le for intérieur de l'artiste qui constitue son terrain ultra-personnel de perceptions, d'interactions, et d'inspirations qui vient au devant de (voire

[2] Recherche réalisée avec le concours de Paris Métropole / l'Atelier International du Grand Paris.

bien souvent submerge) cette activité réflexive, qui en préambule a motivé l'œuvre, et qui, tout au long de ses étapes de fabrication, structure sa réalisation. Le processus de création artistique est par nature tâtonnant, expérimental, *empirique* : mes œuvres se posent alors comme des « *excursions buissonnières* » par rapport aux injonctions logico-formelles du travail de recherche scientifique auquel elles sont associées.

Mon objectif ici sera donc de démontrer, en ce qui concerne la *notion de lieu*, que la démarche artistique est, justement, particulièrement adaptée pour défricher ce savoir, là où la démarche scientifique serait, éventuellement, démunie.

Enfin, l'objet de cet article étant d'expliquer les œuvres qui ont été exposées à Cerisy lors du colloque, il s'agit, avant tout, d'une explicitation du cadre théorique au sein duquel ces œuvres sont inscrites, et non pas du compte rendu scientifique d'une démarche de recherche en tant que telle.

SUR LE LIEU

Le sujet qui m'intéresse est « *Ce qui fait lieu* ». Il s'agit notamment d'étudier *les conditions qui font qu'un lieu soit habitable*. Afin de conceptualiser un cadre d'analyse de la notion du lieu, nous développons une hypothèse qui postule qu'*un lieu quelconque se constitue sur la base d'une taxinomie hétérogène, amalgamée à partir de multiples dimensions*. Une dualité partagée se construit entre, d'une part, les *aspects morphologiques* matériels d'un lieu – sa plasticité physique – et d'autre part, l'ensemble des symboles, valeurs, contenus sociaux, culturels, politiques, historiques, religieux, etc., usages et modes de vie, aménités disponibles ou absentes... que nous nommons *enjeux-situation-récits*.

Le premier versant *morphologique* de cette dualité fait état de la perception d'un lieu concret par l'individu situé, ressenti et vécu dans sa spatialité et, plus spécifiquement, dans l'agencement particulier de l'ensemble des objets naturels et artificiels qui le composent. Le deuxième versant *enjeux-situation-récits* fait état de la constitution du lieu en tant que cadre de vie collectif porteur de significations sociales, culturelles, politiques, etc. Dire qu'il s'agit d'un partage entre *contenant* et *contenu* ou entre *forme* et *fond* serait certainement une méprise, car le *sens global* d'un lieu particulier vient de la synthèse fusionnelle entre les deux parties de la dualité, et la nature totalisante du lieu dérive du fait que les attributs particuliers de chacune des deux parties conditionnent le champ des possibles de l'autre. L'anthropologue et ethnologue Marc Augé, parlant du métro parisien, fait état d'une *identité géographique* et d'une *identité sociale* (Augé, 2008, p. 12), deux versants, dans son analyse du métro en tant que *fait social total*, notion développée par Marcel Mauss[3] (Augé, 1986). Ces deux identités, en ce qui nous concerne, reflètent deux espèces de sensibilité, inséparables et complémentaires, donnant substance à une aperception globale de notre monde immédiat.

Il nous semble que, de même que les deux versants de cette dualité sont traversés par la raison analytique – instrument privilégié de la recherche du sens et de leur maîtrise – ils sont aussi traversés (et dans certains cas même submergés) par l'*esthétique* – qui illumine notre ressenti et qui par l'entremise de l'œuvre d'art, qui est *son* instrument, permet d'y voir plus clair, voire d'accéder à une quelconque transcendance.

En parlant d'*un savoir sur les lieux*, nous tombons sur une ambiguïté. Entendons-nous par là un savoir sur la *notion même de lieu dans sa généralité*, ou entendons-nous un savoir *situé par rapport à un lieu quelconque*, situé de manière précise quelque part sur la surface de la terre – c'est-à-dire, un savoir spécifique et unique relevant de la *singularité* propre de ce lieu particulier ?

Nous développons au sein de notre travail l'idée que *tout lieu quelconque est unique dans sa singularité*, disposant d'un *conglomérat* de caractéristiques géomorphologiques, biologiques et culturelles à nulles autres pareilles, relevant d'une place particulière *située* sur le globe terrestre. Ainsi, de manière paradoxale, tout en étudiant les propriétés génériques caractérisant la notion de lieu, nous sommes amenés à démontrer que l'irréductibilité patente du caractère singulier d'un lieu particulier, par rapport à un jeu de catégories générales, constitue en elle-même une propriété catégorielle qui se généralise à tous les lieux.

Ce qui semble parfois, avec la science, vécu comme un *antagonisme*, à savoir le hiatus entre *objectivité* et *subjectivité*, se pose tout autrement pour l'art, où il s'agit plutôt d'une *dialectique* qui, de plus est, sous-entend une synthèse potentielle. Quand nous faisons le postulat que tout lieu quelconque est un lieu *singulier*, nous postulons ce lieu singulier comme étant un *sujet*. Et quand nous disons sujet, nous nous ouvrons à la possibilité d'une relation, avec, en face, une *personnalité* – une *relation personnelle au lieu*, dont le mécanisme se fonde sur un ressenti et une valeur d'appartenance identitaire, tout aussi individuelle que collective, opérant entre habitant et lieu(x) vécu(s). Jean-Christophe Bailly, qui a narré ses voyages le long de toute une série de rivières (la Loire, la Loue, la Vézère, l'Oise,...) dit que « les rivières sont des êtres, des singularités, quasi des personnes » (Bailly, 2011, p. 299). Ainsi, tout lieu est doté d'une *personnalité* propre, avec ses vérités et ses

---

[3] L'exégèse de l'auteur se base sur l'« Introduction à l'œuvre de Marcel Mauss » de Claude Lévi-Strauss, in *Sociologie et anthropologie*, 1950, Paris, Presses universitaires de France.

mythes, même les lieux les plus dépouillés (ce qui en soi est un trait de caractère personnel), et nous postulons que la démarche artistique se prête tout particulièrement à l'étude de ces questions.

Voilà qui nous incite à poser le lieu en *personne spatiale* (ou personne *spatialisé*, ou personne *spatialisante*[4]), la munissant par là même d'un statut d'entité instituée. Nous nous fondons sur la notion de *personne morale*, qui désigne, tout en signifiant leur *existence sociale*, les différentes structures juridiques – associations, entreprises, institutions, collectivités... On a chacun des appartenances sociales multiples – on est salarié, bénévole, étudiant, militant, citoyen... – et nous établissons une relation affective et identitaire, un acte d'appropriation, avec tous ces organismes sociaux au sein desquels nous agissons.

C'est ainsi qu'un lieu, pour sa part, ne se réduit jamais à un simple support utilitaire pour les activités pratiquées en son sein. Le lieu les incarne, en situant leurs enjeux au sein d'un monde plus large, et c'est là que le récit tressant le destin commun d'habitant et de son lieu habité se sublime en *relation personnelle*. Les types de discursivité propres à l'expression artistique sont particulièrement adaptés pour exprimer ces choses.

SUR LA DÉMARCHE ARTISTIQUE

C'est justement la démarche artistique – la *posture artiste* revêtue par le chercheur dans le cadre particulier d'une recherche – qui semble être particulièrement bien adaptée pour l'étude de sujets dont la singularité ne peut pas être réduite à une objectivation quelconque sans dénaturer son essence. Nous allons voir, dans ce qui suit, comment, en géographie notamment, il y a une longue histoire de recours aux représentations artistiques dans l'étude du lieu, représentations qui sont profondément ancrées dans le développement de la cartographie. La photographie, pour sa part, depuis sa naissance à la première moitié du XIXe siècle et jusqu'aux images satellitaires aujourd'hui, a bouleversé notre manière d'appréhender le monde.

Au sein de la posture artiste, c'est la sensibilité, l'intuition, l'intelligence du geste *manuel* de l'artiste qui constituent l'instrument de travail premier, là où la science va préférer des données objectives provenant des appareils de mesure, dans une démarche de validation de ce qui a été d'abord cerné empiriquement à l'œil nu (mais nous savons depuis le principe d'incertitude d'Heisenberg que l'acte même de mesurer avec une instrumentation objective influence les résultats).

[4] À ne pas confondre avec l'homme spatial de Michel Lussault : c'est le lieu *lui-même* qui a le statut de personne.

Définir la posture artiste – et l'acte d'expression artistique – est un exercice particulièrement inconfortable, face à la difficulté de dire précisément *ce qu'est l'art* : là, résiste à nos arguments l'*indicibilité* de ce qui est en fin de compte une *pulsion* humaine irrépressible et protéiforme. L'art peut éventuellement être envisagé comme une sorte d'interface frayant un chemin tâtonnant et intuitif vers l'expression de notre phénoménalité... porté par un ensemble de pulsions issues des profondeurs de notre esprit pour donner voix à nos désirs, à la nécessité impérieuse de connaître et de conceptualiser, à la volonté de fabriquer des objets tout aussi matériels qu'abstraits, à notre profond sentiment d'un *vivre esthétique*...

Par rapport à ce vivre esthétique, nous avons envie de dire *en artiste* (sans pouvoir le développer ni le justifier, ce qui est effectivement le « privilège » de l'art vis-à-vis de la science !), qu'il règne sur nos vies une sorte d'*injonction ontologique à l'esthétique*. L'étymologie du mot vient du grec, « aisthanesthai », qui veut dire « sentir » (*Le Petit Robert*, 2002, p. 952) : l'esthétique ne se réduit nullement au « beau » – bien que la beauté soit un de ses registres les plus emblématiques, particulièrement dans un contemporain où la séduction constitue un de ses ressorts omniprésents.

Il ne s'agit évidemment pas d'opposer science et art. La démarche scientifique, les méthodes rationnelles, logico-formelles, d'enquête et d'observation, ont largement démontré leur pertinence quand il s'agit d'étudier le lieu dans sa dimension psychosociale, pour cerner les pratiques des habitants et les relations entre groupes et leurs modes d'occupation et d'appropriation territoriale.

Toutefois, nous venons de constater, en ce qui concerne un lieu particulier pris dans sa singularité, que certains parmi ses aspects sont rétifs à l'analyse scientifique pure, débordant tout cadre raisonné, pour nous saisir dans d'autres modalités de notre existence, nos affects, nos fulgurances, notre poésie. Ainsi, il y a quelque chose d'*essentiel* dans le lieu, qui amalgame nos perceptions et nos pratiques et qui, dans sa globalité, semble être mieux pris en compte par cette *posture artiste*, dont l'outillage se constitue entre intuition, imagination, créativité, mise en esthétique, voire de mise en fiction pour mieux dire le réel. Loin de considérer que la subjectivité inhérente à l'acte artistique serait en porte-à-faux avec la démarche scientifique, il s'agit de postuler la complémentarité essentielle entre des systèmes alternatifs d'entendement du monde. Ne pourrait-on pas dire – au moins poétiquement – qu'un *régime de la factualité* et un *régime de la phénoménalité* trouvent un terrain de rencontre dans un *régime de l'art* ?

Bien que science et art soient des registres de théorie et praxis différents, dans leurs processus respectifs ils partagent certains de leurs codes et méthodes. La démarche artistique est elle aussi un dispositif d'investigation ayant recours à des méthodes d'observation, d'enquête et d'expérimentation ; l'artiste opère par une démarche de conceptualisation – tantôt par enchaînements réflexifs, tantôt par sauts intuitifs (qui sont indéniablement également le propre de la démarche scientifique) ; enfin, l'œuvre porte dans sa chair les éléments d'analyse et de synthèse voulus par son auteur – mais toutefois (et c'est important), d'autres significations autonomes, surgissant du dedans de la fécondité immanente de l'œuvre artistique, débordent, voire dépassent, la seule intentionnalité de l'auteur de l'œuvre.

Dans un tel dispositif, la mise en fiction jouit d'un statut particulier. La fiction, en prenant la place de la factualité, en instaurant une relation « fausse » avec le vrai, est un outil puissant de *mise en savoir*. Toute fiction est inéluctablement fondée dans un réel quelconque, là où elle est enfantée – dans le sens que toute *production de l'imagination* trouve forcément son germe dans un *réel quelconque* de l'existence de celui qui la pense. La fiction, *in fine*, en racontant « ... et si... » est un raisonnement spéculatif (voire prospectif, en ce qui concerne la *science*-fiction) qui s'apparente d'une certaine manière aux expériences scientifiques.

REPRÉSENTER

Le développement de la peinture du paysage comme genre inédit, à partir de la Renaissance, se faisait en parallèle avec l'essor de la cartographie : effectivement, tous les deux, dans des proportions différentes, font appel aux techniques métriques et à la sensibilité artistique. Faisons état ici des recherches de Catherine Bousquet-Bressolier, qui part du constat que « la carte de l'âge classique s'affirme comme modèle d'imitation [de la nature] et rejoint l'art pictural et ses théories. La carte topographique se doit d'offrir à l'œil un « portrait » fidèle du paysage qu'elle représente dans l'intimité du détail. » (Bousquet-Bressolier, 1995a, p. 9). C'est ainsi qu'« une des premières questions posées au peintre comme au cartographe pour la représentation du paysage est celle de la ressemblance. (...) Les théoriciens classiques établissent sans cesse une confrontation entre le représenté et la nature qui lui sert de modèle » (Bousquet-Bressolier, 1995b, p. 94).

Pour tout travail de création picturale, l'image qui sera effectivement produite dépend de la conjonction entre la perspicacité de l'œil, le doigté de la main et l'habilité de l'esprit (qui, effectivement, insuffle les deux premiers) de l'artiste. La réussite de l'image dépend de sa capacité à les mobiliser pour traduire ce qui apparaît dans le monde réel (vu par lui directement, où rapporté à lui par un tiers, dans le cas, notamment, de la cartographie) sur le support destinataire de son ouvrage. La technique mise en œuvre a toute son importance : si la peinture permet de créer une image analogique, « dupliquant » par des taches de couleurs les surfaces des choses qui apparaissent devant les yeux, le dessin au trait est foncièrement abstrait, car on figure la forme des choses par des contours montrant leurs bords (ou d'autres traits distinctifs) – contours qui dans bien des cas n'ont pas d'existence réelle sur l'objet en question dont les surfaces sont en réalité continues – bien que semblant être « coupées », du point de vue du dessinateur. Bousquet-Bressolier explique qu'au XVIIe siècle, entre ces deux manières de restituer (ou de reproduire) ce qui est vu, une distinction se faisait entre *ressemblance* et *représentation*, où « deux conceptions totalement différentes coexistent dans la nature : un ordre intelligible d'une part, la réalité sensible de l'autre » (*ibid.*, p. 94).

Le rôle de la représentation est de donner l'illusion du réel : l'auteure explique qu'au temps de Louis XIV imiter la nature n'est pas la copier... « Imiter le naturel en sa vérité ne peut se faire sans recourir aux artifices de l'illusion. Or ce concept d'illusion est entièrement contenu dans celui de « vérité » (...). Le concept de « vérité » contient donc deux sens contradictoires. L'un, la « vérité », s'articule sur la cohésion de l'ensemble des objets représentés à l'image d'une nature parfaite ; l'autre, « l'illusion », s'articule sur la vraisemblance de l'imitation qui permet d'atteindre la cohérence. » (*ibid.*, p. 95-96). Cette notion de *vrai-semblance* va évoluer avec le temps, et Bousquet-Bressolier cite les *Réflexions sur la poésie et sur la peinture* de l'abbé du Bos qui distingue entre la vraisemblance poétique et la vraisemblance mécanique[5]. Dans le premier cas il s'agit d'une représentation qu'on pourrait qualifier d'artistique visant à capter une appréhension sensible des choses ; dans le deuxième, d'une mise en forme rigoureuse selon les lois de la physique (et notamment l'optique). Nous allons voir plus loin comment la production mécanique de l'image, inaugurée par la photographie, concrétise cette notion et bouleverse l'acte même de représentation.

Ce qui ne veut pas dire pour autant que la préoccupation de vouloir représenter (en anglais on dira *to portray*, *faire le portrait de*) le monde par le recours à la posture artiste est devenu moins pressante. Dans son grand opus, *Cosmos. Essais d'une description physique du monde*, le géographe Alexander von Humboldt s'est exprimé au XIXe siècle sur la nécessité de recourir à l'art tout autant qu'à la science, tel que rapporté par Denis Cosgrove (Cosgrove, 2008, p. 36) dans un texte explorant la relation entre vision et paysage ; pour sa part, Franco Farinelli montre comment von Humboldt inscrivait l'étude du concept de paysage dans une pensée globale et sociétale qui a été par la suite refoulée hors d'une géographie moderne centrée sur la quantification (Farinelli, *op. cit.*, p. 56-69).

Le philosophe américain Edward S. Casey décortique l'évolution parallèle et parfois entremêlée de la peinture du paysage et de la cartographie (Casey, 2002). Au sein de la nécessité de montrer *ce qui est là*, l'auteur porte son

---

[5] L'Abbé du Bos, 1719, *Réflexions sur la poésie et sur la peinture*, première partie, section XXX, p. 267. Cité par Bousquet-Bressolier, 1995-2, p. 96.

regard sur l'oscillation entre une procédure de *réplication* de ce qui est matériellement apparent par l'entremise du dessin et de la carte, et la tentative de le transcender, par un travail de *représentation interprétative*, dont le but est de rendre apparente l'*essence* même du lieu, révélée – et sublimée – par l'intermédiaire de la sensibilité de l'artiste. La distinction, pour Casey, est faite alors entre un rendu du réel, qui pour le premier est *topographique*, et qui pour le deuxième est *topopoétique* (*ibid.*, p. 26-28). Il montre, en outre, en ce qui concerne la carte, la nécessité d'avoir recours à une représentation hybride, combinant texte et image, afin de tenter de tout dire, tout montrer – combinatoire qu'il appelle un *symbolisme discursif et de présentation* – les deux formes d'expression étant solidairement indispensables pour rendre compte du lieu avec une quelconque complétude (*ibid.*, p. 171-193).

C'est effectivement cet hybride entre texte et image qui informe mon travail photographique dans mes recherches de formes de représentation holistes d'un lieu.

SUR LA PHOTOGRAPHIE

L'invention de la photographie dans la première moitié du XIXe siècle constitua une rupture poussant l'acte même de représenter dans ses plus profonds retranchements. Voici un appareil mécano-chimiquo-optique, capable de fixer techniquement une image sur un support, qui met en cause, radicalement, le trio œil-main-esprit qui jusqu'alors régnait de concert sur la fabrique de l'image. La formation automatique de l'image par l'appareil congédie brutalement la main – et ses capacités d'expression et d'interprétation qui seraient inhérentes et particulières à chaque praticien – hors de l'acte de création. Une crise pour la peinture qui, ne pouvant jamais copier le réel avec autant de facilité, d'instantanéité ni d'exactitude, sera expulsée par la photographie vers des trajectoires véritablement autres. Ainsi, les artistes plasticiens, sommés à l'inventivité pour expérimenter des formes d'expression inédites, vont féconder la modernité par des pratiques et des techniques entrouvertes entre réalisme et abstraction, ouvrant les artistes à des nouvelles modalités de faire-signifier. À titre d'exemple évoquons les paysages géométriques, largement abstraits de Paul Klee qui, loin de tout réalisme reproducteur, renseignent sur la structure des lieux, et qui donnent un sens nouveau à la notion de *vrai-semblance*, éloignée de toute picturalité portant sur l'illusion du réel pour aborder la représentation du lieu dans sa phénoménalité.

Walter Benjamin, dans *L'œuvre d'art à l'époque de sa reproductibilité technique* (Benjamin, 1939), part d'abord de la question de la *re*production de l'œuvre, c'est-à-dire la capacité de multiplier facilement le nombre d'exemplaires à partir d'une matrice originelle, en recourant à des moyens de production techniques. C'est par la photographie, reproduite dans les journaux à grand tirage, et plus encore par le cinéma et les réseaux de salles de projection, que la production artistique devient un produit de masse vers duquel le plus grand nombre est convoqué. Pour Benjamin – qui a écrit ce texte à la fin des années trente – c'est par là que l'art, notamment cinématographique, devient politique, par la participation du public, dont chaque individu est mobilisé auprès de l'œuvre en termes idéologiques qui sont catalysés par l'entremise de ses effets (et son efficience) esthétiques.

D'ailleurs, Benjamin ne se trompe pas dans l'épilogue du livre (*ibid.*, p. 135-141), où il cite longuement le manifeste de Filippo Tommaso Marinetti sur la guerre coloniale menée par Mussolini en Éthiopie. Marinetti proclame la beauté de la guerre, de ses machines et de ses destructions – pour Benjamin « *le fascisme équivaut en toute logique à une esthétisation de la vie politique* » (*ibid.*, p. 136, italiques de l'auteur). Ce sont les possibilités techniques offertes par l'industrialisation mécanique de la guerre qui rendent une telle horreur possible, et qui justement nous retournent vers notre propre préoccupation sur le lieu – ici anéanti avec ses habitants et réduit à l'état de canevas d'une œuvre d'annihilation, esthétique et spectaculaire.

C'est le fondateur de Kodak, George Eastman, inventeur de la photographie de masse, qui a imaginé le slogan « Vous appuyez sur le bouton, nous faisons le reste »[6]. Si, dans l'acte de photographier, l'artiste sous-traite la confection physique de l'image à l'appareil – et, du coup, toute la partie de l'acte de création picturale conféré par l'habileté de la main lui est *soustraite*... – que rend la photographie à l'artiste en retour ?

Dans les deux cas, c'est la perspicacité de l'œil de l'artiste qui va déterminer la réussite de la *composition*, l'organisation au sein de l'image des éléments qui composent son sujet. Et dans les deux cas, la relation entre l'artiste et son sujet a des statuts divers : l'artiste peut réunir volontairement une série d'objets, ou de personnes, dans son studio, les agencer lui-même dans une composition de telle sorte que le résultat lui soit agréable et porteur de sens ; l'artiste peut « partir à la chasse » à l'extérieur pour trouver un ensemble d'objets qui réponde à ses interrogations, puis trouver le point de vue qui les met « naturellement » en scène pour constituer une composition convenable – c'est le cas des travaux sur les paysages, sur l'urbain et leurs habitants qui, effectivement, constituent notre préoccupation première en étant les éléments constituants de tout lieu.

Dans la peinture, la surface peinte est investie avec l'intelligence gestuelle et interprétative de l'artiste posant matériellement ses marques ; en photographie, l'émulsion photographique exposée se limite à une simple surface

[6] « You Press the Button, We Do the Rest ».

d'enregistrement. Il faut regarder le *processus de composer l'image* pour voir comment les modalités de faire divergent fondamentalement entre peinture et photographie.

Peindre est un acte de dialogue dans la durée, engagé entre l'artiste et son sujet : la duration du temps de l'exécution est aussi un temps de réflexion immersive libéré (*a priori*) de toute urgence, où l'artiste peut déconstruire ce qu'il voit devant ses yeux pour le reconstruire, élément par élément, dans son tableau selon les modalités de son interprétation. Le réel étant toujours « incommode » voire « imparfait » par rapport à l'image composée « idéalisée », le peintre peut prendre de menues libertés. Quand on confronte effectivement une peinture d'un lieu avec sa photographie, on voit soudain la divergence entre réel reproduit mécaniquement et représenté manuellement. Ainsi, le peintre peut réajuster les positions, les proportions, les profondeurs et les hauteurs des choses, modifier les ambiances et les temporalités, au sein d'une interprétation sensible et intelligente pour mieux rendre compte de la « vérité » de ce qui se trouve devant ses yeux. C'est la *vrai-semblance* de Catherine Bousquet-Bressolier.

Pour sa part, photographier le monde est un art de l'immédiat et de la situation, où le photographe « *se met en lieu* » comme on *met en scène* : le corps et la geste du photographe doivent se débrouiller pour être *là*, à *ce* point de vue précis, *cette* position, *cette dis*position dans l'espace, et cerner *cet* instant « magique » où les choses et les ambiances s'alignent momentanément dans une configuration bienheureuse. En cela, la photographie est un art en partie opportuniste : avoir l'aptitude à être au bon lieu au bon moment et prendre avantage de ce qui se passe devant son objectif. C'est dans cette concordance fugace que le photographe de talent va, par la mise en relation des éléments composant son image, faire valoir les significations qui l'imprègnent. Cependant, l'esthétique de la composition vient comme un passager clandestin voguant sur les significations : on va photographier une séquence d'images, et dans certaines plus que d'autres, les concordances entre les éléments de la scène, un *je-ne-sais-quoi* dans sa géométrie visuelle, va se manifester comme étant « beau ». De manière contradictoire, cette beauté de l'image va tout à la fois sublimer les significations qu'elle porte, tout en les parasitant, le lien entre esthétique et sens nous semble, dans bien des cas, être fortuit.

Un lien indéfectible lie l'image photographique à la chose réelle qui est à sa source, car c'est l'énergie des rayons de lumière, sortant du sujet, qui élit domicile sur la plaque sensible de l'appareil (autrefois émulsion de film, aujourd'hui CCD numérique), en y soufflant son empreinte véritable. Roland Barthes raconte, dans son célèbre *La chambre claire, Note sur la photographie*, comment il s'est mis à chercher une photographie de sa mère après sa mort (Barthes, 1980, p. 99-128). Après avoir vu un certain nombre de clichés qui le laissaient insatisfait, car, dit-il « je ne la reconnaissais jamais que par morceaux, c'est-à-dire que je manquais son être, et que, donc, je la manquais toute » (*ibid.*, p. 103), il trouva finalement une photographie d'elle, âgée de cinq ans, prise dans un jardin d'hiver, et que là, par son visage, sa pose, la place qu'elle occupait, il « la retrouvai(t) enfin *telle qu'en elle-même...* » (*ibid.*, p. 111, italiques de l'auteur). Barthes affirme alors que « le nom du noème de la Photographie sera donc : « *Ça-a-été* » » (*ibid.*, p. 120, italiques de l'auteur), avec le constat qu'on ne peut « jamais nier que *la chose a été là*. Il y a double position conjointe : de réalité et de passé » (*ibid.*, p. 120, italiques de l'auteur). Il s'agit de diriger la lumière du sujet vers l'objectif et ultimement vers cette tierce personne qui va regarder la photographie tirée : de permettre à la chimie « de capter et d'imprimer directement les rayons lumineux émis par un objet diversement éclairé. La photo est littéralement une émanation du référent. D'un corps réel, qui était là, sont parties des radiations qui viennent me toucher, moi qui suis ici ; peu importe la durée de la transmission ; la photo de l'être disparu vient me toucher comme les rayons différés d'une étoile. » (*ibid.*, p. 126).

Ainsi, la photographie est fatalement connectée au réel qui préside à sa création. Et il faut insister sur le fait que ceci reste toujours le cas, même si on retravaille la photo dans la chambre noire – ou plutôt, désormais, avec un logiciel de traitement d'image numérique –, en la transformant complètement, en la bricolant avec des morceaux d'image et des mensonges de toutes sortes, elle ne peut pas être détachée de son origine matérielle véritable. La photographie reste le témoin de l'instant et du point de vue figés lors de sa prise : l'art du photographe est alors de choisir celle qui rend le mieux justice (justesse), parmi une multitude de possibilités, à la vérité devant ses yeux. Ce sera tout particulièrement le cas dans un travail documentaire, où travailler avec art permettrait de mieux traiter une situation, d'éclairer ses récits et ses enjeux.

À côté de la reproductibilité technique, Walter Benjamin parle également de la *production* technique comme paradigme, où les techniques elles-mêmes permettent d'accéder à des modalités inédites de création rendues faisables par elles-mêmes seules. Il fait la comparaison entre théâtre et cinéma pour démontrer ce qu'on perd chez l'un pour gagner chez l'autre. L'acteur, dans le lieu qu'est le théâtre, construit son personnage en contact direct avec l'audience ; dans cet autre lieu qu'est le studio de tournage, il est « dépossédé » de son emprise totale sur son personnage, déconstruit par le story-board découpant la scène en morceaux, dé-séquencés pendant le tournage, et réassemblé lors du montage. Mais par rapport au théâtre, l'appareil, par les différents plans et prises (grand angle, gros plan, panoramique, travelling, ralenti...), et la puissance des mises en relation permises par le montage, transforme la manière de représenter le monde (Benjamin, *op. cit.*, p. 113-118), dans une œuvre de fiction, mais tout autant dans un film documentaire.

En ce qui concerne notre préoccupation avec la notion de lieu, il est intéressant de constater les différentes stratégies scénographiques adoptées par le théâtre et le cinéma pour figurer les mondes imaginés pour la mise en scène : l'espace clos du théâtre demande des artifices spatiaux, voire des abstractions, pour figurer un réel qui revendique, à travers la nature même de la théâtralité, un état d'artificialité et d'illusion ; le cinéma simule le réel pour faire « plus réel que réel », et ce qui, à l'époque de Benjamin était encore un art rudimentaire, arrive aujourd'hui, avec les images de synthèse sur ordinateur, à des prouesses inouïes dans la reproduction illusoire *vraie-semblante* de la réalité (pour citer encore Catherine Bousquet-Bressolier).

Benjamin fait un rapprochement entre la cinématographie et la psychanalyse : « Elle a isolé des choses qui baignaient auparavant, inaperçues, dans le grand fleuve du perçu, et dans le même temps les a rendu analysables. Le cinéma a eu pour effet (...) un approfondissement similaire de l'aperception » (*ibid.*, p. 114). Il compare entre l'appareil et l'œil : « Il est ainsi bien clair que la nature qui parle à la caméra n'est pas celle qui parle à l'œil. Nature autre avant tout parce qu'à un espace tissé par la conscience de l'homme se substitue un espace entrelacé d'inconscient » (*ibid.*, p. 117-118). Il s'agit, pour lui, de la capacité de l'appareil de nous montrer ce que notre œil n'est pas capable de voir seul : de faire « l'expérience de l'*inconscient optique*, comme nous faisons l'expérience, à travers la psychanalyse, de l'inconscient pulsionnel » (*ibid.*, p. 118, nos italiques).

Toutefois, la caméra ne se substitue pas à l'œil, instrument à instrument : il s'agit d'une prothèse qui augmente nos propres capacités de perception, en captant ce qui est imperceptible à l'œil nu. C'est par là, pour Benjamin, qu'est favorisée « la pénétration mutuelle de l'art et de la science. De fait, d'un comportement soigneusement prélevé dans une situation donnée – comme le muscle d'un corps –, on ne peut qu'à peine discerner, entre sa valeur artistique et son apport potentiel à la science, les raisons de son attrait si puissant » (*ibid.*, p. 115). Le cinéma engendre une situation, selon lui révolutionnaire, rendant « *également manifestes l'utilisation artistique et l'utilisation scientifique de la photographie* » (*ibid.*, p. 115, italiques de l'auteur). Dans une note de bas de page, il compare cette situation avec la Renaissance, où les progrès techniques de l'art venaient de l'intégration de toute une série de sciences nouvelles. Comme si un outil, rendu possible par la mise en œuvre de connaissances scientifiques de différents ordres et mis au service de l'art, va à son tour favoriser un art qui va « naturellement » rendre à la science, par la fabrique de représentations, elles-mêmes porteurs de connaissances.

PHOTOGRAPHIE INTERACTIVE

Depuis une quinzaine d'années je développe une forme d'expression artistique personnelle que j'appelle la photographie interactive. La photographie interactive est une représentation numérique propre à l'ordinateur, qui *médiatise* des données par l'entremise d'un langage de programmation. Elle est née de la rencontre entre la photographie – autrefois couchée sur papier – et des possibilités visuelles et narratives ouvertes par leur manipulation en temps réel aux « mains » d'un algorithme informatique – dont la *mise en discours* permet d'actionner une partition aux multiples permutations aléatoires. In fine, *les photographies interactives sont des tableaux qui ne sont pas seulement sensibles à la lumière, mais également aux regards qui leur sont portés.*

La genèse de ma réflexion part d'une série de constats. En premier, celui d'une insatisfaction personnelle avec la photographie, qui, comme nous l'avons vu, en tant que technique mécanique, prive la main façonneuse de l'artiste de la formation matérielle de l'image. Photographier, c'est « trop facile » dans l'instantanéité même de l'acte déclencheur, pour ainsi dire. Nous avons postulé ici que la virtuosité du photographe trouve les conditions de son expression artistique dans son immersion spatio-temporelle dans le lieu où il opère. En deuxième, un certain chagrin de ma part sur la transposition un peu trop directe sur l'ordinateur du paradigme qui ordonnait la photographie analogique : on traite l'image avec Photoshop, comme dans une chambre noire, puis on l'imprime sur papier – les conditions de formulation de l'œuvre restent les mêmes. Je cherchais alors comment les spécificités de l'ordinateur pouvaient doter la photographie numérique de son paradigme propre, autour de la programmation et de l'interactivité. En troisième, face à la linéarité du film ou de la vidéo, reflet de la nature séquentielle du temps qui passe, je souhaitais rendre le temps *simultané*, en créant un *moment composé*, un « *durant* » ou *avant* et *après* peuvent s'accumuler dans une sorte de continuum du présent (*durant* qui serait l'équivalent pour le temps du *volume* pour l'espace), libéré justement de cette nature inéluctablement séquentielle de la durée. En quatrième, je voulais déconstruire l'unicité de l'occupation de l'espace, là où une seule chose peut être à la fois, en créant une vision où des présences fugaces peuvent se superposer dans l'image, en se superposant, virtuellement, dans le même espace.

Ces tableaux prennent la forme d'études psychogéographiques, où chaque œuvre, par la mise en scène du programme-partition qui est la sienne, porte un éclairage sur les lieux traités.

Figure 1 – « **Collidoscope** » **: cinq scènes auscultant le fonctionnement urbain du centre d'Issy-les-Moulineaux**
Ici, la porte d'entrée du Monoprix. Le programme informatique « joue » la partie droite (réel) et gauche (réflexion) de manière séparée, © Joseph Rabie

Figure 2 – « **Breche-Brecha** » **: quatre paysages de part et d'autre des Pyrénées**
Côté français, des pics granitiques ; côté espagnol, des canyons calcaires. L'œuvre triture et mélange ces paysages, pour créer un seul tableau sans cesse mouvant et tumultueux, composite des quatre lieux, © Joseph Rabie

Figure 3 – « **Dachau : le prototype** » **: méditation sur un lieu de vie et (surtout) de mort**. Dachau était le premier camp, ou toutes les horreurs ont été inventées. Les trois lieux, baraquements, prison et fours crématoires sont dans un état de fusion permanente, © Joseph Rabie

Figure 4 – « **Highway Robbery, route 443** » **: cette voie rapide traverse les territoires occupés entre Jérusalem et Tel Aviv**. Le mur de séparation, longeant la voie, est peint avec des arches montrant un paysage vide. Or, se cachent derrière les villages et champs palestiniens que les israéliens ne sauraient pas voir, © Joseph Rabie

« LAND SCRIPTS »

Une autre recherche aborde la question d'une forme d'expression tentant de présenter une représentation-perception holiste d'un lieu dans sa singularité, en partant du regard parcellaire et partiel qui caractérise l'acte d'observation, le temps d'une visite. La photographie a, depuis ses débuts, été un médium privilégié pour la *documentation* des phénomènes spatialisés : mes expérimentations portent sur les modalités de représentation d'une vision englobante du lieu en question, où le souci de travailler l'esthétique des photographes et de porter un récit littéraire pourrait être qualifié comme étant de l'ordre de l'artistique. La conjonction sur un seul support des images et des textes – nous l'avons vu avec Edward S. Casey – est une nécessité pour la construction d'une représentation visant une quelconque complétude. Une première expérience sur internet, peu satisfaisante, affichait l'ensemble des photos à la taille de vignettes accompagnées de textes sur une seule page Web déroulante où le tout était organisé dans une présentation synthétique. Les vignettes des photos pouvaient être agrandies et feuilletées une par une dans un album. Le résultat général était peu satisfaisant.

Il s'agit désormais d'expérimenter une sorte de *notation*, composée d'une mise en page de photographies et de textes sur une seule feuille visible dans son entièreté, servant à aborder d'une manière homogène des situations bien différentes. Cette notation prend la forme d'*un rouleau qui se déploie, un lieu qui se dévoile en un tout*. Le rouleau est imprimé sur une bande haute de 30 cm et longue de 160 cm, dimension fixée par la largeur d'une bobine de papier pour impression numérique.

Ces œuvres tentent de rendre compte, entre expressions artistiques et documentaires, de l'essence d'un lieu particulier, de son « *état de lieu* » pour ainsi dire. La perception d'un lieu est assujettie à une appréhension fragmentaire et accumulative, dont la réalité foisonnante rend illusoire toute tentative de représentation définitive. On essaie, dans ces conditions, de figurer un lieu de manière aussi complète que possible, en ayant recours à la description et à l'analyse, afin de l'amener à se déployer en une seule vision synthétique et éventuellement poétique.

BIBLIOGRAPHIE

AUGÉ Marc, 1986, 2013, *Un ethnologue dans le métro*, Paris, Libraire Arthème Fayard, coll. « Pluriel », 121 p.

AUGÉ Marc, 2008, *Le métro revisité*, Paris, Éditions du Seuil, coll. « La librairie du XXIe siècle », 101 p.

BAILLY Jean-Christophe, 2011, *Le dépaysement – Voyages en France*, Paris, Éditions Points / Éditions du Seuil, 494 p.

BARTHES Roland, 1980, *La chambre claire, note sur la photographie*, Paris, Éditions de l'Étoile, Gallimard, Le Seuil, coll. « Cahiers du Cinéma », 193 p.

BENJAMIN Walter, 1939, 2013, *L'œuvre d'art à l'époque de sa reproductibilité technique*, préf. de Antoine de Baecque, trad. de l'allemand par Frédéric Joly, Paris, Éditions Payot & Rivages, coll. « Petite Bibliothèque Payot », 143 p.

BOUSQUET-BRESSOLIER Catherine, 1995a, « L'œil du cartographe ou réflexions sur un monde vu de près », in Catherine Bousquet-Bressolier, *L'œil du cartographe et la représentation géographique du Moyen Âge à nos jours*, actes du colloque européen *La cartographie topographique*, Paris 29-30 octobre 1992, Paris, Comité des travaux historiques et scientifiques (CTHS), p. 7-16.

BOUSQUET-BRESSOLIER Catherine, 1995b, « De la « peinture géométrale » à la carte topographique : évolution de l'héritage classique au cours du XVIIIe siècle », in Catherine Bousquet-Bressolier, *L'œil du cartographe et la représentation géographique du Moyen Âge à nos jours*, actes du colloque européen *La cartographie topographique*, Paris 29-30 octobre 1992, Paris, Comité des travaux historiques et scientifiques (CTHS), p. 93-106.

CASEY Edward S., 2002, *Representing place – Landscape painting and maps*, Minneapolis / London, University of Minnesota Press, 366 p.

COSGROVE Denis, 2008, 2010, *Geography & vision: seeing, imagining and representing the world*, London, New York, I.B. Tauris & Co Ltd, 256 p.

FARINELLI Franco, 2003, 2009, *De la raison cartographique*, préf. de Gilles Fumey, trad. de l'italien par Katia Bienvenu avec la collaboration de Brice Gruet, Einaudi (édition italienne), Paris, Éditions du comité des travaux historiques et scientifiques (CTHS), coll. « Orientations et méthodes », n° 13, 252 p.

GUEDJ Denis, 2000, *Le mètre du monde*, Paris, Éditions du Seuil, coll. « Points Les Grands Romans », 400 p.

NUTI Lucia, 1999, « Mapping places: chorography and vision in the Renaissance », in Denis Cosgrove, *Mappings*, London, Reaktion Books, coll. « Critical Views » , p. 90-108.

CONCLUSION

LE « TOURMENT CULTUREL »

Paul CLAVAL [1]
Université Paris-Sorbonne

Nul cadre ne convenait mieux que celui de Cerisy pour parler du 'Tourment' culturel de notre discipline. Géographes intéressés par l'approche culturelle, nous sommes bien placés, pour savoir combien les lieux comptent dans la transmission et l'échange des idées, des modes et des pratiques. Nul doute que le souvenir que nous garderons de cette rencontre ne soit coloré par la magie du cadre : un château vieux de quatre siècles, des arbres bi- ou tricentenaires, des fauteuils profonds dans une pièce au plafond peint, une nourriture agréable et quelques ordinateurs : c'est le secret de la créativité intellectuelle que poursuivent nos collègues spécialistes de l'économie de la connaissance, mais qui est ici maîtrisé depuis longtemps !

L'accueil que nous a réservé Édith Heurgon, la sagacité et l'humour de Sylvain Allemand et le temps exceptionnel ont largement contribué au succès de la réunion.

Merci aux organisateurs, à Francine Barthe, au groupe qui l'a entouré dans la longue préparation de cette réunion et à ceux qui s'y sont trouvés davantage impliqués, Yann Calbérac et Emmanuelle Dedenon, pour nous avoir offert un colloque aussi ouvert, avec une telle diversité de points de vue !

Merci d'y avoir inséré des séances inhabituelles dans une conférence de géographie : un film magnifique sur les jeux taurins californiens, dont nul, hormis Jean-Baptiste Maudet, n'avait idée de la richesse et de la variété ! Merci d'avoir permis à Joseph Rabie de nous révéler ses paysages décousus et recousus grâce à des procédures informatiques et selon des rythmes musicaux prenants : un nouvel art du paysage, un nouveau *Land Art* ! Merci à Serge Weber d'avoir donné une dimension musicale à cette plongée dans l'approche culturelle en géographie !

Merci aux organisateurs d'avoir évalué l'impact de la revue « Géographie et cultures » et de la collection du même nom, d'avoir montré l'évolution de leurs contenus et souligné leur audience !

Merci d'avoir illustré les ouvertures que permet l'approche culturelle par des interventions aussi convaincantes que celle d'Alexis Metzger sur la géo-

[1] Courriel : p.claval@wanadoo.fr

climatologie de la Hollande et de l'Espagne classiques, ou celle de Claire Brisson sur la corpolâtrie des plages de la zone Sud de Rio ! Merci à Rainer Kazig et Damien Masson de s'être attachés aux ambiances !

Merci à tous ceux qui ont mis l'accent sur le rôle des divers modes d'expression que l'approche culturelle analyse : la bande dessinée (Anna Madœuf), la peinture (Alexis Metzger), et le cinéma (Bertrand Pleven) ! Merci à Vincent Berdoulay, Jean-Baptiste Maudet, Marc Brosseau et Paulo Cesar da Costa Gomes d'avoir proposé une réflexion plus générale encore sur l'image, sa valeur heuristique et les enjeux épistémologiques qu'elle implique !

A l'évocation des champs que l'approche culturelle a ouverts et continue d'ouvrir s'ajoute tout ce qu'elle a enseigné, seule ou avec d'autres courants, sur la manière de conduire des recherches, sur les précautions qu'elle nécessite et sur les postures qu'elle implique ou condamne. Comment faire du terrain quand on ne peut y parvenir sans se soustraire à la peur (Pauline Guinard) ? Comment traiter de sujets aussi délicats que celui de l'organisation des musées de la Shoah (Dominique Chevalier) ? Comment l'inspiration post-coloniale, traitée ici par Judicaëlle Dietrich, donne-t-elle une nouvelle dimension au thème de l'engagement ?

Une analyse comparée du rôle de la culture en géographie et dans d'autres sciences sociales s'imposait : elle a été illustrée par Colette Jourdain-Annequin qui nous a fait part de son expérience de l'histoire ancienne et par Hadrien Dubucs à propos des courants migratoires.

La place faite aux débats qu'a fait naître, et que continue à faire naître, l'approche culturelle, a été large : on l'a vu dans l'intervention d'André-Frédéric Hoyaux. Les contributions relatives à l'histoire de la pensée géographique, celle de Laura Péaud sur Humboldt et de Federico Ferretti sur la géographie et les imaginaires nationaux au XIXe siècle, renforçaient la dimension épistémologique des communications que l'on a pu entendre ici.

Voici brièvement dressée la palette avec laquelle ces quelques journées ont été brossées. Quelques perspectives se dégagent du tableau qu'elles dessinent.

1- Un malentendu s'est créé au cours des années 1980 et 1990 entre les géographes qui tentaient de renouveler la géographie humaine en adoptant l'approche culturelle et ceux qui pensaient y parvenir par la géographie sociale. Un procès d'intention qui méconnaissait ce en quoi l'approche culturelle consistait en a résulté. Les mêmes critiques ont été sans cesse répétées, alors même que ceux qui avaient opté pour l'une ou l'autre approche prenaient conscience de la proximité de leurs préoccupations et de leurs démarches. En arrivant ici, certains pensaient que cet épisode n'était pas clos. Le colloque que nous venons de tenir apporte, à mon sens, la preuve de l'inverse. Parler d'approche culturelle, ou d'approche culturelle et sociale, plutôt que de géographie culturelle devrait achever d'éteindre ce feu allumé il y a maintenant trente ans.

2- On met souvent la géographie culturelle sur le même plan que la géographie politique, la géographie économique, la géographie urbaine ou la géographie rurale : on la considère comme un chapitre relativement autonome de la géographie humaine. C'est méconnaître la véritable signification du tournant culturel qu'a connu la discipline et qui est parallèle aux tournants linguistiques et spatiaux qui caractérisent les sciences sociales depuis les années 1970. En quoi consistent-ils ? En une nouvelle façon d'appréhender l'objet même des sciences sociales : il s'agit de renoncer aux modèles simplifiés que les disciplines sociales s'étaient construits des individus et des groupes et de leur restituer leurs véritables dimensions : l'homme est un être de culture, donc un être social ; il n'existe pas dans un espace supranaturel, mais dans la concrétude des lieux. Ce que le tournant culturel signifie, c'est que pour bâtir sur une base efficace la géographie – ou les autres sciences sociales –, on doit être ouvert à la sensibilité, aux représentations et à l'imaginaire des gens. Le géographe ne peut ignorer la perspective culturelle, car celle-ci introduit de nouveaux points de vue et insuffle une dimension critique à la discipline. Le tournant culturel est à la base de son renouveau.

3- Ce constat se traduit de plusieurs manières. La première, c'est que l'approche culturelle donne au chercheur une liberté qui lui manquait souvent : finies les remarques sans cesse répétées sur « ceci n'est pas de la géographie », et leur effet paralysant sur l'innovation. La curiosité a pu s'étendre au corps, aux différentes formes de la sensibilité et aux constructions sociales que sont les stéréotypes et les imaginaires. Elle a pu s'attacher aux croyances.

4- Le second constat, c'est que l'approche culturelle est responsable d'une créativité nouvelle au sein de la discipline, créativité qui se lit dans la mise en œuvre de documents jusque-là négligés, dans l'invention de méthodes inédites, dans la mobilisation de concepts jusque-là ignorés et dans l'élargissement du champ abordé.

- Premier exemple, dans le domaine des objets et procédures de recherche : celui de l'image et des méthodes modernes qui permettent de l'analyser et de cerner vraiment ce qu'elle apporte. Pour comprendre une scène, ce que nous apprend Paulo Cesar da Costa Gomes, c'est qu'il convient d'y analyser le point de vue de l'observateur et celui de l'observé, de se pencher sur la composition du décor, et de se demander comment les acteurs s'y mettent en scène et tirent parti du cadre où ils évoluent : l'on découvre ainsi la signification que l'action gagne à se trouver insérée dans un décor utilisé par chacun selon son humeur ou ses besoins.

- Deuxième exemple, dans un domaine voisin : celui du cinéma et de la manière dont les réalisateurs choisissent les fonds des scènes qu'ils tournent pour donner un sens à celles-ci, répondre aux attentes du public qu'ils visent, flatter ses préférences et les renforcer du même coup jusqu'au cliché : Bertrand Pleven n'est pas simplement spectateur : il tourne des séquences, ou les fait tourner, pour montrer comment une narration se construit par l'image et comment celle-ci est génératrice de spatialité.
- Troisième exemple, dans le domaine des représentations : la prise en compte, dans la démarche interprétative, des diverses formes de narration inventées par les groupes humains, celle du mythe en particulier, à l'exemple de celui d'Héraclès, qui aidait les Grecs à mettre en forme la connaissance qu'ils avaient de contrées lointaines, à les intégrer dans l'œkoumène et à y justifier leur action colonisatrice, comme l'a rappelé Colette Jourdain-Annequin pour la Grèce antique.
- Quatrième exemple, dans le domaine des interprétations : la prodigieuse séance où le virtuose qu'est Serge Weber a esquissé une histoire de la musique occidentale et de ses transformations à partir de la fin du XIXe siècle, lorsque l'aventure coloniale et l'accélération – déjà – de la globalisation conduisaient à la découverte d'autres mélodies, d'autres sonorités, d'autres rythmes et faisaient éclater le cadre harmonique où s'était développée la tradition occidentale.

Merci de nous avoir fait comprendre, à travers l'exemple de la musique, que l'écriture – ici la notation musicale, dans d'autres domaines le dessin – a longtemps conduit à une conception de l'art qui donnait au compositeur et au chef d'orchestre une position centrale et dominante – comme elle la conférait à l'architecte-urbaniste qui dessinait des plans de ville ou à l'aménageur qui essayait de modeler toute la géographie d'un pays. Ce que l'on découvre au tournant du XIXe et du XXe siècles, c'est que cette conception n'est pas la seule possible.

À travers son extraordinaire exécution de *L'Isle joyeuse* de Claude Debussy (et d'autres morceaux), Serge Weber nous a ainsi fait vivre l'éclatement des paysages trop ordonnés de la musique occidentale – de l'Occident tout court.

Il faudra du temps pour mesurer l'apport de ce colloque : le temps pour que ce qui y a été glané murisse, le temps pour que les rapprochements esquissés s'accomplissent. Mais ce qui se dégage déjà, c'est qu'au-delà de l'enrichissement – auquel tous ont été sensibles – des champs couverts, des méthodes mises en œuvre, des interprétations théoriques avancées, c'est à une transformation profonde de la discipline que l'on assiste. Celle-ci connaissait deux écueils : ou bien elle mettait l'accent sur les lieux et s'engluait dans une description indéfinie, ou bien elle s'attachait au jeu de forces économiques, politiques et sociales qui créaient des champs et faisaient de la géographie une discipline un peu abstraite et déshumanisée.

Ce que permet l'approche culturelle, c'est la prise en compte d'une gamme plus riche d'échelles, celles du quotidien et du local, celles du public et du privé, celles des mouvements d'opinion, des engouements et des modes à côté de celle des religions ou des idéologies.

La géographie cesse d'être une discipline destinée à éclairer les puissants. Elle parle à tout le monde de l'expérience de chacun. Elle est plus adaptée à des sociétés qui se veulent démocratiques.

Quel était le but de ce colloque ? Faire le point sur le champ exploré par des chercheurs qui accordent une large place aux réalités culturelles et s'expriment depuis 1992 dans les colonnes de la revue *Géographie et cultures*. Ces collègues ne constituent pas un groupe fermé, une école. Leurs vues divergent en bien des domaines. Certains voient dans la culture le moteur de la plupart des faits humains ; d'autres ne lui accordent qu'une place plus réduite : les discussions entre ceux que la notion de géographie culturelle satisfait pleinement et ceux dont l'approche se réclame de la géographie socio-culturelle ou de la géographie sociale en témoignent. Le large éventail des vues qu'appelait la nouvelle revue s'est maintenu : c'est un résultat qu'il importe de souligner. L'approche culturelle apparaît davantage comme un carrefour que comme un champ clos. C'était la conviction que nous partagions au début des années 1990. L'évolution ne l'a pas remise en cause.

La géographie qui naît des curiosités et préoccupations de ceux qui se sont retrouvés ici est plus colorée, plus sensible aux bruits, aux musiques, aux parfums, aux odeurs et à la diversité humaine que celle qui se pratiquait dans les années 1960 ou 1970. Elle n'a pas été mise en place par de purs esprits, comme le supposaient certaines approches théoriques, ou par des adultes de sexe masculin et uniquement soucieux de maximiser leurs revenus ou leurs jouissances matérielles, sur lesquels on insistait naguère. Elle s'intéresse aux bébés, aux jeunes, aux femmes, aux vieillards tout autant qu'aux hommes. Elle les accompagne à tous les moments du jour ou de la nuit, en habit, en costume trois pièces et cravate, en débardeur et jeans, en pyjamas – ou nus. Elle est sensible à l'environnement qu'ils se créent – aux paysages auxquels les géographes sont depuis toujours attachés, mais aussi aux espaces domestiques, aux maisons, aux appartements, aux intérieurs, à l'ambiance qui y règne. Elle saisit les moments de fêtes, la part faite aux loisirs, les longues plages consacrées au travail et les moments difficiles, ceux qui naissent de l'âge et de la maladie, comme ceux qui résultent de catastrophes naturelles, de tensions, de conflits sociaux ou de la guerre.

La géographie classique souffrait d'un tabou : celui qui touchait tout ce qui se passait dans la tête des gens. Nul ne l'exprimait mieux que Pierre Deffontaines réfléchissant sur la géographie religieuse :

> « Le géographe est [...] appelé à conserver à l'égard des faits religieux une attitude de pur observateur, ne cherchant pas à étudier le fondement, l'origine ou l'évolution des systèmes religieux et la valeur respective de ceux-ci. Il se borne à noter les répercussions géographiques des faits de religion sur le paysage, il réduit ainsi le point de vue religieux à des éléments extérieurs et physionomiques, laissant délibérément de côté le domaine majeur de la vie intérieure »[2]. (Deffontaines, 1966, p. 17-18).

La Nouvelle Géographie avait tourné cet interdit en s'inspirant de l'économie : elle supposait que les comportements humains étaient rationnels, si bien qu'il n'était pas nécessaire d'interroger les gens pour comprendre leurs décisions : il suffisait de prendre en compte leur situation pour savoir ce qu'ils pensaient et choisissaient.

Ce qu'apporte le tournant culturel que tous les participants ont intégré, c'est l'idée que la géographie se passe tout autant dans la tête des gens, dans leurs sens et dans leurs corps que dans le monde qui les entoure. Cela élargit prodigieusement le champ de la discipline, la rapproche de la littérature, de la peinture, de la musique, du cinéma, de tous les travaux consacrés aux représentations et aux mythes par les historiens, et la conduit à faire une place essentielle aux *imaginaires* – ces images dont chacun de nous est porteur, qu'il a dans une large mesure reçu des autres, mais que certains contribuent plus que d'autres à façonner, et qui donnent une forme à ses rêves, exprime ses aspirations et oriente son action. Au lieu de se contenter d'analyser des formes linéaires (pour la géographie classique) ou systémiques (pour la Nouvelle Géographie) de causalité, ce que montre ce colloque, c'est l'extraordinaire fécondité de la causalité utopienne (pour reprendre une formule d'Henri Lefebvre[3]) qui caractérise l'approche culturelle.

---

[2] Pierre Deffontaines, 1966, « La marque géographique des religions », dans Pierre Deffontaines et Mariel. J. Brunhes-Delamarre (dir.), *Géographie générale,* Paris, Gallimard, p. 1717-1725, *cf.* p. 1717-1718.

[3] « Engels en appelle donc au socialisme utopien, c'est-à-dire révolutionnaire, contre l'utopie réformatrice et réactionnaire. Celle-ci, plus 'utopique' encore que l'autre, dissimule la problématique au lieu de l'amener au jour » (H. Lefebvre, 1973, *Espace et politique,* Paris, Anthropos ; cité d'après 2e éd., Paris, 2000, p. 84).

CERISY

Le Centre Culturel International de Cerisy propose, chaque année, de fin mai à début octobre, dans le cadre accueillant d'un château construit au début du XVIIe siècle, monument historique, des rencontres réunissant artistes, chercheurs, enseignants, étudiants, acteurs économiques et sociaux, mais aussi un vaste public intéressé par les échanges culturels et scientifiques.

Une longue tradition culturelle

- Entre 1910 et 1939, Paul Desjardins organise à l'abbaye de Pontigny les célèbres **décades**, qui réunissent d'éminentes personnalités pour débattre de thèmes littéraires, sociaux, politiques.

- En 1952, Anne Heurgon-Desjardins, remettant le château en état, crée le **Centre Culturel** et poursuit, en lui donnant sa marque personnelle, l'œuvre de son père.

- De 1977 à 2006, ses filles, Catherine Peyrou et Edith Heurgon, reprennent le flambeau et donnent une nouvelle ampleur aux activités.

- Aujourd'hui, après la disparition de Catherine, puis celle de Jacques Peyrou, Cerisy continue sous la direction d'Edith Heurgon grâce au concours d'Anne Peyrou-Bas, de Christian Peyrou et de Dominique Peyrou, également groupés dans la Société civile du château de Cerisy, et à l'action de toute l'équipe du Centre.

Un même projet original

- Accueillir dans un cadre prestigieux, éloigné des agitations urbaines, pendant une période assez longue, des personnes qu'anime un même attrait pour les échanges, afin que, dans la réflexion commune, s'inventent des idées neuves et se tissent des liens durables.

- La Société civile met gracieusement les lieux à la disposition de l'**Association des Amis de Pontigny-Cerisy**, sans but lucratif et reconnue d'utilité publique, présidée actuellement par Jean-Baptiste de Foucauld, inspecteur général des finances honoraire.

Une régulière action soutenue

- Le **Centre Culturel,** principal moyen d'action de l'Association, a organisé près de **700 colloques** abordant, en toute indépendance d'esprit, les thèmes les plus divers. Ces colloques ont donné lieu, chez divers éditeurs, à la publication de près de **500 ouvrages**.

- Le **Centre National du Livre** assure une aide continue pour l'organisation et l'édition des colloques. Les **collectivités territoriales** (Conseil régional de Basse Normandie, Conseil général de la Manche, Communauté de Communes de Cerisy) et la **Direction régionale des Affaires culturelles** apportent leur soutien au Centre, qui organise, en outre, avec les **Universités de Caen** et de **Rennes 2,** des rencontres sur des thèmes concernant la Normandie et le Grand Ouest.

- Un **Cercle des Partenaires,** formé d'entreprises, de collectivités locales et d'organismes publics, soutient, voire initie, des rencontres de **prospective** sur les principaux **enjeux contemporains**.

- Depuis 2012, une nouvelle salle de conférences, moderne et accessible, propose une formule nouvelle : les **Entretiens de la Laiterie**, journées d'échanges et de débats, à l'initiative des partenaires de l'Association.

Renseignements : CCIC, Le Château, 50210 CERISY-LA-SALLE, FRANCE
Tél. 02 33 46 91 66, Fax. 02 33 46 11 39
Internet : www.ccic-cerisy.asso.fr ; Courriel : info.cerisy@ccic-cerisy.asso.fr

COLLOQUES DE CERISY
(Choix de publications)

- **Les Animaux : deux ou trois choses que nous savons d'eux**, Hermann, 2014
- **Le Balnéaire, de la Manche au Monde**, PU de Rennes, 2015
- **Déterminismes et complexités (autour d'Henri Atlan)**, La Découverte, 2008
- **Gaston Bachelard : science et poétique, une nouvelle éthique**, Hermann, 2013
- **Yves Bonnefoy : poésie, recherche et savoirs**, Hermann, 2007
- **Les pluriels de Barbara Cassin**, Le Bord de l'eau, 2014
- **Civilisations mondialisées? de l'éthologie à la prospective**, L'Aube, 2004
- **Communiquer/transmettre (autour de Régis Debray)**, Gallimard, 2001
- **Connaissance, activité, organisation**, La Découverte, 2005
- **Les fins de l'Homme (Jacques Derrida)**, Galilée, rééd. Hermann, 2013
- **Jean-Pierre Dupuy : l'œil du cyclone**, Carnets nord, 2008
- **L'économie de la connaissance et ses territoires**, Hermann, 2010
- **L'empathie au carrefour des sciences et de la clinique**, Doin, 2014
- **L'entreprise, point aveugle du savoir**, Ed. Sciences humaines, 2014
- **Donner lieu au monde : la politique de l'Habiter**, Donner lieu, 2012
- **Annie Ernaux : le temps et la mémoire**, Stock, 2014
- **Gestes spéculatifs**, Presses du réel, 2015
- **Individualismes contemporains et individualités**, PU de Rennes, 2010
- **L'Industrie, notre avenir**, Eyrolles, 2015
- **Intelligence de la complexité**, L'Aube, rééd Hermann, 2013
- **Interculturel… enjeux et pratiques**, Artois Presses Universités, 2015
- **Renouveau des Jardins : clés pour un monde durable**?, Hermann, 2014
- **Au prisme du Jeu**, Hermann, 2015
- **Lieux et liens (2 tomes)**, L'Harmattan, 2012
- **Des possibles de la pensée (l'itinéraire de François Jullien)**, Hermann, 2015
- **Logique de l'espace, esprit des lieux**, Belin, 2000
- **Modernité, la nouvelle carte du temps**, L'Aube, 2003
- **Nourritures jardinières dans les sociétés urbanisées**, Hermann, 2016
- **La Nuit en question(s)**, L'Aube, 2005
- **Les sens du Mouvement**, Belin, 2004
- **S.I.E.C.L.E., 100 ans de rencontres: Pontigny, Cerisy**, IMEC, 2005
- **De Pontigny à Cerisy: des lieux pour penser avec ensemble,** Hermann, 2011
- **Prendre soin : savoirs, pratiques, nouvelles perspectives**, Hermann, 2013
- **Du risque à la menace : penser la catastrophe**, PUF, 2013
- **La démocratie à l'œuvre : autour de Pierre Rosanvallon**, Le Seuil, 2015
- **Sciences en campagne**, L'Aube, 2009
- **La Sérendipité. Le hasard heureux**, Hermann, 2011
- **Lectures contemporaines de Spinoza**, Presses universitaires Paris Sorbonne, 2012
- **Transplanter, une approche transdisciplinaire**, Hermann, 2015
- **Universités populaires, hier et aujourd'hui**, Autrement, 2012
- **Villes, territoires, réversibilités**, Hermann, 2013
- **Le moment du Vivant**, PUF, 2016

L'HARMATTAN ITALIA
Via Degli Artisti 15; 10124 Torino
harmattan.italia@gmail.com

L'HARMATTAN HONGRIE
Könyvesbolt ; Kossuth L. u. 14-16
1053 Budapest

L'HARMATTAN KINSHASA
185, avenue Nyangwe
Commune de Lingwala
Kinshasa, R.D. Congo
(00243) 998697603 ou (00243) 999229662

L'HARMATTAN CONGO
67, av. E. P. Lumumba
Bât. – Congo Pharmacie (Bib. Nat.)
BP2874 Brazzaville
harmattan.congo@yahoo.fr

L'HARMATTAN GUINÉE
Almamya Rue KA 028, en face
du restaurant Le Cèdre
OKB agency BP 3470 Conakry
(00224) 657 20 85 08 / 664 28 91 96
harmattanguinee@yahoo.fr

L'HARMATTAN MALI
Rue 73, Porte 536, Niamakoro,
Cité Unicef, Bamako
Tél. 00 (223) 20205724 / +(223) 76378082
poudiougopaul@yahoo.fr
pp.harmattan@gmail.com

L'HARMATTAN CAMEROUN
BP 11486
Face à la SNI, immeuble Don Bosco
Yaoundé
(00237) 99 76 61 66
harmattancam@yahoo.fr

L'HARMATTAN CÔTE D'IVOIRE
Résidence Karl / cité des arts
Abidjan-Cocody 03 BP 1588 Abidjan 03
(00225) 05 77 87 31
etien_nda@yahoo.fr

L'HARMATTAN BURKINA
Penou Achille Some
Ouagadougou
(+226) 70 26 88 27

L'HARMATTAN SÉNÉGAL
10 VDN en face Mermoz, après le pont de Fann
BP 45034 Dakar Fann
33 825 98 58 / 33 860 9858
senharmattan@gmail.com / senlibraire@gmail.com
www.harmattansenegal.com

L'HARMATTAN BÉNIN
ISOR-BENIN
01 BP 359 COTONOU-RP
Quartier Gbèdjromèdé,
Rue Agbélenco, Lot 1247 I
Tél : 00 229 21 32 53 79
christian_dablaka123@yahoo.fr

670695 - Août 2016
Achevé d'imprimer par

1livre.com
du rêve à la réalité !

www.ingramcontent.com/pod-product-compliance
Lightning Source LLC
LaVergne TN
LVHW011139061026
849535LV00003B/538